振动环境试验

王　帅　夏益霖　荣克林　著

国防工业出版社

·北京·

内容简介

本书对航天装备产品振动环境试验相关的知识、原理进行了全面的介绍和说明，包括振动环境类型和描述、振动环境试验模拟原理与等效技术基础、振动环境规范与试验条件的制定、振动环境试验的带谷方法、振动激励设备、振动试验夹具设计、振动控制系统和控制方法等。

本书可供航天系统装备产品研制、试验的技术人员使用，也可作为高等院校振动力学等专业学生和教师的教学参考书，亦可供航空、交通运输、机械制造等行业从事力学环境工程专业的科技人员参考。

图书在版编目（CIP）数据

振动环境试验 / 王帅，夏益霖，荣克林著 . —北京：
国防工业出版社，2021.1
ISBN 978-7-118-12243-5

Ⅰ.①振… Ⅱ.①王… ②夏… ③荣… Ⅲ.①航天器
—环境振动—振动试验 Ⅳ.① V216.2

中国版本图书馆 CIP 数据核字 (2020) 第 220847 号

※

国防工业出版社出版发行

（北京市海淀区紫竹院南路 23 号　邮政编码 100048）
天津嘉恒印务有限公司印刷
新华书店经售

*

开本 710×1000　1/16　插 2　印张 23　字数 410 千字
2021 年 1 月第 1 版第 1 次印刷　印数 1—1500 册　定价 118.00 元

前　　言

在航天型号装备的研制过程中,力学环境(振动、冲击、噪声)是制约产品设计的主要问题之一。为了满足预期使用过程中的环境适应性要求,所采取的设计措施往往需要付出重量的代价,环境适应性设计措施与控制产品重量之间合理的权衡、以取得最佳的设计结果是航天型号环境工程的主要目标。

对于航天飞行器结构及其机电产品,在使用寿命期间所经受的振动环境可能导致结构完整性破坏、性能降级、参数超差、故障或失效。因此,在产品的设计、制造过程中,需要充分考虑振动环境的影响,以保证产品在整个寿命期内能够经受住预期的振动环境作用,保持结构完整性和性能稳定性。由于产品结构、材料特性和制造工艺等因素的复杂性,以及数学处理方法和分析规模的限制,工程中常用的解决方案是采用自然或人工方式产生一种与产品在使用寿命期所经受的振动激励相同或相似的振动环境,使产品经受这一振动环境的作用,如果产品能够通过这一振动环境试验的考核,则可以认为其能够适应使用寿命期间所经受的振动环境。因此,产品对振动环境的适应性设计和考核在很大程度上依赖于产品投入使用之前的振动环境试验。

编写本书目的是总结当前适用于航天飞行器及其部组件、机电产品的振动环境试验实施的原理、方法、程序和惯例,以国内外现行振动、冲击等力学环境试验标准、规范的研究分析为抓手,结合结构动力学和振动试验领域的最新进展,对振动环境试验工程要求的振动力学关键知识,如振动环境试验模拟原理与等效技术、振动环境规范与试验条件制定、试验的带谷方法,以及实际应用中的振动试验设备、试验夹具设计和振动控制系统等内在的原理概念进行全面的论述。进而在方法和性能上,使得航天及其他工程领域产品的振动环境试验考核与实施更为有效。

虽然我将本书全部内容付诸文稿,但没有夏益霖副总工程师、荣克林副总工程师的直接指导与帮助,使之成书是不可能的。两位导师一直在动力学和环境工程专业岗位工作,把一生中最富活力的年华奉献给了中国航天事业,可亲可敬! 这种兢兢业业、精益求精的工作精神极大地影响了我,于是我带着知识积累和深入学习的目的,邀请两位导师指导撰写本书。在此要特别感谢夏益霖副总工程师,感谢他在建立本书的整体架构上以及具体的内容材料给予的倾力指导与支持。本书的编写和出版过程中得到了作者所在单位北京强度环境研究所的大力支持,在此向给予支持和帮助的张伟研究员、于荣刚高级工程师等同志表示感谢。

由于时间和作者水平的限制,书中疏漏和错误在所难免,恳请各位专家学者及同行批评指正。

王 帅

2020 年 6 月于北京

目　录

第 1 章　振动环境的类型和描述

1.1　概述

对于许多机电产品和工程结构,在使用寿命期间所经受的振动环境可能导致结构完整性破坏、性能降级、参数超差、故障或失效。因此,在产品的设计、制造过程中,需要充分考虑振动环境的影响,以保证产品在整个寿命期内能够经受住预期的振动环境作用,保持结构完整性和性能稳定性。大多数情况下,振动环境导致的产品破坏可以归结为下列类型之一:

(1)结构的疲劳破坏;

(2)结构应力峰值超过产品的许用应力;

(3)结构变形(或相对位移)峰值超过产品的容许变形范围。

从理论上讲,通过建立产品的结构数学模型,分析产品在预期的振动环境作用下的响应(位移、速度、加速度、应变或应力),可以预计振动环境对产品的影响,鉴定产品的设计是否满足预定的要求。然而,实际上由于产品结构、材料特性和制造工艺等因素的复杂性,以及数学处理方法和分析规模的限制,确切地建立产品的数学模型有些时候是非常困难的。工程中常用的解决方案是采用自然或人工方式产生一种与产品在使用寿命期所经受的振动激励相同或相似的振动环境,使产品经受这一振动环境的作用,如果产品能够通过这一振动环境试验的考核,则可以认为其能够适应使用寿命期间所经受的振动环境。

根据实施方式的差异,振动环境试验一般分为实验室试验和外场试验。无论采用哪种试验方式,其与产品在使用寿命期间所经受的振动环境总是存在一定的差异。为了避免试验结果明显偏离实际使用状态,需要振动环境试验能够模拟或再现产品实际振动环境的主要特性,包括振动环境的类型和主要特征参数。

1.1.1　振动环境的主要类型

作用于产品或工程结构上的振动激励主要有两种类型:一种是以力或压力

的形式作用于结构上,典型的实例如作用于飞行器的发动机推力脉动、作用于飞行器和建筑物表面的阵风、旋转机械的不平衡力和力矩等;另一种是以运动输入的形式作用于结构上(通常称为基础激励),典型的实例如作用于建筑物和固定设备的地震、作用于运输工具车轮的道路激励、作用于车载或机载设备的运输振动等。两类激励均导致产品的振动响应,从而诱发产品的故障或失效。

对于产品和工程结构的振动数据分析和振动试验,通常将振动环境分为确定性振动、随机振动,如图1-1所示。振动环境也可根据其时间历程特征分为平稳振动、非平稳振动和瞬态振动。

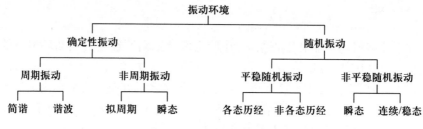

图 1-1　振动环境的分类

1.1.1.1　确定性振动环境

当每次作用于产品或工程结构上时,一个确定性振动环境将产生具有相同时间历程的激励。因此,基于以往对振动激励的一次测量结果,在合理的试验误差范围内,可以事先规定振动激励在任意时刻的瞬时值。确定性振动环境所产生的激励和响应一般可采用确定性数学模型予以描述和预示。从这种意义上说,确定性振动的时间历程可以用明确的时间函数关系 $x(t)$ 表示。确定性振动可以分为周期振动和非周期振动两类,其中,非周期振动可以进一步分为拟周期振动和瞬态振动,典型的振动信号实例如图1-2所示。相应地,信号 $x(t)$ 的傅里叶变换 $X(f)$ 也可以用于在频域中描述确定性振动。

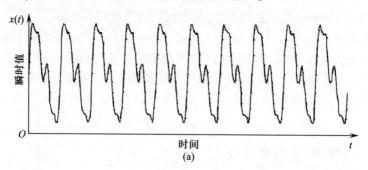

(a)

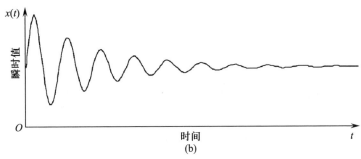

图 1-2　周期振动信号和瞬态振动信号

（a）周期信号；（b）瞬态信号。

1.1.1.2　随机振动环境

当每次作用于产品或工程结构上时,一个随机振动环境的时间历程信号的平均特征(如均值和方差)可能是相同的,但精确的时间历程信号是不同的。因此,基于以往对振动激励的一次或多次测量结果,不可能事先预示振动激励在规定时刻的精确值。随机振动环境所产生的激励和响应的时间历程不能用一个确定性的时间函数关系来描述,即随机振动时间历程的典型特征是不可预测性和不可重复性。但是,随机振动具有一定的统计规律性,可以用随机过程理论予以描述。许多振动环境是一个确定性分量和一个随机分量的混合。图 1-3 表示了代表一个纯粹的随机振动环境和一个周期(确定性)与随机混合振动环境的信号的实例,其中,周期振动分量如图 1-2(a)所示。

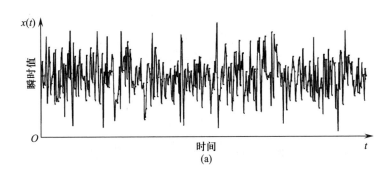

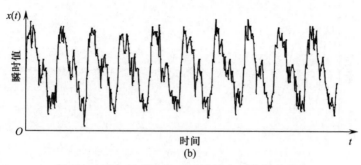

图 1-3 随机振动信号、周期与随机混合振动信号

(a) 随机信号;(b) 周期与随机混合振动信号。

取决于代表随机振动的所有时间历程信号的平均特征是否随时间变化,可将随机振动环境分为"时不变的"和"时变的"。时不变的随机振动通常称为平稳随机振动,其各个平均特征至少在所关心的时间间隔内不随时间变化。当代表随机振动环境的时间历程信号的一个或多个平均特征随时间变化时,相应的随机振动环境是时变的。产品或工程结构所经受的大多数振动环境实际上都是时变的,时不变随机振动往往是在对振动分析精度要求不高、可以忽略一些次要影响时的一种简化处理。

从振动环境数据分析和工程应用的角度,可以将时变的随机振动环境划分为两类:非平稳随机振动和瞬态随机振动。非平稳随机振动的时间历程具有较长的持续时间(相对于信号分析的特征时间),并且至少有一个平均特征随时间变化。非平稳随机振动的一个典型实例是运载火箭在大气层内上升过程的振动响应,其均方根值随着飞行高度或飞行时间变化。瞬态随机振动的时间历程具有明确的起点和终点,并且与结构脉冲响应函数的衰减时间相比,具有相对较短的持续时间。典型的瞬态随机振动实例包括火箭发动机点火和火箭级间分离所产生的结构振动响应、地震所导致的建筑结构响应等。图 1-4 表示了代表一个非平稳随机振动环境和一个瞬态随机振动环境的信号的实例。

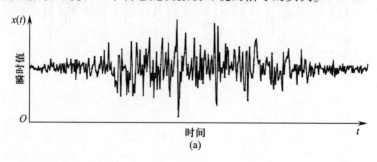

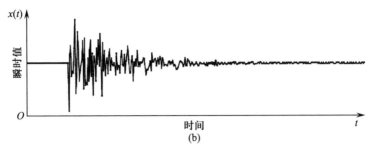

图 1-4　非平稳随机振动信号和瞬态随机振动信号

（a）非平稳信号；（b）瞬态随机信号。

1.1.2　振动环境的描述

对于确定性振动环境,从理论上说,时间历程能够完全描述振动环境的所有特征。但是,工程上实际可用的时间历程具有两个限制:一是有限长度的;二是离散的。即时间历程 $x(t)$ 通过采样间隔 Δt 转换为离散时间序列 $x(n\Delta t)$, $n=0,1,2,\cdots,N-1$, N 是数据点的总数。由于采样定理的限制,离散时间序列 $x(n\Delta t)$ 所代表的时间历程 $x(t)$ 的频率上限应小于奈奎斯特频率 $f_{\mathrm{N}}=1/(2\Delta t)$。因此,仅对低频的确定性瞬态振动环境,采样的时间历程能够提供用于结构响应预示、振动设计准则和振动试验条件确定的适当的振动环境描述。而对于完全描述随机振动环境和频率较高的确定性振动环境,采样的时间历程往往是不合适的。

振动环境的描述需要考虑两个方面的问题:

(1)产品或工程结构的任一振动激励作用点在规定方向上的振动激励特性的描述;

(2)产品或工程结构的不同振动激励作用点或同一振动激励作用点在不同方向上的振动激励之间的关系的描述。

从传统振动信号分析的角度看,前一问题属于单通道信号的表征,而后一问题属于多通道信号的表征。

对于代表振动环境的信号 $x(t)$,即单通道信号的表征存在多种描述方法。主要的方法有典型的时间历程、平均特征(统计特征)、线谱、自谱密度、最大谱密度、傅里叶谱、能量谱密度、冲击响应谱等。

对于代表不同位置或方向振动环境的信号 $x(t)$ 和 $y(t)$,即双通道信号的表征通常采用互谱密度及其派生函数,如相干函数、频率响应函数和脉冲响应函数描述信号之间的关系。

对于振动环境信号 $x(t)$ 和 $y(t)$ 的频域描述,大多数是基于有限傅里叶变

换,其定义为

$$X(f,T) = \int_0^T x(t) e^{-j2\pi ft} dt, Y(f,T) = \int_0^T y(t) e^{-j2\pi ft} dt \qquad (1-1)$$

1.2 周期和拟周期振动

1.2.1 稳态正弦振动

单频正弦振动是最简单的振动形式,一般用下式描述:

$$x(t) = X_m \sin(2\pi ft + \theta) \qquad (1-2)$$

式中:X_m 为单频正弦振动的幅值(加速度、速度、位移、力等);f 为单频正弦振动的频率;θ 为初始相位。一般情况下,可假设 $\theta = 0$。

当单频正弦振动 $x(t)$ 为位移时,相应的速度 $\dot{x}(t)$ 和加速度 $\ddot{x}(t)$ 为

$$\dot{x}(t) = \frac{dx(t)}{dt} = (2\pi f) X_m \cos(2\pi ft) = \dot{X}_m \cos(2\pi ft) = \dot{X}_m \sin(2\pi ft + \frac{\pi}{2})$$

$$\qquad (1-3)$$

$$\ddot{x}(t) = \frac{d^2 x(t)}{dt^2} = -(2\pi f)^2 X_m \sin(2\pi ft) = -\ddot{X}_m \sin(2\pi ft) = \ddot{X}_m \sin(2\pi ft + \pi)$$

$$\qquad (1-4)$$

单频正弦振动 $x(t)$ 的周期 $T = 1/f$。在一个周期内,其均值为零,均方根值为

$$\sigma_{rms} = \sqrt{\frac{1}{T} \int_0^T x^2(t) dt} = \frac{X_m}{\sqrt{2}} \qquad (1-5)$$

单频正弦振动 $x(t)$ 的另一个常用的参数是绝对平均值 μ_{abs},其定义为

$$\mu_{abs} = \frac{1}{T} \int_0^T |x(t)| dt = \frac{2}{\pi} X_m \qquad (1-6)$$

绝对平均值 μ_{abs} 与均方根值 σ_{rms} 之间的关系可表示为

$$\sigma_{rms} = K_f \mu_{abs} \qquad (1-7)$$

式中:K_f 称为波形因子,其可用于判断振动信号的波形类型。

对于一个纯的单频正弦振动,波形因子为

$$K_f = \frac{\pi}{2\sqrt{2}} \approx 1.11 \qquad (1-8)$$

在频域中,单频正弦振动一般用线谱表示。其仅有一条不为零的谱线,频率为 f、幅值为 X_m。

1.2.2　周期振动

周期振动的时间历程 $x(t)$ 满足下列条件：

$$x(t) = x(t+nT) \qquad (1-9)$$

式中：n 为正整数；T 为最小的振动周期。

周期振动信号 $x(t)$ 可以用傅里叶级数表示为

$$x(t) = \frac{a_0}{2} + \sum_{n=1}^{\infty} \left[a_n \cos 2\pi n f_1 t + b_n \sin 2\pi n f_1 t \right] = X_0 + \sum_{n=1}^{\infty} X_n \cos(2\pi n f_1 t + \theta_n)$$
$$(1-10)$$

式中：$f_1 = 1/T$ 为信号的基频；X_0 为信号的直流分量；X_n 和 θ_n 分别为信号第 n 阶谐波分量的幅值和初始相位。

$$a_n = \frac{2}{T} \int_0^T x(t) \cos 2\pi n f_1 t \mathrm{d}t, b_n = \frac{2}{T} \int_0^T x(t) \sin 2\pi n f_1 t \mathrm{d}t, n = 0,1,2,\cdots$$

$$X_0 = \frac{a_0}{2}, X_n = \sqrt{a_n^2 + b_n^2}, \theta_n = \arctan\left(-\frac{b_n}{a_n}\right), n = 1,2,3,\cdots$$

在一个周期内，周期振动信号 $x(t)$ 的均值 μ_x 为

$$\mu_x = X_0 \qquad (1-11)$$

均方根值 σ_{rms} 为

$$\sigma_{\mathrm{rms}} = \sqrt{\frac{1}{T} \int_0^T x^2(t) \mathrm{d}t} = \sqrt{X_0^2 + \frac{1}{2} \sum_{n=1}^{\infty} X_n^2} \qquad (1-12)$$

在频域中，周期振动一般用线谱表示。其为等频率间隔的离散谱线，各条谱线的频率分别为 $f_n = n f_1$、幅值分别为 $X_n(n=0,1,2,\cdots)$。

1.2.3　拟周期振动

拟周期振动信号 $x(t)$ 同样可以用傅里叶级数表示为

$$x(t) = X_0 + \sum_{n=1}^{\infty} X_n \sin(2\pi f_n t + \theta_n) \qquad (1-13)$$

式中：X_0 为信号的直流分量；f_n 为信号第 n 阶谐波分量的频率；X_n、θ_n 分别为信号第 n 阶谐波分量的幅值和初始相位。

与周期振动信号的不同在于，拟周期振动信号各阶谐波频率 f_n 之间不存在最小公约数，因此，不存在满足条件式（1-9）的振动周期 T。

在频域中，拟周期振动同样用线谱表示。其为频率间隔不等的离散谱线，各条谱线的频率分别为 f_n、幅值分别为 $X_n(n=0,1,2,\cdots)$。

1.2.4 线谱

对于周期信号或能量有限信号,如前述的确定性的周期、拟周期振动环境,可用线谱描述信号 $x(t)$ 的频域特性。线谱由信号 $x(t)$ 的傅里叶级数的系数给出:

$$P_x(f_k) = \frac{2}{T}X(f_k, T), f > 0 \qquad (1-14)$$

式中:系数 2 是仅在正频率值条件下计算单边谱时所引入的因子;频率 f_k 为

$$f_k = \frac{k}{T}, k = 1, 2, 3, \cdots \qquad (1-15)$$

在理想情况下, $T = nT_p$,其中, n 为整数, T_p 为信号 $x(t)$ 的周期,式(1-14)所得到的谱 $P_x(f_k)$ 是对应于周期函数的精确谐波频率的分量,相应的频率为

$$f_p = \frac{p}{T_p}, p = 1, 2, 3, \cdots \qquad (1-16)$$

实际上,在计算线谱时,并不是很容易实现 $T = nT_p$,即使在 $T \gg T_p$ 的条件下。此时,由式(1-14)得到的谱分量并不在式(1-16)定义的谐波频率 f_p 上。当 $T \neq nT_p$ 时,有限长度的时间 T 将出现截断误差导致的泄漏,即式(1-14)得到的谱分量对应于周期信号中每个真实谐波频率附近的一组频率,而不是单一频率。通常采用加窗处理以抑制截断误差造成的泄漏。

在 $T \neq nT_p$ 的情况下,式(1-14)计算出的幅值最大的一些谱分量最接近所分析信号的真实谐波分量,因此,这些最大分量通常被解释为真实谐波分量频率和幅值的估计值。显然,这种解释将引入频率误差和幅值误差。这两种误差可通过增大平均时间 T (即采用更窄的频率分辨率 Δf)予以减小。当不能进一步增大平均时间 T 时,需要对计算出的谱分量进行修正,以获得对真实谐波分量频率和幅值更精确的估计。

通常,式(1-14)中的 $P_x(f_k)$ 是复函数,包括了谱分量的幅值和相位信息。但对于单通道谱分析,相位信号并无多大意义,因此,通常仅用其表示幅值信息 $|P_x(f_k)|$ 。 $P_x(f)$ 曲线为幅值的单位(g 、m 等)与以 Hz 表示的频率之间的关系。

1.3 正弦扫描振动

1.3.1 引言

正弦扫描振动是稳态正弦振动(振动频率为常数)的扩展,其假定正弦振动

的频率按照某一规律随时间变化。正弦扫描振动一般用下式描述：

$$x(t) = X_m \sin[\Omega(t) + \theta] \qquad (1-17)$$

式中：X_m 为正弦扫描振动的幅值；$\Omega(t)$ 为描述扫描模式特征的时间函数；θ 为初始相位，一般情况下，令 $\theta = 0$。

形式上，可以将正弦扫描振动的频率定义为

$$\omega = 2\pi f = \frac{d\Omega(t)}{dt} \qquad (1-18)$$

正弦扫描振动的角频率 ω 或频率 f 仍然为时间 t 的函数。

在工程应用中，常用的正弦扫描模式主要有两种：

(1) 线性扫描，其频率变化具有下列形式：

$$f(t) = \alpha t + f_1 \qquad (1-19)$$

(2) 对数扫描，其频率变化具有下列形式：

$$f(t) = f_1 \exp[Rt] \qquad (1-20)$$

其中：在正弦扫描振动过程中，扫描频率可以增大或减小。

1.3.2　线性扫描

对于线性扫描的正弦扫描振动，通常用下列参数描述扫描频率的特性：①扫描起始频率 f_1；②扫描终止频率 f_2；③线性扫描速率 α；④扫描持续时间 T。

在上述 4 个参数中，只有 3 个是独立的，其相互之间满足下列关系：

$$\alpha = \frac{f_2 - f_1}{T} \qquad (1-21)$$

时刻 t 的正弦扫描振动频率为

$$f(t) = \frac{f_2 - f_1}{T}t + f_1 \qquad (1-22)$$

时刻 t 的正弦扫描振动累积循环次数为

$$C(t) = \int_0^t f(\tau)d\tau = \left(\frac{\alpha t}{2} + f_1\right)t = \left(\frac{f_2 - f_1}{2T}t + f_1\right)t \qquad (1-23)$$

线性正弦扫描振动的扫描模式特征函数为

$$\Omega(t) = 2\pi C(t) = 2\pi\left(\frac{\alpha t}{2} + f_1\right)t \qquad (1-24)$$

线性正弦扫描振动的典型时域表达式为

$$x(t) = X_m \sin\left[2\pi\left(\frac{\alpha t}{2} + f_1\right)t\right] \qquad (1-25)$$

1.3.3 对数扫描

对于对数扫描的正弦扫描振动,通常用下列参数描述扫描频率的特性:①扫描起始频率 f_1;②扫描终止频率 f_2;③对数扫描速率 R;④扫描持续时间 T。

在上述 4 个参数中,只有 3 个是独立的,其相互之间满足下列关系:

$$R = \frac{\ln(f_2/f_1)}{T} \tag{1-26}$$

时刻 t 的正弦扫描振动频率为

$$f(t) = f_1 \, (f_2/f_1)^{t/T} = f_1 \mathrm{e}^{Rt} \tag{1-27}$$

大多数情况下,采用每单位时间内的倍频程数或 10 倍频程数描述对数扫描速率。

倍频程(octave)定义为频率比为 2 的两个频率之间的间隔。对于两个频率 f_1 和 f_2,倍频程数为

$$N = \frac{\ln(f_2/f_1)}{\ln 2} \tag{1-28}$$

10 倍频程(decade)定义为频率比为 10 的两个频率之间的间隔。对于两个频率 f_1 和 f_2,10 倍频程数为

$$N_\mathrm{d} = \frac{\ln(f_2/f_1)}{\ln 10} \tag{1-29}$$

对于两个频率 f_1 和 f_2,倍频程数 N 与 10 倍频程数 N_d 之间的关系为

$$\frac{N}{N_\mathrm{d}} = \frac{\ln 10}{\ln 2} \approx 3.3219 \tag{1-30}$$

以倍频程数 N 表示的倍频程扫描速率 R_N(单位典型为 oct/min)为

$$R_N = \frac{N}{T} = \frac{60 \ln(f_2/f_1)}{T \ln 2} \quad \mathrm{oct/min} \tag{1-31}$$

式中:扫描持续时间 T 的单位为 s。

因此,对数扫描速率 R 与倍频程扫描速率 R_N 之间的关系为

$$R = R_N \ln 2/60 \tag{1-32}$$

时刻 t 的正弦扫描振动频率 f(频域中的频率)可表示为

$$f(t) = f_1 \times 2^{(R_N/60)t} \tag{1-33}$$

时刻 t 的正弦扫描振动累积循环次数为

$$C(t) = \int_0^t f(\tau) \mathrm{d}\tau = f_1 \left(\frac{\exp[Rt] - 1}{R} \right) = f_1 \left[\frac{(f_2/f_1)^{t/T} - 1}{\ln(f_2/f_1)/T} \right] \tag{1-34}$$

对数正弦扫描振动的扫描模式特征函数为

$$\Omega(t) = 2\pi C(t) = 2\pi f_1 \left(\frac{\exp[Rt] - 1}{Rt} \right) t \qquad (1-35)$$

对数正弦扫描振动的典型时域表达式为

$$x(t) = X_m \sin\left[2\pi f_1 \left(\frac{\exp[Rt] - 1}{Rt} \right) t \right] \qquad (1-36)$$

1.3.4　傅里叶谱

在频域中,正弦扫描振动一般用傅里叶谱表示。正弦扫描振动 $x(t)$ 是一个有限持续时间的确定性信号,可用傅里叶积分计算:

$$F_x(f) = 2X(f,T), \quad f > 0 \qquad (1-37)$$

式中:$X(f,T)$ 由式(1-1)定义;系数 2 是仅在正频率值条件下计算单边谱时所引入的因子。

在理想情况下,$T \to \infty$。在式(1-1)的积分时间间隔包含了瞬态振动环境的整个持续时间的条件下,即当 $t<0$ 和 $t>T$ 时,在 $x(t)=0$ 的条件下,可以满足这一要求。因此,尽管傅里叶谱仅在式(1-15)给出的离散频率上计算,但连续的傅里叶谱可以通过这些离散值的内插得到。当积分时间 T 包含了整个瞬态振动环境的所有有效数据时,傅里叶变换不会出现由于信号截断导致的泄漏。但是,如果积分时间 T 在瞬态信号衰减到可忽略的数值之前终止,则傅里叶谱出现截断误差导致的泄漏。通常采用加窗处理以抑制截断误差造成的泄漏。

通常,式(1-37)中的 $F_x(f)$ 是复函数,包括了谱分量的幅值和相位信息。但对于单通道谱分析,通常忽略相位部分,仅引入其幅值信息 $|F_x(f)|$。$|F_x(f)|$ 的曲线为幅值乘以秒的单位(如 g·s、m·s 等)与以 Hz 表示的频率之间的关系。如在振动环境试验中,正弦扫描振动主要使用幅值谱。

1.4　平稳随机振动

1.4.1　引言

平稳随机振动一般用广义平稳过程描述。如果一个随机过程的均值为常数,而自相关函数仅依赖于时间差,则称这一随机过程为广义平稳的。

平稳随机振动的描述和分析主要包括:

(1)幅值分布;

(2)时域矩,包括均值、均方根值等;

（3）自相关函数；

（4）自谱密度（功率谱密度）。

对于两个平稳随机振动之间的关系，描述和分析主要包括：

（1）互相关函数；

（2）互谱密度；

（3）相干函数。

如果平稳随机振动是各态历经的，则可由其任一样本计算上述特征参数。

当持续时间较长时，工程中所遇到的随机振动多数是非平稳的，即其统计特性是随着时间变化的。平稳随机振动仅是一种简化的处理方法。

1.4.2　单通道描述

1.4.2.1　幅值分布

随机振动时间历程 $x(t)$ 的幅值小于或等于某一特定值 x 的概率 $\mathrm{Prob}[x(t) \leqslant x]$ 称为概率分布函数，记为 $P(x,t)$。对于平稳随机振动，概率分布函数与时间 t 无关，即

$$P(x,t) = P(x) \qquad (1-38)$$

如果平稳随机振动 $x(t)$ 是各态历经的，则概率分布函数 $P(x)$ 可由任一样本按下式计算：

$$P(x) = \lim_{T \to \infty} \frac{\sum \Delta t_i}{T} \qquad (1-39)$$

式中：T 为计算所使用的振动持续时间；Δt_i 为 $x(t)$ 中幅值小于或等于 x 的时间段。

平稳随机振动时间历程 $x(t)$ 在给定幅值上的分布密度称为概率密度函数，记为 $p(x)$。$p(x)$ 为概率分布函数 $P(x)$ 的导数，即

$$p(x) = \frac{\mathrm{d}P(t)}{\mathrm{d}x} \qquad (1-40)$$

概率密度函数 $p(x)$ 具有下列性质：

$$p(x) \geqslant 0$$

$$\int_{-\infty}^{\infty} p(x)\,\mathrm{d}x = 1$$

$$p(-\infty) = 0, p(\infty) = 0$$

$$\mathrm{Prob}[a \leqslant x(t) \leqslant b] = \int_a^b p(x)\,\mathrm{d}x$$

平稳随机振动时间历程 $x(t)$ 的幅值落在小区间 $[x, x+\mathrm{d}x]$ 内的概率近似为

$$\mathrm{Prob}[x \leqslant x(t) \leqslant x+\mathrm{d}x] \approx p(x)\,\mathrm{d}x \qquad (1-41)$$

如果平稳随机振动 $x(t)$ 是各态历经的,则根据式(1-41),可以由任一样本的直方图分析确定其概率密度函数 $p(x)$。

1.4.2.2　时域矩

随机振动时间历程 $x(t)$ 的第 n 阶时域矩(简称 n 阶矩)$m_n(t)$ 定义为

$$m_n(t) = E[x^n(t)] = \int_{-\infty}^{\infty} x^n p(x,t) \mathrm{d}x \tag{1-42}$$

对于平稳随机振动,n 阶矩 $m_n(t)$ 与时间 t 无关,即

$$m_n = E[x^n(t)] = \int_{-\infty}^{\infty} x^n p(x) \mathrm{d}x \tag{1-43}$$

如果平稳随机振动 $x(t)$ 是各态历经的,n 阶矩 m_n 可由任一样本计算:

$$m_n = E[x^n(t)] = \lim_{T \to \infty} \frac{1}{T} \int_0^T x^n(t) \mathrm{d}t \tag{1-44}$$

平稳随机振动 $x(t)$ 的一阶矩称为均值 μ_x,即

$$\mu_x = m_1 = E[x(t)] = \int_{-\infty}^{\infty} x p(x) \mathrm{d}x \tag{1-45}$$

平稳随机振动 $x(t)$ 的 n 阶中心矩 K_n 定义为

$$K_n = E[(x(t) - \mu_x)^n] = \int_{-\infty}^{\infty} (x - \mu_x)^n p(x,t) \mathrm{d}x \tag{1-46}$$

除了均值 μ_x 以外,在平稳随机振动 $x(t)$ 的时域矩描述中,经常使用下列特征量:

(1)均方值(二阶矩)ψ_x^2:

$$\psi_x^2 = m_2 = E[x^2(t)] = \int_{-\infty}^{\infty} x^2 p(x) \mathrm{d}x \tag{1-47}$$

式中:ψ_x 称为均方根值。

(2)方差(二阶中心矩)σ_x^2:

$$\sigma_x^2 = K_2 = E[(x(t) - \mu_x)^2] = \int_{-\infty}^{\infty} (x - \mu_x)^2 p(x) \mathrm{d}x \tag{1-48}$$

式中:σ_x 称为标准差。

(3)偏度(skewness,归一化的三阶中心矩)S_k:

$$S_k = \frac{K_3}{\sigma_x^3} = \frac{E[(x(t) - \mu_x)^3]}{\{E[(x(t) - \mu_x)^2]\}^{3/2}} = \frac{\int_{-\infty}^{\infty} (x - \mu_x)^3 p(x) \mathrm{d}x}{\left[\int_{-\infty}^{\infty} (x - \mu_x)^2 p(x) \mathrm{d}x\right]^{3/2}} \tag{1-49}$$

(4)峭度(kurtosis,归一化的四阶中心矩)K_u:

$$K_u = \frac{K_4}{\sigma_x^4} = \frac{E[(x(t) - \mu_x)^4]}{\{E[(x(t) - \mu_x)^2]\}^2} = \frac{\int_{-\infty}^{\infty} (x - \mu_x)^4 p(x) \mathrm{d}x}{\left[\int_{-\infty}^{\infty} (x - \mu_x)^2 p(x) \mathrm{d}x\right]^2} \tag{1-50}$$

对于平稳的振动环境,描述时间历程信号 $x(t)$ 幅值特性常用的方法是均值 μ_x、标准差 σ_x 和均方根值 ψ_x。对于 $0 \leqslant t \leqslant T$,信号 $x(t)$ 的均值、标准差和均方根值的估计为

$$\mu_x = \frac{1}{T}\int_0^T x(t)\,\mathrm{d}t \qquad (1-51)$$

$$\sigma_x = \sqrt{\frac{1}{T}\int_0^T \left[x(t) - \mu_x\right]^2 \mathrm{d}t} \qquad (1-52)$$

$$\psi_x = \sqrt{\frac{1}{T}\int_0^T x^2(t)\,\mathrm{d}t} \qquad (1-53)$$

均值 μ_x、均方值 ψ_x^2 和方差 σ_x^2 之间满足下列关系:

$$\psi_x^2 = \sigma_x^2 + \mu_x^2 \qquad (1-54)$$

均值 μ_x 描述信号 $x(t)$ 的集中趋势,标准差 σ_x 描述信号 $x(t)$ 的散布,均方根值 ψ_x 描述信号 $x(t)$ 的集中趋势与散布的组合。对于绝大多数振动环境测量,测量系统一般不检测信号 $x(t)$ 的直流分量,或者通过高通滤波消除信号 $x(t)$ 的直流分量。在这些情况下,由式(1-53)计算的均方根值为信号的标准差,即如果 $\mu_x = 0$,则 $\psi_x = \sigma_x$。

1.4.2.3 自相关函数

对于随机振动时间历程 $x(t)$,令 $t_1 = t$、$t_2 = t+\tau$,其自相关函数定义为

$$R_{xx}(t_1, t_2) = E\left[x(t)x(t+\tau)\right] \qquad (1-55)$$

平稳随机振动的自相关函数 $R_{xx}(t_1, t_2)$ 仅与时间差 τ 有关,记为 $R_{xx}(\tau)$,从而有

$$R_{xx}(\tau) = E\left[x(t)x(t+\tau)\right] = \int_{-\infty}^{\infty}\int_{-\infty}^{\infty} x_1 x_2 p(x_1, x_2)\,\mathrm{d}x_1 \mathrm{d}x_2 \qquad (1-56)$$

式中:x_1 和 x_2 分别为 t 和 $t+\tau$ 时刻的随机振动幅值;$p(x_1, x_2)$ 为随机变量 x_1 和 x_2 的联合概率密度函数。

如果平稳随机振动 $x(t)$ 是各态历经的,则自相关函数可由任一样本计算:

$$R_{xx}(\tau) = \lim_{T \to \infty} \frac{1}{T}\int_0^T x(t)x(t+\tau)\,\mathrm{d}t \qquad (1-57)$$

平稳随机振动时间历程 $x(t)$ 的自协方差函数定义为

$$C_{xx}(\tau) = E\left[(x(t)-\mu_x)(x(t+\tau)-\mu_x)\right] \qquad (1-58)$$

当 $\tau = 0$ 时,有

$$C_{xx}(0) = E\left[(x(t)-\mu_x)^2\right] = R_{xx}(0) - \mu_x^2 = \sigma_x^2 \qquad (1-59)$$

平稳随机振动时间历程 $x(t)$ 的自相关系数定义为

$$\rho_{xx}(\tau) = \frac{C_{xx}(\tau)}{\sigma_x^2} \tag{1-60}$$

平稳随机振动的自相关函数 $R_{xx}(\tau)$ 具有下列性质：

（1）$R_{xx}(\tau)$ 为实偶函数，即 $R_{xx}(\tau) = R_{xx}(-\tau)$。

（2）$\tau = 0$ 时，$R_{xx}(\tau)$ 达到最大值，且等于均方值，即 $R_{xx}(0) = \max\{R_{xx}(\tau)\} = E[x^2(t)] = \psi_x^2$。

（3）$\tau \to \infty$ 时，$R_{xx}(\tau)$ 趋于均值的平方，即 $\lim\limits_{\tau \to \infty} R_{xx}(\tau) = R_{xx}(\pm\infty) = \mu_x^2$。

（4）$R_{xx}(\tau)$ 是有界的，即 $-\sigma_x^2 + \mu_x^2 \leqslant R_{xx}(\tau) \leqslant \sigma_x^2 + \mu_x^2$。

（5）如果随机信号 $x(t)$ 由两个不相关信号 $\lambda(t)$ 和 $n(t)$ 组成，则有 $R_{xx}(\tau) = R_{\lambda\lambda}(\tau) + R_{nn}(\tau)$。

1.4.2.4　自谱密度

对于均值为零的平稳随机振动时间历程 $x(t)$，其自谱密度（也称为功率谱密度）定义为

$$S_{xx}(f) = \int_{-\infty}^{\infty} R_{xx}(\tau) e^{-j2\pi f\tau} d\tau \tag{1-61}$$

规定 $x(t)$ 的均值为零是为了保证式（1-61）的积分存在。当式（1-61）的积分存在时，必须有

$$\int_{-\infty}^{\infty} |R_{xx}(\tau)| d\tau < \infty$$

这意味着 $R_{xx}(\infty) = 0$，从而必须有 $\mu_x = 0$。

对于均值非零的平稳随机振动时间历程 $y(t)$，可令 $x(t) = y(t) - \mu_y$，然后对 $x(t)$ 计算自谱密度。

由傅里叶逆变换，可以得到

$$R_{xx}(\tau) = \int_{-\infty}^{\infty} S_{xx}(f) e^{j2\pi f\tau} df \tag{1-62}$$

自谱密度 $S_{xx}(f)$ 具有下列性质：

（1）$S_{xx}(f)$ 为 f 的实函数，且 $S_{xx}(f) \geqslant 0$。

（2）$S_{xx}(f)$ 为 f 的偶函数，并且

$$S_{xx}(f) = 2\int_{-\infty}^{\infty} R_{xx}\tau e^{-j2\pi f\tau} d\tau \tag{1-63}$$

（3）$S_{xx}(f)$ 曲线下的面积等于时间历程 $x(t)$ 的均方值，即

$$\int_{-\infty}^{\infty} S_{xx}(f) df = R_{xx}(0) = \psi_x^2 \tag{1-64}$$

对于平稳随机振动环境，可用自谱密度描述信号 $x(t)$ 的频域特性，自谱密

度 $S_{xx}(f)$ 可以表示为

$$S_{xx}(f) = \lim_{T \to \infty} \frac{1}{T} \left[X(f,T) X^*(f,T) \right] \tag{1-65}$$

式中:$X(f,T)$ 由式(1-1)定义;$X^*(f,T)$ 为 $X(f,T)$ 的共轭。在实际应用中,一般使用单边自谱密度 $G_{xx}(f)$:

$$G_{xx}(f) = 2S_{xx}(f) = \frac{2}{T} E \left[|X(f,T)|^2 \right], f > 0 \tag{1-66}$$

式中:系数 2 是仅在正频率值条件下计算单边谱时所引入的因子;$E[\ ]$ 表示期望值。自谱密度 $G_{xx}(f)$ 是实函数,曲线为幅值单位平方每赫兹(g^2/Hz、m^2/Hz 等)与以 Hz 表示的频率之间的关系。

　　在理想情况下,$T \to \infty$,式(1-66)得到的谱在 $x(t)$ 的频率范围内连续。实际上,不可能在无限长的时间间隔内计算 $X(f,T)$,因此,自谱密度是在式(1-15)给出的频率上的离散谱分量序列的估计值。对于有限时间间隔 T,谱估计的频率分辨率为 $\Delta f = 1/T$,这导致自谱密度估计中可能存在频率分辨率偏移误差。通过傅里叶变换平方计算的有限次数的平均,可以获得可接受的自谱密度估计。实际上,平均过程一般采用由 $x(t)$ 的 n_d 个邻接数据段所计算的自谱密度估计进行总体平均方法,这将导致自谱密度估计中的统计抽样误差(随机误差)。

　　在自谱密度估计中,由于有限时间间隔的截断影响,傅里叶变换计算中总会涉及泄漏问题。如果所分析的随机振动环境具有相对平滑的自谱密度函数,其泄漏误差可忽略不计。但是,如果所分析信号自谱密度的动态范围很宽,则泄漏误差对于自谱密度估计有明显的影响。因此,应采用加窗处理以抑制潜在的泄漏误差。

1.4.3　双通道描述

1.4.3.1　幅值分布

　　对于两个平稳随机振动时间历程 $x(t)$ 和 $y(t)$,其幅值同时满足 $x(t) \leqslant x$ 和 $y(t) \leqslant y$ 的概率 $\text{Prob}[x(t) \leqslant x, y(t) \leqslant y]$ 称为二维联合概率分布函数,记为 $P(x,y)$。

　　平稳随机振动时间历程 $x(t)$ 和 $y(t)$ 在给定点上的分布密度称为二维概率密度函数,记为 $p(x,y)$。$p(x,y)$ 为二维联合概率分布函数 $P(x,y)$ 的二阶偏导数,即

$$p(x,y) = \frac{\partial^2 P(x,y)}{\partial x \partial y} \tag{1-67}$$

　　二维联合概率密度函数 $p(x,y)$ 具有下列性质:

（1）$p(x,y) \geqslant 0$；

（2）$\int_{-\infty}^{\infty} \int_{-\infty}^{\infty} p(x) \mathrm{d}x \mathrm{d}y = 1$；

（3）$p(-\infty, y) = 0, p(x, -\infty) = 0, p(\infty, \infty) = 1$；

（4）$p_1(x) = \int_{-\infty}^{\infty} p(x,y) \mathrm{d}x, p_2(y) = \int_{-\infty}^{\infty} p(x,y) \mathrm{d}y$；

（5）$\mathrm{Prob}[x \leqslant x(t) \leqslant x + \mathrm{d}x, y \leqslant y(t) \leqslant y + \mathrm{d}y] \approx p(x,y) \mathrm{d}x \mathrm{d}y$。

如果 $P(x,y) = P_1(x) P_2(y)$，则平稳随机振动时间历程 $x(t)$ 和 $y(t)$ 是相互独立的。相应地，$p(x,y) = p_1(x) p_2(y)$。

1.4.3.2 互相关函数

对于两个随机振动时间历程 $x(t)$ 和 $y(t)$，令 $t_1 = t$、$t_2 = t + \tau$，则其互相关函数定义为

$$R_{xy}(t_1, t_2) = E[x(t) y(t+\tau)] \tag{1-68}$$

$$R_{yx}(t_1, t_2) = E[y(t) x(t+\tau)] \tag{1-69}$$

与自相关函数相似，两个平稳随机振动时间历程的互相关函数仅与时间差 τ 有关：

$$R_{xy}(\tau) = E[x(t) y(t+\tau)] = \int_{-\infty}^{\infty} \int_{-\infty}^{\infty} x_1 y_2 p(x_1, y_2) \mathrm{d}x_1 \mathrm{d}y_2 \tag{1-70}$$

$$R_{yx}(\tau) = E[y(t) x(t+\tau)] = \int_{-\infty}^{\infty} \int_{-\infty}^{\infty} x_2 y_1 p(x_2, y_1) \mathrm{d}x_2 \mathrm{d}y_1 \tag{1-71}$$

如果平稳随机振动 $x(t)$ 和 $y(t)$ 是各态历经的，则互相关函数可由任一样本计算：

$$R_{xy}(\tau) = \lim_{T \to \infty} \frac{1}{T} \int_0^T x(t) y(t+\tau) \mathrm{d}t \tag{1-72}$$

两个平稳随机振动时间历程 $x(t)$ 和 $y(t)$ 的互协方差函数定义为

$$C_{xy}(\tau) = E[(x(t)-\mu_x)(y(t+\tau)-\mu_y)] \tag{1-73}$$

两个平稳随机振动时间历程 $x(t)$ 和 $y(t)$ 的互相关系数定义为

$$\rho_{xx}(\tau) = \frac{C_{xy}(\tau)}{\sigma_x \sigma_y} \tag{1-74}$$

平稳随机振动的互相关函数 $R_{xy}(\tau)$ 具有下列性质：

（1）对称性：

$$R_{xy}(\tau) = R_{yx}(-\tau)$$

（2）互相关函数与互协方差函数之间的关系：

$$R_{xy}(\tau) = C_{xy}(\tau) - \mu_x \mu_y$$

(3) $R_{xy}(\tau)$ 是有界的,即

$$-\sigma_x\sigma_y + \mu_x\mu_y \leqslant R_{xy}(\tau) \leqslant \sigma_x\sigma_y + \mu_x\mu_y$$

(4) $\tau \to \infty$ 时, $R_{xy}(\tau)$ 趋于两个均值的乘积,即

$$\lim_{\tau\to\infty}R_{xy}(\tau) = R_{xy}(\pm\infty) = \mu_x\mu_y$$

(5) $R_{xy}(\tau)$ 的最大值一般不在 $\tau = 0$ 处。

1.4.3.3　互谱密度

对于均值为零的两个平稳随机振动时间历程 $x(t)$ 和 $y(t)$,其互谱密度定义为

$$S_{xy}(f) = \int_{-\infty}^{\infty} R_{xy}(\tau) e^{-j2\pi f\tau} d\tau \tag{1-75}$$

$$S_{yx}(f) = \int_{-\infty}^{\infty} R_{yx}(\tau) e^{-j2\pi f\tau} d\tau \tag{1-76}$$

互谱密度 $S_{xy}(f)$ 具有下列性质:

(1) $S_{xy}(f)$ 为 f 的复函数。

(2) $S_{xy}(f)$ 与 $S_{yx}(f)$ 为复共轭,即

$$S_{xy}(f) = S_{yx}^*(f)$$

(3) $S_{xy}(f)$ 模的平方小于或等于对应的自谱密度的乘积,即

$$|S_{xy}(f)|^2 \leqslant S_{xx}(f)S_{yy}(f)$$

对于平稳随机振动环境,可用互谱密度描述两个信号 $x(t)$ 和 $y(t)$ 之间在频域中的基本线性关系。互谱密度 $S_{xy}(f)$ 可表示为

$$S_{xy}(f) = \lim_{T\to\infty}\frac{1}{T}[X(f,T)Y^*(f,T)] \tag{1-77}$$

式中: $X(f,T)$ 和 $Y(f,T)$ 由式(1-1)定义;上角标 * 表示复共轭;在实际应用中,一般使用单边互谱密度 $G_{xy}(f)$:

$$G_{xy}(f) = 2S_{xy}(f) = \frac{2}{T}E[X^*(f,T)Y(f,T)], f > 0 \tag{1-78}$$

式中:系数 2 是仅在正频率值条件下计算单边谱时所引入的因子; $E[\ ]$ 表示期望值。

在理想情况下, $T \to \infty$,式(1-78)得到的谱在 $x(t)$ 和 $y(t)$ 的频率范围内连续。与自谱密度类似,实际上,不可能在无限长的时间间隔内计算 $X(f,T)$ 和 $Y(f,T)$。因此,互谱密度是在式(1-15)给出的频率上的离散谱分量序列的估计值。这导致互谱密度估计中可能存在频率分辨率偏移误差。通过傅里叶变换乘积计算的有限次数的平均,可以获得可接受的自谱密度估计。实际上,平均过

程一般采用由 $x(t)$ 和 $y(t)$ 的 n_d 个邻接数据段所计算的互谱密度估计进行总体平均方法,这将导致互谱密度估计中的统计采样误差(随机误差)。互谱密度 $G_{xy}(f)$ 一般为复函数。曲线为 x 幅值单位与 y 幅值单位乘积每赫兹(g^2/Hz、m^2/Hz 等)与以赫兹表示的频率之间的关系。

在互谱密度计算中,信号 $x(t)$ 和 $y(t)$ 应是在同一时基上采样。如果 $x(t)$ 和 $y(t)$ 之间的采样时刻存在时间延迟,则产生一个偏移误差,导致互谱密度 $G_{xy}(f)$ 在所有频率上的估计值均偏低。这一时间延迟偏移误差可通过在 $x(t)$ 和 $y(t)$ 之间插入一个补偿时间平移予以消除。

1.4.3.4 相干函数

通常,可将均值为零的两个平稳随机振动信号 $x(t)$ 和 $y(t)$ 的互谱密度的幅值归一化,得到更便于测量两个信号之间线性相关程度的相干函数。信号 $x(t)$ 和 $y(t)$ 的相干函数为

$$\gamma_{xy}^2(f) = \frac{|S_{xy}(f)|^2}{S_{xx}(f)S_{yy}(f)} = \frac{|G_{xy}(f)|^2}{G_{xx}(f)G_{yy}(f)} \qquad (1-79)$$

相干函数 $\gamma_{xy}^2(f)$ 是无量纲的实函数,取值范围为

$$0 \leqslant \gamma_{xy}^2(f) \leqslant 1 \qquad (1-80)$$

如果 $\gamma_{xy}^2(f) = 0$,意味着 $x(t)$ 和 $y(t)$ 线性无关,而 $\gamma_{xy}^2(f) = 1$,意味着 $x(t)$ 和 $y(t)$ 在频率 f 上有理想的线性关系。相干函数对泄漏误差和频率分辨率偏移误差非常敏感。与互谱密度估计一样,相干函数估计中可能包含 $x(t)$ 和 $y(t)$ 之间的采样不同步所导致的时间延迟偏移误差。

1.4.3.5 频率响应函数和脉冲响应函数

频率响应函数经常用于建立两个振动信号 $x(t)$ 和 $y(t)$ 之间线性关系的模型,其定义为

$$H_{xy}(f) = \frac{G_{xy}(f)}{G_{xx}(f)} \qquad (1-81)$$

式中:$G_{xy}(f)$ 是式(1-78)定义的 $x(t)$ 和 $y(t)$ 之间的互谱密度;$G_{xx}(f)$ 是式(1-66)定义的 $x(t)$ 的自谱密度。$H_{xy}(f)$ 一般为复函数,经常表示为幅值 $|H_{xy}(f)|$ 和相位 $\varphi_{xy}(f)$。

频率响应函数的幅值 $|H_{xy}(f)|$ 也称为信号 $x(t)$ 和 $y(t)$ 之间的增益因子。增益因子建立了响应 $y(t)$ 与激励 $x(t)$ 的自谱之间的关系:

$$G_{yy}(f) = |H_{xy}(f)|^2 G_{xx}(f) \qquad (1-82)$$

频率响应函数对频率分辨率偏移误差非常敏感。与互谱密度估计一样,频

率响应函数估计中可能包含 $x(t)$ 和 $y(t)$ 之间的采样不同步所导致的时间延迟偏移误差。

式(1-82)所定义的频率响应函数在时域中的等效形式为脉冲响应函数 $h_{xy}(\tau)$,其为频率响应函数的逆傅里叶变换,即

$$h_{xy}(\tau) = \int_0^\infty H_{xy}(f) \, \mathrm{e}^{\mathrm{j}2\pi f\tau} \, \mathrm{d}f \qquad (1-83)$$

式中:τ 为 $y(t)$ 相对于 $x(t)$ 的时间延迟。

脉冲响应函数为实函数,其可直接定义为线性系统对单位脉冲(δ 函数)激励的响应。

1.4.3.6 平稳随机振动的微分特性

对于平稳随机振动时间历程 $x(t)$,假定 $x^{(n)}(t)$ 为 $x(t)$ 的 n 阶均方导数,即

$$x^{(n)}(t) = \frac{\mathrm{d}^n x(t)}{\mathrm{d}t^n} \qquad (1-84)$$

则 $x^{(n)}(t)$ 与 $x^{(m)}(t)$ 的互相关函数为

$$R_{x^{(n)}x^{(m)}}(\tau) = (-1)^n \frac{\mathrm{d}^{n+m} R_{xx}(\tau)}{\mathrm{d}\tau^{n+m}} \qquad (1-85)$$

对于两个平稳随机振动时间历程 $x(t)$ 和 $y(t)$,其均方导数的互相关函数为

$$R_{x^{(n)}y^{(m)}}(\tau) = (-1)^n \frac{\mathrm{d}^{n+m} R_{xy}(\tau)}{\mathrm{d}\tau^{n+m}} \qquad (1-86)$$

令 $S_{x^{(n)}x^{(m)}}(f)$ 表示 $x^{(n)}(t)$ 与 $x^{(m)}(t)$ 的互谱密度,则有

$$R_{x^{(n)}x^{(m)}}(\tau) = \int_{-\infty}^\infty S_{x^{(n)}x^{(m)}}(f) \, \mathrm{e}^{\mathrm{j}2\pi f\tau} \, \mathrm{d}f \qquad (1-87)$$

将式(1-85)和式(1-61)代入式(1-87),可得

$$\int_{-\infty}^\infty S_{x^{(n)}x^{(m)}}(f) \, \mathrm{e}^{\mathrm{j}2\pi f\tau} \, \mathrm{d}f = (-1)^n \int_{-\infty}^\infty (\mathrm{j}2\pi f)^{n+m} S_{xx}(f) \, \mathrm{e}^{\mathrm{j}2\pi f\tau} \, \mathrm{d}f \qquad (1-88)$$

因此,互谱密度 $S_{x^{(n)}x^{(m)}}(f)$ 与 $x(t)$ 的自谱密度 $S_{xx}(f)$ 的关系为

$$S_{x^{(n)}x^{(m)}}(f) = (-1)^n (\mathrm{j}2\pi f)^{n+m} S_{xx}(f) \qquad (1-89)$$

如果 $x(t)$ 为位移,则 $S_{xx}(f)$ 为位移的自谱密度。速度 $\dot{x}(t)$ 和加速度 $\ddot{x}(t)$ 的自谱密度与位移自谱密度的关系为

$$S_{\dot{x}\dot{x}}(f) = (2\pi f)^2 S_{xx}(f) \qquad (1-90)$$

$$S_{\ddot{x}\ddot{x}}(f) = (2\pi f)^4 S_{xx}(f) \qquad (1-91)$$

1.4.4 高斯平稳随机振动

对于高斯平稳随机振动时间历程 $x(t)$,概率密度函数 $p(x)$ 可表示为

$$p(x) = \frac{1}{\sqrt{2\pi}\,\sigma_x} \exp\left[-\frac{1}{2}\left(\frac{x-\mu_x}{\sigma_x}\right)^2\right] \tag{1-92}$$

式中:均值 μ_x 和标准差 σ_x 为常数。

相应的概率分布函数为

$$P(x) = N(\mu_x, \sigma_x) = \frac{1}{\sqrt{2\pi}\,\sigma_x} \int_{-\infty}^{x} \exp\left[-\frac{1}{2}\left(\frac{x-\mu_x}{\sigma_x}\right)^2\right] \mathrm{d}x \tag{1-93}$$

高斯平稳随机振动时间历程 $x(t)$ 的幅值落在给定区间内的概率为

$$\mathrm{Prob}\left[-\sigma_x \leqslant x(t) - \mu_x \leqslant \sigma_x\right] = 0.6282$$

$$\mathrm{Prob}\left[-2\sigma_x \leqslant x(t) - \mu_x \leqslant 2\sigma_x\right] = 0.9541$$

$$\mathrm{Prob}\left[-3\sigma_x \leqslant x(t) - \mu_x \leqslant 3\sigma_x\right] = 0.9974$$

在工程应用中,当高斯平稳随机振动时间历程 $x(t)$ 的均值为零时,一般可将其最大幅值选择为 $\pm 3\sigma_x$。

高斯平稳随机振动时间历程 $x(t)$ 的幅值分布完全由一阶矩(均值 μ_x)和二阶矩(均方值 ψ_x^2 或方差 σ_x^2)决定。如果已知高斯平稳随机振动的均值和自相关函数(或自谱密度),则可以完全确定随机振动时间历程 $x(t)$ 的所有统计特性。

1.4.5　非高斯平稳随机振动

对于非高斯平稳随机振动时间历程 $x(t)$,其幅值分布除了与一阶矩(均值 μ_x)和二阶矩(均方值 ψ_x^2 或方差 σ_x^2)有关以外,还与高阶矩有关。其中,偏度(三阶矩)S_k 和峭度(四阶矩)K_u 一般用于判断平稳随机振动时间历程 $x(t)$ 的幅值分布偏离高斯分布的程度。

高斯平稳随机振动的概率密度函数曲线是相对均值 μ_x 对称分布的,其偏度 S_k 等于零。如果平稳随机振动时间历程 $x(t)$ 的偏度 S_k 不等于零,则表明 $x(t)$ 的概率密度函数相对均值 μ_x 的分布是不对称的。当 $S_k > 0$ 时,概率密度函数曲线的峰值偏左;$S_k < 0$ 时,曲线的峰值偏右;其中,概率密度函数曲线的峰值对应于均值 μ_x,如图 1-5 所示。

峭度 K_u 的取值范围为 $1 \sim \infty$。对于高斯平稳随机振动,峭度 $K_u = 3$。与具有相同均值和均方值的高斯平稳随机振动相比,当 $K_u < 3$ 时,非高斯平稳随机振动的概率密度函数曲线的峰值较低,整个峰较宽,但尾部的量值较低;对于均匀分布信号,$K_u = 1.8$。当 $K_u > 3$ 时,非高斯平稳随机振动的概率密度函数曲线的峰值较高,整个峰较窄,但尾部的量值较高,因此,极大值出现的概率较大,如图 1-6 所示。

21

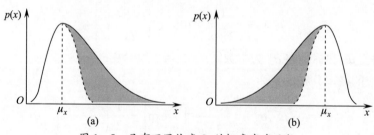

图 1-5　具有不同偏度 S_k 的概率密度函数

（a）$S_k>0$；（b）$S_k<0$。

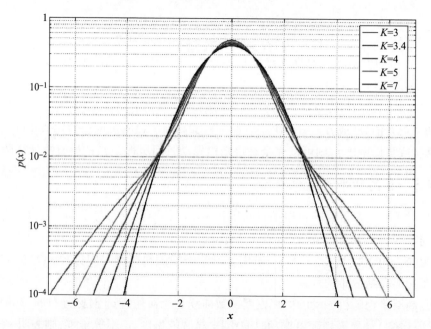

图 1-6　具有不同峭度 K_u 的概率密度函数（$\mu_x=0,\sigma_x^2=1$）（彩色版本见彩插）

　　非高斯平稳随机振动时间历程 $x(t)$ 的概率密度函数可以表示为高斯过程概率密度函数的渐进展开式。假定 $z(t)=\dfrac{[x(t)-\mu_x]}{\sigma_x}$，则 $z(t)$ 的概率密度函数 $p^*(z)$ 的 Edgeworth（埃奇沃斯）渐进展开式为

$$p^*(z)=p(z)\left[1+\frac{1}{3!}S_kH_3(z)+\frac{1}{4!}(K_u-3)H_4(z)+\frac{10}{6!}S_k^2H_6(z)+\cdots\right]\quad(1-94)$$

式中：$p(z)$ 为高斯概率密度函数；$H_n(z)$ 为 n 阶 Hermite（埃尔米特）多项式。

$$H_n(z) = (-1)^n \exp\left[-\frac{z^2}{2}\right] \frac{d^n}{dz^n} \exp\left[-\frac{z^2}{2}\right]$$

1.4.6　宽带随机振动与窄带随机振动

平稳随机振动 $x(t)$ 的第 k 阶谱矩 λ_k 用单边自谱密度 $G_{xx}(f)$ 定义为

$$\lambda_k = \int_0^\infty (2\pi f)^k G_{xx}(f) \, df, \quad k = 0, 1, 2, \cdots \tag{1-95}$$

式中：$x(t)$ 应满足 $\mu_x = E[x(t)] = 0$。

从而有

$$\sigma_x^2 = E[x^2(t)] = \lambda_0 \tag{1-96}$$

$$\sigma_{\dot{x}}^2 = E[\dot{x}^2(t)] = \lambda_2 \tag{1-97}$$

$$\sigma_{\ddot{x}}^2 = E[\ddot{x}^2(t)] = \lambda_4 \tag{1-98}$$

定义谱参数：

$$f_k = \left(\frac{\lambda_k}{2\pi\lambda_0}\right)^{1/k}, \quad k = 1, 2 \tag{1-99}$$

$$q = \left(1 - \frac{\lambda_1^2}{\lambda_0\lambda_2}\right) \tag{1-100}$$

f_1 为 $G_{xx}(f)$ 所围面积的重心频率，f_2 为 $G_{xx}(f)$ 所围面积相对于纵轴的回转半径。

谱参数 q 可以表示为

$$q = \frac{\sqrt{f_2^2 - f_1^2}}{f_2} = \frac{1}{f_2}\left[\frac{1}{\lambda_0}\int_0^\infty (f - f_1)^2 G_{xx}(f) \, df\right]^{1/2} \tag{1-101}$$

因此，谱参数 q 表示自谱密度 $G_{xx}(f)$ 相对于重心频率 f_1 的分散度（或集中度）。可以证明，$0 \leqslant q \leqslant 1$。

根据谱参数 q，可将平稳随机过程分为两类：

（1）q 值越小，$G_{xx}(f)$ 越集中于频率 f_1 附近。当 $q \to 0$ 时，对应的 $x(t)$ 称为窄带随机振动。特别地，当 $q = 0$ 时，$G_{xx}(f)$ 为频率 f_1 处的一条竖线，可表示为

$$G_{xx}(f) = G_0 \delta(f - f_1)$$

其对应的 $x(t)$ 为单频正弦振动。

（2）q 值越大，$G_{xx}(f)$ 越分散在较宽的频率范围内。当 $q \to 1$ 时，对应的 $x(t)$ 称为宽带随机振动。特别地，当 $q = 1$ 时，$G_{xx}(f)$ 可表示为

$$G_{xx}(f) = G_0$$

其对应的 $x(t)$ 为白噪声。

在结构随机振动中,通常引入下列带宽因子 α:

$$\alpha = \frac{\lambda_2}{\sqrt{\lambda_0 \lambda_4}} = \frac{\sigma_{\dot{x}}^2}{\sigma_x \sigma_{\ddot{x}}} \tag{1-102}$$

可以证明,$0 \leqslant \alpha \leqslant 1$;并且,$q=1$ 时,$\alpha=0$;$q=0$ 时,$\alpha=1$。因此,当 $\alpha \to 0$ 时,对应的 $x(t)$ 称为宽带随机振动;当 $\alpha \to 1$ 时,对应的 $x(t)$ 称为窄带随机振动。

1.5 非平稳随机振动

1.5.1 引言

在工程实际中遇到的随机振动环境往往是非平稳的。例如,运载火箭从点火起飞到星箭分离整个过程的振动环境中,振动量级较大的时间段分别为起飞段、跨声速飞行段和最大动压区飞行段。图 1-7 给出了航天飞机飞行过程中典型振动环境的短时平均均方根加速度时间历程,其短时平均均方根值在时间轴上表现为若干个峰值,即先增加到最大值,然后减小。

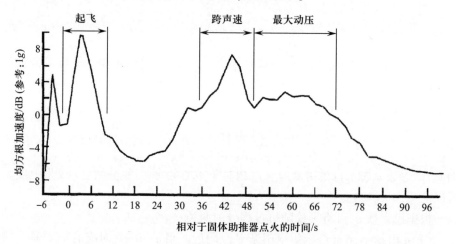

图 1-7 航天飞机飞行过程中典型振动环境的短时平均均方根加速度时间历程

对于非平稳随机振动环境,有时可由一组信号 $x_i(t)$ ($i=1,2,\cdots,M$) 表示。如果这 M 个信号是在统计意义上等同条件下可重复振动环境的多次测量结果,则可采用统计意义上严格的方法进行非平稳随机振动环境的时域和频域分析。但是,这种统计意义上的集合平均所需要的测量次数通常在工程实际中难以实现。因此,在工程应用中,实用的非平稳随机振动环境分析方法一般需要对非平稳随机振动引入某些假设,以采用基于时间统计平均的近似分析方法估计非平稳随机振动环境的特征参数。

在工程应用中,经常假定非平稳随机振动环境的时间历程信号 $x(t)$ 满足下列模型之一:

$$x(t) = a(t) + u(t) \qquad (1-103)$$

$$x(t) = a(t)u(t) \qquad (1-104)$$

式中: $u(t)$ 为零均值的各态历经平稳随机时间历程信号; $a(t)$ 为确定性的时间历程信号。

对于非平稳随机振动环境的描述,主要参数包括时域矩(均值、均方值等)和自谱密度函数,这些参数为时间的函数。在工程应用中,更多的情况下是使用与时间无关的最大谱描述非平稳随机振动环境的频域特性,其经常解释为随机振动环境设计和试验所需要的等效平稳随机振动的自谱密度。

1.5.2　时域矩

对于非平稳随机振动环境的时间历程 $x(t)$,在短平均时间 T 下,时刻 t_1 的非平稳均值 $\mu_x(t_1)$ 的短时平均估计值为

$$\hat{\mu}_x(t_1) = \frac{1}{T} \int_{t_1-T/2}^{t_1+T/2} x(t)\,\mathrm{d}t \qquad (1-105)$$

如果非平稳随机振动信号 $x(t)$ 满足模型(1-103),则可以得到

$$\mu_x(t_1) = E[x(t_1)] = E[a(t_1)] + E[u(t_1)] = a(t_1) \qquad (1-106)$$

一般情况下,短时平均估计值 $\hat{\mu}_x(t_1)$ 是有偏的,即

$$E[\hat{\mu}_x(t_1)] \neq a(t_1)$$

在短平均时间 T 下,时刻 t_1 的非平稳均方值 $\psi_x^2(t_1)$ 的短时平均估计值为

$$\hat{\psi}_x^2(t_1) = \frac{1}{T} \int_{t_1-T/2}^{t_1+T/2} x^2(t)\,\mathrm{d}t \qquad (1-107)$$

如果非平稳随机振动信号 $x(t)$ 满足式(1-104),且 $u(t)$ 为零均值和单位方差的各态历经平稳随机信号,则可以得到:

$$\psi_x^2(t_1) = E[x^2(t_1)] = a^2(t_1)E[u^2(t_1)] = a^2(t_1) \qquad (1-108)$$

同样,短时平均估计值 $\psi_x^2(t_1)$ 一般是有偏的,即

$$E[\hat{\psi}_x^2(t_1)] \neq a^2(t_1) \qquad (1-109)$$

时刻 t_1 的非平稳标准偏差为

$$\sigma_x(t_1) = \sqrt{\psi_x^2(t_1) - \mu_x^2(t_1)} \qquad (1-110)$$

如果非平稳随机振动信号 $x(t)$ 的幅值符合正态分布,则可根据非平稳均值 $\mu_x(t_1)$ 和非平稳均方值 $\psi_x^2(t_1)$ 确定非平稳概率密度函数 $p(x,t_1)$,即

$$p(x,t_1) = \frac{1}{\sqrt{2\pi}\,\sigma_x(t_1)}\exp\left[\frac{-\{x-\mu_x(t_1)\}^2}{2\sigma_x^2(t_1)}\right] \quad (1-111)$$

1.5.3 时变谱密度

1.5.3.1 时变谱密度的定义

对于非平稳随机振动的谱分析,一种近似方法是在短平均时间 T 下,计算信号的自谱密度函数。在时刻 t_1,非平稳随机振动信号 $x(t)$ 的自谱密度函数 $G_{xx}(f,t_1)$ 可以用式(1-112)估计:

$$\hat{G}_{xx}(f,t_1) = \frac{1}{BT}\int_{t_1-T/2}^{t_1+T/2} x^2(t,f,B)\,\mathrm{d}t \quad (1-112)$$

式中:$x(t,f,B)$ 是 $x(t)$ 通过带宽 B、中心频率 f 的窄带滤波器的输出。

在保持短平均时间 T 不变的情况下,当 t_1 变化时,由式(1-112)可以得到非平稳随机振动信号 $x(t)$ 的滑动平均自谱密度估计 $\hat{G}_{xx}(f,t_1)$,其称为时变谱密度(或瞬时谱密度),相应的计算框图如图1-8所示。

图1-8 时变自谱密度估计程序

在非平稳随机振动数据谱分析中,分辨率带宽 B 是可选的,其可选择为固定分辨率带宽或比例分辨率带宽。

对于时变谱密度估计 $\hat{G}_{xx}(f,t_1)$,其误差包括偏度误差和随机误差,其中,偏度误差可进一步分为时间分辨率偏置误差和频率分辨率偏置误差。

归一化时间分辨率偏置误差为

$$\varepsilon_{bt}\left[\hat{G}_{xx}(f,t_1)\right] \approx \frac{T^2}{12}\left[\frac{\mathrm{d}^2 G_{xx}(f,t_1)/\mathrm{d}t_1^2}{G_{xx}(f,t_1)}\right] \quad (1-113)$$

归一化频率分辨率偏置误差为

$$\varepsilon_{bf}\left[\hat{G}_{xx}(f,t_1)\right] \approx \frac{B^2}{12(\zeta_n f_n)^2} \quad (1-114)$$

归一化随机误差为

$$\varepsilon_r\left[\hat{G}_{xx}(f,t_1)\right] \approx \frac{1}{\sqrt{BT}} \quad (1-115)$$

式中:f_n、ζ_n 分别为结构的固有频率和阻尼比。

式(1-114)中频率分辨率偏置误差的近似估计适用于自谱密度曲线上出现被测结构共振响应尖峰的频率,并且假定在分辨率带宽 B 内仅存在一个共振峰。

1.5.3.2 短时傅里叶变换

对于非平稳随机振动的谱分析,最常用的谱估计方法是短时傅里叶变换方法。

对于非平稳随机振动信号 $x(t)$,在短平均时间 T 下,有限傅里叶变换定义为

$$X(t_1,f,T) = \int_{t_1-T/2}^{t_1+T/2} x(t)\,e^{-j2\pi ft}dt \qquad (1-116)$$

非平稳随机振动信号 $x(t)$ 的时变谱密度估计 $\hat{G}_{xx}(f,t_1)$ 由下式计算:

$$\hat{G}_{xx}(f,\frac{n_d}{2}t_1) = \begin{cases} \dfrac{2}{n_dT}\sum_{i=1}^{n_d} \mid X(n_d,f,T) \mid^2, f>0 \\ \dfrac{1}{n_dT}\sum_{i=1}^{n_d} \mid X(n_d,f,T) \mid^2, f=0 \end{cases} \qquad (1-117)$$

式中: n_d 为傅里叶变换计算的数据帧数量, n_d 个数据帧为邻接方式。

短时傅里叶变换所得到的时变谱密度估计是持续时间为 n_dT 的平均自谱密度,其归一化随机误差为

$$\varepsilon_r[\hat{G}_{xx}(f,t_1)] \approx \frac{1}{\sqrt{n_d}} \qquad (1-118)$$

短时傅里叶变换一般采用 FFT(快速傅里叶变换)算法,其为固定的分辨率带宽,即只有以不同数据帧长度 T 重新计算自谱密度时,才能改变分辨率带宽。

1.5.3.3 频率分辨率带宽和平均时间

对于时变谱密度估计,当平均时间为 T 时,理论上的频率分辨率带宽 B 为 $\Delta f = \dfrac{1}{T}$。实际上,在使用短时傅里叶变换估计时变谱密度时,为了抑制泄漏,通常需要进行时域加窗处理(锥形化处理),其导致频率分辨率带宽 B 增加。例如,当采用 Hanning(汉宁)窗时,频率分辨率带宽 $B = 1.44\Delta f = \dfrac{1.44}{T}$。

根据式(1-113)~式(1-115),当平均时间 T(或 n_dT)增大时,时变谱密度估计 $\hat{G}_{xx}(f,t_1)$ 的随机误差减小,但时间分辨率偏置误差增大。其中,在结构共振频率产生的谱密度曲线的尖峰处,时间分辨率偏置误差近似达到极大值。当频率分辨率带宽 B 减小时,时变谱密度估计 $\hat{G}_{xx}(f,t_1)$ 的频率分辨率偏置误差减小,但随机误差增大。因此,对于时变谱密度估计,存在一个合理选择频率分辨率带宽 B 和平均时间 T 的问题。当使用短时傅里叶变换估计时变谱密度时,问

题转化为合理选择数据帧持续时间 T 和数据帧数量 n_d。

假定所关心的是结构共振频率处的时变谱密度估计值,则总均方误差可由式(1-113)~式(1-115)给出的归一化误差的平方和得到。如果使这一总均方误差最小,则可以得到所对应的最优频率分辨率带宽 B_0 和平均时间 T_0:

$$B_0 = 2.29 C_T^{1/24}(f,t)/C_B^{5/24}(f) \qquad (1-119)$$

$$T_0 = 2.29 C_B^{1/24}(f,t)/C_T^{5/24}(f) \qquad (1-120)$$

式中:

$$C_B(f) = \frac{4}{(\zeta_n f_n)^4}, C_T(f,t) = \frac{\mathrm{d}^2 G_{xx}(f,t)/\mathrm{d}t^2}{G_{xx}(f,t)} \qquad (1-121)$$

由式(1-119)和式(1-121)可以得到, $B_0 \propto (\zeta_n f_n)^{5/6}$。假定所有结构共振的阻尼比近似相同,则可以得到时变谱密度估计的最优频率分辨率带宽 B_0 近似与频率 f 成正比。如果假定结构阻尼比 $\zeta = 0.05$,则最优频率分辨率带宽 B_0 宜选择为 1/12 oct 带宽(43Hz 以下除外)。

如果采用固定的频率分辨率带宽 B 估计时变谱密度,即使用短时傅里叶变换方法,则在 20~2000 Hz 频率范围内,为了达到可接受的总均方误差,推荐的频率分辨率带宽 B 如下: $20 \leqslant f < 100$ Hz 时, $B = 3$ Hz; $100 \leqslant f < 400$ Hz 时, $B = 10$ Hz; $400 \leqslant f \leqslant 2000$ Hz 时, $B = 30$ Hz。其中,频率分辨率带宽 B 应考虑加窗处理的影响。

由式(1-120)和式(1-121)可以得到, $T_0 \propto (\zeta_n f_n)^{-1/6}$。这意味着时变谱密度估计的最优平均时间 T_0 基本上与频率 f 无关,即在所有频率下,使用一个固定的平均时间 T_0 可以得到可接受的结果。

1.5.4 最大谱密度

对于随机振动环境的设计和试验,使用时变谱密度描述非平稳随机振动将使问题变得过于复杂。在工程应用中,一种近似的处理方法是使用最大谱密度描述非平稳随机振动的频域特性。所谓最大谱密度 $G_{xx}(f)_{max}$,是使用短平均时间 T 得到的非平稳随机振动信号 $x(t)$ 的时变谱密度估计 $\hat{G}_{xx}(f,t_1)$,然后,在每个频率上选择时变谱密度估计的最大谱值。显然,最大谱密度 $G_{xx}(f)_{max}$ 与时变谱密度估计 $\hat{G}_{xx}(f,t_1)$ 的最大值出现的时刻无关。

尽管最大谱密度 $G_{xx}(f)_{max}$ 一般不能表示任意特定时间测量的瞬态谱密度,但是在每个频率上,可以认为其所产生的结构振动响应与非平稳随机振动环境作用下的结构振动响应的最大值是相同的。由于仪器设备的失效模式往往与振动激励频率有关,因此,从随机振动环境对产品或结构的损伤角度看,最大谱密度为非平稳振动环境提供了一个保守的测度。这一结论基于下列假设:受到非平稳随机振动环境作用的产品或结构的脉冲响应函数的衰减时间应小于非平稳随机振动环境的特征参数的变化时间。如果不满足上述假设,则应考虑按照瞬态振动过程描述振动环境。

如果将非平稳随机振动环境视为分段平稳随机振动环境,则最大谱密度可以视为各段平稳随机振动环境的自谱密度的最大值包络。由于在随机振动环境作用下,产品或结构的失效不仅与随机振动环境的谱密度值有关,而且与随机振动环境的持续时间有关,因此,当最大谱密度用于振动环境设计和试验时,应将非平稳随机振动环境的持续时间转换成对应于最大谱密度的等效持续时间。

如果非平稳随机振动信号 $x(t)$ 满足模型式(1-104),并且 $a(t)$ 相对于 $u(t)$ 的变化相当平缓,则可以得到

$$G_{xx}(f,t_1)=a^2(t_1)G_{uu}(f) \tag{1-122}$$

式中: $G_{uu}(f)$ 为平稳随机振动信号 $u(t)$ 的自谱密度。

假设:

$$a(t)=A\cos(2\pi f_0 t) \tag{1-123}$$

则可以得到最大谱密度为

$$G_{xx}(f)_{max}=A^2 G_{uu}(f) \tag{1-124}$$

$x(t)$ 在持续时间 $T=1/f_0$ 内的时间平均自谱密度估计值为

$$\overline{G}_{xx}(f)=A^2 G_{uu}(f)/2 \tag{1-125}$$

因此,如果将 $\overline{G}_{xx}(f)$ 乘以2(或增加3 dB),则可以得到非平稳随机振动信号 $x(t)$ 的最大谱密度 $G_{xx}(f)_{max}$。

1.6　瞬态振动环境

瞬态振动环境(或复杂波形冲击环境)为有限长度的动态时间历程信号。然而,实测的时间历程信号对于描述瞬态振动环境的特征却并非完全合适,其原因在于实际瞬态振动环境中存在的随机性和易变性往往无法用有限的几个时间历程信号样本完全覆盖,而且时间历程信号本身也不适合进行统计分析和包络处理。

对于确定性的瞬态振动环境,可用傅里叶谱(参见1.3.4节)描述信号的频域特性。对于随机的瞬态振动环境,可用能量谱密度描述信号的频域特性。冲

击响应谱在传统上用于给定冲击的损伤潜能的测度,也可用于描述确定性的或随机的短持续时间瞬态振动环境。

1.6.1　能量谱密度

瞬态信号 $x(t)$ 的能量谱密度为

$$E_{xx}(f) = 2E[\,|X(f,T)|^2\,], f > 0 \qquad (1-126)$$

式中: $X(f,T)$ 由式 $(1-1)$ 定义;系数2是仅在正频率值条件下计算单边谱时所引入的因子; $E[\ ]$ 表示期望值。能量谱密度 $E_{xx}(f)$ 是实函数。

在理想情况下, $T \to \infty$ 。与傅里叶谱类似,在式 $(1-1)$ 的积分时间间隔包含了瞬态振动环境的整个持续时间的条件下,即当 $t < 0$ 和 $t > T$ 时,在 $x(t) = 0$ 的条件下,能量谱密度仅在式 $(1-15)$ 给出的离散频率上计算,但连续的能量谱密度可以通过这些离散值的内插得到,且此时,傅里叶变换不会出现由于信号截断导致的泄漏。但是,如果积分时间 T 在瞬态信号衰减到可忽略的数值之前终止,则能量谱密度出现截断误差导致的泄漏。通常采用加窗处理以抑制截断误差造成的泄漏。

式 $(1-126)$ 的期望值计算意味着一个无限的傅里叶变换二次方序列的平均,这是不可能实现的。实际上,通过傅里叶变换二次方计算的有限次数的平均,可以获得可接受的能量谱密度估计。在工程应用中,这可通过在统计意义上等同条件下 n_d 次重复瞬态振动环境,然后进行能量谱密度平均予以实现。在某些情况下,也可以通过对单一瞬态信号所计算的能量谱密度在带宽为 $B = n_d/T$ 的频率范围中的 n_d 个相邻的频率分量进行平均予以实现,但这种方法将降低能量谱密度估计的分辨率。有限的平均次数将导致能量谱密度估计中的统计抽样误差(随机误差)。

1.6.2　冲击响应谱

冲击响应谱可定义为任何所关心参数(位移、速度和加速度)的输入和响应。对于瞬态振动环境描述,通常采用最大绝对加速度冲击响应谱。

对于瞬态加速度信号 $a(t)$,冲击响应谱 $SRS_x(f,\zeta)$ 定义为,当 $a(t)$ 作用于一个具有固有频率 f_n 和阻尼比 ζ 的单自由度质量-弹簧-阻尼器系统的基座时,系统质量的最大峰值加速度响应。冲击响应谱计算的力学模拟模型如图 $1-9$ 所示。冲击响应谱定义中隐含着下列假设:单自由度系统的运动质量与基座质量相比足够小,使得其不影响基座的输入。冲击响应谱有多种计算方法,最常用的是 Smallwood(斯莫尔伍德)提出的改进递归数字滤波方法。

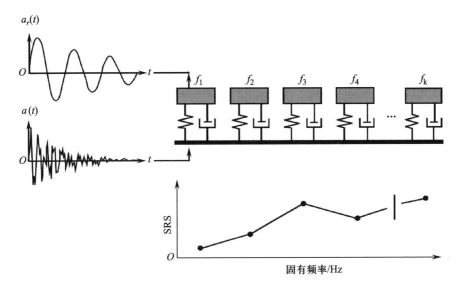

图 1-9　冲击响应谱计算的力学模拟模型

与傅里叶谱不同,冲击响应谱与瞬态振动信号输入之间没有唯一的对应关系,即不同的瞬态振动环境可能具有相同的冲击响应谱。

1.7　实验室振动环境的定义

1.7.1　引言

产品的振动环境通常作用于产品振动输入界面上的运动激励或力激励来规定,也可以用产品上的振动响应(一般为加速度响应)来规定。绝大多数情况下,产品的振动环境是用运动激励或响应来定义的,其原因是振动环境的定义主要基于产品在使用环境中的实测数据,而运动参数(如加速度)的测量比激振力的测量要容易得多。

运动或振动响应与产品上的测量位置和方向有关,因此,振动环境的描述是基于规定点在规定方向上的振动,即在规定的运动自由度上的振动。这意味着振动环境的定义首先面临的问题是用多少个运动自由度才能合理地规定振动环境。

对于每个运动自由度上的振动,振动环境的实测结果一般是给出加速度(或速度、位移)的时间历程样本。尽管振动时间历程是振动环境的一个典型的描述,但是,在多数情况下,用振动时间历程来定义振动环境实际上是不现实的,这主要是由于使用环境的变异导致有限长度的时间历程不能充分描述实际振动环境的全部特征,以及产品使用状态与试验状态之间的差异。因此,振动环境的定义需要针对特定的环境采用相应的描述方法。

根据大量实测振动环境数据的分析结果,产品在使用过程中的振动环境无论在空间分布上还是在时间分布上都是极为复杂的,并且大多数振动环境都是不可重复的。因此,从严格意义上说,在实验室中真实地复现实际使用过程的振动环境几乎是不可能的。在技术上能够实现的大多数实验室振动试验,是对实际使用过程的振动环境在一定假设基础上进行必要的简化后,模拟其全部或部分主要特征,包括空间分布特征和时间分布特征。

从本质上说,振动环境的定义过程是在一定假设的基础上对实测振动环境数据的特征分析和简化过程。

1.7.2 正弦振动环境的定义

正弦振动环境分为两种情况:一种是稳态正弦振动,包括单频正弦振动和周期振动,后者是多个不同频率的正弦振动所叠加的结果;另一种是正弦扫描振动,其频率随时间变化。正弦振动环境的量级一般采用频域描述方法。

对于稳态正弦振动,采用线谱描述其频域特征,相应的特征参数为离散的频率以及其对应的幅值和相位。其中,幅值的量纲可以采用位移、速度或加速度。

对于正弦扫描振动,其可看作一个有限时间长度的瞬态信号,采用傅里叶谱描述其频域特征,相应的特征参数为幅值与频率的关系和相位与频率的关系,其中,频率将连续变化。然而,采用 FFT 计算正弦扫描的傅里叶谱时,面临着非整周期采样所产生的泄漏问题,导致正弦扫描信号的幅值计算结果产生偏差。因此,在实际应用中,一般也采用线谱描述正弦扫描振动的频域特征,只是假定线谱的离散频率之间的间隔足够小,即频率分辨率足够高。

此外,正弦扫描振动还应规定扫描的频率范围、频率随时间的变化关系(扫描速率和方向)。通常,扫描模式分为线性扫描和对数扫描两类。

实际上,正弦扫描振动除了用于描述旋转机械转速变化产生的振动激励和响应以外,在许多情况下,主要用作瞬态振动环境的等效。瞬态振动环境的测量数据一般处理为冲击响应谱,当采用正弦扫描振动等效时,可利用下式将冲击响应谱转换为正弦扫描振动的幅值谱:

$$|P_x(f)| = \mathrm{SRS}_x(f,\zeta)/Q \qquad\qquad (1-127)$$

式中:$|P_x(f)|$ 为正弦扫描振动的幅值谱;$\mathrm{SRS}_x(f,\zeta)$ 为瞬态振动的冲击响应谱;$Q=1/(2\zeta)$ 为计算冲击响应谱所采用的放大系数(典型地,$Q=10$)。

对于产品的正弦振动环境,通常用规定的运动自由度上的幅值谱和相位谱予以定义,其中,幅值谱和相位谱既可以是离散谱,也可以是连续谱。

在单轴振动情况下,当产品的正弦振动环境仅用一个运动自由度就可以描述时,对于单频正弦振动和正弦扫描振动,相位谱并不具备实用价值,仅需要幅值谱就可完全定义正弦振动环境。然而,当产品的正弦振动环境需要用两个或两个以上的运动自由度描述时,相位谱则是必不可少的。在幅值谱相同的情况下,改变相位谱将导致实际的振动响应分布和量值存在显著的差别。图 1 - 10 说明了同一点的两个正交运动自由度上振动幅值谱相同情况下,结构的二维振动环境。图 1 - 11 说明了刚性梁上两个同方向的运动自由度上振动幅值谱相同情况下,刚性梁上各点的同一时刻的振动幅值分布。

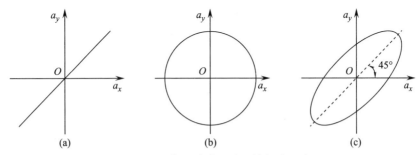

图 1 - 10　相位差导致的二维振动环境

(a)相位差 0°;(b)相位差 90°;(c)相位差 45°。

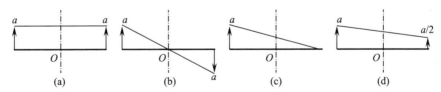

图 1 - 11　相位差导致的刚性梁振动幅值分布

(a)相位差 0°;(b)相位差 180°;(c)相位差 90°;(d)相位差 30°。

当产品的正弦振动环境用 N 个运动自由度描述时($N>1$),一般采用空间谱向量 $\boldsymbol{P}(f)$ 表示振动环境条件,对于每一个频率,向量 $\boldsymbol{P}(f)$ 包括 N 个元素:

$$\boldsymbol{P}(f) = \begin{pmatrix} |P_1(f)| \exp[-\mathrm{j}\theta_1(f)] \\ |P_2(f)| \exp[-\mathrm{j}\theta_2(f)] \\ \vdots \\ |P_n(f)| \exp[-\mathrm{j}\theta_N(f)] \end{pmatrix} \qquad (1-128)$$

式中:$|P_i(f)|$、$\theta_i(f)$ 分别为第 i 个运动自由度的幅值和相位,$i=1,2,\cdots,N$。

对于多自由度正弦振动环境,在同一时刻,各运动自由度的振动频率是相同的。

1.7.3 随机振动环境的定义

对于平稳随机振动,采用自谱密度描述其频域特征,相应的特征参数为自谱密度与频率的关系,其中,频率将连续变化。

对于两个平稳随机振动信号 $x_1(t)$ 和 $x_2(t)$,其频域特征除了两个信号各自的自谱密度以外,还包括两个信号之间的互谱密度。因此,两个信号的频域特征用下列谱密度矩阵描述:

$$G_{xx}(f) = \begin{bmatrix} G_{11}(f) & G_{12}(f) \\ G_{12}^*(f) & G_{22}(f) \end{bmatrix} \tag{1-129}$$

式中:$G_{11}(f)$、$G_{22}(f)$ 分别为 $x_1(t)$ 和 $x_2(t)$ 的自谱密度;$G_{12}(f)$ 为 $x_1(t)$ 与 $x_2(t)$ 之间的互谱密度。

互谱密度 $G_{12}(f)$ 为复数,可以表示为下列形式:

$$G_{12}(f) = |G_{12}(f)| \exp[j\theta_{12}(f)] = A_{12}(f) + jB_{12}(f) \tag{1-130}$$

式中:$|G_{12}(f)|$、$\theta_{12}(f)$ 分别为互谱密度的幅值和相位差;$A_{12}(f)$、$B_{12}(f)$ 分别为互谱密度的实部和虚部。

通常用相干函数 $\gamma_{12}^2(f)$ 表示规一化互谱密度的幅值:

$$\gamma_{12}^2(f) = \frac{|G_{12}(f)|^2}{G_{11}(f)G_{22}(f)} \tag{1-131}$$

由于 $|G_{12}(f)|^2 \leqslant G_{11}(f)G_{22}(f)$,因此,相干函数的值在 0 与 1 之间变化。互谱密度可以表示为

$$G_{12}(f) = \gamma_{12}(f)\sqrt{G_{11}(f)G_{22}(f)} \exp[j\theta_{12}(f)] \tag{1-132}$$

利用相干函数替代互谱密度具有下列优点:

(1)能够定量表示两个随机振动信号之间的耦合影响;

(2)可以利用统计平均方法处理多组测量数据的相干函数的变异;

(3)可以利用简单的直线或折线表示相干函数而不损失普遍性;

(4)可以使用以往测量结果所得到的相干函数典型值外推类似振动环境的相干函数。

相位差 $\theta_{12}(f)$ 表示两个随机信号之间在给定频率 f 上的相移,即 $\theta_{12} = \theta_2 - \theta_1$。对于随机振动环境,在每个频率点上的相位关系都是随机的,因此,一般用一组在 $0° \sim 180°$ 内均匀分布的、统计独立的随机变量表示互谱密度的相位差 $\theta_{12}(f)$。

在定义产品的随机振动环境时,相干函数与自谱密度一样,可以通过实际产品或相似产品在类似的任务环境中所得到的外场测量数据确定。通常,在类似的任务环境中,相干函数呈现出明显的相似性。例如,运输车辆上的测量结果表

明,低频段的相干函数值很高(0.7~0.9),但随着频率的增加,相干函数值下降。因此,相干函数可以近似表示为:在规定的频率 f_1 以下,相干函数是一个常数;而从 f_1 到较高的规定频率 f_2,相干函数线性地下降到零。

当产品的随机振动环境仅用一个运动自由度就可以描述时(单轴振动情况),相干函数并不具备实用价值,仅需要自谱密度就可完全定义随机振动环境。然而,当产品的随机振动环境需要用两个或两个以上的运动自由度描述时,相干函数则是必不可少的,随机振动环境的模拟在很大程度上依赖于相干函数的定义。图 1-12 说明了同一点的两个正交运动自由度上自谱密度函数相同情况下,相干函数对二维随机振动环境的影响。二维空间中的一个点表示给定时刻的合成激励运动。如果两个随机信号是不相关的(相干函数为零),则激励不存在确切的方向。如果两个随机信号之间存在大于零的相干函数,则表示合成的激励存在某种方向性(即激励的特定方向不同于两个输入信号中的任一方向)。如果两个随机信号之间的相干函数等于1,则合成激励趋于一条直线。

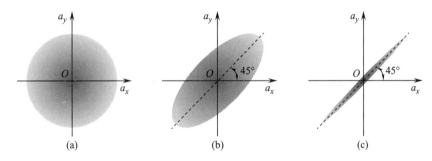

图 1-12　自谱密度函数相同情况下的二维随机振动环境

(a) $\gamma_{xy}^2(f) = 0$;(b) $\gamma_{xy}^2(f) = 0.5$;(c) $\gamma_{xy}^2(f) = 1$。

当产品的随机振动环境用 N 个运动自由度描述时($N>1$),一般采用空间谱密度矩阵 $\boldsymbol{G}(f)$ 表示振动环境条件,对于每一个频率,矩阵 $\boldsymbol{G}(f)$ 包括 $N \times N$ 个元素:

$$\boldsymbol{G}(f) = \begin{bmatrix} G_{11}(f) & G_{12}(f) \cdots & G_{1N}(f) \\ G_{21}(f) & G_{22}(f) \cdots & G_{2N}(f) \\ \vdots & \vdots & \vdots \\ G_{N1}(f) & G_{N2}(f) \cdots & G_{NN}(f) \end{bmatrix} \quad (1-133)$$

式中:对角线元素 $G_{ii}(f)$ 为第 i 个运动自由度的自谱密度,非对角元素 $G_{ij}(f)$ 为第 i 个运动自由度和第 j 个运动自由度之间的互谱密度($i,j=1,2,\cdots,N$)。

用相干函数 $\gamma_{ij}^2(f)$ 来规一化互谱密度的幅值:

$$\gamma_{ij}^2(f) = \frac{|G_{ij}(f)|^2}{G_{ii}(f) G_{jj}(f)} \qquad (1-134)$$

则有

$$G_{ij}(f) = \gamma_{ij}(f) \sqrt{G_{ij}(f) G_{jj}(f)} \exp[j\theta_{ij}(f)] \qquad (1-135)$$

$$G_{ji}(f) = G_{ji}^*(f) = \gamma_{ij}(f) \sqrt{G_{ij}(f) G_{jj}(f)} \exp[-j\theta_{ij}(f)] \qquad (1-136)$$

式中：$\theta_{ij}(f)$ 为互谱密度 $G_{ij}(f)$ 的相位差。

$N \times N$ 维空间谱密度矩阵 $\boldsymbol{G}(f)$ 总共包含 $N(N-1)/2$ 个相位差谱(即相位差与频率的关系)。一般来说,对于每个相位差谱,可以用一组在 $0 \sim 180°$ 内均匀分布的、统计独立的随机变量表示。但对于任意 3 个不同的运动自由度 i、j、k,其之间的相位差谱 $\theta_{ij}(f)$、$\theta_{jk}(f)$、$\theta_{ki}(f)$ 在每一个频率上必须满足下列条件

$$\theta_{ij}(f) + \theta_{jk}(f) + \theta_{ki}(f) = 0 \qquad (1-137)$$

式中：$\theta_{ki}(f) = -\theta_{ik}(f)$。

因此,选择了 2 个随机变化的相位差后,第三个相位差是确定的,由式(1-137)计算。即对于同一频率下的 $N(N-1)/2$ 个相位差,只有 $N-1$ 个是独立的。

同样,为了将 $N \times N$ 维空间谱密度矩阵 $\boldsymbol{G}(f)$ 表示为物理上能够实现的时域随机信号,相干函数值必须强加某些限制。例如,对于任意 3 个不同的运动自由度 i、j、k,如果假设 $\gamma_{ij}^2(f) = 1$ 和 $\gamma_{jk}^2(f) = 1$,但 $\gamma_{ki}^2(f) = 0$,则在物理上是不可能实现的。在每个频率上,任意 3 个不同的运动自由度 i、j、k 之间的相干函数值应满足下列关系:

$$\gamma_{ij}^2(f) + \gamma_{jk}^2(f) + \gamma_{ki}^2(f) - 2\gamma_{ij}(f) \gamma_{jk}(f) \gamma_{ki}(f) \leqslant 1 \qquad (1-138)$$

1.7.4 瞬态振动环境的定义

在单轴振动的情况下,当产品的瞬态振动环境仅用一个运动自由度就可以描述时,一般采用冲击响应谱、傅里叶幅值谱或能量谱密度定义瞬态振动环境,其中,工程应用中使用最为普遍的是最大绝对加速度冲击响应谱。这些频域描述方式的一个共同特点是忽略了时域信号的相位特征。

当在实验室中复现瞬态振动环境时,一般需要先根据冲击响应谱(或者傅里叶幅值谱、能量谱密度)重构相对应的瞬态加速度时间历程信号,再用试验设备复现这一瞬态加速度时间历程信号。

使用冲击响应谱重构瞬态加速度时间历程信号的方法很多,其本质上都是利用各种不同频率、不同阻尼、不同幅值的瞬态波形(称为子波)的加权组合拟合规定的冲击响应谱。主要方法包括衰减正弦波方法、WAVSIN 方法、SHOC 方

法、ZERD 方法和 Kern Hayes 方法等。

采用衰减正弦波方法匹配冲击响应谱时,用于匹配的加速度衰减正弦波为

$$a_r(t) = \begin{cases} A_r \exp[-\eta_r \cdot 2\pi f_r t] \sin 2\pi f_r t, & t \geq 0 \\ 0, & t < 0 \end{cases} \tag{1-139}$$

式中:A_r、f_r 和 η_r 分别为衰减正弦波的加速度幅值、固有频率和阻尼比,其中,f_r 选择为参考冲击响应谱上规定谱线所对应的固有频率。

由上式积分可以得到衰减正弦波的速度和位移:

$$v_r(t) = -\frac{A_r}{2\pi f_r(1+\eta_r^2)}\exp[-\eta_r \cdot 2\pi f_r t](\eta_r \sin 2\pi f_r t + \cos 2\pi f_r t) + \frac{A_r}{2\pi f_r(1+\eta_r^2)} \tag{1-140}$$

$$x_r(t) = -\frac{A_r}{4\pi^2 f_r^2(1+\eta_r^2)^2}\exp[-\eta_r \cdot 2\pi f_r t][(\eta_r^2-1)\sin 2\pi f_r t + 2\eta_r \cos 2\pi f_r t]$$
$$+ \frac{A_r t}{2\pi f_r(1+\eta_r^2)} - \frac{2\eta_r A_r}{4\pi^2 f_r^2(1+\eta_r^2)^2} \tag{1-141}$$

当时间趋于无穷大时,衰减正弦波的速度和位移均不等于零,这在实验室模拟试验中是不可能实现的。因此,在构造瞬态时间历程信号时应进行补偿,以使得末速度和末位移等于零。按照 Smallwood 提出的补偿方法,构造下列瞬态加速度时间历程信号:

$$a(t) = \sum_{r=1}^{N} u(t-\tau_r)A_r\exp[-\eta_r \cdot 2\pi f_r(t-\tau_r)]\sin 2\pi f_r(t-\tau_r)$$
$$+ u(t+\tau_c)A_c\exp[-\eta_c \cdot 2\pi f_c(t+\tau_c)]\sin 2\pi f_c(t+\tau_c) \tag{1-142}$$

式中:$u(t-\tau_r)$ 为单位阶跃函数;τ_r 为第 r 个基本输入衰减正弦波的时间延迟,右边最后一项为补偿信号。

根据信号 $a(t)$ 的速度和位移在时间无穷大时为零,可以得到补偿信号的待定系数(其中,预先设定补偿信号的固有频率 f_c 和阻尼比 η_c):

$$A_c = -f_c(1+\eta_c^2)\sum_{r=1}^{N}\frac{A_r}{f_r(1+\eta_r^2)} \tag{1-143}$$

$$\tau_c = \frac{2\eta_c}{2\pi f_c(1+\eta_c^2)} + \frac{f_c(1+\eta_c^2)}{A_c}\sum_{r=1}^{N}\frac{A_r}{f_r(1+\eta_r^2)}\left[\tau_r + \frac{2\eta_r}{2\pi f_r(1+\eta_r^2)}\right] \tag{1-144}$$

对于选定的一组衰减正弦波固有频率 f_r,在设定的衰减正弦波阻尼比 η_r 和时间延迟 τ_r 的条件下,通过调整衰减正弦波幅值 A_r 可以实现瞬态加速度时间历程信号 $a(t)$ 匹配参考冲击响应谱。幅值 A_r 一般通过迭代方法计算:

$$A_r^{i+1} = \frac{\text{SRS}(f_n,\zeta)}{\text{SRS}_i(f_n,\zeta)} A_r^i \tag{1-145}$$

式中：$\text{SRS}(f_n,\zeta)$是固有频率点f_n的参考冲击响应谱值；$\text{SRS}_i(f_n,\zeta)$是第i次迭代中用幅值A_r的初始值A_r^i得到的加速度时间历程$\ddot{x}(t)$所计算的固有频率点f_n的冲击响应谱值；A_r^{i+1}为幅值A_r的迭代修正值；ζ为冲击响应谱计算所采用的阻尼比(典型地，$\zeta = 0.05$)。其中，选择$f_r = f_n$。

当采用其他的瞬态波形加权组合方法匹配参考冲击响应谱时，计算方法基本相同，主要的差别是采用了不同的基本输入瞬态波形(子波类型)。

对于 WAVSIN 方法，基本输入瞬态波形为

$$a_r(t) = \begin{cases} A_r \sin 2\pi b_r t \sin 2\pi f_r t, & 0 \le t \le T_r \\ 0, & t < 0, t > T_r \end{cases} \tag{1-146}$$

式中：$b_r = \dfrac{f_r}{M_r}$为 WAVSIN 波包络的频率，M_r为 WAVSIN 波的半周期数(大于 1 的正奇数)；$T_r = \dfrac{1}{2b_r}$为 WAVSIN 波的持续时间。

对于 SHOC 方法，基本输入瞬态波形为

$$a_r(t) = \begin{cases} A_r \exp[-\eta_r \cdot 2\pi f_r t] \cos 2\pi f_r t - B_r \cos^2 \dfrac{\pi t}{T_r}, & 0 \le t \le \dfrac{T_r}{2} \\ 0, & t > \dfrac{T_r}{2} \end{cases} \tag{1-147}$$

$$a_r(t) = a_r(-t), \quad t < 0 \tag{1-148}$$

式中：$B_r = \dfrac{4A_r \eta_r}{[2\pi f_r T_r(1+\eta_r^2)]}$为补偿函数的幅值；$T_r$为 SHOC 波的持续时间。

对于 ZERD 方法，基本输入瞬态波形为

$$a_r(t) = \begin{cases} A_r e \eta_r \exp[-\eta_r \cdot 2\pi f_r t][\sin 2\pi f_r t + 2\pi f_r t \cos(2\pi f_r t + \psi)], & t \ge 0 \\ 0, & t < 0 \end{cases} \tag{1-149}$$

$$\psi = \arctan\left(\frac{2\eta_r}{1-\eta_r^2}\right) \tag{1-150}$$

对于 Kern Hayes 方法，基本输入瞬态波形为

$$a_r(t) = \begin{cases} A_r t \exp[-\eta_r \cdot 2\pi f_r t] \sin 2\pi f_r t, & t \ge 0 \\ 0, & t < 0 \end{cases} \tag{1-151}$$

由于冲击响应谱没有包含信号的相位信息，因此，对应于同一谱型的时间历

程信号不是唯一的,这可能导致试验结果的分散性。为了减小这种非唯一性的影响,除了冲击响应谱以外,还同时引入有效瞬态持续时间 T_E 或峰值加速度 a_m 作为定义瞬态振动环境的补充描述。当根据冲击响应谱所计算的瞬态时间历程信号同时满足有效瞬态持续时间 T_E 或峰值加速度 a_m 的要求时,试验结果的散布将大大降低。

为了改善冲击响应谱重构瞬态时间历程信号的一致性,Smallwood 提出同时用冲击响应谱和瞬时矩(temporal moments)定义瞬态振动环境(或复杂波形冲击环境)。

对于时间历程信号 $x(t)$,在起始时刻 τ 的第 i 阶瞬时矩定义为

$$m_i(\tau) = \int_{-\infty}^{\infty} (t - \tau)^i x^2(t) \, dt \qquad (1-152)$$

其中,$t = 0$ 时的第 0 阶瞬时矩为瞬态时间历程信号的能量 E:

$$E = m_0(0) = \int_{-\infty}^{\infty} x^2(t) \, dt \qquad (1-153)$$

瞬态持续时间的中心为

$$\tau_c = \frac{m_1(0)}{E} = \frac{\int_{-\infty}^{\infty} t x^2(t) \, dt}{\int_{-\infty}^{\infty} x^2(t) \, dt} \qquad (1-154)$$

均方根值持续时间为

$$D^2 = \frac{m_2(\tau)}{E} = \frac{\int_{-\infty}^{\infty} (t - \tau)^2 x^2(t) \, dt}{\int_{-\infty}^{\infty} x^2(t) \, dt} \qquad (1-155)$$

平方根能量幅值为

$$R^2 = \frac{E}{D} = \frac{\left[\int_{-\infty}^{\infty} x^2(t) \, dt\right]^{\frac{3}{2}}}{\left[\int_{-\infty}^{\infty} (t - \tau)^2 x^2(t) \, dt\right]^{\frac{1}{2}}} \qquad (1-156)$$

偏度为

$$S_\tau^3 = \frac{m_3(\tau)}{E} = \frac{\int_{-\infty}^{\infty} (t - \tau)^3 x^2(t) \, dt}{\int_{-\infty}^{\infty} x^2(t) \, dt} \qquad (1-157)$$

同时采用冲击响应谱和瞬时矩的情况下,可以通过两个阶段实现瞬态振动环境的定义。

第一阶段涉及外场测试数据的处理,包括:

(1)计算外场测量的加速度响应信号的冲击响应谱和瞬时矩;

(2)在冲击响应谱以及能量 E、二次方根能量幅值 E 上增加规定的余量;

(3)对冲击响应谱进行包络,制定规定的试验条件;

(4)规定冲击响应谱和瞬时矩的试验容差。

第二阶段涉及实验室试验的过程,包括:

(1)采用瞬态波形组合方法(可选择任意一种基本输入瞬态波形),由规定的冲击响应谱重构瞬态时间历程信号;

(2)计算上述瞬态时间历程信号的冲击响应谱和各个瞬时矩;

(3)与规定的冲击响应谱和各个瞬时矩进行比较,如果不满足容差要求,则进行迭代直至收敛。

当瞬态振动环境的有效瞬态持续时间 T_E 较长时,在工程实践中经常采用正弦扫描振动模拟,特别是对低频瞬态振动环境。在这种情况下,一般将冲击响应谱转换为正弦扫描振动的傅里叶幅值谱。

当产品的瞬态振动环境用 N 个运动自由度描述时($N>1$),振动环境条件经常采用两种方式表示:

(1)对于每个运动自由度,规定一个有限长度的瞬态加速度时间历程波形。

(2)对于每个运动自由度,规定一个冲击响应谱以及相应的有效瞬态持续时间、峰值加速度或瞬时矩。这种表示方式不仅忽略了每个运动自由度本身的相位特征,也忽略了各运动自由度之间的相位关系。当然,在试验时,需要先根据每个运动自由度的冲击响应谱分别导出各自的瞬态加速度时间历程信号。

1.8　参考文献

[1] Bendat J S, Piersol A G. Random Data: Analysis and Measurement Procedures[M]. 4th Edition. Wiley Blackwell, 2012.

[2] Bendat J S, Piersol A G. Engineering Applications of Correlation and Spectral Analysis[M]. 2nd Edition. New York: John Wiley, 1993.

[3] Himelblau H, Piersol A G. Handbook for Dynamic Data Acquisition and Analysis[S]. IEST-RD-DTE012.2. Institute of Environmental Sciences, 2006.

[4] NASA. Dynamic Environmental Criteria[S]. NASA-HDBK-7005. NASA Technical Standards Program Office, 2001.

[5] Piersol A G, Paez T L. Harris' Shock and Vibration Handbook[M]. 6th Edition. McGraw-Hall, 2010.

[6] MIL-STD-810G Working Group. Environmental Engineering Considerations and Laboratory Tests[S]. MIL-STD-810G. Department of Defense Test Method Standard. 2014.

[7] Smallwood D O. An Improved Recursive Formula for Calculating Shock Response Spectra[J]. Shock and Vi-

bration Bulletin. 1981.

[8]NASA Reliability and Maintainability Steering Committee. NASA Reliability Preferred Practices for Design and Test[S]. NASA-TM-4322. 1991.

[9]Chang K Y, Frydmar A M. Three-dimensional Random Vibration Testing Definition and Simulation[J]. Conference Paper. Proc. 36th ATM, Inst. Envir. Sc., 1990.

[10]Smallwood D O, Nord A R. Matching Shock Spectra with Sums of Decaying Sinusoids Compensated for Shaker Velocity and Displacement Limitations[J]. The Shock and Vibration Bulletin, Bulletin 44, Part 3, 1974.

[11]Yang R C, Saffell H R. Development of a Waveform Synthesis Technique - A Supplement to Response Spectrum as a Definition of Shock Environment[J]. The Shock and Vibration Bulletin.Bulletin 42, Part 2, 1972.

[12]Smallwood D O, Witte A F. The Use of Shaker Optimized Periodic Transients in Matching Field Shock Spectra[J]. The Shock and Vibration Bulletin, Bulletin 43, Part 1, 1973.

[13]Smallwood D O. Shock Testing by Using Digital Control[M]. SAND-85-0352J. 1985.

[14]Kern D L, Hayes C D.Transient vibration test criteria for spacecraft hardware[J]. Sound & Vibration Bulletin, Bulletin 54, Part 3, 1984.

[15]Smallwood D O. Characterization and Simulation of Transient Vibrations Using Band Limited Temporal Moments[J]. Shock and Vibration Journal, Volume 1, Issue 6, 1994.

[16]Cap J S,Smallwood D O. A Methodology for Defining Shock Tests Based on Shock Response Spectra and Temporal Moments[M]. SAND-97-1480C. USA：Sandia National Labs. Albuquerque, 1997.

第 2 章　振动环境试验模拟原理与等效技术基础

2.1　振动环境试验的模拟原理

2.1.1　引言

　　所谓振动环境模拟,是指在实验室条件下产生一个人工可控的振动环境,作用于被试的产品上,使得产品经受与实际使用过程的振动环境相同或相似的振动激励作用,以考核产品在预期使用过程的振动环境作用下,能否达到产品设计所规定的各项要求。

　　产品在使用过程中经受的振动环境激励主要有两类形式:一类是力或压力形式的振动激励;另一类是界面运动形式的振动激励。无论哪一种形式的激励,为了使实验室振动环境试验完全模拟实际的振动环境,重要的是使试验件在实验室振动激励下的结构响应与在实际振动环境激励下的结构响应完全一致。

　　大多数情况下,实验室振动环境试验采用基础运动激励方式,其通过试验台面/试验夹具对试验件(产品)的连接界面施加振动加速度激励,振动环境试验条件一般采用连接界面的振动加速度输入时间历程或谱定义。一些情况下,实验室振动环境试验采用集中力激励方式,其通过直接连接到试验件(产品)结构上的激振器对其施加振动作用力激励,振动环境试验条件一般采用试验件结构的振动加速度响应时间历程或谱定义。有时,出于特定的考虑,实验室振动环境试验采用基础运动激励与集中力激励组合方式,振动环境试验条件一般采用试验件结构的振动加速度响应时间历程或谱定义。尽管有些振动加速度控制点可能位于试验件的连接界面上,但仍作为振动加速度响应处理。

　　振动环境模拟的有效性取决于实验室条件下产生的试验件振动响应与产品在实际使用过程中的振动响应之间的相似程度。实验室振动环境模拟主要分为输入模拟和响应模拟两类,其中,输入模拟主要用于基础运动激励方式。如果在实验室振动环境试验中,试验件的动力学特性和振动激励方式与实际使用过程一致,当采用输入模拟方式时,仅需要保证连接界面的振动加速度输入与产品实

际使用过程中一致,就可以完全模拟产品实际使用过程的振动环境;当产品动力
学特性随研制过程发生改变时,通常可以假设连接界面的振动加速度输入保持
不变,从而可以简化试验条件的制定。

　　实际上,即使在输入模拟方式下,实验室振动环境试验完全复现实际使用过
程的振动环境一般是不现实的。其中,主要原因是,振动环境试验可以控制的运
动自由度数量远小于完整描述产品在实际使用过程中的振动输入或振动响应所
需要的自由度数量。因此,振动环境试验条件的简化是必不可少的,从而导致试
验件的结构响应偏离产品在实际使用过程中的结构响应。对于振动环境模拟,
需要考虑不同的振动环境试验条件简化方案导致的试验件结构响应偏离程度的
差异,并且采用适当的补偿措施以达到振动环境试验的目标。

2.1.2　运动自由度的规定

　　当振动环境用产品在振动输入界面上的运动来规定时,理论上,应当要求界
面上运动自由度的数量能够完全描述振动输入界面的运动。然而,在实际应用
中,由于运动自由度的增加将大幅度提高实验室振动试验的复杂性和难度,运动
自由度的确定需要在保证模拟精度和实现振动模拟的可行性之间进行权衡。

　　振动输入界面的运动可以表示为刚体运动与弹性振动的叠加,其中,刚体运
动可以用最多 6 个刚体自由度表示(当增加界面约束的情况下,刚体自由度的数
量减小)。而在有限的频率范围内,弹性振动可以表示为结构有限数量的弹性模
态的线性叠加。运动自由度的确定首先要处理的问题是对弹性振动模态的取舍。

　　在连接界面上,如果所有弹性振动模态的贡献均可以忽略,则振动输入界面
可以视为刚性界面。在这种情况下,振动环境的定义可大大简化,原因是最多只
需要 6 个独立的运动自由度就可以完全描述一个振动输入界面的运动。应指出
的是,如果振动输入界面多于一个,原则上,每个界面均应作为独立的界面考虑;
然而,如果产品结构在各个输入界面上的弹性振动模态贡献均可以忽略,则振动
输入界面可以合并成一个刚性界面。

　　大量的计算分析和试验结果表明,对于大多数结构,振动输入界面采用刚性
界面假设所带来的误差在工程上是可以接受的,特别是对于低频振动。

　　刚性界面的运动一般用相对于界面上固定点的 3 个平动自由度和 3 个转动
自由度描述。但是,由于转动参数测量的限制,通常将转动自由度转换为平动自
由度表示。

　　设给定点 O 上正交的 3 个线加速度和 3 个角加速度分别表示为:a_x、a_y、a_z
和 α_x、α_y、α_z,如图 2 - 1 所示,则刚性界面上任一点 P 在 3 个正交方向的线加速
度 a_{px}、a_{py}、a_{pz} 可表示为

$$\begin{pmatrix} a_{px} \\ a_{py} \\ a_{pz} \end{pmatrix} = \begin{bmatrix} 1 & 0 & 0 & 0 & z & -y \\ 0 & 1 & 0 & -z & 0 & x \\ 0 & 0 & 1 & y & -x & 0 \end{bmatrix} \begin{pmatrix} a_x \\ a_y \\ a_z \\ \alpha_x \\ \alpha_y \\ \alpha_z \end{pmatrix} \qquad (2-1)$$

式中:x、y、z 为 P 点相对于 O 点的坐标。式(2-1)成立的前提条件是界面上为微幅振动。

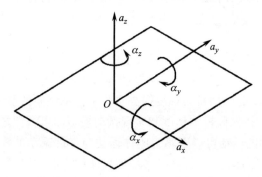

图 2-1 刚性界面的运动自由度

如果在刚性界面上选择 6 个线加速度 $a_i(i=1,2,\cdots,6)$,则根据式(2-1),可将其表示为

$$a_m = Ba_0 \qquad (2-2)$$

式中:$a_m = [a_1 \quad a_2 \quad a_3 \quad a_4 \quad a_5 \quad a_6]^T$;$a_0 = [a_x \quad a_y \quad a_z \quad \alpha_x \quad \alpha_y \quad \alpha_z]^T$;$B$ 为坐标变换矩阵,仅与线加速度 a_i 的位置和方向有关。

如果适当选择测量加速度的位置和方向,使得矩阵 B 为满秩的,则矩阵 B 可逆,由式(2-2)可以得到给定点上正交的 3 个线加速度和 3 个角加速度分量。应指出的是,在考虑角加速度分量的情况下,线加速度分量的数值与给定点的位置有关。

如果实测或预示结果表明角运动分量可以忽略,则刚性界面的运动可以用 3 个正交的线运动分量表示,并且其数值与刚性界面上所选点的位置无关。

最简单的情况是振动输入界面上的运动是一维的,仅一个平动自由度就可以描述。

在振动输入界面上的弹性振动模态贡献不可忽略的情况下,通常在振动输入界面上选择一组不共线的特征点(数量至少为 3 个),在每个特征点上,以 3 个正交的线加速度分量规定界面的运动自由度。

2.1.3　力激励作用下的结构响应

2.1.3.1　确定性激振力

对于一个线性结构系统,在受到确定性的外界动态力作用时,结构的动力学响应可表示为

$$\boldsymbol{R}(f) = \boldsymbol{H}(f)\boldsymbol{D}\boldsymbol{F}(f) \tag{2-3}$$

式中:$\boldsymbol{R}(f)$ 为结构响应的傅里叶谱向量($m \times 1$ 维);$\boldsymbol{H}(f)$ 为结构的频率响应函数矩阵($m \times m$ 维);$\boldsymbol{D}$ 为外力分布矩阵($m \times p$ 维);$\boldsymbol{F}(f)$ 为作用于结构的外界力的傅里叶谱向量($p \times 1$ 维)。

由于振动环境模拟仅考虑一定频率范围内的振动响应,而在有限的频率范围内,结构的频率响应函数矩阵 $\boldsymbol{H}(f)$ 可以用有限数量的模态表示为(假定结构均为实模态)

$$\boldsymbol{H}(f) = \boldsymbol{\Phi}\left(\operatorname{diag}[A_i(f)]\right)\boldsymbol{\Phi}^{\mathrm{T}} \tag{2-4}$$

式中:$\boldsymbol{\Phi}$ 为结构的模态振型矩阵($m \times n$ 维);$\operatorname{diag}[A_i(f)]$ 为结构的模态特征参数矩阵($n \times n$ 维);n 为结构的有效模态数。对于加速度频响函数,$\operatorname{diag}[A_i(f)]$ 的对角元素为

$$A_i(f) = \frac{-f^2}{M_i(f_i^2 - f^2 + 2\mathrm{j}\zeta_i f_i f)}, i = 1, 2, \cdots, n \tag{2-5}$$

式中:M_i、f_i 和 ζ_i 分别为第 i 阶模态的广义质量、固有频率和模态阻尼比。

通常,结构动力学响应的自由度数 m 远大于结构的有效模态数 n。相应地,模态振型矩阵 $\boldsymbol{\Phi}$ 的秩 $\operatorname{rank}[\boldsymbol{\Phi}] = n$。在这种情况下,可以在矩阵 $\boldsymbol{\Phi}$ 中适当地选择 n 行,使得其形成的矩阵 $\boldsymbol{\Phi}$ 的 $n \times n$ 维子矩阵 $\boldsymbol{\Phi}_{\mathrm{C}}$ 满足条件 $\operatorname{rank}[\boldsymbol{\Phi}_{\mathrm{C}}] = n$。模态振型子矩阵 $\boldsymbol{\Phi}_{\mathrm{C}}$ 所对应的自由度称为结构的独立自由度。

将结构动力学响应的自由度划分为独立自由度和非独立自由度,其中,独立自由度数等于结构的有效模态数 n。从而可将式(2-3)表示为

$$
\begin{aligned}
\begin{pmatrix} \boldsymbol{R}_{\mathrm{C}}(f) \\ \boldsymbol{R}_{\mathrm{D}}(f) \end{pmatrix} &= \begin{bmatrix} \boldsymbol{\Phi}_{\mathrm{C}} \\ \boldsymbol{\Phi}_{\mathrm{D}} \end{bmatrix} \left(\operatorname{diag}[A_i(f)]\right) \begin{bmatrix} \boldsymbol{\Phi}_{\mathrm{C}}^{\mathrm{T}} & \boldsymbol{\Phi}_{\mathrm{D}}^{\mathrm{T}} \end{bmatrix} \begin{bmatrix} \boldsymbol{D}_{\mathrm{C}} \\ \boldsymbol{D}_{\mathrm{D}} \end{bmatrix} \boldsymbol{F}(f) \\
&= \begin{bmatrix} \boldsymbol{I} \\ \boldsymbol{\Phi}_{\mathrm{D}}\boldsymbol{\Phi}_{\mathrm{C}}^{-1} \end{bmatrix} \boldsymbol{\Phi}_{\mathrm{C}}\left(\operatorname{diag}[A_i(f)]\right)\boldsymbol{\Phi}_{\mathrm{C}}^{\mathrm{T}}\boldsymbol{D}_{\mathrm{CD}}\boldsymbol{F}(f)
\end{aligned} \tag{2-6}
$$

式中:下标 C、D 分别对应独立自由度和非独立自由度,$n \times p$ 维矩阵为

$$\boldsymbol{D}_{\mathrm{CD}} = \boldsymbol{D}_{\mathrm{C}} + \boldsymbol{\Phi}_{\mathrm{D}}\boldsymbol{\Phi}_{\mathrm{C}}^{-1}\boldsymbol{D}_{\mathrm{D}} \tag{2-7}$$

由式(2-6)可以得到

$$R_{\mathrm{C}}(f) = \boldsymbol{\Phi}_{\mathrm{C}}(\,\mathrm{diag}\,[A_i(f)\,]\,)\boldsymbol{\Phi}_{\mathrm{C}}^{\mathrm{T}}\boldsymbol{D}_{\mathrm{CD}}\boldsymbol{F}(f) \tag{2-8}$$

$$R_{\mathrm{D}}(f) = \boldsymbol{\Phi}_{\mathrm{D}}\boldsymbol{\Phi}_{\mathrm{C}}^{-1}R_{\mathrm{C}}(f) \tag{2-9}$$

2.1.3.2　随机性激振力

对于一个线性结构系统,在受到随机性的外界动态力作用时,结构的动力学响应可表示为

$$\boldsymbol{G}_{\mathrm{RR}}(f) = \boldsymbol{H}(f)\boldsymbol{D}\boldsymbol{G}_{\mathrm{FF}}(f)\boldsymbol{D}^{\mathrm{T}}\boldsymbol{H}^{H}(f) \tag{2-10}$$

式中:$\boldsymbol{G}_{\mathrm{RR}}(f)$为结构响应的功率谱密度矩阵($m \times m$ 维);$\boldsymbol{G}_{\mathrm{FF}}(f)$为作用于结构的外界动态力的功率谱密度矩阵($p \times p$ 维)。

当结构的频率响应函数矩阵 $\boldsymbol{H}(f)$ 可以用有限数量的模态表示时(假定结构均为实模态),将结构响应的功率谱密度矩阵 $\boldsymbol{G}_{\mathrm{RR}}(f)$ 按独立自由度和非独立自由度表示为

$$\boldsymbol{G}_{\mathrm{RR}}(f) = \begin{bmatrix} \boldsymbol{G}_{\mathrm{CC}}(f) & \boldsymbol{G}_{\mathrm{CD}}(f) \\ \boldsymbol{G}_{\mathrm{CD}}^{H}(f) & \boldsymbol{G}_{\mathrm{DD}}(f) \end{bmatrix} \tag{2-11}$$

式中:下标 C、D 分别对应独立自由度和非独立自由度。

根据式(2-4)、式(2-10)和式(2-11),可以得到

$$\boldsymbol{G}_{\mathrm{CC}}(f) = \boldsymbol{\Phi}_{\mathrm{C}}(\,\mathrm{diag}\,[A_i(f)\,]\,)\boldsymbol{\Phi}_{\mathrm{C}}^{\mathrm{T}}\boldsymbol{D}_{\mathrm{CD}}\boldsymbol{G}_{\mathrm{FF}}(f)\boldsymbol{D}_{\mathrm{CD}}^{\mathrm{T}}\boldsymbol{\Phi}_{\mathrm{C}}^{\mathrm{T}}(\,\mathrm{diag}\,[A_i^{*}(f)\,]\,)\boldsymbol{\Phi}_{\mathrm{C}}$$
$$\tag{2-12}$$

$$\boldsymbol{G}_{\mathrm{DD}}(f) = \boldsymbol{\Phi}_{\mathrm{D}}\boldsymbol{\Phi}_{\mathrm{C}}^{-1}\boldsymbol{G}_{\mathrm{CC}}(f)\boldsymbol{\Phi}_{\mathrm{C}}^{-\mathrm{T}}\boldsymbol{\Phi}_{\mathrm{D}}^{\mathrm{T}} \tag{2-13}$$

$$\boldsymbol{G}_{\mathrm{CD}}(f) = \boldsymbol{G}_{\mathrm{CC}}(f)\boldsymbol{\Phi}_{\mathrm{C}}^{-\mathrm{T}}\boldsymbol{\Phi}_{\mathrm{D}}^{\mathrm{T}} \tag{2-14}$$

2.1.3.3　力激励作用下的结构响应控制

式(2-9)、式(2-13)和式(2-14)表明,如果在实验室振动环境试验中,结构上各独立自由度(数量为结构的有效模态数)的振动响应(时间历程或谱)与结构在实际振动环境激励下的振动响应相同,则整个结构的振动响应也相同。在这种情况下,实验室振动试验实现了对实际振动环境的完全模拟。因此,当结构的有效模态数为 n 时,线性系统的振动环境模拟需要考虑 n 个独立自由度上的结构响应一致。

式(2-8)和式(2-12)表明,为了在实验室中完全复现任意规定的振动环境所导致的结构响应,作用于结构的独立可控的激振力 $\boldsymbol{F}(f)$ 的数量 p 应大于或等于试验件结构的有效模态数 n,并且 $\mathrm{rank}(\boldsymbol{D}_{\mathrm{CD}}) = n$,即矩阵 $\boldsymbol{D}_{\mathrm{CD}}$ 应是满秩的。

如果在实验室中通过激振力 $\boldsymbol{F}^{L}(f)$ 替代激振力 $\boldsymbol{F}(f)$ 模拟试验件结构的振动环境,只要满足条件:

$$\boldsymbol{D}_{\mathrm{CD}}^{L}\boldsymbol{F}^{L}(f) = \boldsymbol{D}_{\mathrm{CD}}\boldsymbol{F}(f) \tag{2-15}$$

则激振力 $\boldsymbol{F}^{L}(f)$ 与 $\boldsymbol{F}(f)$ 可以实现同样的结构振动响应模拟,并且与实验室试验

中激振力的数量和位置无关。然而,在满足式(2-15)的条件下,达到相同的结构振动响应所需要的最大激振力与激振力的数量和位置有关。

不失一般性,假定独立可控的激振力 $F(f)$ 的数量 p 等于试验件结构的有效模态数 n,并且将试验件结构的各个独立自由度规定为激振力输入界面上的自由度,即 $D_{CD} = D_C = I$。如果激振力输入界面的运动与结构在实际振动环境激励下的振动响应相同,则整个结构的振动响应也相同。因此,激振力 $F(f)$ 作用的结果与激振力输入界面的运动激励作用的结果是等效的。

在工程应用中,独立可控的激振力 $F(f)$ 的数量 p 通常小于结构的有效模态数 n,p 个独立可控的激振力 $F(f)$ 将无法同时在 n 个独立自由度上达到规定的结构响应 $R_C(f)$ 或 $G_{CC}(f)$,即在实验室中不可能完全复现任意规定的振动环境所导致的结构响应。在这种情况下,一般化的试验控制方案为:将 n 个独立自由度的结构响应 $R_C(f)$ 或 $G_{CC}(f)$ 通过 $p \times n$ 维变换矩阵转换成 p 个虚拟自由度的响应,通过激振力 $F(f)$ 的控制使 p 个虚拟自由度达到规定的结构响应 $R_p(f)$ 或 $G_{pp}(f)$。

假定 $p \times n$ 维响应变换矩阵 T_r 将 n 个独立自由度的结构响应 $R_C(f)$ 变换成 p 个自由度的响应 $R_p(f)$:

$$R_p(f) = T_r R_C(f) \tag{2-16}$$

利用式(2-8),可以将 $R_p(f)$ 表示为

$$R_p(f) = T_r \boldsymbol{\Phi}_C (\mathrm{diag}[A_i(f)]) \boldsymbol{\Phi}_C^{\mathrm{T}} D_p F(f) \tag{2-17}$$

式中:D_p 为激振力 $F(f)$ 的分布矩阵($n \times p$ 维)。

在通过激振力 $F(f)$ 的控制使 $R_p(f)$ 达到式(2-16)或式(2-17)规定的目标值(参考值)的情况下,n 个独立自由度上达到的结构响应 $\widetilde{R}_C(f)$ 为

$$\widetilde{R}_C(f) = \boldsymbol{\Phi}_C (\mathrm{diag}[A_i(f)]) \boldsymbol{\Phi}_C^{\mathrm{T}} D_p F(f) \tag{2-18}$$

根据式(2-17),满足控制要求的激振力 $F(f)$ 为

$$F(f) = \{ T_r \boldsymbol{\Phi}_C (\mathrm{diag}[A_i(f)]) \boldsymbol{\Phi}_C^{\mathrm{T}} D_p \}^{-1} R_p(f) \tag{2-19}$$

因此,试验中达到的结构响应 $\widetilde{R}_C(f)$ 和 $\widetilde{R}_D(f)$ 可表示为

$$\widetilde{R}_C(f) = \boldsymbol{\Phi}_C (\mathrm{diag}[A_i(f)]) \boldsymbol{\Phi}_C^{\mathrm{T}} D_p \{ T_r \boldsymbol{\Phi}_C (\mathrm{diag}[A_i(f)]) \boldsymbol{\Phi}_C^{\mathrm{T}} D_p \}^{-1} R_p(f)$$
$$\tag{2-20}$$

$$\widetilde{R}_D(f) = \boldsymbol{\Phi}_D (\mathrm{diag}[A_i(f)]) \boldsymbol{\Phi}_C^{\mathrm{T}} D_p \{ T_r \boldsymbol{\Phi}_C (\mathrm{diag}[A_i(f)]) \boldsymbol{\Phi}_C^{\mathrm{T}} D_p \}^{-1} R_p(f)$$
$$\tag{2-21}$$

如果将 n 个独立自由度划分为 p 个控制自由度和 $n-p$ 个非控制自由度:

$$R_C(f) = \begin{pmatrix} R_p(f) \\ R_{n-p}(f) \end{pmatrix}, \quad \boldsymbol{\Phi}_C = \begin{bmatrix} \boldsymbol{\Phi}_{C,p} \\ \boldsymbol{\Phi}_{C,n-p} \end{bmatrix} \tag{2-22}$$

并且,令矩阵 $\boldsymbol{T}_r$ 和 $\boldsymbol{D}_p$ 分别为

$$\boldsymbol{T}_r = \begin{bmatrix} \boldsymbol{I}_{p\times p} & \boldsymbol{0}_{p\times(n-p)} \end{bmatrix}, \boldsymbol{D}_p = \begin{bmatrix} \boldsymbol{I}_{p\times p} \\ \boldsymbol{0}_{(n-p)\times p} \end{bmatrix} \qquad (2-23)$$

则试验中达到的结构响应为

$$\widetilde{\boldsymbol{R}}_p(f) = \boldsymbol{R}_p(f) \qquad (2-24)$$

$$\widetilde{\boldsymbol{R}}_{n-p}(f) = \boldsymbol{\Phi}_{\mathrm{C},n-p}(\operatorname{diag}[A_i(f)])\boldsymbol{\Phi}_{\mathrm{C},p}^{\mathrm{T}}\{\boldsymbol{\Phi}_{\mathrm{C},p}(\operatorname{diag}[A_i(f)])\boldsymbol{\Phi}_{\mathrm{C},p}^{\mathrm{T}}\}^{-1}\boldsymbol{R}_p(f)$$
$$(2-25)$$

$$\widetilde{\boldsymbol{R}}_{\mathrm{D}}(f) = \boldsymbol{\Phi}_{\mathrm{D}}(\operatorname{diag}[A_i(f)])\boldsymbol{\Phi}_{\mathrm{C},p}^{\mathrm{T}}\{\boldsymbol{\Phi}_{\mathrm{C},p}(\operatorname{diag}[A_i(f)])\boldsymbol{\Phi}_{\mathrm{C},p}^{\mathrm{T}}\}^{-1}\boldsymbol{R}_p(f)$$
$$(2-26)$$

非控制自由度(包括非独立自由度)在试验中达到的结构响应取决于试验件结构的模态特性,即使试验件结构的模态特性与产品预期使用状态完全一致,仍不能保证非控制自由度的结构响应与预期使用完全一致。如果非控制自由度在试验中达到的结构响应低于预期使用过程中的结构响应,将造成欠试验。在这种情况下,可以通过提高控制参考响应(即试验条件)$\boldsymbol{R}_p(f)$ 的量级,使得试验中达到的结构响应在各个自由度(或选定的自由度)上大于或等于预期使用过程中的结构响应。显然,这将造成一些自由度上过试验。

应指出的是,矩阵 $\boldsymbol{T}_r$ 和 $\boldsymbol{D}_p$(或 $\boldsymbol{D}$)的不同选择将影响试验件结构的各个自由度在试验过程中达到的结构响应。

2.1.4 运动激励作用下的结构响应

2.1.4.1 确定性运动激励

对于一个线性结构系统,在受到确定性的外界运动激励作用时,结构的动力学响应可按照外界运动激励自由度(界面自由度)和内部自由度表示为

$$\begin{Bmatrix} \boldsymbol{R}_{\mathrm{E}}(f) \\ \boldsymbol{R}_{\mathrm{I}}(f) \end{Bmatrix} = \boldsymbol{H}(f)\begin{Bmatrix} \boldsymbol{F}_{\mathrm{E}}(f) \\ \boldsymbol{0} \end{Bmatrix} \qquad (2-27)$$

式中:$\boldsymbol{R}_{\mathrm{E}}(f)$ 为外界运动激励自由度(界面自由度)上结构运动输入的傅里叶谱向量($p\times1$ 维);$\boldsymbol{R}_{\mathrm{I}}(f)$ 为内部自由度上结构响应的傅里叶谱向量;$\boldsymbol{H}(f)$ 为结构的频率响应函数矩阵($m\times m$ 维);$\boldsymbol{F}_{\mathrm{E}}(f)$ 为界面自由度上支承反力的傅里叶谱向量($p\times1$ 维)。

将结构的频率响应函数矩阵 $\boldsymbol{H}(f)$ 按照界面自由度和内部自由度划分:

$$\boldsymbol{H}(f) = \begin{bmatrix} \boldsymbol{H}_{\mathrm{EE}}(f) & \boldsymbol{H}_{\mathrm{EI}}(f) \\ \boldsymbol{H}_{\mathrm{IE}}(f) & \boldsymbol{H}_{\mathrm{II}}(f) \end{bmatrix} \qquad (2-28)$$

式中:下标 E 和 I 分别对应界面自由度和内部自由度。

由于振动环境模拟仅考虑一定频率范围内的振动响应,因此,结构的频率响应函数矩阵 $\boldsymbol{H}(f)$ 可以用有限数量的模态表示(假定结构均为实模态),从而可以得到

$$\boldsymbol{R}_{\mathrm{E}}(f) = \boldsymbol{\Phi}_{\mathrm{E}}(\operatorname{diag}[A_i(f)])\boldsymbol{\Phi}_{\mathrm{E}}^{\mathrm{T}}\boldsymbol{F}_{\mathrm{E}}(f) \qquad (2-29)$$

$$\boldsymbol{R}_{\mathrm{I}}(f) = \boldsymbol{\Phi}_{\mathrm{I}}(\operatorname{diag}[A_i(f)])\boldsymbol{\Phi}_{\mathrm{E}}^{\mathrm{T}}\boldsymbol{F}_{\mathrm{E}}(f) \qquad (2-30)$$

式中:$\boldsymbol{\Phi}_{\mathrm{E}}$ 为对应于界面自由度的结构模态振型矩阵($p\times n$ 维);$\boldsymbol{\Phi}_{\mathrm{I}}$ 为对应于内部自由度的结构模态振型矩阵;$\operatorname{diag}[A_i(f)]$ 为结构的模态特征参数矩阵($n\times n$ 维);n 为结构的有效模态数。

假定 $p \geqslant n$,并且,$p\times n$ 维模态振型矩阵 $\boldsymbol{\Phi}_{\mathrm{E}}$ 的秩为 $r = \operatorname{rank}[\boldsymbol{\Phi}_{\mathrm{E}}]$。一般情况下,$r \leqslant n$。当 $p>r$ 时,$\boldsymbol{H}_{\mathrm{EE}}(f) = \boldsymbol{\Phi}_{\mathrm{E}}(\operatorname{diag}[A_i(f)])\boldsymbol{\Phi}_{\mathrm{E}}^{\mathrm{T}}$ 将是奇异的,即 $\boldsymbol{H}_{\mathrm{EE}}^{-1}(f)$ 不存在,这意味着界面支承反力 $\boldsymbol{F}_{\mathrm{E}}(f)$ 的各个分量之间并非相互独立的。

利用矩阵的奇异值分解,可将模态振型矩阵 $\boldsymbol{\Phi}_{\mathrm{E}}$ 表示为

$$\boldsymbol{\Phi}_{\mathrm{E}} = \boldsymbol{U}\boldsymbol{\Sigma}_r\boldsymbol{V}^{\mathrm{T}} \qquad (2-31)$$

式中:$\boldsymbol{U}$ 为 $p\times r$ 维列正交矩阵;$\boldsymbol{V}$ 为 $n\times r$ 维列正交矩阵;$\boldsymbol{\Sigma}_r = \operatorname{diag}[\sigma_1,\sigma_2,\cdots,\sigma_r]$ 为非零的奇异值矩阵,$\sigma_1 \geqslant \sigma_2 \geqslant \cdots \geqslant \sigma_r >0$。$\boldsymbol{U}^{\mathrm{T}}\boldsymbol{U}=\boldsymbol{I}$,$\boldsymbol{V}^{\mathrm{T}}\boldsymbol{V}=\boldsymbol{I}$。

引入下列变换:

$$\boldsymbol{F}_{\mathrm{E}}(f) = \boldsymbol{U}\,\overline{\boldsymbol{F}}_{\mathrm{E}}(f) \qquad (2-32)$$

由式(2-29)和式(2-31)可以得到

$$\boldsymbol{U}^{\mathrm{T}}\boldsymbol{R}_{\mathrm{E}}(f) = \boldsymbol{\Sigma}_r\boldsymbol{V}^{\mathrm{T}}(\operatorname{diag}[A_i(f)])\boldsymbol{V}\boldsymbol{\Sigma}_r\overline{\boldsymbol{F}}_{\mathrm{E}}(f) \qquad (2-33)$$

$$\overline{\boldsymbol{F}}_{\mathrm{E}}(f) = \{\boldsymbol{\Sigma}_r\boldsymbol{V}^{\mathrm{T}}(\operatorname{diag}[A_i(f)])\boldsymbol{V}\boldsymbol{\Sigma}_r\}^{-1}\boldsymbol{U}^{\mathrm{T}}\boldsymbol{R}_{\mathrm{E}}(f) \qquad (2-34)$$

利用式(2-32)和式(2-34),可以将式(2-30)表示为

$$\boldsymbol{R}_{\mathrm{I}}(f) = \boldsymbol{\Phi}_{\mathrm{I}}(\operatorname{diag}[A_i(f)])\boldsymbol{\Phi}_{\mathrm{E}}^{\mathrm{T}}\boldsymbol{U}\{\boldsymbol{\Sigma}_r\boldsymbol{V}^{\mathrm{T}}(\operatorname{diag}[A_i(f)])\boldsymbol{V}\boldsymbol{\Sigma}_r\}^{-1}\boldsymbol{U}^{\mathrm{T}}\boldsymbol{R}_{\mathrm{E}}(f)$$

$$(2-35)$$

式(2-34)表明,界面上 $r\times 1$ 维广义界面支承反力 $\overline{\boldsymbol{F}}_{\mathrm{E}}(f)$ 的各个分量之间是相互独立的,相应地,界面支承反力 $\boldsymbol{F}_{\mathrm{E}}(f)$ 可以由 r 个独立的界面支承反力分量的线性组合表示。这意味着,在结构的界面上,r 个独立的自由度可以完全描述界面的受力状态。

理论上,广义界面支承反力 $\overline{\boldsymbol{F}}_{\mathrm{E}}(f)$ 可以用界面上 r 个独立的结构运动输入完全确定。当 $p>r$ 时,可以从 p 个界面自由度中适当地选择 r 个自由度,使其对应的 $r\times n$ 维模态振型矩阵 $\boldsymbol{\Phi}_{\mathrm{R}}$ 的秩满足要求 $\operatorname{rank}[\boldsymbol{\Phi}_{\mathrm{R}}]=r$。其中,$\boldsymbol{\Phi}_{\mathrm{R}}$ 是 $p\times n$ 维模态振型矩阵 $\boldsymbol{\Phi}_{\mathrm{E}}$ 的子矩阵(由 $\boldsymbol{\Phi}_{\mathrm{E}}$ 中的 r 行构成)。这 r 个自由度上的结构运

动输入将完全规定广义界面支承反力 $\overline{F}_E(f)$,因此,可以认为其完整地描述了结构界面的运动。

假定 $p=r$,并且 $\mathrm{rank}[\boldsymbol{\Phi}_E]=r$,则结构的动力学响应可按照界面自由度和内部自由度表示为

$$F_E(f) = \{\boldsymbol{\Phi}_E(\mathrm{diag}[A_i(f)])\boldsymbol{\Phi}_E^T\}^{-1}R_E(f) \qquad (2-36)$$

$$R_I(f) = \boldsymbol{\Phi}_I(\mathrm{diag}[A_i(f)]\boldsymbol{\Phi}_E^T\{\boldsymbol{\Phi}_E(\mathrm{diag}[A_i(f)])\boldsymbol{\Phi}_E^T\}^{-1})R_E(f) \qquad (2-37)$$

在这种情况下,界面自由度上的频率响应函数矩阵 $H_{EE}(f)$ 在振动环境模拟所考虑的频率范围内满足条件 $\mathrm{rank}[H_{EE}(f)]=p=r$,从而式(2-27)可以得到

$$F_E(f) = H_{EE}^{-1}(f)R_E(f) \qquad (2-38)$$

$$R_I(f) = H_{IE}(f)H_{EE}^{-1}(f)R_E(f) \qquad (2-39)$$

对于安装在平台上的产品,产品经受的外界运动激励 $R_E(f)$ 实际上是带有产品的平台结构振动响应。在工程应用中,往往以平台结构在连接界面上的振动响应定义作用于产品的运动输入 $R_E(f)$,其假设平台与产品之间为刚性连接。在这种情况下,产品与平台结构之间的连接结构应作为产品的一部分,其将影响产品的动力学特性。本质上,如果给定的产品连接界面上的结构运动输入 $R_E(f)$ 能够完整地描述连接界面的运动,则其将完全规定产品结构在连接界面上的边界条件(即界面连接条件)。在这种情况下,如果振动环境模拟完全复现了预期使用过程中的结构运动输入 $R_E(f)$,则试验过程将完全模拟预期使用过程中的边界条件。

应指出的是,在界面自由度上,模态振型 $\boldsymbol{\Phi}_E$ 取决于结构的边界条件,$r=\mathrm{rank}[\boldsymbol{\Phi}_E]$ 实际上反映了完全规定产品结构在连接界面上的边界条件所需的独立自由度的数量。

2.1.4.2 随机性运动激励

对于一个线性结构系统,在受到随机性的外界运动激励作用时,将结构的频率响应函数矩阵 $H(f)$ 按照界面自由度和内部自由度划分,如式(2-28)所示。如前所述,当结构的频率响应函数矩阵 $H(f)$ 可以用 n 个有效模态表示时(假定结构均为实模态),为了保证界面自由度上的频率响应函数矩阵 $H_{EE}(f)$ 可逆,应在界面上选择 r 个独立的界面自由度,其中,r 为对应于所有界面自由度的结构模态振型矩阵 $\boldsymbol{\Phi}_E$ 的秩。假定 $p=r$,并且 $\mathrm{rank}[\boldsymbol{\Phi}_E]=r$,则频率响应函数矩阵 $H_{EE}(f)$ 和 $H_{IE}(f)$ 可以用结构 n 个有效模态表示为

$$H_{EE}(f) = \boldsymbol{\Phi}_E(\mathrm{diag}[A_i(f)])\boldsymbol{\Phi}_E^T \qquad (2-40)$$

$$H_{IE}(f) = \boldsymbol{\Phi}_I(\mathrm{diag}[A_i(f)])\boldsymbol{\Phi}_E^T \qquad (2-41)$$

式中:$\boldsymbol{\Phi}_E$ 为对应于独立界面自由度的结构模态振型矩阵($r{\times}n$ 维);$\boldsymbol{\Phi}_I$ 为对应于内部自由度的结构模态振型矩阵。

在这种情况下,根据式(2-39),结构内部自由度的动力学响应为

$$G_{\mathrm{II}}(f) = H_{\mathrm{IE}}(f) H_{\mathrm{EE}}^{-1}(f) G_{\mathrm{EE}}(f) H_{\mathrm{EE}}^{-H}(f) H_{\mathrm{IE}}^{H} \qquad (2-42)$$

式中:$G_{\mathrm{EE}}(f)$ 为外界运动激励自由度(界面自由度)上结构运动输入的功率谱密度矩阵($p \times p$ 维);$G_{\mathrm{II}}(f)$ 为内部自由度上结构响应的功率谱密度矩阵。

内部自由度上结构响应与界面自由度上结构运动输入之间的互谱密度矩阵为

$$G_{\mathrm{IE}}(f) = H_{\mathrm{IE}}(f) H_{\mathrm{EE}}^{-1}(f) G_{\mathrm{EE}}(f) \qquad (2-43)$$

根据式(2-38),界面自由度上支承反力的功率谱密度矩阵为

$$G_{\mathrm{FF}}(f) = H_{\mathrm{EE}}^{-1}(f) G_{\mathrm{EE}}(f) H_{\mathrm{EE}}^{-H}(f) \qquad (2-44)$$

2.1.4.3　运动激励作用下的结构响应控制

式(2-35)、式(2-39)、式(2-42)和式(2-43)表明,如果在实验室振动环境试验中,结构各个界面自由度的振动输入(时间历程或谱)与结构在实际使用过程中的振动输入相同,则整个结构的振动响应也相同。在这种情况下,实验室振动试验实现了对实际振动环境的完全模拟。

如前所述,当结构的有效模态数为 n 时,为了在实验室中完全复现任意规定的振动环境所导致的结构响应,线性系统的振动环境模拟需要考虑 r 个独立的界面自由度上的振动输入一致。其中,r 为对应于所有界面自由度的结构模态振型矩阵的秩。一般情况下,$r < n$。相应地,振动环境模拟在结构连接界面上独立可控的运动自由度数量 c 应大于或等于 r。

在工程应用中,实验室振动环境试验的独立可控的界面运动自由度数量 c 通常小于完整描述结构界面运动的独立自由度数量 r。因此,振动环境模拟将无法同时在 r 个独立的界面自由度上达到规定的结构运动输入 $R_{\mathrm{E}}(f)$ 或 $G_{\mathrm{EE}}(f)$,即在实验室中不可能完全复现任意规定的振动环境所导致的结构响应。在这种情况下,一般化的试验控制方案为:将 r 个界面自由度的结构运动输入 $R_{\mathrm{E}}(f)$ 或 $G_{\mathrm{EE}}(f)$ 通过 $c \times r$ 维变换矩阵转换成 c 个虚拟界面自由度的结构运动输入,通过界面运动自由度的控制使 c 个虚拟自由度达到规定的结构运动输入 $R_c(f)$ 或 $G_{cc}(f)$。

假定 $c \times r$ 维运动输入变换矩阵 T_a 将 r 个独立界面自由度的结构运动输入 $R_{\mathrm{E}}(f)$ 变换成 c 个虚拟界面自由度的结构运动输入 $R_c(f)$:

$$R_c(f) = T_a R_{\mathrm{E}}(f) \qquad (2-45)$$

相应地,将 r 个独立界面自由度上的支承反力 $F_{\mathrm{E}}(f)$ 表示为 c 个虚拟界面自由度上支承反力 $F_c(f)$ 的线性组合:

$$F_{\mathrm{E}}(f) = T_a^{\mathrm{T}} F_c(f)$$

利用式(2-31),可以得到

$$R_c(f) = T_a \Phi_{\mathrm{E}} (\operatorname{diag}[A_i(f)]) \Phi_{\mathrm{E}}^{\mathrm{T}} T_a^{\mathrm{T}} F_c(f) \qquad (2-46)$$

在通过界面运动自由度的控制使 c 个虚拟自由度达到规定的结构运动输入 $R_c(f)$ 的情况下，r 个独立界面自由度上的支承反力 $F_E(f)$ 为

$$F_E(f) = T_a^{\mathrm{T}}\{T_a\Phi_E(\mathrm{diag}[A_i(f)])\Phi_E^{\mathrm{T}}T_a^{\mathrm{T}}\}^{-1}R_c(f) \tag{2-47}$$

因此，试验中达到的结构响应 $\widetilde{R}_E(f)$ 和 $\widetilde{R}_I(f)$ 可表示为

$$\widetilde{R}_E(f) = \Phi_E(\mathrm{diag}[A_i(f)])\Phi_E^{\mathrm{T}}T_a^{\mathrm{T}}\{T_a\Phi_E(\mathrm{diag}[A_i(f)])\Phi_E^{\mathrm{T}}T_a^{\mathrm{T}}\}^{-1}R_c(f)$$
$$\tag{2-48}$$

$$\widetilde{R}_I(f) = \Phi_I(\mathrm{diag}[A_i(f)])\Phi_E^{\mathrm{T}}T_a^{\mathrm{T}}\{T_a\Phi_E(\mathrm{diag}[A_i(f)])\Phi_E^{\mathrm{T}}T_a^{\mathrm{T}}\}^{-1}R_c(f)$$
$$\tag{2-49}$$

如果将 r 个独立的界面自由度划分为 c 个控制自由度和 $r-c$ 个非控制自由度：

$$R_E(f) = \begin{Bmatrix} R_c(f) \\ R_{r-c}(f) \end{Bmatrix}, \Phi_E = \begin{bmatrix} \Phi_{E,c} \\ \Phi_{E,r-c} \end{bmatrix} \tag{2-50}$$

并且令矩阵 T_a 为

$$T_a = \begin{bmatrix} I_{c\times c} & \mathbf{0}_{c\times(r-c)} \end{bmatrix} \tag{2-51}$$

则试验中达到的结构响应为

$$\widetilde{R}_c(f) = R_c(f) \tag{2-52}$$

$$\widetilde{R}_{r-c}(f) = \Phi_{E,r-c}(\mathrm{diag}[A_i(f)])\Phi_{E,c}^{\mathrm{T}}\{\Phi_{E,c}(\mathrm{diag}[A_i(f)])\Phi_{E,c}^{\mathrm{T}}\}^{-1}R_c(f)$$
$$\tag{2-53}$$

$$\widetilde{R}_I(f) = \Phi_I(\mathrm{diag}[A_i(f)])\Phi_{E,c}^{\mathrm{T}}\{\Phi_{E,c}(\mathrm{diag}[A_i(f)])\Phi_{E,c}^{\mathrm{T}}\}^{-1}R_c(f) \tag{2-54}$$

非控制自由度（包括内部自由度）在试验中达到的结构响应取决于试验件结构的模态特性，即使试验件结构的模态特性与产品预期使用状态完全一致，仍不能保证非控制自由度的结构响应与预期使用完全一致。如果非控制自由度在试验中达到的结构响应低于预期使用过程中的结构响应，将造成欠试验。在这种情况下，可以通过提高控制参考运动输入（即试验条件）$R_c(f)$ 的量级，使得试验中达到的结构响应在各个自由度（或选定的自由度）上大于或等于预期使用过程中的结构响应。显然，这将造成一些自由度上过试验。

应指出的是，运动输入变换矩阵 T_a 的不同选择将影响试验件结构的各个自由度在试验过程中达到的结构响应。

2.1.5 振动环境的输入模拟

根据上述分析，当产品在预期使用过程中经受的振动环境由产品与平台连

接界面的振动输入所产生时,对于有限频率范围内的振动环境模拟,只要振动输入界面上各自由度的运动与产品在预期使用过程的振动环境激励下的界面运动相同,则整个产品的振动响应也相同。这种采用振动输入界面运动实现振动环境模拟的方法称为输入模拟。

对于输入模拟方法,实现精确模拟的条件是:

(1)实验室振动环境试验中,在所关心的频率范围内,试验件(被试产品)的动力学特性(结构模态参数)与产品的预期使用状态相同。

(2)实验室振动环境试验中,在所关心的频率范围内,振动模拟能够独立控制的输入界面的运动自由度数量能够完全描述产品在预期使用过程的振动环境激励下的界面运动。

(3)实验室振动环境试验中,输入界面运动的时间历程或谱与产品预期使用过程的振动环境相同。

在输入模拟方法中,关键问题是定义振动输入界面的运动,即通常所说的振动试验条件,其取决于界面自由度的数量。输入模拟的准确性在很大程度上取决于所选取的界面自由度的数量以及位置和方向。理论上,在有限的振动试验频率范围内,试验件(被试产品)的界面运动可以使用至少 r 个独立的运动自由度精确地描述,即界面上任意一点的运动都可以表示为 r 个自由度上的运动的线性组合。因此,如果能够确定独立的界面自由度数量 r 及其位置和方向,则可以精确地定义振动输入界面的运动(即振动试验条件)。

完全描述产品界面运动所需要的最少自由度数量 r 取决于具体的产品/平台结构。理论上,如果已知试验频率范围内产品(试验件)的有效模态数量 n 和振动输入界面上的结构模态振型矩阵 $\boldsymbol{\Phi}_E$,可以得到在试验频率范围内完全描述产品(试验件)界面运动所需要的独立自由度数量 $r = \mathrm{rank}[\boldsymbol{\Phi}_E]$ 以及相应的位置和方向。然而,当制定试验条件时,产品(试验件)的有效模态数量 n 和模态振型矩阵 $\boldsymbol{\Phi}_E$ 通常是未知的,使得这一方法在工程应用中并非可行。如果存在适用的连接界面振动响应(即振动输入)分布的实测或预示数据,有可能从足够数量的测量点或预示点的结果中得到最少自由度数量 r 的估计。在大多数情况下,输入模拟依据工程经验选择界面自由度的数量以及位置和方向。

在工程应用中,确定精确的独立自由度数量 r 并非必要,原因是振动环境试验独立可控的界面运动自由度数量 c 往往小于完全描述界面运动所需要的独立自由度数量 r,受到独立可控的界面运动自由度数量 c 的限制,试验条件的制定过程通常需要对界面自由度进行减缩。对于输入模拟,试验条件制定过程中界面运动自由度选取方法主要有两类:

(1)假设产品(试验件)在试验频率范围内为刚性连接界面,即在连接界面上忽略产品(试验件)结构弹性振动模态的影响。在这种情况下,描述产品(试验件)界面运动所需要的独立自由度数量 $r=6$,即界面运动可以使用3个正交的平移自由度和3个正交的转动自由度完全描述。进一步的缩减过程一般需要考虑产品在预期使用过程中所经历的振动环境特征。如果产品的预期振动环境在连接界面的所有转动自由度上的振动分量可以忽略时,用于描述界面运动所需要的独立自由度数量 $r=3$。

(2)假设产品(试验件)在试验频率范围内沿每个轴向上的振动响应由同一轴向的振动激励所产生,在3个正交轴向上分别考虑各个轴向的运动输入模拟。在这种情况下,描述产品(试验件)界面运动所需要的独立自由度数量在每个轴向上分别选取。如果存在适用的连接界面振动响应(即振动输入)分布的实测或预示数据,根据实测或预示结果估计适当的自由度数量 r。多数情况下,进一步假设产品(试验件)在试验频率范围内为刚性连接界面,相应地,用于描述界面运动所需要的独立自由度数量 $r=3$,包括1个平移自由度和2个转动自由度。进一步的缩减过程一般需要考虑产品在预期使用过程中所经历的振动环境特征。如果产品的预期振动环境在连接界面的所有转动自由度上的振动分量可以忽略时,用于描述界面运动所需要的独立自由度数量 $r=1$。

实际上,在实验室振动环境试验中精确地复现产品预期使用过程中所经受的振动环境通常是不现实的。对于产品鉴定,重要的是试验激励所产生的试验件(被试产品)振动响应完全覆盖产品在预期使用过程中所产生的振动响应,并且具有适当的裕量。试验条件制定过程中不同的界面自由度选择将导致试验件(被试产品)振动响应相对于预期使用过程产生不同程度的偏离,这种偏离一般通过增加所选择的界面自由度上的振动输入量级予以补偿。显然,不同的界面自由度选择将需要在振动量级上增加不同的裕量。增加试验条件裕量的结果是,避免了试验件(被试产品)的各部分产生欠试验的风险,但导致试验件(被试产品)的一部分产生过试验。一般情况下,裕量越大,过试验的程度越高。不同的产品对于过试验程度的承受能力往往存在显著的差异。对于某些产品,过于保守的振动环境试验条件将导致产品研制的技术难度和成本显著地增加,往往成为产品研制的重要障碍。在这种情况下,往往需要在保证欠试验的风险可接受的条件下降低试验条件的裕量,因此,试验条件中界面自由度的合理选择将成为关键。一般情况下,减少试验条件中的界面自由度数量将导致所要求的补偿裕量增大。

在振动环境的输入模拟中,用于试验条件控制的加速度传感器通常安装在固定试验件(被试产品)的振动台面/试验夹具一侧,其代表了预期使用过程中平台对产品的振动输入。原则上,振动台面/试验夹具应模拟试验件(被试产品)在预期使用过程中的边界条件(界面阻抗),以保证试验件(被试产品)的动力学特性与预期使用状态一致。然而,在许多情况下,试图通过适当的试验夹具设计模拟预期使用过程中的边界条件(界面阻抗)是相当困难的,并且成本昂贵。在预期使用的边界条件使得连接界面在所要求的试验频率范围内满足刚性界面要求的情况下,振动环境试验模拟可能相对容易,但这样的情况往往仅出现在连接界面尺寸较小的试验件(被试产品)中。实际上,试验件(被试产品)在试验状态和预期使用状态下的边界条件(界面阻抗)差异通常是难以避免的,这种差异一般通过试验条件中振动量级增加的裕量予以补偿。

对于连接界面尺寸较大的试验件(被试产品),即使试验条件制定过程中假设连接界面为刚性界面,振动台面/试验夹具在所要求的试验频率范围内往往难以达到刚性界面要求。在这种情况下,输入模拟存在的问题是,很难在振动台面/试验夹具上找到适当的振动控制点,使其输出能够代表刚性界面的运动。工程应用中的一种折衷处理方法是选择一组振动控制点,以其输出的适当加权平均逼近刚性界面的运动。然而,这种方法通常不能改变试验边界条件的差异导致的试验件(被试产品)振动响应分布的偏差。考虑到连接界面尺寸较大的试验件(被试产品)在实际使用状态下不大可能满足刚性界面要求,如果可行,更为合适的输入模拟是在试验条件的制定中选择较多的界面自由度,以考虑连接界面上弹性振动模态的影响。当试验条件中所选择的界面自由度能够完全描述界面运动时,将不需要通过试验夹具模拟试验件(被试产品)在预期使用过程中的边界条件(界面阻抗),有可能使试验件(被试产品)的振动响应更接近实际使用状态。

对于输入模拟方法,通常假设界面的振动输入将不受试验件(被试产品)的动力学特性变化的影响,使得试验条件不随产品的研制进程改变。这一假设实际上意味着当产品安装到平台上时,将不影响平台结构振动响应,或者仅产生附加质量效应。然而,在某些情况下,这一假设可能明显偏离实际状态,特别是在产品的固有频率附近。一般情况下,试验条件的制定过程通过振动量级增加适当的裕量(典型地,采用振动环境数据的统计包络)以涵盖产品动力学特性变化的影响,从而保持振动环境试验基线的稳定性。显然,这一裕量可能导致产品在采用输入模拟方法的振动环境试验中产生过大的共振响应。如果输入模拟导致的共振放大不可接受,将需要在振动环境试验中进行带谷处理,后者实际上是基于响应模拟技术。

2.1.6　振动环境的响应模拟

对于振动环境模拟,除了控制振动输入界面的运动与预期使用环境的振动输入一致以外,也可以控制试验件(被试产品)上的振动响应与预期使用环境中的振动响应一致,后一种振动环境模拟方法称为响应模拟。对于确定性振动激励,根据式(2-9),如果在试验件结构上选择 n 个独立的响应自由度,其中,n 为试验件结构在试验频率范围内的有效模态数,如果在实验室振动试验中模拟了产品内部 n 个独立的响应自由度上的结构振动,则完全模拟了整个产品的振动(即受力状态)。对于随机振动输入,可以得到相同的结论。

对于响应模拟方法,实现精确模拟的条件是:

(1)实验室振动环境试验中,在所关心的频率范围内,试验件(被试产品)的动力学特性(结构模态参数)与产品的预期使用状态相同。

(2)实验室振动环境试验中,在所关心的频率范围内,振动模拟能够独立控制的试验件(被试产品)结构响应的自由度数量能够完全描述产品在预期使用过程的振动环境激励下的振动响应。

(3)实验室振动环境试验中,各自由度上振动响应的时间历程或谱与产品预期使用过程的振动环境相同。

与输入模拟方法相似,在响应模拟方法中,关键问题是在产品结构上选择适当的特征点及其方向(响应自由度),并且定义所选择的特征点上的振动响应,即通常所说的振动试验条件,其取决于响应自由度的数量。响应模拟的准确性在很大程度上取决于所选取的响应自由度的数量以及位置和方向。理论上,在有限的振动试验频率范围内,试验件(被试产品)的振动响应可以使用至少 n 个独立的响应自由度精确地描述,其中,n 为试验件结构的有效模态数。因此,如果能够确定适当的响应自由度数量 n 及其位置和方向,则可以精确地定义试验件(被试产品)的振动响应(即振动试验条件)。

完全描述产品结构振动响应所需要的最少自由度数量(有效模态数)n 取决于具体的产品结构。一般情况下,产品结构的有效模态数 n 明显大于输入模拟方式下完全描述产品界面运动所需要的自由度数量 r。这是工程应用中更多地采用输入模拟的主要原因之一。在工程应用中,振动环境试验独立可控的响应自由度数量 c 往往远小于完全描述试验件结构振动响应所需要的有效模态数 n。受到独立可控的响应自由度数量 c 的限制,试验条件的制定过程通常需要对响应自由度数量进行大幅度的减缩。

对于响应模拟,由于试验独立可控的响应自由度数量 c 不足以完全描述试验件结构振动响应,试验件(被试产品)结构振动响应分布将偏离预期使用环境下的振动响应分布。一般情况下,可以通过在所选择的响应自由度的振动量级上增加适当的裕量,以补偿振动响应分布不一致可能导致的欠试验风险。所需要增加的裕量与试验条件中所选择的响应自由度数量及其位置和方向有关,这是试验条件制定过程需要考虑的主要问题。

实际上,在试验频率范围内的产品结构有效模态数 n 中,多数为局部模态,其通常仅在产品内部某一区域内产生显著的影响,同时,这些局部模态参数往往随着产品的设计修改产生明显的变化。在试验条件的制定中,通常避免所选择的特征点的振动响应受到这些局部模态的影响,原因是这些局部模态实质上存在着显著的不确定性,其影响主要通过试验条件中增加适当的裕量予以考虑。因此,除非另有考虑,试验条件的特征点一般选择在产品的主要结构(承载结构)上,响应模拟主要考虑产品主要结构的振动响应分布与预期使用环境下振动响应分布的一致性,这将显著地减少描述产品结构振动响应所需要的有效模态数,仅需要考虑结构整体振动模态的振动响应。

对于响应模拟,受到试验独立可控的自由度数量 c 的限制,试验条件的制定过程中所采取的简化处理方法主要有:

(1)仅考虑产品(试验件)中关键组件(仪器设备)的振动响应。在工程应用中,这种方法主要作为输入模拟的补充,以避免关键组件过试验,即试验条件实际上是作为限制条件而非控制条件。

(2)将产品(试验件)作为刚体处理,即振动响应模拟主要考虑产品刚体模态的振动响应的一致性。在这种情况下,响应自由度所对应的特征点应选择在产品主要结构相对刚硬的位置上,以避免结构局部模态的影响,并且其数量应可以完全定义产品(试验件)的刚体运动(在自由—自由边界条件下,典型地包括3 个正交的平移自由度和3 个正交的转动自由度)。进一步的缩减过程一般需要考虑产品在预期使用过程中所经历的振动环境特征。

(3)假设产品(试验件)在试验频率范围内沿每个轴向上的振动响应由同一轴向的振动激励所产生,在3 个正交轴向上分别考虑各个轴向的振动响应模拟。在这种情况下,描述产品(试验件)结构振动响应所需要的特征点数量在每个轴向上分别选取(每个特征点代表一个响应自由度)。一般情况下,特征点应选择在产品主要结构相对刚硬的位置上,以避免结构局部模态的影响,并且其数量至少应完全定义产品(试验件)在振动方向上的刚体运动(在自由—自由边界条件下,典型地包括1 个平移自由度和2 个转动自由度)。进一步的缩减过程一般需要考虑产品在预期使用过程中所经历的振动环境特征。

应指出的是,即使试验条件的制定假定产品(试验件)为刚体,所导出的试验条件实际上仍可能包含产品(试验件)弹性振动模态的影响。在弹性振动模态的响应较大的情况下(通常试验条件在弹性振动模态频率上存在较大量级的谱峰),出于降低试验条件保守程度的考虑,试验条件中的裕量可能没有完全覆盖弹性振动模态参数变化的影响,如果试验件中占主导的弹性振动模态参数偏离用于制定试验条件的测试或预示状态,在试验时往往需要对试验条件进行适当的修正。如果在试验条件的制定中通过选择多于描述刚体运动所需要的响应自由度,将同样存在这样的情况。

在工程应用中,除了用于限制试验件中关键部件的振动响应以外,响应模拟主要用于预期使用过程中经受分布力或压力形式振动激励的情况,主要针对系统级/分系统级产品。在这种情况下,描述振动响应的特征点(或控制点)一些选择在产品(试验件)的主要结构上,其目的是尽可能避免振动环境试验条件随着产品研制进程产生显著的变化,原因是振动环境试验主要用于考核产品的零部件和次要结构,产品的主要结构一般并非振动环境试验的考核对象(通常也不是依据振动环境进行设计的)。这样的响应模拟与输入模拟本质上并无区别。例如,对于一个导弹仪器舱,振动环境试验的目的在于考核仪器舱内部的零部件和次要结构(如导管、支架等)的振动环境适应性,外部的承载壳体结构并非振动环境试验的考核对象,而是作为振动环境试验的传力构件。在这种情况下,响应模拟一般将特征点(或控制点)选择在承载壳体结构上。如果将承载壳体结构作为振动输入界面(即可以视为试验夹具),并且以承载壳体结构的振动响应规定振动输入条件,则振动环境试验也可以视为输入模拟。无论是采用响应模拟还是输入模拟,均不需要考虑预期使用过程中作用于承载壳体结构的振动激励形式。

2.1.7 振动环境的激振力控制问题

在振动环境试验中,除非特殊情况,一般采用运动模拟方法,包括输入模拟和响应模拟。其主要原因是,在实际使用过程中,测量产品或平台的运动参数(典型为加速度)要比测量相关的激振力容易得多。因此,振动环境试验条件一般采用运动参数(典型为振动加速度输入或振动加速度响应)规定。

某些情况下,振动环境试验可能需要采用激振力控制方法。理论上,对于有限频率范围内的振动环境模拟,如果试验控制自由度能够完全描述试验件的振动响应,激振力控制和运动控制(加速度输入控制或响应控制)是完全等效的。然而,实际的试验控制自由度数量通常明显地少于完全描述试验件振动响应所需要的自由度,往往导致激振力控制和运动控制所得到的结果并不一致。其中,不同控制方式的试验条件中包含的裕量之间的差异是造成不一致的主要原因。此外,在不同控制方式下,振动控制算法往往具有不同的稳定性。相比而言,激振力控制方法可能更容易收敛,从而能够有效地避免由于试验控制问题导致的试验件过试验。这是某些情况下需要采用激振力控制方法的主要原因。

对于激振力控制方法的实施,困难的问题在于制定合理的试验条件。除非产品在预期使用过程中的振动环境是由为数不多的集中力激励所产生的,并且可以通过力传感器直接测量或载荷识别方法得到适当的激振力数据,一般情况下,往往难以直接或间接测量使用过程中作用于产品的激振力数据,这使得激振力试验条件的制定和验证通常需要借助于分析模型预示结果实现,造成激振力试验条件中相当大的不确定性。因此,在工程应用中,通常仅在下列情况下考虑使用激振力控制方法:

(1)产品在预期使用过程中经受为数不多的集中力激励,并且可以通过实测数据(直接或间接测量结果)或经过验证的分析模型预示数据导出适当的激振力试验条件。这种振动环境模拟方法通常称为振源模拟。

(2)在采用加速度响应控制方法可能导致试验控制过程不稳定的情况下,可以采用激振力控制方法。其中,激振力试验条件通常在预试验过程中根据振动加速度响应试验条件导出,即振动环境试验本质上仍采用试验件的振动加速度响应规定试验条件,激振力试验条件仅用于试验控制,原因是激振力试验条件与试验构型有关。

(3)在采用加速度输入控制方法可能导致试验件的某些部分显著地过试验的情况下,可以采用激振力控制方法。一般情况下,激振力控制作为试验的限制条件,用于限制某些频带上(典型的为试验件共振频率附近)作用于试验件的激振力不超过规定的限制,以避免导致试验件在这些频带上过试验。实际上,激振力控制是加速度输入控制的补充,对加速度输入试验条件进行带谷处理。在这种情况下,激振力试验条件通常基于分析预示结果导出。

2.2　振动失效模型

2.2.1　引言

在振动环境作用下,产品的各结构元件上产生动态响应(位移、速度、加速度、应变和机械应力),从而可能导致结构失效。根据工程实践中的振动失效现象,振动环境效应导致的产品失效大致可分为 3 类失效模式:

(1)产品结构完整性破坏,包括结构断裂、永久变形和磨损等;

(2)产品性能或功能失效,包括动作失灵、性能超差等;

(3)产品工艺性故障,包括连接件松动、电路短路、机械回路堵塞等。

由于振动环境效应的复杂性,目前人们对振动环境导致产品失效的机理尚没有充分认识。尽管如此,人们已经提出了一些振动环境的失效模型,工程实践证明,这些失效模型的假设在一定程度上反映了振动环境造成的产品失效特征,对于定义振动环境试验条件、分析振动环境试验结果、指导工程设计还是很有价值的。

　　振动环境所造成的产品失效分为可逆的和不可逆的两类。所谓可逆的失效,是指发生失效的产品会随着振动环境的消除(或者环境应力降低到一定量值以下)而恢复正常,不可逆的失效则是指发生失效的产品不会因为振动环境的消除而恢复正常。

　　在振动环境作用下的产品失效均取决于振动环境的量级,一部分产品失效也取决于振动环境的作用时间。根据失效是在一定量级的振动激励作用下立即发生还是经历一定的振动时间(或次数)之后发生,将产品失效分为即发的和累积的两类,后者称为与时间相关的失效。可逆的失效基本上与振动持续时间无关,其通常在振动环境达到一定的量级时就会发生。不可逆的失效大多与振动持续时间有关,但存在例外。例如,当瞬态振动环境作用下产生的应力超过产品中重要元器件的极限值时,产品将立即出现失效。振动失效模型大多是根据这些失效特征提出的。

2.2.2　逆幂律模型

　　逆幂律模型是一个用于描述产品失效时间(或产品寿命)与所暴露的稳态应力水平之间关系的经验模型。对于稳态振动环境(确定性的或随机的)的加速度时间历程 $\ddot{x}(t)$,假定 $\ddot{x}(t)$ 的均值为零,均方根值加速度为 σ_x,则达到失效的振动持续时间 T_f 可以表示为

$$T_f = c\sigma_x^{-m} \tag{2-55}$$

式中: c 和 m 为常数,取决于产品的类型。

　　根据逆幂律模型,如果两种振动环境具有相同形状的加速度谱型,但均方根值加速度不同,则产品在两种振动环境作用下产生相同失效的可能暴露时间(振动持续时间)之间的关系为

$$\frac{T_2}{T_1} = \left(\frac{\sigma_1}{\sigma_2}\right)^m \tag{2-56}$$

式中: σ_1 和 σ_2 分别为两种振动环境的均方根值加速度; T_1 和 T_2 分别为产品在两种振动环境作用下达到失效的振动持续时间。

　　如果两种随机振动环境的量级分别用加速度自谱密度 $G_1(f)$ 和 $G_2(f)$ 表示,则式(2-56)可改写为

$$\frac{T_2}{T_1} = \left(\frac{G_1(f)}{G_2(f)}\right)^{m/2} \tag{2-57}$$

　　如果两种正弦振动环境的量级分别用加速度幅值谱 $|P_1(f)|$ 和 $|P_2(f)|$ 表示,则式(2-56)可改写为

$$\frac{T_2}{T_1} = \left(\frac{|P_1(f)|}{|P_2(f)|} \right)^m \tag{2-58}$$

在振动环境工程中,逆幂律模型主要用于将产品在寿命周期中所经历的不同量级的振动环境的持续时间转换成为最大期望振动环境的疲劳等效持续时间,并且进行合并处理,以简化产品的振动环境设计和试验。在这一过程中,式(2-55)~式(2-57)中的参数 T_1 代表了最大期望振动环境的疲劳等效持续时间,参数 T_2 代表了实际振动环境的持续时间。当采用式(2-57)或式(2-58)进行转换时,参数 T_1 将是频率 f 的函数,无论参数 T_2 是否与频率 f 相关,原因是实际振动环境与最大期望振动环境的加速度谱型通常不相似。然而,对于随机振动环境,疲劳等效持续时间 T_1 应与频率 f 无关。在这种情况下,保守的处理方式是,在与频率 f 相关的参数 T_1 中,选择最大值作为最大期望振动环境的疲劳等效持续时间。实际上,在宽带随机振动激励作用下,导致产品失效的最重要因素是产品的共振响应,特别是产品主导振动模态的共振响应。因此,如果适用,选择产品主导振动模态的固有频率所对应的参数 T_1 作为最大期望振动环境的疲劳等效持续时间,通常可以得到更合理的结果。然而,应指出的是,大多数情况下,在导出最大期望振动环境的疲劳等效持续时间时,产品的主导振动模态往往是未知的,保守的处理通常是必要的。

2.2.3　基于 $S-N$ 曲线的疲劳破坏模型

材料的疲劳破坏是最普遍的振动失效模式。疲劳破坏是一种不可逆的、具有累积特征的结构强度破坏模式,一般采用累积损伤模型描述。累积损伤模型的基本概念是,在交变载荷每一次循环作用下,材料产生不可逆的损伤,当损伤累积到某一损伤量时,材料发生疲劳破坏。

工程上最常用的累积损伤模型是基于 Miner 线性累积损伤假设。设材料经受 K 个幅值分别为 $S_1, S_2, \cdots, S_k$ 的交变应力的作用,各应力的实际循环次数分别为 $n_1, n_2, \cdots, n_k$,总的累积损伤量 D 可用式(2-59)定义:

$$D = \sum_{k=1}^{K} \frac{n_k}{N_k} \tag{2-59}$$

式中: N_k 为材料在恒定幅值交变应力 S_k 作用下发生疲劳破坏时的循环次数。

根据 Miner 线性累积损伤假设, $D=1$ 时,材料将发生疲劳破坏。

式(2-59)所描述的疲劳损伤模型将应力 S_k 的每一次循环造成的损伤均取为 $1/N_k$,不考虑各次应力循环作用之前材料的损伤历史、各级应力作用顺序以及其他特征参数和环境因素的影响,因而,对实际损伤过程进行了高度简化处理。试验结果表明,发生疲劳破坏时的 D 值具有较大的分散性,约为 $0.3 \sim 3.0$。

尽管 Miner 线性累积损伤假设非常粗糙,由于疲劳寿命较大的分散性,从工程应用观点看,仍可用于疲劳寿命估计或作为不同类型振动所造成损伤的等效准则。

在工程应用中,Miner 线性累积损伤模型中交变应力 S_k 与材料疲劳破坏时的循环次数 N_k 之间的关系通常由材料的 $S-N$ 曲线(即应力—循环次数曲线或疲劳曲线)确定,大量的试验数据提供了各种材料在单频正弦交变载荷作用下的 $S-N$ 曲线。典型的 $S-N$ 曲线如图 2-2 所示,其中,黑色曲线是应力幅值和循环次数的理论关系,红色曲线是黑色曲线的线性化表示。在曲线上的点 A,应力水平使得任何循环次数将导致疲劳失效,代表了材料的静强度。在曲线上的点 B,应力水平使得无限循环次数将不会诱发疲劳失效,通常称为材料的耐久限。在 Miner 线性累积损伤模型中,所关心的区域位于点 A 和点 B 之间。

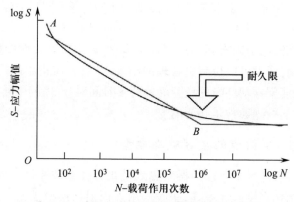

图 2-2　典型的 $S-N$ 曲线(彩色版本见彩插)

在工程应用中,材料疲劳损伤计算通常需要对 $S-N$ 曲线进行简化处理,一般采用应变寿命方法或应力寿命方法。对于应变寿命方法,达到疲劳的循环次数 N_f 由式(2-60)计算:

$$\varepsilon_a = \frac{\sigma'_f}{E}(2N_f)^b + \varepsilon'_f(2N_f)^c \quad\quad (2-60)$$

式中:ε_a 为作用于材料的应变幅值;σ'_f 为材料的疲劳强度系数;E 为材料的弹性模量;b 为材料的疲劳强度指数;ε'_f 为材料的疲劳延性系数;c 为材料的疲劳延性指数。其中,假设作用于材料的静载荷为零。

在式(2-60)中,将作用于材料的应变幅值 ε_a 表示为弹性应变分量 ε_e 和塑性应变分量 ε_p 之和(图 2-3):

$$\varepsilon_e = \frac{\sigma'_f}{E}(2N_f)^b, \varepsilon_p = \varepsilon'_f(2N_f)^c \quad\quad (2-61)$$

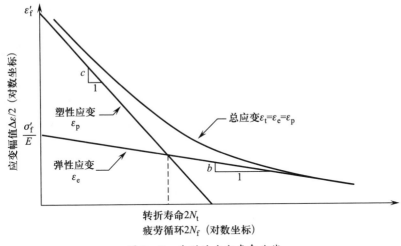

图 2 - 3　典型的应变寿命曲线

在图 2 - 3 中,转折寿命 $2N_t$ 表示弹性应变分量和塑性应变分量相等时的寿命,可用于划分低周疲劳和高周疲劳。其中,在转折寿命以下,塑性应变影响较大,在转折寿命以上,弹性应变影响较大。转折寿命 $2N_t$ 可由式(2 - 62)计算:

$$2N_t = \left(\frac{E\varepsilon'_f}{\sigma_f} \right)^{\frac{1}{b-c}} \qquad (2-62)$$

应力寿命方法仅考虑材料的弹性应变所产生的疲劳寿命,达到疲劳的循环次数 N_f 由式(2 - 63)计算:

$$S_a = \sigma'_f (2N_f)^b \qquad (2-63)$$

式中:S_a 为作用于材料的应力幅值。

相当多的材料疲劳试验数据表明,$N_f = 10^3 \sim 10^7$ 时,$S - N$ 曲线可近似用式(2 - 63)表示,其在双对数坐标中呈现斜率为 $-1/b$ 的直线。在一些文献中,将式(2 - 63)表示下列形式:

$$\log S_a = -\frac{1}{b} \log N_f + \frac{1}{b} \log C \qquad (2-64)$$

或

$$N_f = CS_a^{-b} \qquad (2-65)$$

式中:C 为试验确定的材料常数。

材料的疲劳强度指数 b 一般采用标准试样的疲劳强度试验测定。指数 b 受到材料、形状、应力水平、环境(如温度、腐蚀)等多种因素影响,存在较大程度的散布特性。同时,指数 b 与交变应力的类型(随机、正弦等)有关。一些研究表明,对于钢和铝合金,指数 b 一般为 6~9。

在用于将产品在寿命周期中所经历的不同量级的振动环境的持续时间转换成为最大期望振动环境的疲劳等效持续时间的过程中,通常不可能得到振动环境作用下的产品应力和应变,从而难以直接使用上述应力或应变寿命方法。对于振动环境所产生的疲劳,如果假定振动环境作用下产品仅产生弹性应变,并且名义应力幅值在有限寿命区域内(即高于材料的耐久限),在导致产品失效的振动持续时间正比于应力循环次数、而交变应力幅值正比于振动环境的均方根值加速度的情况下,式(2-65)将成为逆幂律模型式(2-55)的一个特例。然而,应指出的是,即使在这种情况下,材料的疲劳强度指数 b 通常不能直接用于产品,即式(2-55)中的指数 m 不等于材料的疲劳强度指数 b。

2.2.4 基于裂纹扩展的疲劳破坏模型

材料的疲劳过程主要包括裂纹萌生和裂纹扩展两个阶段。在 Miner(迈纳)线性累积损伤模型中,没有区分两个阶段,而实际上由于两个阶段的存在,应力作用顺序将影响疲劳损伤。例如,对于两级应力试验,当应力顺序为高-低时,累积损伤量 D 值小于 1;反之,当应力顺序为低-高时,D 值大于 1。为此,Grover(格罗弗)和 Monson(蒙森)等提出了双线性累积损伤假设,即用两条直线分别表示裂纹萌生和裂纹扩展过程。根据这一假设,出现疲劳破坏时的应力循环次数 N_f 表示为

$$N_f = N_0 + \Delta N \qquad (2-66)$$

式中:N_0 为在给定应力或应变水平下裂纹萌生时的循环次数;ΔN 为在给定应力或应变水平下裂纹扩展到断裂时的循环次数。

裂纹扩展阶段的循环次数 ΔN 满足下列方程:

$$\Delta N = PN_f^{0.6} \qquad (2-67)$$

式中:P 为用实验数据进行曲线拟合所得到的系数。

对于裂纹萌生阶段,有

$$\sum_{k=1}^{K1} \frac{n_k}{N_{0k}} = 1 \qquad (2-68)$$

并且规定,当 $N_f < 730$ 时,$N_0 = 0$。

对于裂纹扩展阶段,有

$$\sum_{k=1}^{K2} \frac{n_k}{\Delta N_k} = 1 \qquad (2-69)$$

并且规定,当 $N_f < 730$ 时,$\Delta N = N_f$。

上述规定意味着,当 $N_f < 730$ 时,可以认为没有裂纹萌生阶段,出现疲劳破

坏时的循环次数即为裂纹扩展到断裂的循环次数。

对于预示材料的疲劳寿命,最大的不确定因素存在于裂纹萌生阶段,其受材料表面光滑程度和环境因素的影响很大。然而,一旦材料产生了裂纹,使用断裂力学方法可以准确地预示裂纹的扩展情况。因此,当预示承载结构的疲劳寿命时,可以假设结构存在一个微小裂纹,然后,使用适当的裂纹扩展速率模型预示裂纹扩展到结构失效程度所需要的时间。这种处理方法通常能够给出一个偏于保守的结果。

在建立裂纹扩展速率模型时,典型地假设:

(1)结构疲劳裂纹为 I 型裂纹(张开型裂纹),即裂纹表面的位移垂直于裂纹表面。

(2)疲劳裂纹在结构中的位置如图 2-4 所示。

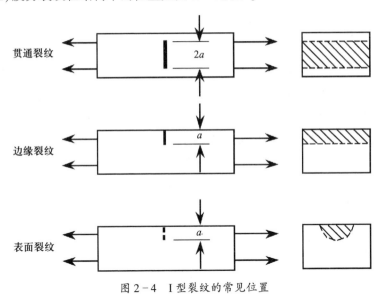

图 2-4　I 型裂纹的常见位置

根据断裂力学,在动载荷(动应力)作用下,I 型裂纹的应力强度因子的范围 ΔK 定义为

$$\Delta K = C_s \Delta S \sqrt{\pi a} \tag{2-70}$$

式中:ΔS 为裂纹附近名义应力的峰—峰值;a 为裂纹的长度或深度参数(图 2-4);C_s 为与裂纹尺寸和位置等相关的常数。

裂纹扩展速率 $\mathrm{d}a/\mathrm{d}N$ 取决于应力强度因子的范围 ΔK。典型的金属材料的裂纹扩展速率 $\mathrm{d}a/\mathrm{d}N$ 与应力强度因子的范围 ΔK 之间的函数关系如图 2-5 所示。

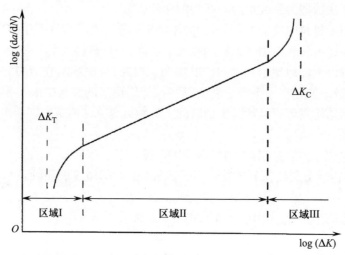

图 2 - 5　典型金属的裂纹扩展速率 da/dN 与应力强度因子范围 ΔK 的关系

在图 2 - 5 中,log(da/dN) 与 log(ΔK) 的函数关系划分为 3 个区域。区域 I 为 ΔK 的阈值区域,当 ΔK 低于阈值 ΔK_T 时,裂纹将不会扩展。阈值 ΔK_T 与材料特性有关,各种常用材料的阈值 ΔK_T 可在相关标准或手册中查找;对于铝合金 2024-T3,$\Delta K_T \approx 2.2$MPa。区域Ⅲ为 ΔK 的临界区域,当 ΔK 达到临界值 ΔK_C 时,裂纹扩展速率将加速,直至材料完全断裂;因此,$\Delta K = \Delta K_C$ 代表结构失效。同样,阈值 ΔK_C 与材料特性有关,各种常用材料的阈值 ΔK_C 可在相关标准或手册中查找;对于铝合金 2024-T3,$\Delta K_C \approx 153$MPa。区域 II 为预示承载结构的疲劳寿命所考虑的中间区域,在这一区域中,log(da/dN) 与 log(ΔK) 近似呈线性关系,可以将裂纹扩展速率 da/dN 表示为

$$\frac{\mathrm{d}a}{\mathrm{d}N} = C_K (\Delta K)^{\alpha} \qquad (2-71)$$

式中:C_K 和 α 为代表材料特性的常数。

除了式(2-71)以外,针对不同材料的试验数据,已经建议了多种更为精确的 da/dN 与 ΔK 关系的表达式,然而,尚不存在适合于各种类型材料的通用表达式。

对于复杂波形或随机应力时间历程,一般采用雨流计数方法确定应力周期的数量 N 和每个应力周期的峰—峰值 $\Delta S_k(k=1,2,\cdots,N)$,得到对应于每个应力周期的应力强度因子范围 $\Delta K_k = C_s \Delta S_k \sqrt{\pi a}$,进一步,使用各个应力强度因子范围 ΔK_k 的均方根值 ΔK_{rms} 替代式(2-71)中的应力强度因子范围 ΔK,即

$$\Delta K \approx \Delta K_{\text{rms}} = \sqrt{\frac{1}{N}\sum_{k=1}^{N}\Delta K_k^2} \qquad (2-72)$$

在式(2-71)中,对于不同类型的金属,材料常数 C_K 和 α 存在一定的差异。然而,对于同类金属(如铝合金),C_K 和 α 的差异很小。例如,ΔK 在 $11 \sim 33$ MPa 的范围内,各个高强度铝合金具有相近的 da/dN 与 ΔK 关系,其可表示为

$$\frac{da}{dN} = 1.5 \times 10^{-10}(\Delta K)^{2.5}(\text{m/cycle}) \qquad (2-73)$$

此外,材料常数 C_K 和 α 对作用于结构的静载荷(即平均应力)相对不敏感。然而,平均应力将显著地影响临界值 ΔK_C,平均应力增加将导致 ΔK_C 值减小。

在已知应力时间历程的情况下,可以使用式(2-71)预示裂纹尺寸达到破坏时所需要的应力循环次数(即疲劳寿命)。由于应力强度因子范围 ΔK 与裂纹特征尺寸 a 相关,这一预示过程需要进行迭代计算。在进行两种应力水平下的应力循环次数(疲劳寿命)相互换算的情况下,两者之间的等效要求应力循环所产生的净裂纹增长量相同。然而,ΔK 与 a 的相关性使得式(2-71)并不是进行这种换算的可行方法。

在用于将产品在寿命周期中所经历的不同量级的振动环境的持续时间转换成为最大期望振动环境的疲劳等效持续时间的过程中,通常难以得到振动环境作用下的产品应力时间历程,从而难以使用基于裂纹扩展模型的疲劳寿命预示方法。

2.2.5　一次通过破坏模型

一次通过破坏模型假定产品的振动响应首次达到某一阈值时,立即发生破坏。一次通过破坏模型可用于描述继电器在振动环境作用下误动作、安装在减振器上的仪器在振动环境作用下发生碰撞、机械零部件在振动环境作用下发生永久变形等失效模式。

对于周期振动,一次通过破坏相当于产品的振动响应幅值超过某一破坏阈值后,产品立即失效,失效机理与振动持续时间无关。瞬态振动也是如此。

对于稳态随机振动,产品的振动响应幅值超过某一破坏阈值的概率将随着振动持续时间的增加而增大。假定产品的稳态振动响应 $x(t)$ 是一个平稳随机过程,在单位时间内,$x(t)$ 以正斜率穿越破坏阈值 a 的期望次数(故障率)为

$$V_a^+ = \int_0^\infty \dot{x}P(a,\dot{x})\,dx \qquad (2-74)$$

式中:$\dot{x} = dx/dt$;$P(a,\dot{x})$ 是 $x = a$ 的条件下 x 和 $\dot{x}$ 的联合概率密度。

当 $x(t)$ 为零均值的正态分布随机过程时,有

$$P(x,\dot{x}) = \frac{1}{2\pi\sigma_x\sigma_{\dot{x}}}\exp\left[-\frac{1}{2}\left(\frac{x^2}{\sigma_x^2}+\frac{\dot{x}^2}{\sigma_{\dot{x}}^2}\right)\right] \tag{2-75}$$

相应地,式(2-74)可改写为

$$V_a^+ = \frac{\sigma_{\dot{x}}}{2\pi\sigma_x}\exp\left[-\frac{a^2}{2\sigma_x^2}\right] \tag{2-76}$$

式中:σ_x 和 $\sigma_{\dot{x}}$ 分别为 x 和 $\dot{x}$ 的均方根值。

令 $a=0$,可以得到在单位时间内 $x(t)$ 以正斜率穿越零线的期望次数为

$$V_0^+ = \frac{\sigma_{\dot{x}}}{2\pi\sigma_x} \tag{2-77}$$

V_0^+ 可以视为 $x(t)$ 的等效频率,其代表了平均意义下 $x(t)$ 在单位时间内的振动周期数。相应地,V_a^+ 可表示为

$$V_a^+ = V_0^+\exp\left[-\frac{a^2}{2\sigma_x^2}\right] \tag{2-78}$$

进一步假定破坏阈值 a 足够大,使得 $x(t)$ 每一次以正斜率穿越阈值 a 的事件都可以视为独立随机事件,则由这些穿越阈值 a 的时刻组成的集合 $\{t_k\}$ 服从泊松分布,从而可以得到在时间 $0 \leqslant t \leqslant T_a$ 内发生 $x(t)$ 以正斜率穿越破坏阈值 a 的概率密度为

$$p(T_a) = V_a^+\exp(-V_a^+T_a), T_a \geqslant 0 \tag{2-79}$$

因此,发生 $x(t)$ 首次以正斜率穿越破坏阈值 a 的平均时间为

$$\overline{T}_a = \int_0^\infty T_a p(T_a)\,\mathrm{d}T_a = \frac{1}{V_a^+} = \frac{1}{V_0^+}\exp\left[\frac{a^2}{2\sigma_x^2}\right] \tag{2-80}$$

当产品经受宽带随机振动激励时,其内部零部件的振动响应往往呈现窄带随机振动的特征。典型地,内部零部件的随机振动响应可以近似采用单自由度线性系统在白噪声激励下的振动响应予以描述。例如,在单轴基础运动激励作用下,产品内部零部件的随机振动响应均方根值加速度 σ_x 可以由 Miles(迈尔斯)公式近似计算:

$$\sigma_x \approx \sqrt{\frac{\pi}{4\zeta_n}f_n G_{uu}(f_n)} = \sqrt{\frac{\pi}{2}f_n Q G_{uu}(f_n)} \tag{2-81}$$

式中:f_n 和 ζ_n 分别为零部件主导振动模态的固有频率和阻尼比;$Q = 1/(2\zeta_n)$ 为单自由度系统的放大系数;$G_{uu}(f)$ 为单轴基础运动激励的加速度自谱密度。

在这种情况下,等效频率 $V_0^+ \approx f_n$,式(2-80)可以表示为

$$\overline{T}_a \approx \frac{1}{f_n}\exp\left[\frac{a^2}{2\sigma_x^2}\right] \tag{2-82}$$

在式(2-80)或式(2-82)中,平均时间 $\overline{T}_a$ 代表了随机振动环境作用下产品

的预期失效时间。应指出的是,式(2-80)中所要求的以正斜率穿越阈值 a 的事件在统计意义上独立的假设与式(2-82)中的窄带随机响应假设之间存在冲突,即窄带随机响应以正斜率穿越任何量级的阈值 a 并非在统计意义上独立的;然而,当阈值 $a \geqslant 4\sigma_x$ 时,式(2-82)可以产生一个可接受的 $\overline{T_a}$ 值。

对于随机振动环境作用下的产品,假定产品的振动响应具有相同的谱型和不同量级的均方根值,由式(2-80)或式(2-82)可以得到均方根值 σ_1 所对应的预期失效时间 T_1 与均方根值 σ_2 所对应的预期失效时间 T_2 之间的换算关系:

$$T_1 = T_2 \exp\left[\frac{K^2}{2}\left(\frac{\sigma_2^2}{\sigma_1^2}-1\right)\right], K=\frac{a}{\sigma_2} \qquad (2-83)$$

式中: $\sigma_1 > \sigma_2$。

在单轴基础运动激励作用下,如果产品动力学特性可以用线性系统描述,则式(2-83)中振动响应的均方根值 σ_1 和 σ_2 可以用随机振动输入的均方根值替代,其中,假定不同量级的随机振动输入具有相同的谱型。假如产品内部零部件的随机振动响应均方根值加速度 σ_x 可由式(2-82)确定,利用式(2-83)可以在每个频率上分别进行不同量级的随机振动输入所对应的预期失效时间的换算,而不需要不同量级的随机振动输入具有相同的谱型。

对于产品在寿命周期中所经历的不同量级的随机振动环境的持续时间转换,式(2-83)存在的问题是:

(1)对于大多数产品,式(2-83)中的破坏阈值 a 通常是未知的。

(2)式(2-83)是基于产品结构响应 $x(t)$ 为零均值的正态分布随机过程的假设导出的。如果产品结构存在非线性特性,将导致产品结构响应 $x(t)$ 不满足这一假设,使得计算结果产生偏差。

对于平稳随机振动响应(或激励),假定均方根值 $\sigma_1 = 1.5\sigma_2$,破坏阈值 $a = 4\sigma_2$,由式(2-83)可以得到,基于一次通过破坏模型的等效振动持续时间 $T_1 = 0.012T_2$;如果假定逆幂律模型的指数 $m=8$,由式(2-56)可以得到,基于逆幂律模型或疲劳破坏模型的等效振动持续时间 $T_1 = 0.039T_2$。因此,对于产品在寿命周期中所经历的不同量级的随机振动环境的持续时间转换成为最大期望随机振动环境量级的等效持续时间,逆幂律模型或疲劳破坏模型将得到相对保守的结果,没有必要考虑一次通过破坏模型。

2.2.6　峰值损伤模型

峰值损伤模型假定在振动环境激励下,产品存在一个损伤阈值,仅当振动应力的峰值超过阈值时,产品才有可能产生损伤,并且当超过阈值的振动应力峰值次数累计达到一定次数时,产品才出现失效。峰值损伤模型适用于描述产品功能失效,也可以用于描述一些不可逆并且累积的工艺性失效,如紧固件松动等。

对于稳态周期振动,当产品的振动响应幅值超过某一损伤阈值 a,并且连续振动激励的持续时间达到一定值后,产品失效。

对于稳态随机振动,产品的振动响应幅值超过某一损伤阈值 a 的频次将随着振动持续时间的增加而增大。与一次通过破坏模型相似,当产品经受宽带随机振动激励时,假定其内部零部件的随机振动响应可以近似采用单自由度线性系统的振动响应予以描述。在正态分布的随机振动环境作用下,单自由度系统的响应 $x(t)$ 是一个窄带正态分布随机过程,其峰值服从 Rayleigh 分布,即响应峰值 x_p 的概率密度为

$$p(x_p) = \frac{x_p}{\sigma_x^2} \exp\left[-\frac{x_p^2}{2\sigma_x^2} \right] \qquad (2-84)$$

峰值 x_p 超过损伤阈值 a 的概率为

$$P(x_p \geq a) = \int_0^\infty p(x_p)\, \mathrm{d}x_p = \exp\left[-\frac{a^2}{2\sigma_x^2} \right] \qquad (2-85)$$

在振动持续时间 T_a 内,窄带随机响应的峰值总数为 $f_0 T_a$,其中,f_0 为窄带随机响应过程的平均频率。对于单自由度系统,f_0 实际上等于该系统的无阻尼固有频率 f_n。因此,在振动持续时间 T_a 内,峰值 x_p 超过损伤阈值 a 的平均次数为

$$n_p^a = f_0 T_a \exp\left[-\frac{a^2}{2\sigma_x^2} \right] \qquad (2-86)$$

相应的峰值破坏准则为

$$n_p^a \geq N_a \qquad (2-87)$$

式中:N_a 为产品发生破坏时,响应峰值超过损伤阈值 a 的次数。

因此,产品的平均使用寿命为

$$\overline{T}_a = \frac{N_a}{f_0} \exp\left[\frac{a^2}{2\sigma_x^2} \right] \qquad (2-88)$$

当 $N_a = 1$ 时,式(2-88)的结果与一次通过破坏模型相一致。即所谓一次通过破坏问题,实际上是峰值损伤当 $N_a = 1$ 时的特例。

2.3　振动环境试验的等效技术基础

2.3.1　引言

大量的实测振动环境数据分析表明,产品在预期使用过程中的振动环境无

论在空间分布上还是在时间分布上都是极为复杂的,其时间历程往往具有随机性和易变性。因此,尽管复现真实的振动环境经常作为振动环境试验所追求的目标,实际上,在实验室中真实地复现实际使用过程的振动环境几乎是不可能实现的,也没有必要。在工程应用中,考虑到振动环境中固有的随机性和易变性,以及振动环境模拟能力的局限性,对于振动环境条件的规定和试验模拟,必须通过适当的等效处理进行简化,以得到可在实验室中实现的结果。振动环境试验的等效技术经常用于下列情况:

(1)根据实测的振动环境数据导出振动环境条件;

(2)评估模拟预期使用振动环境条件的环境试验结果的有效性;

(3)复现产品的损伤或失效过程;

(4)通过加速试验缩短产品的试验时间。

振动环境试验的等效技术可以归结为两类问题:第一类等效问题是根据确定的振动损伤准则给出的不同振动环境所产生的总损伤量相等来建立振动环境的等效性,这类等效方法一般采用累积损伤模型或峰值损伤模型建立等效准则;第二类等效问题是根据产品与其支持结构之间的相互作用关系来建立振动环境的等效性,这类等效方法主要用于评估和改善振动环境试验的真实性。

2.3.2　累积损伤等效

2.3.2.1　概述

在振动环境所导致的产品失效模式中,结构疲劳破坏是最常见的产品失效形式之一,其同时与作用于产品的振动环境量级和持续时间相关。与之相似的产品失效形式还可能包括零部件的磨损。这类产品失效模式统称为寿命型失效,其特性一般采用载荷—寿命关系描述。

振动环境所导致的结构疲劳破坏通常是一个不可逆的材料疲劳损伤累积过程的结果,材料的载荷—寿命关系一般采用应力—循环次数曲线($S-N$ 曲线)描述。在已知振动环境作用下产品结构应力(或应变)响应时间历程的情况下,基于材料的 $S-N$ 曲线和适当的疲劳累积损伤理论,可以预示产品结构的疲劳寿命,并且导出相应的振动持续时间。一般情况下,结构的疲劳过程可以分为裂纹萌生阶段和裂纹扩展阶段,也可基于断裂力学模型由已知的产品结构应力响应时间历程预示产品结构的疲劳寿命。

产品结构的疲劳寿命预示结果与预示过程中所采用的疲劳累积损伤理论有关。迄今为止,提出了各种不同的疲劳累积损伤理论,这些理论大致分为 3 类:

(1)线性疲劳累积损伤理论;

(2)非线性疲劳累积损伤理论;

（3）唯象理论。

在工程应用中，使用最为广泛的是 Miner 线性累积损伤理论，其将总的累积损伤量 D 定义如式（2-59）所示。Miner 理论的优势是计算简单，并且在多数情况下，具有与其他方法相似的精度。Miner 理论的正确应用取决于实际情况是否符合下列假设：

（1）应力时间历程的平均应力为零；

（2）在任一给定的应力水平下，每次循环产生的损伤是相同的，与加载历史无关；

（3）疲劳寿命与加载顺序无关。

试验结果表明，发生疲劳破坏时的 D 值具有较大的分散性，为 0.3~3.0。这意味着，Miner 理论用于结构疲劳寿命预示时，可能存在较大的偏差。然而，与疲劳寿命预示方法不同，累积损伤等效方法的目的在于使用疲劳累积损伤理论建立两种不同的振动环境量级和振动持续时间之间的等效关系，其假定在两种不同的振动环境作用下，产品具有相同的疲劳寿命，但不需要得到具体的产品疲劳寿命值。因此，在应用 Miner 理论导出振动环境的等效关系时，仅需要假定两种不同的振动环境作用产生相同的累积损伤量 D，不考虑具体的 D 值。

应指出的是，基于材料的 $S-N$ 曲线和疲劳累积损伤理论所进行的产品结构疲劳寿命预示需要已知振动环境作用下的产品结构应力响应时间历程，然而，在进行两种不同的振动环境量级和振动持续时间之间的等效转换时，计算产品结构应力响应时间历程通常是不现实的。因此，对于累积损伤等效，需要引入适当的假设，以导出振动环境的描述参数（量级和振动持续时间）之间的等效关系。

例如，振动环境所导致的产品磨损可以是下列 3 种形式之一或其组合形式：

（1）磨损过程主要对振动载荷量值敏感，并且当振动载荷超过一定阈值后才产生损伤，如螺纹连接结构，当振动载荷幅值超过摩擦力之后，才可能产生螺纹松动和磨损。

（2）磨损过程仅对振动载荷的重复次数敏感。在特定的使用或试验振动载荷幅值范围内，磨损过程与振动载荷幅值无关，如振动导致的相对运动表面划痕。

（3）磨损过程是由多次损伤累积造成的，其特点类似于材料的疲劳过程。多数的磨损过程可以归于此类，其磨损特性可以采用试验件的载荷—寿命关系描述。

在产品磨损特性可以采用试验件的载荷—寿命关系描述的情况下，通常可采用 Miner 线性累积损伤理论导出两种不同的振动环境量级和振动持续时间之间的等效关系。

实际上,对于建立振动环境的等效准则,严格区分各种不同的失效模式的特性并非必要,原因是,在考虑振动环境设计和试验的产品中,通常同时存在多种不同的失效模式,基于不同的失效模式所导出的振动环境等效关系往往存在差异,然而,用于导出振动环境设计和试验条件的准则通常不允许选择过多的等效关系,需要进行取舍。因此,振动环境的等效准则通常仅考虑产品最重要的失效模式的等效性;对于其他的失效模式,等效准则一般采用偏于保守的处理方式。

2.3.2.2　累积损伤等效准则

假定两个相同频率、不同量级的正弦振动环境所产生的应力时间历程的峰值分别为 S_1 和 S_2,基于材料的 $S-N$ 曲线和 Miner 线性累积损伤理论,可以导出下列振动疲劳累积损伤等效关系:

$$\frac{T_2}{T_1} = \left(\frac{S_1}{S_2}\right)^b \qquad (2-89)$$

式中: T_1、T_2 分别为两种正弦振动环境所产生的应力时间历程的峰值应力 S_1 和 S_2 所对应的振动持续时间; b 为材料的疲劳强度指数($-1/b$ 为材料的 $S-N$ 曲线在双对数坐标中的斜率)。

对于复杂波形或随机应力时间历程,假定使用雨流计数方法得到的应力循环次数正比于振动持续时间,可将式(2-89)改写为

$$\frac{T_2}{T_1} = \left(\frac{S_{rms,1}}{S_{rms,2}}\right)^b \qquad (2-90)$$

式中: $S_{rms,1}$、$S_{rms,2}$ 分别为两种振动环境所产生的应力时间历程的均方根值; T_1、T_2 分别为均方根值应力 $S_{rms,1}$ 和 $S_{rms,2}$ 所对应的振动持续时间。

对于振动环境的疲劳累积损伤等效关系,需要将式(2-89)或式(2-90)转换成以振动环境的量级表示的形式。假设导致产品失效的振动持续时间正比于应力循环次数、而交变应力幅值正比于振动环境的均方根值加速度的情况下,式(2-89)或式(2-90)可转变为逆幂律模型等效关系。

对于正弦振动环境,由式(2-89)可以导出下列振动环境等效关系:

$$\frac{T_2}{T_1} = \left(\frac{|P_1(f)|}{|P_2(f)|}\right)^m \qquad (2-91)$$

式中: $|P_1(f)|$ 和 $|P_2(f)|$ 分别为两种正弦振动环境的加速度幅值谱; T_1、T_2 分别为加速度幅值谱 $|P_1(f)|$ 和 $|P_2(f)|$ 所对应的振动持续时间; m 为产品的疲劳指数,取决于产品的类型。

对于稳态随机振动环境,假定不同量级的振动环境具有相同的加速度自谱密度谱型,相应地,振动环境所产生的应力时间历程的均方根值正比于振动环境的均方根值加速度,由式(2-90)可以导出下列振动环境等效关系:

$$\frac{T_2}{T_1} = \left(\frac{\sigma_1}{\sigma_2}\right)^m \qquad (2-92)$$

式中:σ_1 和 σ_2 分别为两种稳态随机振动环境的均方根值加速度;T_1、T_2 分别为均方根值加速度 σ_1 和 σ_2 所对应的振动持续时间。

基于相同的假设,可以由式(2-92)导出以加速度自谱密度表示的振动环境等效关系:

$$\frac{T_2}{T_1} = \left(\frac{G_1(f)}{G_2(f)}\right)^{m/2} \qquad (2-93)$$

式中:$G_1(f)$、$G_2(f)$ 分别为两种稳态随机振动环境的加速度自谱密度;T_1、T_2 分别为加速度自谱密度 $G_1(f)$ 和 $G_2(f)$ 所对应的振动持续时间。

在宽带随机振动环境作用下,尽管产品内部各个零部件的振动响应是宽带的,其中的主要分量是零部件的主导振动模态的响应,呈现窄带随机振动特征。内部零部件的随机振动响应可以近似采用单自由度线性系统在白噪声激励下的振动响应予以描述,其中,内部零部件的随机振动响应均方根值加速度 σ_x 可以由 Miles 公式(2-94)近似计算:

$$\sigma_x \approx \sqrt{\frac{\pi}{4\zeta_n} f_n G_{uu}(f_n)} = \sqrt{\frac{\pi}{2} f_n Q G_{uu}(f_n)} \qquad (2-94)$$

式中:f_n、ζ_n 分别为零部件主导振动模态的固有频率和阻尼比;$Q = 1/(2\zeta_n)$ 为单自由度系统的放大系数;$G_{uu}(f)$ 为单轴基础运动激励的加速度自谱密度。

假定导致产品疲劳失效的关键零部件的固有频率为 f_n,由式(2-92)~式(2-94)可以得到,在以加速度自谱密度表示的振动环境等效关系式(2-93)中,仅需要考虑频率 $f = f_n$ 的加速度自谱密度值。这意味着,在导致产品疲劳失效的随机振动环境作用下的振动响应呈现单自由度线性系统响应的窄带随机振动特征的情况下,式(2-93)所给出的振动环境等效关系通常不需要两种随机振动环境的加速度自谱密度具有相同谱型的假设。

2.3.2.3 应用和局限性

在工程应用中,基于累积损伤等效准则导出的振动环境等效关系式(2-91)和式(2-93)主要用于两种相同类型的振动环境之间的振动持续时间的等效和换算,主要应用包括:

(1)基于实测振动环境数据导出产品在寿命周期中的最大期望振动环境的疲劳等效持续时间。

（2）制定振动环境加速试验条件。

在这些应用中，基本的处理是将低量级振动环境的持续时间折合成高量级振动环境的等效持续时间，即式（2－91）和式（2－93）的应用符合下列条件：

$$|P_1(f)| \geqslant |P_2(f)|, G_1(f) \geqslant G_2(f) \qquad (2-95)$$

相应地，$T_1 < T_2$，即累积损伤等效的作用是缩短用于振动环境设计和试验的振动环境条件的持续时间。对于给定的 $|P_1(f)|$、$|P_2(f)|$（或 $G_1(f)$、$G_2(f)$）和 T_2，如果选择较小的 m 值，将得到较大的等效持续时间 T_1，其意味着降低 m 值将得到更为保守的结果。

在累积损伤等效方法的应用中，关键问题是合理地选择产品的疲劳指数 m 值。理论上，如果已知产品在振动环境作用下疲劳寿命最薄弱的局部环节，根据这一局部结构所使用的材料的疲劳强度指数 b 可以确定适当的 m 值。然而，在累积损伤等效方法的应用场合，通常不可能充分了解产品的疲劳特性，况且，在工程应用中，不大可能针对特定的产品设计构型制定专门的振动环境设计和试验条件。因此，可适用的方法是根据产品设计所考虑使用的各种材料的疲劳强度指数 b 变化范围，选择其中的最小值确定产品的 m 值，以得到偏于保守的结果。

尽管振动环境等效关系式（2－91）～式（2－93）是基于材料的疲劳累积损伤模式导出的，这些振动环境等效关系也可以用于具有累积损伤特征的其他产品失效模式，一般称其为逆幂律模型。在不同的失效模式下，振动环境等效关系式（2－91）～式（2－93）将具有不同的指数 m 值。理论上，逆幂律模型的 m 值应由产品在振动环境作用下使用寿命最薄弱的局部环节的失效模式所确定。然而，在累积损伤等效方法的应用场合，这通常是难以实现的。在工程应用中，往往将式（2－91）～式（2－93）视为经验模型，并且假定类型相同或相似的产品具有相近的 m 值，从而根据以往的产品试验所得到的相关数据选择适当的 m 值。

在许多情况下，可以假定产品的基本失效模式为材料的疲劳累积损伤，基于各种相关材料的疲劳强度指数 b 的变化范围确定适当的 m 值；在工程应用中，一般将产品的 m 值选择为相关材料的指数 b 的某一比例；其中，对于随机振动，m 值典型地为指数 b 的 80%，对于正弦振动，m 值典型地为指数 b 的 60%。基于钢和铝合金的研究结果，相应产品结构的 m 值可按照表 2－1 选取；其中，在产品结构的组成材料未知的情况下，通常按照钢的 m 值选取。在相关标准中，提供了 m 值的经验数据；其中，对于随机振动环境，$m = 5 \sim 8$；对于正弦振动环境，$m = 6$，与表 2－1 中给出的默认值基本一致。

表 2-1　钢和铝合金材料指数 m 的选取

激励类型	钢的 m 值(默认值)	铝合金的 m 值(默认值)
正弦	5.75	8.5
随机	7	9

在用于两种振动环境的振动持续时间换算的情况下,累积损伤等效方法通常假设式(2-91)~式(2-93)中的指数 m 为常量,即产品的 m 值与振动环境的量级无关。实际上,这一假设仅在一定的振动环境量级范围内近似成立。以金属材料的疲劳累积损伤模式为例,仅在循环应力水平所对应的 $S-N$ 曲线的疲劳寿命循环次数为 $10^3 \sim 10^7$ 的范围内,m 值近似为常数。在更高的循环应力水平上,由于材料产生塑性应变,m 值将随循环应力水平或振动环境量级的改变而变化(循环应力水平增大将导致 m 值增大);如果在振动持续时间换算不考虑材料塑性应变所导致的 m 值变化,即仅使用弹性应变状态的 m 值,所得到的结果通常是偏于保守的。在低于材料耐久限的循环应力水平上,实际上不会产生疲劳损伤;然而,在产品预期经历的寿命周期振动环境中,所产生的循环应力水平低于材料耐久限的振动环境量级往往占有相当大的比例;由于难以确定导致循环应力水平达到材料耐久限的振动环境量级,在应用累积损伤等效方法确定振动环境条件的疲劳等效持续时间的情况下,通常假设任何量级的振动环境均可产生疲劳损伤,并且采用具有相同 m 值的式(2-91)~式(2-93)进行振动持续时间转换。一般情况下,所使用的 m 值基于材料的疲劳强度指数 b 导出,这意味着由式(2-91)~式(2-93)所得到疲劳等效持续时间通常是保守的。在大多数情况下,这种保守性是可以接受的。

在一些情况下,当产品的累积损伤特性采用逆幂律模型描述时,模型中的 m 值实际上是振动环境量级的函数,即产品的累积损伤模式需要采用可变指数的逆幂律模型描述。除了金属材料在包含塑性应变情况下的疲劳累积损伤以外,非金属材料或复合材料在循环应力作用下的疲劳累积损伤往往呈现可变指数的逆幂律模型特征,某些磨损失效模式也可能呈现这样的特征。在这样的情况下,对于应用累积损伤等效方法确定振动环境条件的疲劳等效持续时间,由于难以得到适当的 m 值与振动环境量级的函数关系,仍采用具有常数 m 值的式(2-91)~式(2-93),其中,选择较小的 m 值以得到偏于保守的结果。在工程应用中,产品往往同时存在不同的累积损伤模式,其可能需要采用不同 m 值的逆幂律模型描述,对于确定振动环境条件的累积损伤等效持续时间,实际上不可能分别处理,只能通过选择较小的常数 m 值得到一个偏于保守的结果。例如,对于航天飞行器飞行振动环境的持续时间转换,相关标准推荐选择 $m=4$,这将导出一个保守的结果,通常可以涵盖产品的各种累积损伤模式;其保守程度与用于换算的两个振动环境量级的比值有关。如果两个振动环境量级相差过大,对于产品的振动环境设计和试验,选择较小 m 值所得到的累积损伤等效持续时间的保守程度可能难以接受。例如,如果将航天飞行器地面运输振动环境的持续时间转换成飞行振动环境条件的疲劳等效持续时间,在选择 $m=4$ 的情况下,所得到的结果可能显著地超过实际使用状态下所要求的产品疲劳寿命,导致明显的过设计和过试验。在这种情况下,常用的解决方案是分别处理飞行和地面运输振动环境数据,给出各自的振动环境条件的疲劳等效持续时间。如果出于某种考虑要求合并处理,折衷的解决方案是,飞行振动环境数据处理选择 $m=4$,而地面运输振动环境转换到飞行环境条件的数据处理选择 $m=7.5$ 或 $m=8$,以降低所得到的疲劳等效持续时间的保守程度。

在使用式(2–91)或式(2–93)的情况下,除非低量级和高量级振动环境的谱型相同,否则所得到的等效持续时间 T_1 与频率 f 有关。对于随机振动环境,需要根据不同频率所对应的等效持续时间 $T_1(f)$ 确定加速度自谱密度 $G_1(f)$ 的疲劳等效持续时间。理论上,如果已知产品中疲劳寿命最薄弱的零部件的主导共振频率 f_n,加速度自谱密度 $G_1(f)$ 的疲劳等效持续时间应选择为 f_n 所对应的等效持续时间 $T_1(f_n)$。然而,在工程应用中,确定适当的共振频率 f_n 通常是不切实际的,出于保守的考虑,可以选择 $T_1(f)$ 的最大值作为 $G_1(f)$ 的疲劳等效持续时间。如果适用,可在 $G_1(f)$ 的频率范围内去掉不可能产生累积损伤失效模式的频带,在剩余的频带内选择 $T_1(f)$ 的最大值作为 $G_1(f)$ 的疲劳等效持续时间,以降低保守程度。

2.3.2.4　加速试验应用

加速试验旨在通过提高振动环境试验条件的量级以缩短试验持续时间。当产品在寿命周期中预期经历的振动环境的持续时间很长时,加速试验往往是必要的。

振动环境加速试验条件的制定通常分为两个步骤:

(1)基于寿命周期中预期经历的振动环境的实测或预示数据,导出产品在寿命周期中预期经历的最严酷的振动环境条件,包括振动加速度谱(幅值谱或自谱密度)量级和相应的累积损伤等效持续时间。如果需要,振动环境的加速度谱应增加适当的设计和试验裕量。

(2)在上述振动环境设计和试验条件的基础上,提高振动环境试验的加速度谱量级,以将试验持续时间降低到可接受的范围内。

加速试验条件的制定采用累积损伤等效方法。在步骤(1)中,采用具有常数 m 值的式(2–91)或式(2–93)计算振动环境条件的累积损伤等效持续时间,其中,m 值的选择参照"累积损伤等效准则"和"应用和局限性"两部分提供的指南。

在步骤(2)中,加速试验条件的振动加速度谱(幅值谱或自谱密度)具有与步骤(1)所得到的振动环境条件相同的谱型,在加速试验的持续时间计算中,可用式(2–92)替代式(2–93);无论采用式(2–91)、式(2–92)或式(2–93),指数 m 通常与步骤(1)中的取值相同,除非有确切的证明表明选择其他的 m 值更为合适。

在工程应用中,产品设计通常应保证其在寿命周期中预期经历的最严酷的振动环境作用下所产生的应力不会导致材料产生明显的塑性应变,因此,式(2–91)或式(2–93)中的指数 m 通常采用产品在弹性应变状态下的 m 值。在步骤(1)的累积损伤等效持续时间计算中,这一 m 值基本上是合理的,尽管 m 值的选取往往引入一定程度的保守性。对于步骤(2)的试验持续时间计算,如果所选择的加速试验条件的振动环境量级不足以导致材料产生明显的塑性应变,这一 m 值仍是合理的,否则,这一 m 值可能导致所得到的加速试验持续时间的保守程度进一步增加。由于难以定量地确定振动环境作用下的产品结构应力和应变响应,在步骤(2)的计算中选取与步骤(1)中相同的 m 值是加速试验条件制定的必然选择,避免加速试验条件过于保守的措施通常是限制试验量级的增加量。在工程应用中,为了避免加速试验条件的量级过大造成产品累积损伤失效模式的显著变化,通常限制加速试验振动量级的增加量不超过 3 dB;其中,对于正弦振动环境,加速试验条件的加速度幅值谱不超过原来量级的 1.4 倍;对于随机振动环境,加速试验条件的加速度自谱密度不超过原来量级的 2 倍,或均方根值加速度不超过原来量级的 1.4 倍。

实际上,在振动环境作用下,产品通常存在多种不同类型的失效模式,除了累积损伤失效模式以外,尚有一次通过失效模式。非累积损伤失效模式通常仅对振动环境量级敏感,一般情况下,产品设计通常应保证其在寿命周期中预期经历的最严酷的振动环境作用下不产生失效,因此,在步骤(1)中所得到的振动环境条件作用下,通常不会出现非累积损伤失效模式。然而,在振动量级更高的加速试验条件作用下,试验过程中可能首先出现非累积损伤失效模式,从而不能满足特定的加速试验要求。

严格控制加速试验条件的振动量级有可能避免试验过程中首先出现非累积损伤失效模式,以达到振动环境加速试验的预期目标。然而,选择过低的加速试验振动量级将显著增大试验持续时间,从而失去加速试验的价值。在工程应用中,如果存在振动敏感零部件,并可能导致出现非累积损伤失效模式的风险时,振动环境加速试验通常采用下述策略之一:

(1)允许具有非累积损伤失效模式的振动敏感零部件在高量级的振动环境加速试验中出现失效,然后,在进行低量级的振动环境功能试验之前,修复或更换失效的零部件。

（2）在高量级的振动环境加速试验时,使用动力相似模拟件替代具有非累积损伤失效模式的振动敏感零部件,然后,在进行低量级的振动环境功能试验之前,使用真实的零部件更换模拟件。

应指出的是,对于不同类型的累积损伤失效模式,相应的逆幂律模型(振动环境等效关系)中的 m 值往往是不同的,然而,导出产品加速试验的振动持续时间将采用相同的 m 值。这意味着,对于产品中不同的零部件,加速试验条件可能具有不同的保守程度;相应地,在加速试验和非加速试验中,首先出现累积损伤失效的零部件可能不同。因此,对于加速试验所暴露的产品失效,通常需要谨慎地评估,以确认其并非由于过试验所产生。

2.3.2.5　疲劳损伤谱

在累积损伤失效模式下,通常认为振动环境所产生的累积损伤取决于振动环境作用下产品结构响应所产生的振动应力循环幅值和循环次数。一般情况下,导致累积损伤失效的产品结构响应可以近似采用单自由度线性系统的振动响应予以描述(参见"累积损伤等效准则"部分),相应地,可以采用疲劳损伤谱(Fatigue Damage Spectrum,FDS)描述振动环境所产生的累积损伤特征。

对于振动环境的基础输入加速度时间历程 $\ddot{x}(t)$,疲劳损伤谱的定义如下:

（1）对于一个具有无阻尼固有频率 f_n 和阻尼比 ζ 的单自由度质量-弹簧-阻尼器系统,由系统运动方程计算质量的相对位移时间历程 $\delta(t)$:

$$\ddot{\delta}(t)+2\zeta\omega_n\dot{\delta}(t)+\omega_n^2\delta(t)=-\ddot{x}(t) \tag{2-96}$$

式中: $\omega_n=2\pi f_n$ 为系统的无阻尼固有角频率。

（2）计算相对位移时间历程 $\delta(t)$ 的峰值(雨流图),建立峰值的直方图,得到对应于峰值 δ_{pk} 的频次 n_k(即峰值的数量)。

（3）根据 Miner 线性累积损伤模型,计算累积损伤量 D,其定义为对应于固有频率 f_n 和阻尼比 ζ 的疲劳损伤谱 $DP(f_n,\zeta)$:

$$DP(f_n,\zeta)=D=\sum_k \frac{n_k}{N_k} \tag{2-97}$$

式中: N_k 为材料在对应于峰值 δ_{pk} 的恒定幅值交变应力 σ_k 作用下发生疲劳破坏时的循环次数。

在单自由度线性系统中,交变应力幅值 σ_k 正比于相对位移的峰值 δ_{pk}(在峰值所对应的时刻,相对速度 $\dot{\delta}(t)=0$):

$$\sigma_k=K\delta_{pk} \tag{2-98}$$

式中: K 为单自由度系统的刚度系数。

材料的疲劳循环次数 N_k 与交变应力幅值 σ_k 之间采用 $S-N$ 曲线描述,其可

表示为

$$N_k \sigma_k^b = C \qquad (2-99)$$

式中:b 为材料的疲劳强度指数;C 为 Basquin(巴斯金)关系常数。

循环次数 N_k 为相对位移时间历程 $\delta(t)$ 的峰值 δ_{pk} 的频次 n_k 的一半。

利用式(2-98)和式(2-99),疲劳损伤谱 $DP(f_n,\zeta)$ 可表示为

$$DP(f_n,\zeta) = D = \frac{K^b}{2C} \sum_k n_k \delta_{pk}^b \qquad (2-100)$$

对于给定的振动环境的加速度幅值谱或自谱密度以及振动持续时间,可以计算相应的疲劳损伤谱 $DP(f_n,\zeta)$。在工程应用中,如果两种振动环境具有相同的疲劳损伤谱 $DP(f_n,\zeta)$,通常认为其将产生相同的累积损伤,即在累计累积的意义上,可以认为两种振动环境是等效的。因此,疲劳损伤谱 $DP(f_n,\zeta)$ 等效准则可以用于替代 2.3.2.2 节中所述的累积损伤等效准则,以建立振动环境等效关系。此外,疲劳损伤谱 $DP(f_n,\zeta)$ 也可用于比较各种振动环境之间的相对严酷度。

在建立两个相同类型的振动环境(正弦振动或随机振动)之间的等效关系时,疲劳损伤谱 $DP(f_n,\zeta)$ 计算采用相同的材料疲劳特性参数 b、C 以及单自由度系统参数 f_n、ζ 和 K。基于疲劳损伤谱 $DP(f_n,\zeta)$ 等效,可以导出振动环境等效关系式(2-91)或式(2-93),其中,m 由 b 替代,f 由 f_n 替代。在这种情况下,参数 C、ζ 和 K 的取值不影响所得到的结果。应指出的是,当疲劳损伤谱 $DP(f_n,\zeta)$ 用于描述产品的累积损伤特性时,材料的疲劳强度指数 b 应使用产品的疲劳指数 m 替代。

理论上,可以分别计算正弦振动环境和随机振动环境的疲劳损伤谱 $DP(f_n,\zeta)$,并且基于疲劳损伤谱等效导出正弦振动环境与随机振动环境之间的等效关系,其中,应分别选择正弦振动环境和随机振动环境所使用的指数 b(或指数 m)以及常数 C。然而,由于产品的参数 m 和 C 选择中的不确定性、模型阻尼比 ζ 与产品实际阻尼之间的偏差(对于正弦振动响应和随机振动响应,阻尼比 ζ 变化的影响不同),以及疲劳损伤谱本身的简化误差影响,所得到的正弦振动环境与随机振动环境等效关系可能明显偏离实际情况,并且难以判断其是否是保守的。因此,这样的等效关系通常存在相当大的疑问。实际上,迄今为止的研究尚未有发现存在可用的随机振动环境与正弦振动环境之间的累积损伤等效关系,相关标准通常不允许两者之间的等效替代。

2.3.3 响应峰值等效

2.3.3.1 概述

除了累积损伤失效模式以外,产品尚存在由于振动响应的瞬时值过大所导

致的失效模式。这类失效模式包括振动应力超过材料的屈服强度或极限强度、相对振动位移超过零部件(如机械继电器簧片)工作间隙、振动应变超过零部件(如光学镜片)容许变形量等,一般可采用一次通过破坏模型描述。与累积损伤失效模式不同,一次通过失效模式可能是不可逆的,也可能是可逆的,后者在去掉作用于产品的振动环境后将恢复正常。然而,对于振动环境的等效关系,不需要考虑失效模式是否可逆。

基于一次通过破坏模型,在振动环境作用下,如果产品内部任一零部件的振动响应峰值达到这一零部件失效的阈值,产品将出现失效;取决于零部件的类型,失效阈值可能采用应力、应变、加速度或位移等参数定义。如果两种振动环境在产品内部各个零部件上达到相同的振动响应峰值,对于一次通过失效模式,可以认为两种振动环境是等效的。这一等效形式称为响应峰值等效。

在作用于产品的振动环境激励可以采用一个运动自由度完全定义的情况下,如果两种振动环境在产品的一个特征点上产生相同的振动响应,在产品内部各个零部件上所产生的振动响应将是一致的。相应地,响应峰值等效仅需要两个振动环境在产品的同一特征点上所产生的振动响应峰值相等,而不需要考虑这一特征点的失效阈值。

应指出的是,在基于响应峰值等效进行不同的振动环境之间的转换时,计算产品的振动响应及其峰值通常是不现实的。因此,对于响应峰值等效,需要引入适当的假设,以导出振动环境的描述参数(量级以及振动持续时间)之间的等效关系。

与稳态振动环境相比,瞬态振动(或冲击)环境所产生的累积损伤通常可以忽略,仅需要考虑响应峰值导致的产品失效。在工程应用中,通常基于响应峰值等效建立一种瞬态振动环境与另一种瞬态振动环境或稳态振动环境之间的等效关系。

2.3.3.2　响应峰值等效准则

与累积损伤等效相似,假设产品内部某一具有一次通过失效模式的零部件的主导振动模态的固有频率为 f_n,在振动环境激励作用下,这一零部件的振动响应可以近似采用单自由度线性系统的振动响应予以描述。在振动环境输入加速度时间历程 $\ddot{u}(t)$ 作用下,单自由度线性系统的振动响应可以采用极限响应谱(Extreme Response Spectrum,ERS)描述。无阻尼固有频率 f_n 和阻尼比 ζ 的单自由度线性系统的运动方程可表示为

$$\ddot{\delta}(t) + 4\pi\zeta f_n \dot{\delta}(t) + (2\pi f_n)^2 \delta(t) = -\ddot{u}(t) \qquad (2-101)$$

式中:$\delta(t) = x(t) - u(t)$ 为单自由度线性系统的质量的相对位移;$x(t)$ 为质量的绝对位移。

对于给定的 $\ddot{u}(t)$，由式（2 – 101），可以得到相对位移响应 $\delta(t)$ 的最大值 $\delta_{\max}(f_n, \zeta)$，极限响应谱定义为

$$A_{eq}(f_n, \zeta) = (2\pi f_n)^2 \delta_{\max}(f_n, \zeta) \qquad (2 - 102)$$

当 $\ddot{u}(t)$ 为有限持续时间的瞬态振动（或冲击）环境的加速度时间历程时，式（2 – 102）所定义的极限响应谱 $A_{eq}(f_n, \zeta)$ 为最大等效静态加速度冲击响应谱。与冲击响应谱相同，在工程应用中，极限响应谱也可采用不同的定义形式，如最大绝对加速度极限响应谱、伪速度极限响应谱等，选择何种类型的极限响应谱取决于所考虑的一次通过失效模式的失效机理。例如，如果失效是由零部件的相对位移响应峰值超过工作间隙所产生的，可以选择最大等效静态加速度极限响应谱 $A_{eq}(f_n, \zeta)$；如果失效是由零部件的应力响应峰值超过极限强度所产生的，可以选择伪速度极限响应谱。一般情况下，所选择的极限响应谱类型不影响两种振动环境之间的等效关系。

对于瞬态振动（或冲击）环境，通常基于冲击加速度时间历程计算相应的极限响应谱（或冲击响应谱）。对于正弦振动环境或随机振动环境，通常基于加速度幅值谱或自谱密度计算相应的极限响应谱。其中，平稳随机振动环境的极限响应谱 $A_{eq}(f_n, \zeta)$ 可由下式近似计算：

$$A_{eq}(f_n, \zeta) = K_p \sqrt{\frac{\pi}{4\zeta} f_n G_{\ddot{u}\ddot{u}}(f_n)} \qquad (2 - 103)$$

式中：$G_{\ddot{u}\ddot{u}}(f)$ 为平稳随机振动环境的加速度自谱密度；K_p 为随机振动响应的峰值系数。在工程应用中，典型地选择 $K_p = 3$，即假定随机振动响应的峰值为均方根值的 3 倍，相应地，随机振动响应的最大值超过极限响应谱 $A_{eq}(f_n, \zeta)$ 的概率为 $P_0 = 0.135\%$。

响应峰值等效准则通常可以表述为：如果两种或多种振动环境在所关心的频率范围内具有相同的极限响应谱（或冲击响应谱），意味着产品在这些振动环境作用下的响应峰值相等，因此，对于一次通过失效模式，这些振动环境是等效的。

在工程应用中，响应峰值等效准则主要用于：

（1）建立瞬态振动环境与正弦扫描振动环境之间的等效关系，以采用正弦扫描振动试验模拟瞬态振动环境。

（2）建立瞬态振动环境与稳态随机振动环境之间的等效关系，以评估瞬态振动环境是否能够由随机振动环境试验所涵盖。

2.3.3.3 瞬态振动环境的等效处理

在工程应用中，瞬态振动环境通常采用冲击响应谱描述。在实验室振动环境试验中，以冲击响应谱规定的瞬态振动环境可以采用两种方式模拟：

（1）基于规定的冲击响应谱重构一个瞬态加速度时间历程，并且使用振动台复现这一瞬态加速度时间历程。

（2）基于规定的冲击响应谱导出一个正弦扫描振动的加速度幅值谱，并且使用振动台按照这一加速度幅值谱进行正弦扫描。

本质上，这两种模拟方式均基于响应峰值等效准则，因此，适用于一次通过失效模式。

在基于规定的冲击响应谱导出正弦扫描振动的加速度幅值谱的情况下，考虑在频带 $[f_1, f_n]$ 内的对数扫描正弦振动试验，扫描频率 f 随时间 t 的变化关系可用下式表示：

$$f = f_1 e^{Rt} = f_l \times 2^{(R_N/60)t} \qquad (2-104)$$

式中：R 为对数扫描速率；R_N 为倍频程扫描速率（单位 oct/min）。

$$R = (R_N \ln 2)/60 \qquad (2-105)$$

在上述对数扫描正弦信号激励下，单自由度线性系统的加速度响应峰值 $|R(f_n)|_{\max}$ 可采用 Cronin 近似公式计算：

$$|R(f_n)|_{\max} = |P(f_n)|Q\{1-\exp[-2.86m^{-0.445}]\} \qquad (2-106)$$

$$m = \frac{Q^2 R}{f_n} = \frac{Q^2 R_N \ln 2}{60 f_n} \qquad (2-107)$$

式中：f_n、ζ 分别为单自由度线性系统的固有频率和阻尼比；$Q = 1/(2\zeta)$ 为单自由度线性系统的放大因子；$|P(f_n)|$ 为对数扫描正弦信号在固有频率 f_n 处的加速度幅值。

实际上，$|R(f_n)|_{\max}$ 为对数扫描正弦振动环境的最大绝对加速度极限响应谱。在瞬态振动环境以最大绝对加速度冲击响应谱 $SRS(f_n, \zeta)$ 规定的情况下，基于响应峰值等效准则，可以得到与冲击响应谱 $SRS(f_n, \zeta)$ 等效的对数扫描正弦振动环境的幅值谱 $|P(f_n)|$：

$$|P(f_n)| = \frac{SRS(f_n, \zeta)}{Q\{1-\exp[-2.86m^{-0.445}]\}} \qquad (2-108)$$

在倍频程扫描速率 R_N 不超过 4 oct/min 的情况下，当 $Q = 10$ 和 $f_n \geqslant 5Hz$ 时，等效的对数扫描正弦振动环境的幅值谱 $|P(f_n)|$ 可以近似用下式表示：

$$|P(f_n)| = \frac{SRS(f_n, \zeta)}{Q} \qquad (2-109)$$

在工程应用中，一般选择倍频程扫描速率 R_N 为 2~4 oct/min，采用式（2-109）中的幅值谱 $|P(f_n)|$ 所得到的响应峰值的偏差在 5% 以内。

在实验室振动环境试验中，随机振动环境试验通常是必不可少的。如果随机振动环境试验所产生的产品振动响应峰值能够超过瞬态振动环境的作用结果,可以认为瞬态振动环境可能导致的产品失效模式已经在随机振动环境试验中得到考核,不需要专门进行产品的瞬态振动环境试验。

假定随机振动环境试验条件的加速度自谱密度为 $G_{\ddot{u}\ddot{u}}(f)$,其极限响应谱 $A_{eq}(f_n,\zeta)$ 可由式(2-110)近似估计;其中, $\zeta \leqslant 0.1$ 时,其最大绝对加速度极限响应谱近似等于 $A_{eq}(f_n,\zeta)$ 。如果瞬态振动环境以最大绝对加速度冲击响应谱 $SRS(f_n,\zeta)$ 规定,基于响应峰值等效准则,可以得到与冲击响应谱 $SRS(f_n,\zeta)$ 等效的平稳随机振动环境的加速度自谱密度 $G_{\ddot{u}\ddot{u}}(f_n)$:

$$G_{\ddot{u}\ddot{u}}(f_n) = \frac{4\zeta}{\pi f_n} \Big[\frac{SRS(f_n,\zeta)}{K_p} \Big]^2 \qquad (2-110)$$

如果在冲击响应谱 $SRS(f_n,\zeta)$ 的频率范围内,随机振动环境试验条件的加速度自谱密度大于或等于由式(2-110)所得到的自谱密度值,可以认为瞬态振动环境已经由随机振动环境试验所涵盖。

2.3.3.4　局限性

基于极限响应谱或冲击响应谱所定义的响应峰值等效准则包含下列假设:

(1)作用于产品的振动环境可以使用一个运动自由度完全定义。

(2)导致产品失效的关键零部件振动响应可以采用单自由度线性系统的响应描述。

(3)单自由度线性系统的运动质量与基础质量相比足够小,使得其不影响基础的输入。

在实验室振动环境试验中,被试产品的技术状态可能偏离上述假设。实际上,产品的动力学特性一般需要采用多自由度系统描述,在瞬态振动环境作用下,将同时激发多个振动模态的响应,使得导致产品失效的关键零部件振动响应峰值偏离单自由度线性系统的响应峰值。此外,产品中存在非线性将导致不同量级的振动环境激励所产生的响应峰值存在明显的差异,尽管这些振动环境激励具有相同的极限响应谱或冲击响应谱。

以瞬态振动环境为例,假定两个不同量级的瞬态加速度时间历程具有相同的冲击响应谱,基于上节中所述的响应峰值等效准则,可以认为两个瞬态加速度时间历程是等效的,这是实验室中所进行的冲击响应谱试验的基础。然而,如果产品中存在非线性或振动模态耦合,两个瞬态加速度时间历程所产生的产品振动响应峰值往往存在显著的差异,即由瞬态加速度时间历程复现所得到的试验结果实际上并非相同。基于规定的冲击响应谱重构瞬态加速度时间历程时,如果没有其他约束条件,所得到的瞬态加速度时间历程的量级将存在显著的差异,并且将导致产品振动响应峰值产生显著的差异,从而使得试验结果存在较大的不确定性。在工程应用中,对于重构的瞬态加速度时间历程,除了应具有所要求的冲击响应谱以外,还应满足一些附加的时域约束条件,如有效瞬态持续时间、瞬时矩等。

在使用正弦扫描振动试验模拟瞬态振动环境的冲击响应谱的情况下,同样存在试验产生的响应峰值与实际瞬态振动环境作用下的响应峰值不一致的问题。工程经验表明,基于响应峰值等效准则导出的正弦扫描振动试验条件往往更为严酷,并且,所增加的保守程度与正弦扫描速率和冲击响应谱分析所选用的阻尼比 ζ(或放大因子 Q)有关。除了响应峰值的差异以外,正弦扫描振动试验所产生的响应达到或接近最大峰值的循环次数通常多于实际瞬态振动环境作用下的响应;如果产品除了存在一次通过失效模式以外,还存在峰值失效模式(即响应幅值超过阈值累计达到一定次数后导致产品失效),正弦扫描振动试验将更为保守。因此,在使用正弦扫描振动试验模拟瞬态振动环境时,应根据以往的工程经验谨慎地评估其适用性,并且选择适当的试验参数(正弦扫描速率、阻尼比等)。

2.4　实验室振动试验的类型

2.4.1　引言

在产品的研制和生产过程中,需要进行各种不同类型的实验室振动试验,以实现不同研制和生产阶段的各种要求。由于试验目的和用途的不同,对于不同类型的实验室振动试验,相应的振动环境模拟要求之间可能存在相当大的差异。

对于实验室振动试验的类型,目前尚无统一的标准。在不同的行业中,出于各自不同的需要,对实验室振动试验各有各的分类方法,其名称也是五花八门,将其统一起来是一件相当困难的事情。本节并不试图建立一个实验室振动试验类型的完整体系,而是从工程应用的角度,分析一些常用的实验室振动试验类型及其特点,以便为实验室振动试验的剪裁提供必要的信息。

对于某一特定的产品,并非所有的实验室振动试验类型都能够适用。需要根据产品的预期使用环境和研制、生产各阶段的不同要求,通过适当的剪裁选择适用的实验室振动试验类型,以达到预期的结果。应指出的是,所有的实验室振动试验都会导致产品的疲劳寿命降低。当某些类型的实验室振动试验已经消耗了产品疲劳寿命的大部分或全部时,所用的试验件将不再适合进行其他振动试验或作为正式产品使用。一些类型的实验室振动试验仅消耗产品疲劳寿命的小部分,经过试验的产品作为正式产品使用;然而,这部分消耗需要计入整个产品寿命周期的振动环境暴露时间。

2.4.2　研制试验、鉴定试验和验收试验

2.4.2.1　概述

研制试验、鉴定试验和验收试验的分类方法最初是从产品研制和生产的系统工程管理需求导出的,其分别对应于产品的设计/试制、定型和批生产阶段的试验要求。由于各阶段的试验目的和要求不同,试验件的技术状态不同,相应的振动试验项目和试验条件存在明显的差异。在航天产品的研制和生产中,实验室振动环境试验经常按照这种方法分类。

2.4.2.2　研制试验

研制试验(Development Test)主要用于考察所设计产品的振动特性,暴露产品设计和制造工艺中的缺陷,并且评价设计修改措施的有效性。研制试验应在产品设计阶段中尽早进行,并且持续到设计成功,其目的是保证所研制的产品能够经受寿命周期中预期振动环境的作用,并且在产品的鉴定试验中不会产生失效。

对于研制试验,既可以模拟也可以不模拟产品的预期使用振动环境,其振动类型、振动量级、频率范围和持续时间可以根据试验的不同目的选取,具有较大的自由度。典型的研制试验包括正弦定频、正弦扫描、瞬态或随机激励振动试验,用于评估产品在振动环境作用下的功能、性能和疲劳寿命等。正弦扫描振动是一种广泛使用的激励方式,原因是其简单易行并且具有定义明确的确定性特征。近年来,平稳随机振动激励的应用范围逐步扩大,一方面是因为其所导致的失效模式更为接近实际使用环境,另一方面是因为其能够减少获得结构振动特性所需要的试验时间。研制试验也可以包括试验模态分析,用以验证分析模型所得到的结构固有频率和模态振型的有效性。

在振动试验量级选择上,研制试验可以采用不同的策略。策略的选择取决于所研制产品的技术成熟度、可靠性要求、研制进度和成本限制、可接受的风险程度等。研制试验振动量级选择的典型策略包括:

(1)选择低于寿命周期预期振动环境的试验量级,以免损伤试验件原型。

(2)选择寿命周期中预期的最严酷振动环境的试验量级,以有助于预先估计被试产品的振动环境适应能力。

(3)选择高于寿命周期预期振动环境的加大振动试验量级(通常称为加剧试验),以获得产品的破坏极限,从而评估产品设计的裕度。

(4)在振动环境试验中逐步提高试验量级,以评估产品性能的变化和易损性。

无论采用何种策略,在研制试验中模拟预期使用振动环境的主要特征可以

使产品的振动环境适应性评估更符合实际使用情况。

2.4.2.3　鉴定试验

鉴定试验(Qualification Test)的目的是验证产品的设计在其寿命周期的预期使用环境下能够满足规定的要求,并且具有一定的安全裕量。鉴定试验一般是产品研制的合同要求,因此,通常应包含一个列入产品规范的专用试验技术要求。有时,在正式鉴定试验之前,对原型硬件进行预鉴定试验(实际上可以归入研制试验),以识别和修正设计问题。

在工程应用中,振动环境鉴定试验要求往往基于一个通用的环境试验标准制定。例如,在美军标 MIL－STD－810C 中,以菜单的形式规定各种平台的振动环境鉴定试验条件,产品研制人员根据所研制产品隶属的分类,从标准中选择相对应的振动环境试验类型和鉴定试验条件,以确定产品规范的专用试验技术要求。作为一种产品质量控制手段,通用的环境试验标准倾向于设定产品环境适应性的统一判定准则(环境试验方法和试验条件),以便于不同产品或设计的环境适应能力相互比较。在工程实践中,这种菜单式的环境试验标准显现出相当大的问题。最重要的问题是,试验所产生的振动环境在很大程度上并不代表被试产品在寿命周期中预期经历的振动环境。为了便于管理,通用的环境试验标准对振动环境鉴定试验条件进行了简化的分类处理,试图通过设置为数不多的振动环境严酷度等级涵盖各种不同类型和特性的产品在各种不同预期使用过程的环境适应性要求。然而,即使在相同的平台上,不同的产品所经受的振动环境可能存在明显的差异,原因是产品与平台之间的动力学耦合作用将改变产品所经受的振动环境。对于同一类型的平台,由于平台结构细节、技术性能和使用要求的差异,在各自使用过程中,平台实际产生的振动环境之间可能存在显著的差异。菜单式的环境试验标准实际上难以全面反映各种各样的振动环境差异,实际应用中只能采用一刀切的振动环境试验考核方式,使得一部分产品的过试验和另一部分产品的欠试验往往是难以避免的,这将造成产品研制的负面效应。

从振动环境鉴定试验的目的出发,依据产品在寿命周期中预期经历的振动环境规定试验条件是一个合理的选择,其将使得试验结果与实际使用结果之间的偏离达到最小。这样的选择可以最大限度地降低由于振动环境鉴定试验导致的产品过设计或欠设计,从而避免造成产品研制的负面效应,从美军标 MIL－STD－810D 开始引入的环境剪裁旨在达到这一目标。

在基于产品寿命周期振动环境导出鉴定试验条件的情况下,关键问题是基于产品的使用要求确定适当的产品寿命周期环境剖面,并且基于相关的实测和/或预示数据导出产品在寿命周期中预期经历的最大期望振动环境及其疲劳等效持续时间。最大期望振动环境代表了产品在寿命周期中预期经历的最严酷的振动环境振动量级,通常为寿命周期中所有恶劣的振动环境量级的包络。然而,考虑到产品在寿命周期中所经受的各种振动环境的不同特征,以及产品在寿命周期中不同的使用状态,往往需要按照不同的振动类型给出各自的最大期望振动环境。在导出最大期望振动环境时,需要根据预期的实验室试验能力对描述振动环境的运动自由度进行适当的简化;典型地,假定振动环境可分别由三个正交轴向的线运动自由度描述。对于稳态振动环境,需要根据寿命周期振动环境剖面所规定的持续时间导出对应于最大期望振动环境的疲劳等效持续时间;其中,周期振动和随机振动应分别处理。

振动环境鉴定试验条件在最大期望振动环境及其疲劳等效持续时间的基础上增加适当的鉴定裕量。最大期望振动环境已经涵盖了使用振动环境的随机性和易变性,鉴定裕量主要用于:

(1)考虑产品振动环境适应能力的散布特性。

(2)考虑寿命周期中与振动环境同时作用的其他环境因素(如温度)可能导致产品振动环境适应能力的下降。

(3)考虑振动环境鉴定试验结果中存在的不确定性,其可能源自试验件的特性偏差、试验边界条件的偏差和试验控制偏差等。

(4)如适用,考虑产品设计规定的验收试验以及使用过程中出现故障时的修复和再试验所造成的产品累积损伤和使用寿命下降。

鉴定裕量通常包括振动量级裕量以及振动持续时间裕量(对于稳态振动环境)。鉴定裕量取决于振动环境的类型和影响、产品可靠性和验收要求、鉴定试验的不确定性、研制成本和可接受的风险程度等,通常根据工程经验选取。在航天飞行器研制中,对于飞行过程的稳态随机振动环境,鉴定裕量典型地规定为:加速度谱密度在最大期望振动环境的基础上增加 6 dB,振动持续时间是最大期望振动环境的疲劳等效持续时间的 4 倍。这一鉴定裕量相当于安全系数为 2.0,并且疲劳寿命的期望值至少为一次飞行持续时间的 48 倍(假定试验控制容差为±3 dB)。这是一个相当保守的裕量,适用于高可靠性要求的不可维修产品。应指出的是,这一鉴定裕量并非普遍适用的,原因是过于保守的鉴定裕量可能导致产品研制周期和成本的显著增加。在可以接受较大风险的航天飞行器研制中,对于飞行过程的稳态随机振动环境,加速度谱密度的鉴定裕量可降低至 3 dB。与之相适应的是,鉴定试验应具有较小的试验控制容差,以避免较小的鉴定裕量导致欠试验的风险。当鉴定裕量降低至 3 dB 时,试验控制容差典型地应选择为+3 dB/−1.5 dB。

除了航天飞行器以外,大多数情况下,在寿命周期振动环境作用下,产品实际上是可维修的。在这种情况下,往往仅需要考虑增加振动量级裕量,而不需要同时增加振动持续时间裕量,换句话说,振动环境鉴定试验条件的振动持续时间可以选择为最大期望振动环境的疲劳等效持续时间。实际上,出于不同的可靠性要求,振动环境鉴定试验条件的振动持续时间通常选择为最大期望振动环境的疲劳等效持续时间的 1 ~ 4 倍。

假设产品寿命周期环境剖面的不同阶段的最大期望振动环境具有相同的保守程度,对于鉴定试验条件的振动量级,各阶段通常选择相同的鉴定裕量。对于鉴定试验条件的振动持续时间,不同的阶段可能选择不同的鉴定裕量;在产品处于可维修状态的阶段,振动持续时间往往不考虑鉴定裕量。对于瞬态振动环境,累积损伤效应通常可以忽略,因此,鉴定试验条件仅需要考虑振动量级裕量,作用次数并非重要,在工程应用中,作用次数通常选择为 3 次,目的是保证试验结果的置信度。

在寿命周期环境剖面的不同阶段,产品可能具有不同的构型(包括边界条件),并且可能处于工作状态或非工作状态。在鉴定试验中,通常需要给出几种不同的振动试验条件,以反映产品寿命周期所经受的各种振动环境的不同特征和产品的不同使用状态影响,从而使得鉴定试验的结果更接近产品的预期使用结果,避免出现严重的过试验或欠试验。例如,对于产品在寿命周期中的运输过程和工作过程,通常分别给出各自的振动环境鉴定试验条件,前者对应于产品不工作状态,后者对应于产品工作状态,在振动试验中应进行通电检查。当鉴定试验使用几种不同的振动试验条件时,一般按照其所代表的振动环境在产品寿命周期内出现的先后次序进行振动试验。大型组装件运输可能是一个例外,生产的组装件通常先进行实验室环境试验,然后运到外场进行运输试验。

出于简化鉴定试验的考虑,如果适用,代表寿命周期环境剖面的不同阶段的振动环境将进行合并和简化处理,以缩减振动环境鉴定试验条件的数量。对于不同类型的振动环境(随机振动、周期振动和瞬态振动),应分别进行合并处理。对于瞬态振动环境,合并处理仅考虑振动量级(典型为冲击响应谱)的包络,以使得振动环境鉴定试验条件能够涵盖各个阶段的瞬态振动环境量级;然而,为了避免包络结果过于保守,可能需要按照频率范围对各个阶段的瞬态振动环境进行划分。对于稳态振动环境,合并处理不仅需要考虑振动量级(加速度幅值谱或自谱密度)的包络,以使得振动环境鉴定试验条件能够涵盖各个阶段的稳态振动环境量级,而且需要按照累积损伤等效原则进行振动持续时间的合并,以使得振动环境鉴定试验条件能够涵盖各个阶段的振动环境所产生的疲劳损伤。

在合并处理中,应考虑产品在寿命周期环境剖面的不同阶段的构型和工作状态的一致性。原则上,不同的产品构型和不同的工作状态应分别规定振动环境鉴定试验条件。然而,对于同一产品构型,如果产品处于工作状态下的振动环境量级相对更高,可将非工作状态下的振动环境合并到代表工作状态的振动环境鉴定试验条件中。

应指出的是,振动坏境合并处理中所采用的振动加速度谱包络和累积损伤等效原则仅适用于相同类型的振动环境(随机振动、周期振动或瞬态振动)。在过去的研究中,考虑到试验设备的限制,曾经引入一些不同类型的振动环境之间的等效准则,如随机振动环境与正弦振动环境之间的等效准则。然而,工程实践表明,不同类型的振动环境之间不存在普遍适用的等效性,工程中可接受的等效关系仅限于相同类型的振动环境之间。因此,振动环境鉴定试验应使用与所考虑的使用环境具有相同基本特征的振动激励,如实验室振动环境试验应使用随机振动激励模拟随机振动环境,使用相似持续时间的瞬态激励模拟瞬态振动环境。

在某些情况下,对于实验室振动环境试验,基于最大期望振动环境所导出的稳态振动环境鉴定试验条件的振动持续时间过长,在试验周期和成本上难以承受,往往需要采用加速试验策略,即通过适当提高试验条件的振动环境量级将振动持续时间缩短到可接受的范围内。在这样的情况下,通常将振动环境鉴定试验划分为功能振动试验和振动耐久试验,其中,上述稳态振动环境鉴定试验条件按照累积损伤等效准则进行加速处理,以得到振动耐久试验的试验条件。

2.4.2.4 验收试验

验收试验(Acceptance Test)有时称为生产试验或质量控制试验,目的是保证所交付的产品具有合格的材料和制造工艺的质量一致性,从而确认所交付的产品符合合同要求。根据在使用过程中失效可能造成影响的不同,验收试验可采用抽样试验或全样试验。

抽样验收试验的目的是检验同一批次产品的生产过程是否满足产品设计和使用的要求,依据试验结果做出该批次产品是否能够作为合格产品交付使用的结论。抽样验收试验是从一批产品中按一定的百分比随机抽出一件或数件样品进行试验,经过试验的样品一般不再作为正式产品交付使用。对于抽样验收中的振动环境试验,一般按照振动环境鉴定试验条件进行,其相当于对产品的生产过程再进行一次鉴定试验。抽样验收试验通常用于批量比较大的产品。基于试验周期和成本的考虑,抽样验收试验仅选取一部分典型的振动环境鉴定试验条件;一般情况下,抽样验收试验并不关注产品的疲劳寿命,通常选取功能振动试验的试验条件。

全样验收试验主要针对单件或小批量生产、具有高可靠性要求的产品,经过试验合格的产品作为正式产品交付使用。用于全样检验的实验室振动环境试验一般采用验收级振动试验条件,考虑到振动试验将造成产品疲劳寿命的消耗,验收级试验条件的振动试验量级和持续时间应当远低于鉴定级试验条件,以保证经过试验之后的产品仍具有足够的使用寿命。全样验收试验的振动持续时间应计入整个产品寿命周期的振动暴露时间。

对于振动环境的全样验收试验,试验条件的制定主要有两种方式:

(1)验收试验施加于产品的振动激励与产品在预期使用过程中经历的振动环境基本无关,通常根据以往的经验和产品失效数据的研究结果制定试验条件,目的是快速地检测产品是否存在常见的工艺缺陷和/或材料缺陷。应按照具体的产品数据制定试验条件,如果直接选用通用标准规定的环境应力筛选条件,应评估其有效性。

(2)验收试验施加于产品的振动激励模拟产品在预期使用过程中经历的振动环境。类似于鉴定试验,验收级振动试验条件基于产品寿命周期环境剖面的最大期望振动环境及其疲劳等效持续时间导出。然而,验收裕量将明显低于鉴定裕量,以保证验收试验对产品的使用性能和寿命的影响可以忽略。典型地,验收级振动试验条件规定为最大期望振动环境及其疲劳等效持续时间。与鉴定试验不同,验收级振动试验条件通常仅考虑导致产品功能失效的振动环境。这样的试验条件仅与产品的寿命周期环境剖面有关,与具体的产品特性无关。对于验收级振动试验条件,重要的是振动量级,由于不考虑累积疲劳损伤失效模式,振动持续时间实际上与寿命周期最大期望振动环境的疲劳等效持续时间无关。

在工程应用中,全样验收试验一般是产品研制和生产的合同要求,按照后一种方式制定验收试验条件更容易为产品使用方所接受。

2.4.3 功能振动试验和振动耐久试验

2.4.3.1 概述

在振动环境作用下,产品的失效模式可以分为两类:

(1)峰值失效(或一次通过失效),即当振动环境量级超过某一阈值时,产品出现失效。

(2)累积损伤失效,即当振动环境产生的结构累积损伤超过某一阈值时,产品出现失效,其中,结构累积损伤取决于振动环境的量级和持续时间。

相应地,振动环境鉴定试验条件应覆盖这两类失效模式,即振动环境鉴定试验条件应满足下列要求:

(1)试验量级应覆盖产品在寿命周期内预期经历的最恶劣的振动环境量级,并且具有适当的裕量,以保证通过鉴定试验考核的产品在寿命周期内不会出现峰值失效(或一次通过失效)。

(2)试验量级和相应的振动持续时间应覆盖产品在寿命周期内预期经历的

所有振动环境所产生的累积损伤总量,并且具有适当的裕量,以保证通过鉴定试验考核的产品在寿命周期内不会出现累积损伤失效。

在基于产品的寿命周期环境剖面导出振动环境鉴定试验条件时,通常同时考虑产品的不同失效模式,其中,试验条件的振动量级在最大期望振动环境的基础上增加适当的鉴定裕量,稳态振动试验条件的振动持续时间在最大期望振动环境所对应的疲劳等效持续时间的基础上增加适当的鉴定裕量。前者用于满足覆盖产品峰值失效模式(或一次通过失效模式)的要求,后者用于满足覆盖产品累积损伤失效模式的要求。

然而,在某些情况下,稳态振动环境的鉴定级试验条件的振动持续时间过长,需要通过累积损伤等效准则转换成加速试验条件,以缩短试验持续时间。在这种情况下,对于试验条件的制定,区分产品的不同失效模式是必要的,原因是加速试验方法仅对累计损伤失效模式有效,对于峰值失效模式(或一次通过失效模式),加速试验方法显然将导致过试验。

在采用加速试验方法的情况下,需要将振动环境鉴定试验划分为功能振动试验和振动耐久试验,其中,功能振动试验用于考虑峰值失效模式(或一次通过失效模式),振动耐久试验用于考虑累积损伤失效模式。加速试验方法仅适用于振动耐久试验。

实际上,对于具体的被试产品,在鉴定试验之前,通常不可能确切地了解其存在哪些模式,也不可能确切地了解峰值(或一次通过)失效模式的阈值,振动耐久试验所产生的失效可能为累积损伤失效,也可能为峰值失效,失效的性质往往需要根据试验结果判定。因此,振动耐久试验需要引入新的失效判定准则,即振动耐久试验中出现的峰值失效不作为试验失效处理。

在振动环境鉴定试验划分为功能振动试验和振动耐久试验的情况下,振动耐久试验之前和之后均应进行功能振动试验,目的是验证产品经过振动耐久试验之后是否出现失效。

2.4.3.2　功能振动试验

功能振动试验(Functional Test)的目的是考核产品在其寿命周期中预期的振动环境作用下能否正常工作。功能振动试验基于下列假设:如果产品在其寿命周期中最恶劣的振动环境条件下能够正常工作,并且具有适当的裕量,则产品可以在其寿命周期内所有的预期使用振动环境下正常工作;其中,产品的失效与振动持续时间无关。因此,功能振动试验主要考虑产品的峰值(或一次通过)失效模式,不考虑振动累积损伤对产品的影响。

基于上述假设,功能振动试验条件一般采用产品鉴定级振动环境试验的量级(即最大期望振动环境加鉴定裕量),试验持续时间根据具体的试验要求确定,与寿命周期的振动持续时间无关。由于产品的峰值(或一次通过)失效模式可能是可逆的或不可逆的,在功能振动试验中,试验件通常应在施加振动激励的同时通电工作,并且连续监测试验件的基本功能,以检测是否存在可逆的失效。试验持续时间的选择通常依据在振动激励过程中完成产品功能检查所需的时间(取决于产品工作循环的周期);相关标准建议试验持续时间在完成产品功能检查所需的时间与 30min 之间选取较大的值。在这一规定中,隐含的假设是产品在其寿命周期中所经受的振动环境的累积时间足够长,并且,产品具有足够长的振动疲劳寿命,使得其在上述规定的试验持续时间内不会产生明显的功能和性能下降。实际上,功能振动试验与振动耐久试验的划分仅考虑寿命周期环境剖面的振动持续时间相当长的情况,例如,疲劳等效持续时间超过 4h。如果振动持续时间较短,功能振动试验的试验持续时间将选择为鉴定级振动环境试验条件的持续时间,而不需要进行振动耐久试验。

由于功能振动试验的限制,振动激励过程中的通电检测未必能够发现所有的产品失效,在每个试验阶段(通常对应于不同的振动条件或振动轴向)之前、中间和之后,应全面检查试验件的各项功能是否满足规定的要求,其能够发现不可逆的失效。相应地,振动激励过程中的通电检测主要针对可逆的失效,以避免功能振动试验的试验持续时间过长。

在工程应用中,通常在振动耐久试验之前和之后均进行功能振动试验,其中,振动耐久试验之前的功能振动试验用于检测和验证产品是否存在峰值(或一次通过)失效模式,振动耐久试验之后的功能振动试验用于检测和验证产品是否存在累积损伤失效模式。相应地,功能振动试验的试验持续时间一分为二,一半在耐久试验之前进行,另一半在耐久试验之后进行。如果试验的振动激励沿三个正交轴向依次施加,则每个轴向的试验持续时间均应一分为二。其中,对分的试验持续时间应满足上述的试验持续时间选择要求。

应指出的是,某些情况下,产品在其寿命周期内最恶劣的振动环境下并不需要工作,或者限定产品仅在不超过规定的振动量级的条件下工作。相应地,在确定寿命周期最大期望振动环境时,应分别建立产品工作状态和非工作状态的包络线,并且分别制定产品工作状态和非工作状态的鉴定级振动环境试验条件。在这种情况下,当振动环境鉴定试验划分为功能振动试验和振动耐久试验时,功能振动试验条件可采用下列策略之一制定:

(1)功能振动试验条件采用产品工作状态的鉴定级振动环境试验条件的量级,产品非工作状态的振动环境影响完全在振动耐久试验中考虑。这一策略存在的问题是,对于在非工作状态的鉴定级振动环境试验条件下不会出现的某些峰值(或一次通过)失效模式,在加大试验量级的振动耐久试验中可能出现,从而可能造成产品未能通过试验的误判。

（2）功能振动试验条件采用产品非工作状态的鉴定级振动环境试验条件的量级（假定其完全覆盖工作状态的鉴定级振动环境试验条件），通过适当修改振动激励过程中的产品功能监测要求实现对功能振动试验的剪裁，以适应产品非工作的状态。例如，当振动量级超过产品工作状态的包络线时，允许试验件的某些性能指标超差。

在工程应用中，通常需要根据具体的产品特性选择适当的功能振动试验条件。如果难以判断，应考虑功能振动试验条件由产品工作状态和非工作状态的两种情况组成。

2.4.3.3　振动耐久试验

振动耐久试验（Endurance Test）的目的是考核产品在经受其寿命周期内预期的所有振动环境的持续作用之后是否能够保持结构和功能的完整性。振动耐久试验基于下列假设：如果产品在代表其整个寿命周期中所有振动载荷循环产生的累积损伤的振动环境条件下能够保持结构完整性，并且具有适当的裕量，则产品在寿命周期内将满足设计规定的振动寿命要求；其中，振动载荷循环产生的累积损伤符合逆幂律模型。因此，振动耐久试验主要考虑产品的累积损伤失效模式，即产品的失效取决于振动环境量级及其持续时间。

在振动耐久试验中，由于试验目的在于验证产品与振动持续时间相关的疲劳特性是否满足要求，施加振动激励的同时，通常不要求试验件通电，原因是累积损伤失效通常可以在振动耐久试验之后的产品检查和功能振动试验中发现，并且，振动激励过程中的通电检测未必能够发现所有的累积损伤失效。此外，振动激励过程中进行通电检测可能使得并非作为振动耐久试验失效判定准则的峰值（或一次通过）失效模式导致试验中断。

振动耐久试验条件通常基于产品的鉴定级振动环境试验条件制定，其通过提高振动环境量级以缩短试验持续时间，即振动耐久试验通常采用加速试验方法。典型地，振动耐久试验条件（即加速振动试验条件）按照下列步骤制定：

（1）基于寿命周期环境剖面的最大期望振动环境和疲劳等效持续时间制定稳态振动环境的鉴定级振动环境试验条件，其中，鉴定级振动环境试验条件的振动量级（正弦振动幅值谱 $|P_2(f)|$ 或随机振动自谱密度 $G_2(f)$）和振动持续时间 T_0 在最大期望振动环境和疲劳等效持续时间的基础上增加规定的鉴定裕量。

（2）如果适用，将代表产品工作状态和非工作状态的鉴定级振动环境试验条件的振动量级进行包络，并且根据逆幂律模型将相应的振动持续时间转换和合并，得到相应的振动持续时间，以此作为稳态振动环境的鉴定级振动环境试验条件。

（3）将鉴定级振动环境试验条件的振动持续时间 T_0 减去功能振动试验条件的疲劳等效持续时间，得到振动耐久试验所考虑的振动持续时间 T_2。其中，功能振动试验条件的疲劳等效持续时间可能需要根据逆幂律模型进行转换。

（4）根据加速之前的振动加速度谱 $|P_2(f)|$ 或 $G_2(f)$ 以及振动持续时间 T_2，选择加速振动试验条件的振动加速度谱 $|P_1(f)|$ 或 $G_1(f)$，其中，$|P_1(f)|$ 或 $G_1(f)$ 与 $|P_2(f)|$ 或 $G_2(f)$ 具有相似的谱型。

（5）根据逆幂律模型式（2-56）～式（2-58），导出对应于振动加速度谱 $|P_1(f)|$ 或 $G_1(f)$ 的试验持续时间 T_1。

由于逆幂律模型本质上是基于材料 $S-N$ 曲线在双对数坐标中呈现直线特征的假设，加速振动试验的振动量级 $|P_1(f)|$ 和 $G_1(f)$（或试验加速因子 T_2/T_1）将存在上限。原则上，在加速振动试验的振动量级 $|P_1(f)|$ 和 $G_1(f)$ 作用下，被试产品的结构振动应力应在线弹性应力的区间，至少线弹性振动应力应占主导，否则，逆幂律模型将引入相当大的误差。实际上，由于振动非线性、疲劳指数 m 的不确定性等因素的影响，过大的试验加速因子 T_2/T_1 往往导致加速试验结果严重偏离实际情况，可能引入实际振动环境下不存在的失效模式。因此，在制定加速振动试验条件时，应限制振动量级；典型地，加速振动试验条件所产生的产品结构振动应力应不超过产品设计规定的许用应力。然而，在工程应用中，由于准确地估计振动环境作用下的产品结构应力往往是不切实际的，通常要求加速振动试验条件的振动量级应满足下列条件：

$$|P_1(f)| \leqslant 1.4|P_2(f)| \tag{2-111}$$

$$G_1(f) \leqslant 2.0 G_2(f)，\sigma_1 \leqslant 1.4\sigma_2 \tag{2-112}$$

在加速振动试验条件的试验持续时间 T_1 可以接受的情况下，应选择尽可能小的加速试验量级。

2.4.4　寿命试验

尽管振动耐久试验涉及确定产品的振动寿命问题，然而，由于振动耐久试验条件对产品寿命周期的振动环境采用了简化处理方式，实际上无法得到比较准确的产品在寿命周期内预期振动环境作用下的使用寿命。寿命试验（Durability Test，也称为耐久性试验）试图通过对产品寿命周期内振动环境以及其他环境因素的高精度模拟，以准确地评估产品的预期使用寿命。寿命试验基于产品的环境寿命周期制定试验条件，以实时（不包含鉴定裕量）模拟产品的环境寿命周期。所谓环境寿命周期，是将产品在寿命周期内所经受的各种环境按照其任务的先后顺序排列，其代表了产品在寿命周期中预期经历的各种环境的时间历程。

在寿命试验之前，应进行寿命分析，确定应包含在试验条件中的各种环境因素,如振动、温度、高度、湿度等,以使寿命试验获得真实的结果。寿命分析的另一用途是进行时间压缩,从环境的时间历程中消除对产品功能和寿命影响很小的时间段。对于振动环境,寿命分析应采用适用于各自产品的疲劳和断裂数据,而非简化的逆幂律模型。

在寿命试验中,试验条件由环境试验剖面(Environmental Test Profiles)规定。环境试验剖面用于表示试验的环境应力量级和持续时间之间的关系,其应反映产品环境寿命周期的典型特征,包括明显影响产品功能和寿命的各种环境因素的量级、持续时间和相互之间的顺序关系。典型地,环境试验剖面除了包含振动环境和噪声环境(如适用)以外,还包括温度、湿度、高度环境以及产品的工作循环。因此,寿命试验是一种综合环境试验。

一般情况下,产品的环境寿命周期可以用一个或一组任务剖面(Mission Profiles)描述。在每个任务剖面中,基于任务过程中环境输入或响应的实测或预示数据的统计分析,导出环境应力的量级与持续时间之间的关系(有时,也将这种环境应力的量级与时间之间的关系称为环境剖面)。环境应力量级与持续时间的关系一般采用统计容差限表示,统计容差限的概率和置信度的选择取决于寿命试验所要求的使用寿命测试结果的概率和置信度;其中,对于不同的环境因素,统计分析需要假定相应的环境应力量级服从适当的统计分布,例如,对于振动环境,通常假定加速度谱幅值服从对数正态分布。多数情况下,任务剖面的环境应力量级采用最大期望环境(即 P95/50 限),以与产品的环境试验相对应。通过对任务剖面(或环境剖面)按照一定的准则进行简化、合成和包络处理,导出环境试验剖面;其中,环境试验剖面可以代表产品环境寿命周期中一组任务剖面。对于环境试验剖面中的振动环境,不同类型的振动环境(正弦振动、随机振动和瞬态振动)应分别考虑,相互之间不应进行等效转换;然而,出于试验模拟的考虑,预期使用过程中的非平稳振动可使用最大环境量级下的平稳振动替代。

任务剖面往往没有包含产品在寿命周期中预期经历的最恶劣工况的环境应力,原因是最恶劣工况发生的概率很小,对环境数据的统计结果影响不大。然而,对于验证产品在极端条件下能否保持功能和结构的完整性,最恶劣工况的环境应力是重要的。因此,应在寿命试验条件的环境试验剖面中适当的位置以真实方式加入模拟最恶劣工况的环境应力。

寿命试验应设置试验通过/失效判据,其取决于被试产品的设计目标和预期使用要求。

尽管在制定环境试验剖面的过程中进行了适当的简化处理,与振动耐久试验条件相比,寿命试验条件对产品在寿命周期中预期经历的环境的描述更为精确,并且确切地考虑了不同环境因素同时作用的环境增强效应。因此,寿命试验

所得到的产品使用寿命以及产品失效数据更接近产品实际使用情况。然而,与振动耐久试验相比,寿命试验存在下列局限性:

(1)寿命试验需要同时模拟多种环境因素,试验更为复杂,成本更高。

(2)寿命试验没有考虑环境加速,使得试验持续时间比振动耐久试验长得多。

(3)寿命试验条件没有考虑产品环境适应能力的散布特性,通常需要采用多个试验件进行试验,以提高试验结果的置信度。

2.4.5　可靠性试验

2.4.5.1　概述

按照美军标 MIL - STD - 810G 第 1 章中的定义,可靠性试验的目的是获得产品失效率的统计定义。尽管从可靠性工程的角度看,这一可靠性试验的定义可能偏于狭窄,但其反映了可靠性试验与其他试验之间最显著的差别,即产品在其寿命周期内的失效率或相关的可靠性定量指标,如平均无故障时间(MTTF)、平均故障间隔时间(MTBF)等,是可靠性试验结果所关注的重点所在,试验方法的选择和试验条件的制定主要围绕着如何通过试验获取准确的产品失效率开展工作。

产品在寿命周期内所经受的各种环境是决定其失效率的主要因素,可靠性试验最终数据的精确度随着寿命周期环境模拟真实性的改善而提高。其中,寿命周期内的振动环境对产品的失效率有重要的影响。实验室振动环境试验作为可靠性试验的一种技术实现工具,其模拟方法应满足可靠性试验对寿命周期振动环境模拟真实性的要求。然而,除了振动环境之外,产品的失效率还受到其他环境因素(如温度、湿度、高度等)的影响,并且,不同环境因素同时作用所产生的环境增强效应将导致失效率增大。因此,可靠性试验需要同时模拟多种环境因素的作用,是一种综合环境试验。

可靠性试验一般为产品的研制试验或鉴定试验,主要包括可靠性统计试验和可靠性增长试验。其试验条件是基于产品的环境寿命周期制定的(与寿命试验相似),需要包含在寿命周期内出现并且影响产品失效率的各种环境因素以及产品的工作循环。

从可靠性工程的角度,环境应力筛选试验也作为一种可靠性试验,尽管其目的并非获得产品的失效率数据,而是降低产品在寿命周期内的失效率。这种失效率的降低可能是定量的,但更多的情况下是定性的。

2.4.5.2　可靠性统计试验

可靠性统计试验通过对足够数量的产品样本进行长持续时间的试验,以确定产品在寿命周期预期使用环境下工作的可靠性定量指标,或验证产品是否达到规定的可靠性定量指标。常用的可靠性定量指标包括平均无故障时间、平均故障间隔时间或失效率(MTBF 的倒数),其中,采用平均故障间隔时间或失效率时,通常假定产品在试验中出现的所有失效在统计上是独立的。试验样本的数量取决于作为试验目标的可靠性定量指标及其置信度要求。可靠性统计试验一般用于大批量生产的产品。

为了提供准确的可靠性定量指标测试结果,可靠性统计试验条件应尽可能真实地模拟产品在寿命周期内的预期使用环境。与寿命试验相似,可靠性统计试验条件也由环境试验剖面规定。其中,环境试验剖面应包括预期使用过程中影响产品失效率的主要环境因素(如振动、温度、湿度、高度等)以及产品的工作循环,并且应基于产品的环境寿命周期的任务剖面导出。

可靠性统计试验所得到的产品可靠性定量指标的准确度,在很大程度上取决于试验对产品在寿命周期内预期使用环境模拟的真实程度。其中,重要的影响因素包括:

(1)确定任务剖面的环境应力量级与持续时间之间的关系时,环境数据统计分析所选择的统计容差限及其概率和置信度。典型地,环境应力量级采用最大期望环境(即 P95/50 限)。

(2)导出环境试验剖面时,环境应力简化所选择的等效准则。其中,对于振动环境,应尽可能保证振动环境的特征和量级与预期使用环境一致;在某些情况下,可能需要模拟预期使用过程中的非平稳振动,而非使用最大环境量级下的平稳振动替代。

(3)在预期使用过程中同时施加于产品的多种环境因素所产生的增强效应的模拟程度。

在可靠性统计试验中,通常不包括产品寿命周期中最恶劣工况的环境应力,也不试图通过增加环境应力的量级以缩短试验时间。

2.4.5.3 可靠性增长试验

可靠性增长试验通过对一个或几个原型样机在真实或模拟的使用条件下进行试验,诱发产品由于设计缺陷而产生的故障,从而确定产品的薄弱环节;通过对产品设计的改进并验证改进措施的有效性,使得产品的固有可靠性得到提高。在有效的可靠性增长模型支持下,可靠性增长试验结果可用于评估产品的可靠性指标。

原则上,可靠性增长试验条件与可靠性统计试验条件是一致的,两种试验的差别在于产品失效结果的处理方式和失效数据的统计分析方法不同。在某些情况下,为了在相对较短的试验时间内暴露产品设计的薄弱环节,可靠性增长试验采用逐步增加环境应力的方法(即步进应力试验方法)。在这样的情况下,与可靠性统计试验不同,可靠性增长试验往往不再模拟预期使用环境的量级(实际上,试验的环境量级是可变的)。然而,考虑到试验所产生的被试产品失效模式与实际使用过程的一致性,可靠性增长试验仍应模拟产品环境寿命周期的典型特征,即所考虑的环境因素和基本特征应与可靠性统计试验一致。例如,对于预期使用过程的随机振动环境,一般采用平稳随机振动环境模拟,并且在不同的步进应力试验量级下,保持振动环境加速度自谱密度的谱型相似。当利用可靠性增长试验评定产品的可靠性定量指标时,即用一次成功的可靠性增长试验替代可靠性统计试验时,为了提供准确的可靠性评定结果,可靠性增长试验条件应与可靠性统计试验条件保持一致。

2.4.5.4　环境应力筛选试验

环境应力筛选试验是一种控制产品制造质量的工艺手段,其通过对产品施加适当的环境应力(振动应力、热应力等)和电应力,将产品中存在的潜在工艺缺陷和/或材料缺陷迅速变成故障,并加以发现和排除。这些缺陷通常不会导致产品立即失效,但在产品达到其设计寿命之前将导致失效。因此,环境应力筛选试验的目的是尽早激发产品的潜在缺陷,以便在产品交付使用之前予以改正。

环境应力筛选试验并非一种环境模拟试验,其试验条件一般应根据产品的特点制定(尽管一些标准也提供了通用的环境应力筛选条件),通常与产品在预期使用过程中所经受的环境无关。大多数的环境应力筛选试验使用随机振动和温度循环作为产品的环境激励,两种环境可以同时或不同时作用。

环境应力筛选试验不能代替产品的鉴定级环境试验,包括采用鉴定级环境试验条件的抽样验收试验。由于环境应力筛选试验是产品的全样试验,因此,属于产品寿命周期内所经受的环境作用的一部分,需要在产品的环境设计条件和鉴定试验中考虑。在产品必须经过环境应力筛选的情况下,用于产品鉴定试验的试验件应预先通过环境应力筛选试验。取决于环境应力筛选试验的通过/不通过准则,如是否允许在筛选中发现缺陷的产品经过返修后再进行环境应力筛选,产品可能经受多次环境应力筛选循环。在这种情况下,鉴定级环境试验应验证产品经过多次环境应力筛选后仍具有设计所要求的使用寿命。

在产品进行全样验收试验的情况下,可以考虑将环境应力筛选试验与验收级环境试验合并进行,如将验收级随机振动环境试验同时作为产品的随机振动环境应力筛选试验。在这种情况下,关键的问题是统一验收级环境试验与环境应力筛选试验的通过/不通过准则。以随机振动试验为例,在合并试验的情况下,试验条件的振动量级一般为环境应力筛选条件的振动量级与产品的最大期望振动环境量级的包络。

2.4.6 环境适应性试验

环境适应性试验(Environmental Worthiness Test)是为了验证没有经过鉴定的产品是否能够在现场正常工作所设计的实验室试验项目。由于技术、计划和费用等原因,一些产品没有经过实验室鉴定试验就投入现场使用,其鉴定实际上是通过现场使用试验完成的,或者是在经过现场使用验证之后再进行鉴定试验。例如,在航空航天产品研制中,经常需要使用未经过鉴定试验的样机进行飞行试验,然后,根据飞行试验所获得的环境数据制定鉴定试验条件,再进行正式产品的鉴定试验。出于现场试验安全性或试验效率等方面的考虑,通常要求保证这些未经过鉴定的产品能够在现场正常工作。在这种情况下,需要通过环境适应性试验满足这方面的需求。

环境适应性试验实际上是经过减缩后的鉴定试验(严格地讲,是经过减缩后的功能试验),其仅覆盖产品寿命周期中的现场评估部分。如果不考虑安全性方面的因素,环境适应性试验的环境试验量级通常选择为产品典型工作状态下的环境量级;否则,应选择产品在工作状态下的最大环境量级。试验持续时间可以与整个系统/子系统的功能试验相同,其足以检验产品的功能;也可以选择更短的时间(如 5min 或 10min)。

考虑到现场试验的安全性,可以采用一个已进行过其他试验的试验件进行环境适应性试验,这一试验件是不可能在现场使用的;而用于现场使用(或现场试验)的产品与环境适应性试验的试验件具有相同的技术状态。如果现场试验的安全性不成问题,可以将产品通过最小试验持续时间的环境适应性试验之后,再用于现场使用(或现场试验)。

2.5 参考文献

[1]MIL-STD-810G Working Group. Environmental Engineering Considerations and Laboratory Tests[S].MIL-STD-810G. Department of Defense Test Method Standard. 2014.

[2]沃德·海伦,斯蒂芬·拉门兹,波尔·萨斯.模态分析理论与试验[M].白化同,郭继忠译.北京:北京理工大学出版社. 2001.

[3]张贤达.矩阵分析与应用[M].北京:清华大学出版社. 2004.

[4]NASA. Dynamic Environmental Criteria[S]. NASA-HDBK-7005. NASA Technical Standards Program Office, 2001.

[5]NATO International Staff-Defence Investment Division. Mechanical Conditions[S].Edition1. AECTP-240. Allied Environmental Conditions and Test Publication, 2009.

[6]MIL-HDBK-340A Working Group. Test Requirements for Launch, Upper-Stage, and Space Vehicles[S]. MIL-HDBK-340A. Department of Defense. United States of America. 1999.

［7］Fackler W C. Equivalence Techniques for Vibration Testing［R］.SVM-9. The Shock and Vibration Information Center.United States Department of Defense. 1972.

［8］徐灏. 工程力学丛书.疲劳强度［M］.北京:高等教育出版社. 1988.

［9］Barsom J M, Rolfe S T. Fracture and Fatigue Control in Structures:Applications of Fracture Mechanics［M］. 3rd Edition. American Society for Testing and Materials (ASTM), 1999.

［10］D.布洛克. 工程断裂力学基础［M］.王克仁,等译.北京:科学出版社. 1980.

［11］Boyer S R. Atlas of Fatigue Curves［M］.ASM International. 1986.

［12］MIL-HDBK-5J Working Group. Metallic Materials and Elements for Aerospace Vehicle Structures［S］.MIL-HDBK-5J. Department of Defense. United States of America. 2003.

［13］Crandall S H, Mark W D. Random Vibration in Mechanical Systems［J］.Academic Press, 1963.

［14］Miles J W. On Structural Fatigue Under Random Loading［J］.Journal of the Aeronautical Sciences. November, 1954.

［15］Lalanne C. Maximax Response and Fatigue Damage Spectra［J］.Journal of Environmental Sciences, 1984.

［16］Henderson G R, Piersol A G. Fatigue Damage Related Descriptor for Random Vibration Test Environments ［J］.Sound and Vibration, Vol. 29, No. 10. 1995.

［17］NASA Reliability and Maintainability Steering Committee. NASA Reliability Preferred Practices for Design and Test［S］.NASA-TM-4322. 1991.

［18］Cap J S, Smallwood D O. A Methodology for Defining Shock Tests Based on Shock Response Spectra and Temporal Moments［M］.SAND-97-1480C. USA:Sandia National Labs. Albuquerque. 1997.

［19］NASA. Payload Test Requirements ［S］. NASA-STD-7002A. NASA Technical Standards Program Office. 2004.

［20］MIL-HDBK-781A Working Group. Handbook for Reliability Test Method, Plan, and Environments for Engineering Development, Qualification, and Production［S］.MIL-HDBK-781A. 1996.

［21］MIL-HDBK-2164A Working Group. Environmental Stress Screening Process for Electronic Equipment［S］. MIL-HDBK-2164A. 1996.

第3章 振动环境规范与试验条件的制定

3.1 概述

在实验室振动环境试验中,通常将被试产品按照装载平台的安装方式固定在振动台的台面上,使用振动台模拟平台所产生的振动环境,以实现对产品振动环境适应能力的考核。这里所谓的平台,是指装载产品的任何运载工具、表面或介质。原理上,实验室振动环境试验使用振动台所产生的基础运动激励模拟产品在使用过程中所经受的平台产生的振动激励,试验条件一般采用产品连接界面上的振动加速度输入规定。如果试验过程中作用于产品连接界面上的振动加速度输入与平台所产生的振动环境一致,可以认为实验室振动环境试验完全复现了产品在使用过程中所经历的振动环境。然而,在工程应用中,通常不可能达到这一振动环境复现要求,主要的原因包括:

(1)实验室振动环境模拟能力的限制。

(2)平台所产生的振动环境固有的随机性和易变性。

(3)平台振动环境数据的不完备性。

(4)产品的试验边界条件偏离产品使用状态的边界条件。

实际上,平台所产生的振动环境中固有的随机性和易变性也使得完全复现预期使用过程中的振动环境没有足够的实用价值。因此,振动环境规范和试验条件的制定一般基于适当的等效准则,以保证振动环境试验条件能够覆盖产品在预期使用过程中所经历的振动环境,并且具有适当的裕量。

产品的振动环境规范用于规定作为产品振动环境设计和试验基本要求的振动环境量级和相应的振动持续时间,以及在振动环境作用下的产品构型和工作状态。其中,振动环境规范一般按照不同类型的振动环境、不同的产品构型以及产品是否工作分别给出相应的振动环境量级及其振动持续时间。振动环境规范通常代表了产品研制目标中要求产品在寿命周期中能够承受的振动环境作用,不包括产品振动环境设计和试验中所考虑的安全裕量。

产品的振动环境规范通常基于产品的寿命周期振动环境剖面及其实测或预

示的振动环境数据制定。假定产品在寿命周期中所经历的振动环境均源自装载产品的平台通过产品与平台连接界面施加的振动激励,振动环境规范的量级及其振动持续时间将基于相关平台结构振动响应的实测或预示数据的统计分析导出。其中,振动环境规范采用产品连接界面的振动加速度输入定义,其等同于平台结构在连接界面位置上的振动加速度响应。

无论是采用实测方法还是预示方法所得到的平台结构振动响应,一般仅代表了平台上某一点的振动环境,或者,充其量代表了平台上某一相对较小区域内的振动环境,并且这些振动环境往往仅是特定条件下的一个子样,未必反映了装载在平台上的产品在预期使用寿命期内所经受的振动环境激励的全貌。在实测或预示的平台结构振动响应中可能存在下列固有的易变性:

(1)实测或预示的平台结构振动响应可能随着测量点位置或平台动力学特性的微小变化而改变。

(2)基于计算的、假设的或实测的平台动力学载荷所预示的结构振动响应不能反映不同平台的实际使用过程之间可能出现的变异。

(3)多次实测的平台结构振动响应数据之间可能存在的与平台使用过程有关的差异。

在预期使用过程中,平台结构振动响应通常是非平稳的,即振动加速度谱的量级和频率特性将随着时间变化。对于产品的实验室振动环境试验,实测或预示的平台结构振动响应的空间和时间分布往往过于复杂,往往超出了实验室试验能力。考虑到平台结构振动响应的易变性,在工程应用中,通常采用简化的振动加速度空间和时间分布定义产品的振动环境规范,其中,简化假设主要考虑实验室振动环境试验的模拟能力。常用的简化假设包括:

(1)假定产品连接界面所有点上具有相同的振动加速度,可以用 3 个正交轴向上的振动加速度分量分别描述,即假定产品连接界面为刚性的,并且连接界面的运动可以用 3 个正交轴向上的振动加速度分量分别描述。相应的振动环境规范称为单激振器单轴振动环境规范(简称为单轴振动环境规范),这是工程应用中最常用的产品振动环境规范。

(2)假定产品连接界面所有点上的振动加速度可以用 3 个正交轴向上的振动加速度分量分别描述,在同一轴向上,所有点上的振动加速度分量可以表示为 n 个独立的振动加速度分量的线性组合($n \geq 2$),即在连接界面的同一轴向上,可以用 n 个特征点上的振动加速度分量规定整个连接界面在这一轴向上的运动。相应的振动环境规范称为多激振器单轴振动环境规范。其中,n 的选择取决于实验室振动环境模拟能力以及产品连接界面的尺寸。

(3)假定产品连接界面所有点上的振动加速度可以表示为 n 个独立的振动

加速度分量的线性组合($n \geq 2$),典型地,$n = 6$,即假定产品连接界面为刚性的,从而连接界面的运动可以用 6 个独立的振动加速度分量描述。相应的振动环境规范称为多激振器多轴振动环境规范。其中,n 的选择取决于实验室振动环境模拟能力。

在产品的振动环境规范中,简化的振动加速度空间和时间分布称为振动环境条件,其通常在一定的概率意义上覆盖实测或预示的平台结构振动响应,其中,考虑了连接界面不同位置之间、平台不同运行过程之间的平台结构振动响应可能存在的变异。相应地,振动环境条件是产品在预期使用过程中以一定的概率可能经受的最大振动环境。

在工程应用中,一般以最大期望振动环境作为振动环境条件的振动量级。最大期望振动环境定义为,在预期使用过程中,产品所经历的振动环境在 50% 的置信度水平下有 95% 的概率不会被超过的振动量值,简单地记为 P95/50 限。相对于产品在预期使用过程中可能经受的实际振动环境激励,最大期望振动环境是偏于保守的,以保证产品在预期使用过程中有足够的安全系数。

如前所述,平台结构振动响应通常是非平稳的。然而,在产品的振动环境规范中,通常假定振动环境条件为平稳振动,从而可以使用时不变的振动加速度谱和振动持续时间描述。因此,在得到最大期望振动环境估计之后,需要按照累积损伤等效准则导出最大期望振动环境所对应的疲劳等效持续时间。

应指出的是,基于实测或预示的平台结构振动响应数据所得到的最大期望振动环境的振动加速度谱通常具有复杂的形状。考虑到振动加速度谱的峰值具有一定的随机性和易变性,为了便于振动环境设计和试验,在工程应用中,通常采用简单形状的谱型对最大期望振动环境进行规格化处理(即频域平滑处理)。

基于环境剪裁的要求,振动环境规范与试验条件的一般制定过程如下:

(1)确定产品的寿命周期振动环境剖面,其按照时间序列描述产品在寿命周期中预期经受的各种振动环境作用。

(2)使用实测或预示方法确定振动环境剖面的各个振动环境量级和持续时间。

(3)通过振动环境实测或预示数据的统计分析和包络建立产品的振动环境规范。

(4)在产品振动环境规范的基础上,通过适当的剪裁,导出产品的振动环境试验条件。

3.2　振动环境测试和预示

3.2.1　引言

产品在寿命周期中通常需要经历多种不同的振动环境作用,这些不同的振动环境可能源自不同的平台,或者源自相同平台的不同工作状态,其振动特征(振动类型、频率范围等)和量级往往存在明显的差异。对于振动环境试验条件的制定,原则上应考虑产品经历的所有寿命周期振动环境,原因是振动环境将导致产品的累积损伤。在相同或不同的振动环境作用下,产品可能处于工作或非工作状态,并且可能具有不同的构型(包括边界条件),这将导致振动环境作用下的产品响应和失效模式存在明显的差异。此外,与振动环境同时作用于产品的其他环境因素(如温度、湿度等)可能增强振动环境所导致的产品损伤。在工程应用中,通常采用寿命周期振动环境剖面描述产品在寿命周期内所经历的各种振动环境的特征以及相应的产品技术状态,其是寿命周期环境剖面(Life Cycle Environmental Profile,LCEP)的一个组成部分,通常基于产品的寿命周期任务剖面导出。

在确定产品的寿命周期振动环境剖面之后,下一步的任务是获得每个振动环境剖面的振动环境数据。在一些标准中,提供了某些振动环境剖面的振动环境数据,如各种地面、空中和海上运输的振动环境数据,这些数据通常代表了相应的振动环境剖面的最严酷的振动环境量级。然而,对于产品研制,使用这些振动环境数据之前应进行评估,以降低选择过于严酷的振动环境量级作为设计和试验条件所造成的产品研制失败的风险,振动环境数据的评估通常需要以装载产品的具体平台的振动环境实测或预示数据为基础。此外,一些振动环境剖面,特别是产品工作状态下的振动环境剖面,往往缺乏适用的标准,需要根据具体平台的振动环境实测或预示数据导出相关剖面的振动环境量级。

大多数情况下,产品所经历的振动环境激励可以直接使用平台的结构振动响应描述,相应地,产品的寿命周期振动环境剖面的振动环境量级及其持续时间可以采用相应平台的结构振动响应定义。因此,产品振动环境数据的确定问题可以归结为获得平台在产品装载位置上的结构振动响应数据。

在工程应用中,平台的结构振动响应可采用下列方法得到:

(1)在实际使用过程中直接测量。

(2)在模拟试验中直接测量。

(3)基于相似平台测量数据的外推预示。

(4)基于平台结构动力学模型的分析计算预示。

(5)基于经验公式的分析预示。

3.2.2 直接测量

在平台的实际使用过程中直接测量产品装载位置的结构振动响应,无疑是一种最可靠的方法。只要可行,这是获得产品振动环境的首选方法。理想情况下,应将真实产品或动力特性相似的模拟件装载在平台上进行振动响应测试,以得到真实的结果。在许多条件下,进行振动响应测试时,平台的相应位置上并非装载产品,或者所装载的产品的动力学特性与振动环境试验所考虑的产品之间存在显著的差异。在这样的情况下,当测试数据应用于确定产品的振动环境规范时,可能需要进行适当的修正。

大多数情况下,平台实际使用过程中直接测量的平台结构振动响应具有非平稳特性,应按照测量信号的特征进行分类、验证和预处理,然后分别进行时域或频域分析,以得到相应的产品振动环境数据。

在工程应用中,平台实际使用过程中的结构振动响应测试通常受到相当大的限制,典型地包括:

(1)结构振动响应测试需要在平台上专门安装振动加速度测量和数据记录仪器设备,一般为专门的平台使用试验。这样的使用试验通常是昂贵的,试验次数一般很少。由于平台工作状态和结构振动响应固有的随机性与时变性,所得到的实测数据样本往往不足以充分反映平台振动环境的全部特征。

(2)在某些情况下,由于平台运行条件的限制,使用试验中的平台运行过程未必能够模拟导致最严酷的振动环境量级的平台工作状态。

(3)由于测量点数量和安装位置的限制,实测数据样本可能不足以充分代表产品装载位置的振动环境的全部特征。

因此,在使用平台结构振动响应实测数据确定产品的振动环境规范时,需要仔细判断和估计其可能存在的偏差。

作为在实际使用过程中直接测量平台结构振动响应的替代,有些情况下,可以通过模拟试验测试所需要的平台结构振动响应。这种方法一般是在实验室条件下模拟平台的部分使用条件,所使用的试验件可能是真实平台的整体或部分结构、用于研制过程的原型平台、与平台动力特性相似的模拟结构。例如,在运载火箭研制过程中,可以通过地面系留点火试验测量火箭发动机工作所产生的结构振动响应;可以通过实验室噪声模拟试验测量飞行气动噪声所产生的结构振动响应;可以通过地面分离试验测量飞行中火工品装置动作所产生的结构冲击和瞬态振动响应。模拟试验中所测量的平台动力学响应的准确性取决于所模拟的激励源特性、平台结构动力特性以及边界条件相对于实际使用过程中相应特性的偏离程度。在某些情况下,受地面试验设备模拟能力和平台研制进度与经费的限制,实验室模拟试验有可能明显偏离实际使用状态。例如,与运载火箭飞行过程所经受的外表面气动噪声相比,实验室噪声试验的谱型和空间相关特征都有所不同。这将导致实验室模拟试验中所测量的结构振动响应的准确度是有限的。从更一般的意义上说,实验室模拟试验是一种试验预示方法,其所得到的实测结构振动响应数据需要通过适当的评估和转换,才能作为平台结构振动响应数据使用。

应指出的是,无论是实际使用过程还是模拟试验中的直接测量,在许多情况下,往往难以得到产品预期使用过程的振动持续时间。在这种情况下,通常根据导出寿命周期振动环境剖面的相应任务剖面所规定的任务时间估计振动环境剖面的振动持续时间。

3.2.3 动力相似外推

无论是实际使用过程还是模拟试验中的直接测量,都需要平台硬件的支持。然而,对于一个新研制的平台,在研制初期进行这样的直接测量往往是不现实的。以运载火箭的研制为例,在运载火箭设计阶段,就需要得到运载火箭的结构振动响应,以制定箭上仪器设备的振动环境设计和试验条件,从而验证仪器设备对运载火箭飞行振动环境的适应性;但是,在这一阶段,运载火箭尚未成为实物,不可能进行飞行试验或地面模拟试验。因此,制定产品振动设计和试验条件对振动环境数据的需要和产品研制对环境设计和试验条件的需求之间是矛盾的。为了满足装载在平台上的仪器设备的研制需求,制定相应的振动环境设计和试验条件必须在缺乏实测的平台结构振动响应数据的情况下完成。在这种情况下,平台的结构振动响应仅能依靠预示方法获得。结构振动响应预示的准确性将直接影响产品振动环境设计和试验条件的合理性。

平台结构振动响应预示的一种可行的技术途径是基于已有的相似平台(称为参考平台)实测数据进行外推。这种外推预示技术的基础是假定两种平台具有相似的结构,并且所受到的外部和内部激励之间具有相似的特征,平台结构振动响应的变化主要是由于平台的动力特性变化以及振源的某些参数变化所产生的。在运载火箭研制过程中,这种外推预示技术可以用于预示外部噪声激励所产生的结构振动响应以及火工品装置动作所产生的结构冲击响应。例如,对于噪声敏感结构的振动响应预示时,假定 $G_r(f)$ 和 $G_n(f)$ 分别代表参考运载火箭和新研制运载火箭振动响应的自谱密度,在所有频率下,可以导出下列外推预示公式:

$$G_{\mathrm{n}}(f) = \frac{G_{\mathrm{pn}}(f)\,w_{\mathrm{r}}^2}{G_{\mathrm{pr}}(f)\,w_{\mathrm{n}}^2}G_{\mathrm{r}}(f) \tag{3-1}$$

式中：$G_{\mathrm{pr}}(f)$ 和 $G_{\mathrm{pn}}(f)$ 分别为参考运载火箭和新研制运载火箭结构外部压力激励的自谱密度；w_{r} 和 w_{n} 分别代表为参考运载火箭和新研制运载火箭结构的表面质量密度。

相似平台外推预示方法可以对新平台设计提供预期振动量级的粗略评估。当然，如果新平台与参考平台的设计细节越接近，外推预示所提供数据的准确度越高。相似平台外推预示方法的使用存在下列限制：

（1）仅当新平台与参考平台在预示部位的结构设计相似时，外推预示才能提供准确度可以接受的结果。

（2）仅当新平台与参考平台的激励具有相同或相似的特性（一般代表了相同的激励事件）时，外推预示才能提供准确度可以接受的结果。并且，外推预示方法一般不能应用于多个激励源联合作用下的结构动力学响应预示，除非各个激励源独立作用所产生的结构动力学响应之间的比例是已知的。

实际上，相似平台外推预示方法是一种统计外推方法。无论是平台结构动力特性，还是激励源特性都存在一定的散布，其中，平台结构各点的振动特性散布较大，通常远远超过了激励源特性的散布。因此，外推预示所得到的结构振动响应数据是一种统计结果，通常采用偏于保守的外推预示数据。在对平台结构进行细分的情况下，有可能减小外推预示结果的保守性。

3.2.4 基于平台结构动力学模型的预示

随着数值计算技术的发展，基于平台结构动力学模型的分析计算预示方法得到了广泛的应用。如果已知平台激励源的特性，通过对平台结构的数学建模，可以通过数值计算方法得到平台上各点的结构振动响应，从而确定产品装载在平台上所经受的振动输入激励。

迄今为止，已经提出了多种基于结构动力学模型的振动响应计算方法。常用的结构振动响应计算方法包括：

（1）模态分析方法（模态叠加方法）。

（2）有限元分析方法。

（3）统计能量分析（SEA）方法。

模态叠加方法是最基本的结构振动响应计算方法。模态分析方法以结构的模态模型为基础，模型的参数可以来自有限元计算、子结构模态综合或试验模态分析。一种常用的分析策略是通过有限元计算结构的模态参数，然后通过结构模态试验对模型进行验证。由于结构的高阶模态计算和测试误差较大，模态叠加方法以及有限元分析方法主要用于低频振动响应计算。

对于高频振动响应计算,由于在计算频带内结构的模态密集度较高,不可能获得准确的模态参数,模态模型或有限元模型的可信度较差。因此,统计能量分析方法是一种适当的选择。目前统计能量分析已有比较成熟的商业软件,如VAPEPS、SEAM 和 AutoSEA 等。

基于结构动力学模型的振动响应分析计算预示的一个关键问题是获得可用的描述平台外部和内部激励源的输入函数,其直接影响结构振动响应计算结果的可靠性。激励输入函数取决于平台预期使用过程中所经历的各种事件,可以通过下列途径得到:

(1)基于物理模型/分析模型(包括经验公式或半经验公式)的计算预示。

(2)基于缩比模型试验的外推预示。

(3)基于相似平台测量数据的外推预示。

(4)直接测量。

激励输入函数的确定需要针对平台经历的每一个激励事件进行具体分析。在某些情况下,激励输入函数往往成为分析计算预示在实际工程中应用的障碍。

3.2.5　基于经验公式的预示

迄今为止,人们在不同类型的平台上进行了大量的结构振动响应测试工作,积累了丰富的实测数据,并且在大量的数据分析和统计的基础上,提出了用于各种类型平台结构振动响应计算的经验公式或半经验公式。利用这些经验和半经验公式可以近似估计新研制平台的结构振动响应,然而,使用时应注意评估平台的差异所导致的偏离。

从严格意义上讲,平台使用试验和模拟试验中的直接测量也属于振动环境预示方法,原因是使用试验和模拟试验中的平台构型和运行条件往往与产品寿命周期的实际使用状态存在一定的差异,当测试数据应用于确定产品的振动环境规范时,可能需要进行适当的修正。因此,确定产品寿命周期振动环境剖面的平台结构振动响应本质上是一个预示过程。

在工程应用中,平台结构振动响应预示通常是一个逐步逼近的过程。在新研制平台的早期设计阶段,依赖于已有相似平台的实测数据、动力学分析模型或经验公式等对平台的结构振动响应进行初步预示。随着研制工作的进展,通过各种实验室试验测量对预示方法和数据进行验证与修正,使得结构振动响应预示结果更接近于实际。到研制阶段的后期,通过对平台使用过程的直接测量,可以得到少量的平台实测数据,用于验证预示方法和数据的准确性,从而改进预示方法和结果,并且为下一个平台的研制提供经验。

3.3 单轴振动环境规范的制定

3.3.1 引言

单轴振动环境试验是指将试验件固定在振动台的试验台面上,沿单一轴向对试验件施加基础运动激励。在单轴振动环境试验中,通常采用沿 3 个正交轴向依次施加的基础运动激励模拟产品在使用过程中所经受的振动激励,并且假定沿激励轴向的振动加速度在产品连接界面上均匀分布(在实际的单轴振动环境试验中很难达到这一理想状态)。然而,在产品的使用状态下,平台作用于产品连接界面的振动激励并非如此,不仅各个轴向同时激励,而且不同轴向的振动加速度分量在产品连接界面上也非均匀分布。这意味着,即使单轴振动环境试验能够完全复现产品连接界面上某一点在规定轴向上的实测振动加速度时间历程,仍不能保证试验的振动激励与平台所产生的振动环境一致。因此,在工程应用中,单轴振动环境试验并非复现真实的振动环境,而是通过选择适当的试验条件等效覆盖真实的振动环境所产生的产品振动响应,以保证通过试验考核的产品在真实的振动环境作用下不会产生失效。

在工程应用中,由于振动环境试验是产品振动环境适应性设计和验证的基本手段,用于定义产品振动环境设计和试验基本要求的振动环境规范必须考虑振动环境试验能力的限制。当产品的振动环境试验采用单轴振动环境模拟方法时,相应的产品振动环境规范制定应基于单轴振动环境试验的假设,所得到的结果称为产品的单轴振动环境规范。应指出的是,当采用不同的振动环境模拟方法时,即使基于同样的真实振动环境实测或预示数据,所导出的产品振动环境规范将是不同的。

对于单轴振动环境规范制定,通常假定产品连接界面的振动加速度输入为装载产品的平台结构在连接界面位置上的振动加速度响应。尽管平台结构各点的振动加速度响应在 3 个正交轴向上同时存在振动加速度分量,在单轴振动环境规范中,将分别处理各个轴向的振动加速度分量,导出各自的振动环境条件。这种处理方法隐含着下列假设:振动环境所导致的产品失效模式仅与激励轴向的振动加速度分量相关,而与其他轴向的振动激励分量无关。然而,实际情况并非如此。因此,相应的振动环境条件应对各个轴向的振动加速度量级进行适当的补偿,以消除忽略非激励轴向的振动加速度分量所导致的欠设计或欠试验的可能性。进一步,单轴振动环境规范假定产品连接界面在每个轴向上的振动加速度输入可采用一个运动自由度描述;出于保守的考虑,在连接界面的各点上,振动环境条件的量级应覆盖平台结构在同一轴向上的振动加速度响应分量。在工程应用中,这一保守处理通常用于补偿振动环境条件中忽略非激励轴向的振动加速度分量所导致的产品振动响应下降。尽管缺乏定量的评估,通常认为基于平台结构在连接界面上的振动加速度响应分量的包络所导出的单轴振动环境条件可以覆盖真实振动环境作用下的产品振动响应及其所产生的产品失效模式。

　　基于这些假设,单轴振动环境规范制定归结为,在规定的轴向上,确定产品寿命周期中平台结构在连接界面上的振动加速度响应分布的最大量级及其疲劳等效持续时间。取决于振动环境的类型,基于实测或预示的振动环境数据所制定的单轴振动环境规范主要分为两类:

　　一是时域规范,规定产品连接界面分别沿 3 个正交轴向上的振动加速度时间历程。通常直接采用外场实测的振动加速度时间历程定义。实际上,实测的振动加速度时间历程通常与测量点的位置有关,由于测量点的限制,适用的数据未必能够反映产品连接界面上量级最大的振动环境。由于振动环境数据中固有的随机性、易变性以及测试误差等因素的影响,数量有限的实测振动加速度时间历程往往存在一定程度的不确定性,并且难以通过统计分析方法降低不确定性的影响。因此,除非特殊要求,工程应用中往往不推荐直接采用外场实测的振动加速度时间历程定义单轴振动环境时域规范;如果使用,通常需要考虑增加适当的裕量。

　　二是频域规范,规定产品连接界面上分别沿 3 个正交轴向上的振动加速度谱和相应的持续时间。典型地分为正弦振动环境规范、随机振动环境规范和瞬态振动环境规范。在随机振动环境规范中,假定相应的振动环境为高斯分布的平稳随机振动,振动环境条件可以采用加速度自谱密度和相应的振动持续时间定义。同样,在正弦振动环境规范中,假定相应的振动环境为平稳的,振动环境条件可以采用加速度幅值谱和相应的振动持续时间定义。在瞬态振动环境规范中,振动环境条件一般采用加速度冲击响应谱以及有效瞬态持续时间定义,其中,有效瞬态持续时间用于限定基于冲击响应谱重构的瞬态加速度时间历程,以降低重构结果的不确定性。应指出的是,在某些情况下,低频瞬态振动环境的加速度冲击响应谱往往采用正弦扫描振动环境试验等效实现,原则上,相应的瞬态振动环境规范可采用正弦振动加速度幅值谱和扫描速率定义;然而,在基于实测或预示的瞬态振动环境数据导出瞬态振动环境条件的情况下,通常采用加速度冲击响应谱进行统计分析和包络,因此,使用加速度冲击响应谱定义瞬态振动环境规范更为可取。

　　对于单轴振动环境规范的制定,由于假定产品与平台连接界面为刚性平面,连接界面上的振动加速度分布是均匀的,振动环境条件的量级通常定义为平台结构在连接界面上的振动加速度响应的最大值。在已知连接界面上各点的平台结构振动加速度响应的情况下,可以采用包络方法导出振动环境条件的量级。这一包络过程需要在频域中进行,即对平台结构振动加速度响应的加速度谱进行包络,导出代表连接界面上最大振动环境的加速度谱。

在工程应用中,最大期望振动环境估计存在的主要问题是,在产品的连接界面上缺乏足够数量的振动环境实测或预示数据。为了保证最大期望振动环境估计结果的有效性,在连接界面上应具有适当数量的振动环境测量点或预示点,并且这些点应符合随机抽样要求。然而,在工程应用中,通常难以达到这一要求;在许多情况下,产品连接界面上的振动环境测量点或预示点很少甚至没有。因此,常用的处理方法在平台结构上选择一个较大的区域,通过区域内的振动环境实测或预示数据的统计分析和包络导出区域的最大期望振动环境。对于装载在平台区域内的所有产品,均以区域的最大期望振动环境作为其单轴振动环境规范的振动量级。与产品连接界面的最大期望振动环境相比,区域的最大期望振动环境通常具有更高的量级,这意味着相应的单轴振动环境规范是偏于保守的。

在最大期望振动环境估计中,除了考虑平台结构振动加速度响应的位置变化以外,还应考虑同一位置的平台结构振动加速度响应在不同运行过程中的差异。在考虑不同运行过程之间的振动量级变化的情况下,最大期望振动环境意味着,平台结构振动加速度响应在50%的置信度水平下至少95%的平台运行次数中不会被超过的振动量值。这一定义可以适用于具有不同运动自由度数量的振动环境规范。对于单轴振动环境规范,最大期望振动环境估计通常需要同时考虑位置变化和不同运行过程之间的平台结构振动加速度响应的差异。

振动环境规范是产品振动环境设计和试验的基线,原则上,应避免振动环境规范随着产品设计的修改而发生变化。在以平台结构振动加速度响应定义振动环境规范的情况下,产品与平台结构连接界面的振动加速度响应实际上将受到产品动力学特性的影响,特别是在产品的共振频率附近,影响程度主要取决于产品的质量。在某些情况下,由于忽略了产品结构振动模态的影响,振动环境规范可能导致产品在其结构共振频率附近产生明显的过试验,导致产品研制成本显著增加。在这种情况下,振动环境试验可能需要采用带谷技术降低过试验程度;然而,振动环境规范通常不会修改,主要原因是,在制定振动环境规范时,产品的结构共振频率往往是未知的。

在单轴振动环境规范中,产品与平台连接界面的刚性假设往往意味着振动环境试验应将试验件固定在刚性试验台面或试验夹具上,以模拟固支边界条件。这可能导致试验件的边界条件明显偏离产品在实际使用过程中的边界条件,从而显著地改变试验件的振动模态和结构振动响应的能量分布,其结果是,试验件各部分的过试验或欠试验程度将存在显著的差异。改变这种状况的一种解决方案是,通过适当的试验夹具设计复现实际使用过程中的产品边界条件,并且在振动环境试验过程中采用多点最大值控制策略模拟实际使用过程的最大期望振动环境(如适用,包括鉴定裕量),从而改善试验件各部分的过试验或欠试验程度。然而,在实验室振动环境试验中,这一方案的实现往往非常困难,并且成本高昂。在工程应用中,如果出现这种情况,更好的解决方案是采用多激振器振动环境试验方法。

一般情况下,基于产品寿命周期环境剖面中各个振动激励事件制定单轴振动环境规范。对于寿命周期环境剖面中相同类型的各个振动激励事件,出于简化振动环境设计和试验的目的,如果适用,将合并成同一个振动环境条件。然而,在不同的振动激励事件的频率范围和/或产品的使用状态差异较大的情况下,可能需要划分成多个振动环境条件,以避免合并处理造成过大的保守性。特别地,对于产品工作和非工作状态,通常应分别制定各自的振动环境条件。

除非特殊要求,单轴振动环境规范以产品连接界面的振动加速度输入定义,并且假定连接界面各点具有相同的振动加速度,即规范所给出的振动环境条件与连接界面上的测量点或振动环境试验控制点的位置无关。一般情况下,产品连接界面的振动加速度输入采用振动加速度谱描述。相应地,单轴振动环境规范的制定过程如下:

(1)获取装载产品的平台结构区域的振动激励事件的振动加速度响应实测或预示数据。

(2)振动加速度响应数据的谱分析。其中,非平稳振动环境数据应转换成等效平稳振动环境的加速度谱。

(3)估计振动加速度谱所对应的振动持续时间。其中,对于等效平稳振动环境的加速度谱,采用累积损伤等效准则估计相应的疲劳等效持续时间。

(4)在每个振动轴向上,基于相同的平台振动激励事件的振动加速度响应的加速度谱数据集合,利用统计分析方法导出区域的最大期望振动环境估计值。其中,最大期望振动环境估计应同时考虑区域内不同位置之间和平台的不同运行过程之间的振动加速度响应的散布特性。

(5)如适用,将产品寿命周期振动环境剖面中相同类型的振动激励事件所对应的最大期望振动环境进行等效合并处理,导出产品在寿命周期中预期经历的最大期望振动环境及其疲劳等效持续时间。

(6)采用频域平滑方法对最大期望振动环境的加速度谱进行规格化处理。

3.3.2 振动环境数据的谱分析与等效持续时间

3.3.2.1 非平稳振动数据的谱分析

在产品的寿命周期中,平台结构的稳态振动加速度响应往往呈现非平稳特征,即振动加速度谱(随机振动自谱密度或正弦振动幅值谱)通常为时间的函数。对于产品的振动环境设计和试验,采用非平稳振动过程定义振动环境规范通常是不切实际的,也是不必要的。一方面,使用过程的非平稳振动过程往往过于复杂,缺乏适当的频域描述方式;另一方面,实际应用中可能得到的非平稳振动环境数据的样本数量往往不足以导出具有可用置信度的非平稳振动参数估计值。在工程应用中,一般采用平稳振动过程等效实际的非平稳振动过程,以简化产品的振动环境设计和试验,这一等效转换基于两个等效准则:①平稳振动过程所产生的振动响应量级应等于非平稳振动过程所产生的振动响应的最大量级;②平稳振动过程所产生的疲劳累积损伤应等于非平稳振动过程所产生的疲劳累积损伤。

当存在适用的非平稳振动加速度时间历程时,可采用下述方法之一导出等效平稳振动过程的加速度谱:

(1)将非平稳振动加速度时间历程划分成近似平稳的若干时间段,每一时间段采用平稳振动的谱分析方法计算相应的加速度谱估计。然后,对各个时间段的加速度谱进行统计包络,得到最大谱,并且作为等效平稳振动过程的加速度谱估计。

(2)利用滑动平均或步进式短时谱分析方法,计算非平稳振动时间历程随等间隔时间变化的加速度谱估计。然后,对加速度谱的时间序列进行统计包络,得到最大谱,并且作为等效平稳振动过程的加速度谱估计。

非平稳振动加速度时间历程的最大谱与时间无关,通常是非平稳过程振动量级的相对保守的描述。在单轴振动环境规范中,基于最大谱,可以采用一个平稳振动过程等效替代实际振动环境的非平稳过程,从而显著地简化振动环境的实验室模拟。

应指出的是,如果非平稳振动加速度时间历程呈现正弦扫描振动或窄带随机扫描振动的特征,仍可使用最大谱描述其振动量级,但是,在实验室振动环境试验中,需要采用基于最大谱的正弦扫描振动或窄带随机扫描振动等效替代实际振动环境,而非采用平稳振动过程模拟。

对于非平稳随机振动加速度时间历程的谱分析,上述谱分析方法存在的一个主要问题是,当自谱密度估计的统计平均帧数很少时,所得到的结果中将包含较大的随机误差。在非平稳随机振动加速度时间历程的持续时间 T 较短的情

况下,可采用下列方法近似估计最大谱:

（1）在持续时间 T 内,计算非平稳随机振动加速度时间历程的时变均方根加速度时间历程 $\sigma_x(t)$,并且确定最大值 $\sigma_{\max}$。

（2）在持续时间 T 内,计算非平稳随机振动加速度时间历程的平均自谱密度 $\overline{G}_x(f)$。

（3）由平均自谱密度 $\overline{G}_x(f)$ 计算非平稳随机振动加速度时间历程在持续时间 T 内平均的均方根加速度 σ_{ave}。

（4）计算比值 $\sigma_{\max}/\sigma_{\mathrm{ave}}$,或以 dB 表示。

（5）将平均自谱密度 $\overline{G}_x(f)$ 乘以比值 $\sigma_{\max}/\sigma_{\mathrm{ave}}$,或增加相应的 dB 值,得到非平稳随机振动加速度时间历程的最大谱（最大自谱密度）$G_{x,\max}(f)$。

在这一方法中,通常假定非平稳随机振动加速度时间历程的均值为零,并且,在持续时间 T 内,非平稳随机振动加速度时间历程的谱型（时变加速度自谱密度的形状）不变。如果假定非平稳随机振动加速度时间历程在持续时间 T 内的时变均方根加速度时间历程 $\sigma_x(t)$ 具有半正弦函数形式,则最大谱 $G_{x,\max}(f)$ 为平均自谱密度 $\overline{G}_x(f)$ 的 2 倍,或高于平均值 3 dB。

在宽带随机振动加速度时间历程的谱分析中,典型地假设振动加速度幅值符合高斯分布,因此,振动特性可以用加速度自谱密度完全定义。对于非平稳的宽带随机振动加速度时间历程,在单轴随机振动环境规范中,采用具有最大谱（即最大自谱密度）的高斯分布平稳随机振动过程等效替代实际随机振动环境的非平稳过程。一般情况下,最大自谱密度所对应的均方根加速度值将高于非平稳宽带随机振动加速度时间历程在任意时刻的瞬时均方根加速度值,这意味着,相对于非平稳的宽带随机振动加速度时间历程,基于最大谱的高斯分布平稳随机振动过程的量级通常是保守的。

在某些情况下,宽带随机振动加速度时间历程的幅值不符合高斯分布,在自谱密度和均方根加速度值相同的条件下,非高斯分布的宽带随机振动出现高量级幅值的概率可能高于高斯分布的宽带随机振动,从而具有更高的损伤潜能。对于非高斯分布的宽带随机振动过程,振动特性通常采用加速度自谱密度和峭度 K_u 共同定义,典型地,$K_u>3$。然而,在单轴随机振动环境规范中,除非特殊要求,仍然采用高斯分布平稳随机振动过程定义产品的宽带随机振动环境。在这种情况下,原理上,可能需要对振动环境规范的加速度自谱密度或振动持续时间进行适当的补偿,以考虑非高斯分布的损伤潜能。但是,在工程应用中,振动环境规范的加速度自谱密度一般基于非平稳的宽带随机振动加速度时间历程的最大谱导出,并且在统计包络中考虑了一定的裕量,通常可以覆盖非高斯分布的损伤潜能。因此,大多数情况下,单轴随机振动环境规范可以不考虑宽带随机振动加速度时间历程的幅值是否符合高斯分布。

3.3.2.2 疲劳等效持续时间

对于稳态的振动环境条件,一般由振动加速度谱和振动持续时间组成。通常,实测或预示的平台结构振动响应是随时间变化的,对于不同时刻的数据段,所得到的振动加速度谱可能存在显著的差异。对于最大期望振动环境估计,数据样本选择为非平稳振动加速度响应的最大谱,其实际对应的数据段的持续时间仅为产品所经历的整个平台振动激励持续时间中的一小部分。然而,非平稳振动加速度响应中振动量级相对较小的数据段所对应的持续时间是不能忽略的,其同样可以导致产品的振动损伤。因此,非平稳振动加速度响应的整个振动持续时间应基于累积损伤等效准则转换成最大谱的疲劳等效持续时间。

在工程应用中,基于振动环境所产生的疲劳累积损伤等效原则进行不同振动环境的振动持续时间转换,相应的等效关系通常由逆幂律模型导出。对于随机振动环境,等效关系为

$$\frac{t_2}{t_1} = \left(\frac{G_1(f)}{G_2(f)}\right)^{m/2} \qquad (3-2)$$

式中:$G_1(f)$、t_1 分别为等效随机振动环境的加速度自谱密度和疲劳等效持续时间;$G_2(f)$、t_2 分别为实际随机振动环境的加速度自谱密度和振动持续时间;m 为产品的疲劳特性指数,对于随机振动,$m = 5 \sim 8$。

对于正弦振动环境,等效关系为

$$\frac{t_2}{t_1} = \left(\frac{|P_1(f)|}{|P_2(f)|}\right)^{m} \qquad (3-3)$$

式中:$|P_1(f)|$、t_1 分别为等效正弦振动环境的加速度幅值谱和疲劳等效持续时间;$|P_2(f)|$、t_2 分别为实际正弦振动环境的加速度幅值谱和振动持续时间;m 为产品的疲劳特性指数,对于正弦振动,$m = 6$。

在式(3-2)和式(3-3)的应用中,通常应符合下列条件:

$$G_1(f) \geqslant G_2(f), \quad |P_1(f)| \geqslant |P_2(f)| \qquad (3-4)$$

即式(3-2)和式(3-3)用于将低量级振动环境的持续时间折合成高量级振动环境的等效持续时间。在这种情况下,通常选择较小的疲劳特性指数 m 值,以得到偏于保守的结果。

对于非平稳振动过程的疲劳等效持续时间计算,典型地将非平稳振动时间历程划分为一系列近似平稳的时间段,计算每个时间段的加速度谱,并且根据非平稳振动过程的最大谱,利用式(3-2)或式(3-3)计算每个时间段对应的疲劳等效持续时间。然后,将所有时间段的疲劳等效持续时间相加,得到整个非平稳

振动过程的疲劳等效持续时间。

对于随机振动,在每个频率上,分别由式(3-5)计算最大谱所对应的疲劳等效持续时间 t_1:

$$t_1 = \int_0^T (G_x(f,t)/G_{x,\max}(f))^{m/2} \mathrm{d}t \qquad (3-5)$$

这一计算过程是按照加速度谱的每个频率分量分别计算的,在各个频率分量上,疲劳等效持续时间的计算结果往往各不相同;对于随机振动环境,要求各个频率具有相同的疲劳等效持续时间,出于保守的考虑,可选择其中的最大值作为统一的疲劳等效持续时间。如果非平稳振动过程为正弦扫描振动或窄带随机扫描振动,通常不需要规定各个频率统一的疲劳等效持续时间。

在非平稳宽带随机振动加速度时间历程的疲劳等效持续时间计算中,如果假定非平稳随机振动加速度时间历程的均值为零,并且在持续时间 T 内,非平稳随机振动加速度时间历程的谱型不变,可以将等效关系式(3-2)变换为

$$\frac{t_2}{t_1} = \left(\frac{\sigma_1}{\sigma_2}\right)^m \qquad (3-6)$$

式中:σ_1、σ_2 分别为等效随机振动环境和实际随机振动环境的均方根加速度值。

相应地,可以根据非平稳随机振动加速度时间历程在持续时间 T 内的时变均方根加速度时间历程 $\sigma_x(t)$ 计算最大谱所对应的疲劳等效持续时间 t_1:

$$t_1 = \int_0^T (\sigma_x(t)/\sigma_{\max})^m \mathrm{d}t \qquad (3-7)$$

在工程应用中,除非特殊情况,适用的振动环境加速度时间历程数据通常难以覆盖产品寿命周期振动环境剖面的整个持续时间。因此,最大谱所对应的疲劳等效持续时间更多地是基于工程经验、产品寿命周期振动环境剖面的持续时间以及平台运行条件进行估计。

3.3.3　单轴振动环境的统计分析

3.3.3.1　平台结构区域划分

在基于平台结构振动响应制定产品振动环境规范的情况下,实测或预示的平台结构振动响应数据一般仅代表平台上个别点的振动环境,通常不能充分反映平台结构对产品施加的振动激励的全貌。在工程应用中,通常采用包含产品连接界面在内的平台结构区域的最大期望振动环境规定产品振动环境规范,以得到偏于保守的振动环境设计和试验量级。

由于平台结构振动响应是位置的函数,不同位置上的振动量级可能存在相当大的差异,如果将整个平台结构作为一个整体,采用统一的振动环境量级规定

产品振动环境规范,对于装载在平台上的大多数产品来说,振动量级超出实际振动环境的裕量过大,将导致严重的过设计和过试验。为了避免这种情况,在确定最大期望振动环境时,通常采用区域划分方法,其目的是,将整个平台结构划分为若干个不同的区域,使得每个区域内的所有点具有相对一致的结构振动响应量级;在每个区域内,可以使用单一的加速度谱规定结构振动响应量级,使得这一加速度谱的量级超过区域内绝大多数或全部点的振动响应量级,但对于区域内的任何一点,振动量级超出的裕量又不很大。

理论上,应依据平台上各点的结构振动响应量级(即加速度谱幅值)的空间分布进行区域划分。从工程应用的角度,在同一区域中,不同点的结构振动响应量级之间的差异不宜超过 12 dB。然而,由于适用的平台结构振动响应测量点或预示点的数量往往不足以反映平台结构振动响应量级的空间分布,实际的区域划分一般基于工程判断,主要取决于工程经验以及对平台结构振动响应量级的大致估计。在许多情况下,区域划分将受到适用的平台结构振动响应测量点或预示点数量的限制。

区域划分和区域内振动环境的统计包络通常基于下列假设:用于确定一个区域的有限的结构振动响应测量点或预示点的加速度谱数据完全代表了该区域内所关心的各点的振动响应。理论上,通过在区域内所有可能的响应点中随机选取有限个响应点,可以满足这一假设。然而,在工程应用中,由于平台结构振动响应的测量或预示通常在区域划分之前完成,并且测量点或预示点的数量非常有限,基本上不能满足随机抽样的要求,这意味着区域内振动环境的统计包络结果(即区域的最大期望振动环境估计)通常是有偏的。只要能够确认区域内用于统计分析的响应测量或预示点能够反映区域内各点结构响应的主要特征,这样的偏差在工程应用中通常是可以接受的。

原理上,平台结构区域的最大期望振动环境高于区域内产品连接界面的最大期望振动环境,随着区域面积的扩大,两者的差异将增大。选择较小的区域面积往往可以降低产品振动环境规范的保守程度;然而,缩小区域面积将受到区域内适用的平台结构振动响应测量点或预示点数量的限制。在工程应用中,往往需要进行权衡;如果过大的保守程度将造成产品研制的障碍,可以通过增加局部的平台结构振动响应测量点或预示点数量,以缩小所划分的区域面积。

3.3.3.2 平台结构区域的统计包络

对于单轴振动环境规范的制定,在 3 个正交轴向上分别进行统计包络,以得到每个轴向的最大期望振动环境估计。一般情况下,进行统计包络的振动轴向以平台结构整体或所划分的平台结构区域的总体坐标系规定,用于统计包络的所有振动响应数据应在同一轴向上。对于某些特定的结构形式,进行统计包络的振动轴向可能采用测量点或预示点的局部坐标系规定,如对于壳体结构的高频振动环境,可能采用法向坐标和面内坐标定义振动轴向,以适应测量传感器的安装要求。

在划分的平台结构区域内,如果在同一轴向上存在 n 个点的实测或预示的振动响应数据,估计区域的最大期望振动环境的简单方法是:在每个频率分辨率带宽内,选取 n 个点的加速度谱幅值中的极大值作为相应频率上的最大期望振动环境值。其中,n 个点的加速度谱应具有相同的频率范围和频率分辨率。

多数情况下,使用概率统计方法进行区域内 n 个点的振动响应加速度谱的统计包络,得到相应区域的统计容差限,并且依据统计容差限确定区域的最大期望振动环境。经验表明,平台上不同点的结构振动响应加速度谱的谱值近似为对数正态分布。因此,工程应用中,最常用的统计容差限为正态容差限。假定 x 为规定频率上的加速度谱幅值,令变量 y 为

$$y = 10 \lg x,对于自谱密度 \tag{3-8}$$

或

$$y = 20 \lg x,对于幅值谱或冲击响应谱 \tag{3-9}$$

则变量 y 为以 dB 表示的加速度谱幅值,其符合正态分布。

对于变量 y 的 n 个样本值 y_i,其正态容差限 $\mathrm{NTL}_y(n,\beta,\gamma)$ 由式(3-10)计算:

$$\mathrm{NTL}_y(n,\beta,\gamma) = \bar{y} + k_{n,\beta,\gamma} s_y \quad (\mathrm{dB}) \tag{3-10}$$

式中:$\bar{y}$ 和 s_y 分别为 n 个样本值 y_i 的样本均值和样本标准差;$k_{n,\beta,\gamma}$ 为正态容差因子;β 为概率;γ 为统计置信水平,即

$$\bar{y} = \frac{1}{n}\sum_{i=1}^{n} y_i, s_y = \sqrt{\frac{1}{n-1}\sum_{i=1}^{n}(y_i - \bar{y})^2} \tag{3-11}$$

对于加速度谱幅值 x,相应的正态容差限 $\mathrm{NTL}_x(n,\beta,\gamma)$ 为

$$\mathrm{NTL}_x(n,\beta,\gamma) = 10^{\mathrm{NTL}_y(n,\beta,\gamma)/10},对于自谱密度 \tag{3-12}$$

或

$$\mathrm{NTL}_x(n,\beta,\gamma) = 10^{\mathrm{NTL}_y(n,\beta,\gamma)/20},对于幅值谱或冲击响应谱 \tag{3-13}$$

即在置信水平 γ 的条件下,区域内各点在规定频率上的加速度谱幅值小于正态容差限 $\mathrm{NTL}_x(n,\beta,\gamma)$ 的概率为 β。当 $\beta = 0.95$、$\gamma = 0.50$ 时,所对应的正态容差限 $\mathrm{NTL}_x(n,\beta,\gamma)$ 为区域的最大期望振动环境,即 P95/50 限。对于 P95/50 正态容差限的计算,正态容差因子 $k_{n,\beta,\gamma}$ 的值如表 3-1 所列。图 3-1 给出了一个运载火箭的选定结构区域内实测的 12 个不同点上的起飞振动加速度自谱密度在 $\beta = 0.95$、$\gamma = 0.50$ 时的正态容差限(P95/50 限)。

表 3-1 P95/50 限的正态容差因子

n	3	4	5	6	8	10	15	20	30	50	∞
$k_{n,\beta,\gamma}$	1.94	1.83	1.78	1.75	1.72	1.70	1.68	1.67	1.66	1.65	1.64

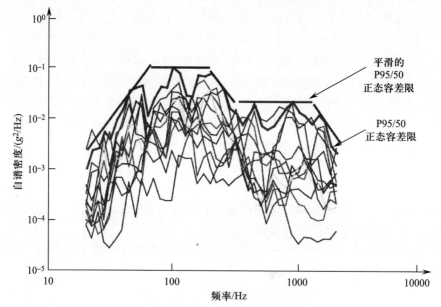

图 3-1 同一区域内实测的 12 个振动加速度自谱的 P95/50 正态容差限

如果已知变量 y 的总体标准差 σ_s（真实标准差，即以 dB 表示的加速度谱幅值的空间分布的总体标准差），可以将正态容差限 $\mathrm{NTL}_y(n,\beta,\gamma)$ 表示为

$$\mathrm{NTL}_y(n,\beta,\gamma)=\bar{y}+(u_\beta+u_\gamma/\sqrt{n})\sigma_s \quad (\mathrm{dB}) \qquad (3-14)$$

式中：u_β 为标准正态分布下侧概率 β 的分位数；u_γ 为标准正态分布下侧概率 γ 的分位数。当 $\beta=0.95$ 时，$u_\beta=1.645$；当 $\gamma=0.5$ 时，$u_\gamma=0$。

正态容差限的局限性在于，由于假设一个区域内的结构振动加速度谱值在空间上服从对数正态分布，使得正态容差限的结果对数据是否满足这一假设比较敏感。当概率 β 和置信水平 γ 接近于 1 时，预示的结构振动响应数据可能偏离这一假设。为了避免正态容差限的局限性，也可以使用其他的统计容差限，主要有：

（1）无分布容差限。

（2）经验容差限。

（3）正态预测限。

3.3.3.3　过程之间的统计包络

对于平台同一点上的结构振动响应,在同一平台的不同使用过程之间或同一型号规格的不同平台的使用过程之间将存在差异。在区域的最大期望振动环境估计中,除了考虑区域内点与点之间的振动响应量级差异之外,也必须考虑过程之间同一点的振动响应量级差异。

在考虑过程之间的差异的情况下,对于同一个点上的结构振动响应,通常假定不同过程(以及地面试验)之间的振动加速度谱数据近似为对数正态分布。因此,与平台结构区域的统计包络相似,统计包络过程将加速度谱幅值 x 按照式(3-8)或式(3-9)转换为以 dB 表示的加速度谱幅值 y,采用式(3-10)和式(3-11)估计相应的以 dB 表示的正态容差限 $\mathrm{NTL}_y(n,\beta,\gamma)$,并且由式(3-12)或式(3-13)计算加速度谱幅值 x 的正态容差限 $\mathrm{NTL}_x(n,\beta,\gamma)$。在工程应用中,通常选择 $\beta=0.95$、$\gamma=0.50$,以对应的正态容差限 $\mathrm{NTL}_x(n,\beta,\gamma)$ 作为结构响应实测或预示点的最大期望振动环境,即 P95/50 限。

同样的,如果已知变量 y 的总体标准差 σ_p(真实标准差,即以 dB 表示的加速度谱幅值的过程分布的总体标准差),可以将正态容差限 $\mathrm{NTL}_y(n,\beta,\gamma)$ 表示为

$$\mathrm{NTL}_y(n,\beta,\gamma)=\bar{y}+(u_\beta+u_\gamma/\sqrt{n})\sigma_\mathrm{p}\quad(\mathrm{dB})\qquad(3-15)$$

以往的研究表明,在同一个测量点上,不同过程(以及地面试验)之间的振动加速度谱分布的最大总体标准差为 $\sigma_\mathrm{p}=3\mathrm{dB}$。如果适用的样本数量不足,可以由式(3-15)近似估计 P95/50 正态容差限:

$$\mathrm{NTL}_y(n,0.95,0.50)=\bar{y}+4.9\quad(\mathrm{dB})\qquad(3-16)$$

即对于过程之间的结构振动响应统计包络,P95/50 正态容差限的估计值高于均值 4.9 dB。

与平台结构区域的统计包络相似,结构响应实测或预示点的最大期望振动环境也可采用其他统计容差限定义。

3.3.3.4　最大期望振动环境

在制定单轴振动环境规范时,区域的最大期望振动环境估计既要考虑区域内点与点之间的振动响应量级差异,也要考虑过程之间同一点的平台结构振动响应量级差异。如果用于统计包络的数据集合中包含了足够数量的区域内不同位置和不同过程的平台结构振动响应加速度谱,统计包络过程将加速度谱幅值 x 按照式(3-8)或式(3-9)转换为以 dB 表示的加速度谱幅值 y,采用式(3-10)和式(3-11)估计相应的以 dB 表示的正态容差限 $\mathrm{NTL}_y(n,\beta,\gamma)$,并且由式(3-12)或式(3-13)计算加速度谱幅值 x 的正态容差限 $\mathrm{NTL}_x(n,\beta,\gamma)$。当 $\beta=0.95$、$\gamma=0.50$ 时,所得到的正态容差限 $NTL_x(n,\beta,\gamma)$ 是单轴振动环境规范所要求的区域

的最大期望振动环境估计。采用简单包络限或其他的统计容差限也可以得到相似的结果。

然而,在许多情况下,适用的平台结构振动响应数据难以满足上述要求,相应的正态容差限 $NTL_x(n,\beta,\gamma)$ 的估计过程需要引入一些假设。典型地,如果用于统计包络的区域内不同点的结构振动响应数据源自同一过程的实测或预示结果,在计算容差限之前,应将不同过程之间的差异叠加到不同点之间的变化上。对于正态容差限估计,根据不同点的结构振动响应数据计算样本标准差 s_y,并且将空间分布的总体标准差 σ_s 以 s_y 替代,由式(3-17)计算同时考虑空间分布和过程分布的总体标准差 σ_t:

$$\sigma_t = \sqrt{\sigma_s^2 + \sigma_p^2} \qquad (3-17)$$

式中:σ_p 为同一点在不同过程的响应之间的总体标准差,假设 $\sigma_p = 3dB$。

式(3-17)中,假定平台结构振动响应加速度谱幅值在不同点和不同过程之间的偏差是相互独立的,并且在不同点上,过程分布的总体标准差 σ_p 相同。在得到总体标准差 σ_t 之后,P95/50 正态容差限由式(3-17)估计:

$$NTL_y(n,0.95,0.50) = \bar{y} + 1.645\sigma_t \quad (dB) \qquad (3-18)$$

式中:$\bar{y}$ 为用于统计包络的 n 个样本值 y_i 的样本均值,其代表了区域内振动响应的均值。

一般情况下,样本数 $n>50$ 时,空间分布的样本标准差 s_y 可以完全替代空间分布的总体标准差 σ_s。如果适用的样本数 n 较小,以 s_y 替代 σ_s 可能导致较大的偏差;$n<6$ 时,不建议使用 s_y 替代 σ_s。根据大量的实测振动响应数据的统计分析结果,在典型的子结构上,振动加速度自谱密度的空间分布的总体标准差 σ_s 约为 5~6 dB。因此,在这种情况下,可以偏于保守地选择 $\sigma_s = 6$ dB。

在 $\sigma_s = 6$ dB、$\sigma_p = 3$ dB 的条件下,由式(3-17)所计算的总体标准差为 $\sigma_t = 6.7$ dB。根据式(3-18),P95/50 正态容差限 $NTL_y(n,0.95,0.50)$ 将比样本均值 $\bar{y}$ 高 11 dB。这意味着,如果在区域中仅有一个点在一次过程中的振动响应数据,可以认为该数据代表了区域内结构振动响应的均值,最大期望振动环境将比该数据高 11 dB。

显然,基于 $\sigma_s = 6$ dB、$\sigma_p = 3$ dB 的假定所得到的区域最大期望振动环境通常是相当保守的,特别是用于制定产品的振动环境规范时;其中,σ_s 的取值是导致保守性的主要原因。原理上,如果适当地缩小所划分的平台结构区域面积,可以降低振动响应量级空间分布的总体标准差 σ_s,从而降低单轴振动环境规范的保守程度。然而,这样的处理必须具备数量足够的区域内结构振动响应的实测或预示数据,以确定可靠的 σ_s 估计值。

实际上,在单轴振动环境规范制定中,造成振动响应量级空间分布的总体标准差 σ_s 较大的主要原因是假定结构区域为刚性的,并且仅存在振动轴向的平移运动自由度。如果放弃这一假设,即采用多激振器振动环境规范定义结构区域的振动环境条件,将不需要考虑空间分布的总体标准差 σ_s 的影响,仅需要过程分布的总体标准差 σ_p,从而可以避免单轴振动环境规范所引入的过大的保守性。

对于随机振动环境以及正弦振动环境,在导出区域最大期望振动环境之后,应确定最大期望振动环境所对应的疲劳等效持续时间。在导出区域最大期望振动环境的过程中,用于统计包络的振动加速度谱(自谱密度或幅值谱)所对应的疲劳等效持续时间往往存在差异。出于保守的考虑,可以选择其中的最大值作为区域最大期望振动环境的疲劳等效持续时间。为了避免过大的保守性,单轴振动环境规范选择统计样本中量级最大的振动加速度谱所对应的疲劳等效持续时间往往是可取的。实际上,大多数情况下,基于产品寿命周期振动环境剖面的持续时间估计区域最大期望振动环境的疲劳等效持续时间。

3.3.4　单轴振动环境规范的工程处理

3.3.4.1　最大期望振动环境的合并处理

在最大期望振动环境估计中,通常应对产品寿命周期的各个振动环境剖面分别进行统计分析,给出各自的最大期望振动环境估计值,主要原因是不同的振动环境剖面往往对应不同的平台,并且在不同的振动环境剖面中,产品可能具有不同的工作状态和构型。然而,在制定产品的单轴振动环境规范时,往往需要将相同类型的最大期望振动环境进行合并处理,以减少单轴振动环境规范中的振动环境条件数量。

最大期望振动环境的合并处理一般应满足振动类型相同、产品工作状态相同、产品构型相同以及振动环境的频率范围相近的要求。然而,如果产品工作状态下的振动环境量级高于非工作状态下的振动环境量级,也可进行最大期望振动环境的合并处理。

在最大期望振动环境的合并处理过程中,对于各个频率分量,计算适用的各个最大期望振动环境的加速度谱(自谱密度、正弦幅值谱或冲击响应谱)的最大值,导出加速度谱包络,用于作为单轴振动环境规范的振动环境条件(最大期望振动环境)。对于随机振动环境和正弦振动环境(如适用,包括正弦扫描振动和窄带随机扫描振动),利用式(3-2)或式(3-3),在各个频率上,将各个最大期望振动环境的疲劳等效持续时间转换成加速度谱包络所对应的疲劳等效持续时间,并且相加,得到累积的疲劳等效持续时间。不同频率分量的累积疲劳等效持续时间往往各不相同;出于保守的考虑,可选择其中的最大值作为单轴振动环境规范的振动环境条件(疲劳等效持续时间);对于正弦扫描振动或窄带随机扫描振动,单轴振动环境规范通常不要求各个频率具有相同的疲劳等效持续时间。

对于最大期望振动环境的合并处理,适用的各个最大期望振动环境的加速度谱应具有相同的频率范围和频率分辨率。一般情况下,按照振动量级最大的加速度谱选择频率范围,并且对用于合并处理的各个加速度谱的频率范围以及某些频率分量进行适当的剪裁。用于合并处理的各个加速度谱的频率分辨率带宽以及相应的中心频率可能不一致。在这种情况下,需要先将所有加速度谱的分辨率带宽和相应的中心频率进行归一化处理,然后再进行合并处理。一般情况下,采用相邻两个频率上的加速度谱幅值在双对数坐标系中的线性内插得到所要求的频率上的加速度谱幅值,即

$$\frac{\lg x(f_c) - \lg x(f_1)}{\lg x(f_2) - \lg x(f_1)} = \frac{\lg f_c - \lg f_1}{\lg f_2 - \lg f_1} \qquad (3-19)$$

式中:f_c 和 $x(f_c)$ 为内插所要求的频率及其对应的加速度谱幅值;f_1、f_2 分别为 f_c 相邻的频率($f_1 < f_c < f_2$);$x(f_1)$、$x(f_2)$ 分别为 f_1 和 f_2 所对应的加速度谱幅值。

3.3.4.2 最大期望振动环境的规格化

基于统计分析技术导出的单轴振动环境规范的最大期望振动加速度谱通常是具有形状复杂的曲线。对于产品振动环境的设计和试验,这样的曲线往往过于复杂,不便于使用,在工程应用中,可能需要使用频域平滑方法将这些复杂的曲线进一步简化(通常称为规格化)。

最大期望振动加速度谱的规格化一般用一组直线段对双对数坐标系中的加速度谱曲线进行频域平滑处理,得到用折线方式表示的平滑加速度谱。对于随机振动的自谱密度和正弦振动的幅值谱,一般情况下,直线段总数不超过 7,直线段的斜率一般选取为 0 dB/oct、±3 dB/oct 或±6 dB/oct,如图 3-1 所示。对于瞬态振动的冲击响应谱,通常选择更少的直线段数量,并且直线段的斜率一般选取为 0 dB/oct、±6 dB/oct 或±9 dB/oct。

从工程应用的角度看,最大期望振动加速度谱的规格化(频域平滑处理)除了可以简化设计和试验应用以外,重要的是可以适当地处理基于统计分析技术导出的加速度谱中可能存在的窄带谱峰(定义为半功率点带宽小于中心频率的 5% 谱峰)的影响。加速度谱中的一些窄带谱峰可能源自某些平台结构测量点的局部共振频率,这些局部共振频率实际上取决于平台上局部安装的仪器设备的动力学特性,通常存在显著的易变性,不应包含在单轴振动环境规范中。

在加速度谱的频域平滑处理中,主要涉及到直线段数量以及斜率选择和窄带谱峰是否需要削减的问题,其取决于数据分析人员的工程判断,带有一定的主

观性。基于相同的数据,不同的数据分析人员可能给出不同的规格化结果;其中,对规格化结果影响最大的是窄带谱峰削减的判断。一般情况下,由统计容差限计算所得到的加速度谱已经适当削弱了窄带谱峰的影响,除非存在量级明显高于其他频率分量的独立的窄带尖峰,频域平滑处理过程一般完全覆盖加速度谱曲线的所有谱峰。在需要削减窄带谱峰的情况下,最大削减量一般不超过3 dB。

对于宽带随机振动环境,如果某些窄带谱峰导致经过频域平滑处理后的自谱密度所对应的均方根值远大于原始的自谱密度所对应的均方根值,往往需要将相应的窄带谱峰适当削减。经过频域平滑处理后的自谱密度所对应的均方根值应大于或等于原始的自谱密度所对应的均方根值,但小于或等于后者的 2 倍。宽带随机振动环境的窄带谱峰量级通常与频率分辨率有关,在工程应用中,一种常用的频域平滑处理方式是,先将自谱密度归一化为比例带宽的频率分辨率,如1/3 oct 或 1/6 oct 带宽,再进行频域平滑处理;其中,频域平滑处理应完全包络所有谱峰。

3.3.4.3　时域规范的处理

在某些情况下,可能采用单轴振动环境时域规范,如在考虑非平稳振动过程对产品疲劳寿命影响的情况下。由于实测或预示的加速度时间历程仅代表了产品在预期使用过程中所经历的振动环境的个别子样,通常不能反映振动环境固有的随机性和易变性。因此,以加速度时间历程定义的时域规范存在的主要问题是,不能通过实测或预示数据的统计分析和包络导出代表寿命周期中最严酷的振动环境的加速度时间历程,即使具有足够数量的适用的数据样本。如果要求单轴振动环境时域规范所考虑的环境量级与最大期望振动环境一致,可行的做法是在实测或预示的加速度时间历程上乘以适当的放大因子。与频域规范相似,在制定单轴振动环境时域规范时,如果仅存在一个适用的加速度时间历程,通常认为其代表了振动环境的均值;参照频域规范的处理,如果增加的裕量为11 dB,相应的放大因子为 3.5。当区域内存在多个不同位置的实测或预示的加速度时间历程时,如果单轴振动环境时域规范选择其中量级最大的加速度时间历程,裕量典型地选择为 3~5 dB,相应的放大因子为 1.4~1.8。

3.4　混合模式振动环境规范的制定

3.4.1　引言

混合模式振动环境是指同时存在两种以上不同类型振动分量的振动环境,

典型地包括正弦叠加宽带随机振动(SoR)环境、窄带随机叠加宽带随机振动(NBRoR)环境等。在工程应用中,混合模式振动环境主要由下列平台产生:

(1)固定翼螺旋桨式飞机。其中,宽带振动分量主要由飞行空气动力以及飞机发动机工作所产生,窄带振动分量主要由螺旋桨桨叶旋转所产生,其峰值频率为螺旋桨桨叶通过频率(螺旋桨转速乘以桨叶数)和谐波频率。螺旋桨桨叶旋转产生周期性的振动激励和气动噪声激励,其中,气动噪声激励作用于飞机结构外表面,导致结构的振动响应。螺旋桨桨叶旋转产生的飞机结构振动响应典型地采用一组窄带随机振动分量描述。一些研究表明,螺旋桨桨叶旋转产生的飞机结构振动响应也可能更适合采用一组正弦振动分量描述。

(2)直升机。其中,宽带振动分量主要由空气动力、发动机和传动系统工作所产生,窄带振动分量主要由主旋翼桨叶旋转所产生,其峰值频率为主旋翼轴频率、桨叶通过频率及其高次谐波频率。主旋翼桨叶旋转产生周期性的振动激励和气动噪声激励,其中,气动噪声激励作用于直升机结构外表面,导致结构的振动响应。主旋翼桨叶旋转产生的直升机结构振动响应典型地采用一组正弦振动分量描述。一些研究表明,主旋翼桨叶旋转产生的直升机结构振动响应也可能更适合采用一组窄带随机振动分量描述。

(3)履带式车辆。其中,宽带振动分量主要由路面不平度、发动机和传动系统工作所产生,窄带振动分量主要由履带拍打路面所产生,其峰值频率为履带拍打频率(取决于履带节距和车辆速度)及其高次谐波频率。履带拍打路面产生的车辆结构振动响应典型地采用一组窄带随机振动分量描述。

(4)带有旋转机械或往复运动机械的各种平台。其中,在旋转机械或往复运动机械及其邻近的平台结构上,旋转机械或往复运动机械的运动可能导致结构振动响应中存在显著的窄带振动分量,其峰值频率为旋转机械或往复运动机械的工作频率及其高次谐波频率。

从振动环境试验的角度,在适当的振动量级下,正弦振动分量或窄带随机振动分量所产生的产品结构振动响应往往不会产生显著的差异,尽管两者在性质上不存在等效关系。然而,如果存在适用的实测平台结构振动响应数据,在数据处理时,应判断所关心的振动分量在性质上更接近于窄带随机振动还是正弦振动。

在工程应用中,混合模式振动环境试验一般采用单激振器单轴(SESA)试验方法,主要原因在于通常缺乏不同运动自由度之间混合模式振动环境的适当的相位关系。实际上,需要考虑混合模式振动环境试验的产品一般为组件级/设备级产品,采用单轴振动环境规范规定相应的混合模式振动环境通常是可行的。

与单一类型的振动环境相似,混合模式振动环境规范仍采用同时考虑平台结构区域内不同位置和不同过程的振动响应量级差异的最大期望振动环境及其疲劳等效持续时间规定。两者的差异在于,混合模式振动环境规范的制定需要分别处理宽带随机振动分量和窄带振动分量(正弦或窄带随机振动分量)的统计分析与包络,导出各自的最大期望振动环境及其疲劳等效持续时间,然后进行合成处理,导出代表混合模式振动环境的最大期望振动环境及其疲劳等效持续时间。

3.4.2　实测振动环境数据的谱分析与等效持续时间

3.4.2.1　概述

按照环境剪裁的要求,如果存在适用的振动环境实测数据,应基于实测数据制定产品的混合模式振动环境规范。由于混合模式振动环境规范以振动加速度谱规定,因此实测的平台结构振动加速度响应时间历程首先应进行谱分析,以得到用于振动环境统计分析和包络的振动加速度谱样本。

混合模式振动环境的实测振动加速度响应时间历程通常具有下列特征:

(1)同时包含宽带随机振动分量和窄带振动分量;其中,窄带振动分量可能接近正弦振动或窄带随机振动。

(2)通常具有非平稳特征,即振动加速度谱通常随时间变化;其中,非平稳特征既可能源自宽带随机振动分量的非平稳性,也可能源自窄带振动分量的非平稳性(峰值频率和量级随时间变化)。

(3)在某些情况下,宽带随机振动分量的振动加速度幅值并非服从高斯分布;例如,履带式车辆产生的混合模式振动环境。

对于实测振动加速度响应时间历程的谱分析,需要分别给出宽带随机振动分量和窄带振动分量的加速度谱,原因是不同类型的振动分量需要采用不同的频域描述方式:

(1)对于宽带随机振动分量,通常采用加速度自谱密度描述,其假定宽带随机振动分量的振动加速度幅值服从高斯分布。

(2)对于正弦振动分量,通常采用加速度幅值谱描述,其中,每个正弦振动分量由一条谱线(正弦振动频率和加速度峰值)描述。取决于具体的平台结构振动响应特征,正弦振动分量的频率可能与时间无关(正弦定频振动),或者是时间的函数(正弦扫描振动)。

(3)对于窄带随机振动分量,通常采用加速度自谱密度描述,其中,假定窄带随机振动分量在相应的带宽内具有恒定的加速度自谱密度值,因此,每个窄带随机振动分量可以由一个中心频率、规定的带宽和均方根加速度值描述。取决于具体的平台结构振动响应特征,窄带随机振动分量的中心频率可能与时间无关(窄带随机定频振动),或者是时间的函数(窄带随机扫描振动)。

127

在实测振动加速度响应时间历程的谱分析中,重要的是将时间历程中的不同类型振动分量分离出来。考虑到实测时间历程信号的非平稳特征,不同类型振动分量的分离通常在频域中进行,在这一过程中,往往需要数据分析人员的工程判断。

3.4.2.2 非平稳加速度时间历程的谱分析

在工程应用中,对于具有非平稳特征的实测振动加速度响应时间历程,典型地采用滑动平均短时 FFT 方法进行谱分析,导出随等间隔时间变化的加速度自谱密度估计。在混合模式振动环境的情况下,加速度自谱密度曲线呈现宽带随机振动背景上迭加一系列窄带尖峰的特征,如图 3-2 所示。对于时变的加速度自谱密度估计,使用三维瀑布图(或三维色谱图)可以更好地描述加速度自谱密度的特征,特别是窄带尖峰频率的变化情况。然而,使用时间参数表征加速度自谱密度估计的变化情况并非可取,导致时变加速度自谱密度的原因实际上是平台运行参数的变化。因此,对于混合模式振动环境的振动加速度响应时间历程谱分析,应同时获得平台运行参数与时间的关系,以建立时变加速度自谱密度与平台运行参数之间的关系,即在三维瀑布图中,应采用平台运行参数描述加速度自谱密度的变化情况。例如,对于履带式车辆所产生的混合模式振动环境,通常采用车辆的行驶速度描述加速度自谱密度的变化情况,如图 3-3 所示。对于固定翼螺旋桨式飞机或直升机,通常采用螺旋桨桨叶通过频率或主旋翼转速描述加速度自谱密度的变化情况。

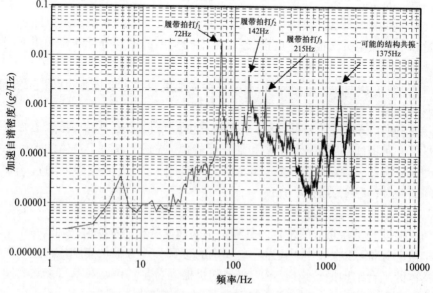

图 3-2 履带式车辆宽带和窄带分量数据

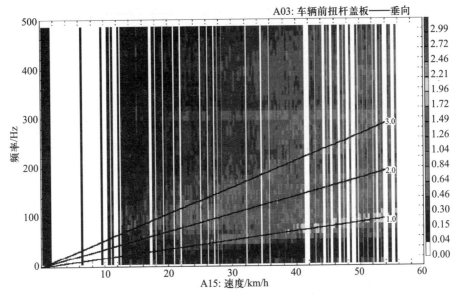

图 3 - 3　履带式车辆数据色谱图分析的实例(彩色版本见彩插)

　　对于混合模式振动环境的振动加速度响应时间历程谱分析,需要将宽带随机振动分量与窄带振动分量(正弦或窄带随机振动分量)分离,给出各自的加速度谱。在非平稳振动的情况下,这一分离过程通常在获得整个振动加速度响应时间历程的时变加速度自谱密度估计之后进行。分离处理典型地需要数据处理人员选择加速度自谱密度曲线中的窄带尖峰,并且确定其起始和结束频率,然后,中间的频率点所对应的自谱密度值由起始和结束频率点的自谱密度值的对数内插值替换,得到宽带随机振动分量的加速度自谱密度曲线,如图 3 - 4 所示(图 3 - 4 中紫红色曲线为去除窄带尖峰后的加速度自谱密度)。对于所选择的每个窄带尖峰,计算其中心频率、带宽和总均方根加速度值,得到窄带振动分量的参数估计。应指出的是,分离处理所选择的加速度自谱密度曲线的窄带尖峰应为平台结构的窄带振动激励所产生,不包括平台结构振动模态的共振响应所产生的谱峰。如果适用,可根据平台运行参数与时间的关系判断所选择的窄带尖峰的有效性;例如,对于固定翼螺旋桨式飞机,窄带尖峰的频率为螺旋桨桨叶通过频率(螺旋桨转速乘以桨叶数)和高次谐波频率。

　　在上述分离处理过程中,加速度自谱密度曲线的窄带尖峰的起始和结束频率(或窄带尖峰的带宽)与加速度自谱密度估计的频率分辨率有关。随着频率分辨率的增加,分离处理过程所得到的宽带随机振动分量的加速度自谱密度曲线和窄带振动分量的总均方根加速度值将趋于稳定。在工程应用中,简单的处

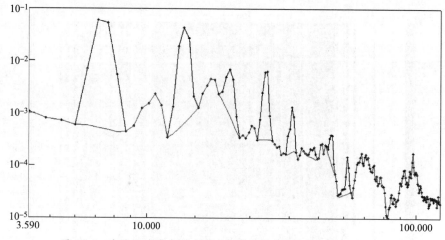

图 3-4　去除加速度自谱密度曲线的窄带尖峰(彩色版本见彩插)

理方法是选择两种不同的频率分辨率计算加速度自谱密度,并且进行分离处理;如果所得到的结果相差不大,可以认为所选择的频率分辨率是合适的。应指出的是,由于窄带尖峰的带宽通常随着频率的增大而增加,对于振动加速度响应时间历程的自谱密度估计,采用比例带宽谱分析方法更为可取。

　　对于分离处理所选择的窄带尖峰,应确定其接近正弦振动还是接近窄带随机振动。在工程应用中,简单的判定方法是选择两种不同的频率分辨率计算加速度自谱密度;如果随着频率分辨率的增加,窄带尖峰的带宽降低并且峰值提高,则认为窄带尖峰代表正弦振动分量;如果窄带尖峰的带宽和峰值基本上不受频率分辨率的影响,则认为窄带尖峰代表窄带随机振动分量。进一步的判定可采用中心频率随时间变化的窄带带通滤波器对振动加速度响应时间历程进行滤波,然后对滤波后的时间历程进行直方图分析。

　　如果窄带尖峰代表正弦振动分量,可以将相应的总均方根加速度值乘以 $\sqrt{2}$,导出正弦振动分量的峰值。如果窄带尖峰代表窄带随机振动分量,可以由相应的带宽和总均方根加速度值导出窄带随机振动分量的加速度自谱密度值,其中,假定加速度自谱密度在带宽内为恒定值。在这种情况下,应采用较高的频率分辨率计算振动加速度响应时间历程的自谱密度,以得到较为准确的窄带尖峰带宽。

3.4.2.3　最大谱

　　产品寿命周期中实际的混合模式振动环境通常是非平稳的,其非平稳性主要表现在:宽带随机振动分量的加速度自谱密度,正弦振动分量的频率和幅值,窄带随机振动分量的中心频率、带宽和加速度自谱密度幅值(或总均方根加速度)等,通常都是时间或平台运行参数的函数。对于产品的振动环境设计和试验,对实际的混合模式振动环境进行简化处理往往是必要的。在工程应用中,混合模式振动环境的简化处理主要包括:

(1)实际振动环境的宽带随机振动分量采用平稳随机振动过程等效替代。

(2)实际振动环境的正弦振动分量采用正弦扫描(或定频)振动过程等效替代。

(3)实际振动环境的窄带随机振动分量采用窄带随机扫描(或定频)振动过程等效替代。

在基于实测数据分别得到宽带随机振动分量、正弦振动分量和窄带随机振动分量的时变加速度谱的情况下,混合模式振动环境的简化处理仍基于 3.3.2.1 节所述等效准则:

(1)等效振动过程所产生的振动响应量级应等于实际振动环境过程中相应的振动分量所产生的振动响应的最大量级。

(2)等效振动过程所产生的累积疲劳损伤应等于实际振动环境过程中相应的振动分量所产生的累积疲劳损伤。

对于宽带随机振动分量,可采用下述方法之一导出等效平稳随机振动过程的加速度自谱密度:

(1)在得到实测数据的时变加速度自谱密度估计 $G_x(f,t)$ 之后,对 $G_x(f,t)$ 的幅值进行统计包络,得到最大谱(最大自谱密度)$G_{x,\max}(f)$,并且作为等效平稳随机振动过程的加速度自谱密度估计。这一方法的主要问题是,由于 $G_x(f,t)$ 包含较大的随机误差,使得 $G_{x,\max}(f)$ 存在较大的随机误差。

(2)在得到实测数据的时变加速度自谱密度估计 $G_x(f,t)$ 之后,在振动持续时间 T 内,计算 $G_x(f,t)$ 的平均自谱密度 $\overline{G}_x(f)$ 和相应的时变均方根加速度时间历程 $\sigma_x(t)$,并且确定 $\sigma_x(t)$ 的最大值 $\sigma_{\max}$;由平均自谱密度 $\overline{G}_x(f)$ 计算振动持续时间 T 内平均的均方根加速度 σ_{ave};将平均自谱密度 $\overline{G}_x(f)$ 乘以比值 $\sigma_{\max}/\sigma_{ave}$,得到最大谱(最大自谱密度)$G_{x,\max}(f)$,并且作为等效平稳随机振动过程的加速度自谱密度估计。这一方法可以有效地降低 $\overline{G}_x(f,t)$ 的随机误差对 $G_{x,\max}(f)$ 的影响,然而,通常假定在振动持续时间 T 内,时变加速度自谱密度估计 $\overline{G}_x(f,t)$ 的谱型不变。

对于每一个正弦振动分量,可采用下列方法导出等效正弦扫描(或定频)振动过程的加速度幅值谱:

(1)基于时变加速度自谱密度估计的三维瀑布图(或正弦振动频率与平台

运行参数的关系),确定正弦振动分量的频率范围。

(2)在所确定的频率范围内,按照规定的频率分辨率(线性分布或对数分布)划分一系列频率区间。

(3)在每个频率区间上,对频率落入区间内的实测数据的各个正弦振动峰值估计进行统计包络,得到对应于区间中心频率的最大谱(最大幅值谱),并且作为等效正弦扫描(或定频)振动过程的加速度幅值谱估计。

对于每一个窄带随机振动分量,可采用下列方法导出等效窄带随机扫描(或定频)振动过程的加速度自谱密度:

(1)基于时变加速度自谱密度估计的三维瀑布图(或窄带随机振动中心频率与平台运行参数的关系),确定窄带随机振动分量的中心频率范围。

(2)在所确定的频率范围内,按照规定的频率分辨率(线性分布或对数分布)划分一系列频率区间。

(3)在每个频率区间上,对中心频率落入区间内的实测数据的各个窄带随机振动总均方根加速度估计进行统计包络,得到对应于区间中心频率的最大总均方根加速度值。

(4)在每个频率区间上,对中心频率落入区间内的实测数据的各个窄带随机振动带宽估计进行统计平均,得到对应于区间中心频率的平均窄带随机振动带宽。

(5)对于每个频率区间,基于加速度自谱密度值恒定的假设,由上述最大总均方根加速度值和平均窄带随机振动带宽,得到对应于区间中心频率的最大谱(最大自谱密度),并且作为等效窄带随机扫描(或定频)振动过程的加速度自谱密度估计。

3.4.2.4 疲劳等效持续时间

在使用基于最大谱的等效振动过程替代实际的混合模式振动环境的情况下,需要将实际振动环境的持续时间转换成相应的最大谱所对应的疲劳等效持续时间。对于混合模式振动环境,按照不同类型的振动分量分别计算各自的疲劳等效持续时间。

对于混合模式中的宽带随机振动分量、正弦振动分量的等效关系处理可参阅 3.3.2.2 节。

对于混合模式中的窄带随机振动分量,等效关系为

$$\frac{t_2}{t_1} = \left[\frac{\sigma_1(f)}{\sigma_2(f)} \right]^m \qquad (3-20)$$

式中:$\sigma_1(f)$、t_1 分别为中心频率 f 的等效窄带随机振动分量的总均方根加速度值和疲劳等效持续时间;$\sigma_2(f)$、t_2 分别为中心频率 f 的实际窄带随机振动分量

的总均方根加速度值和振动持续时间。

理论上,对于窄带振动分量(正弦或窄带随机振动分量),在每个频率(或中心频率)上,分别由式(3-3)或式(3-20)计算最大谱所对应的疲劳等效持续时间 t_1。在各个频率(或中心频率)上,尽管疲劳等效持续时间的计算结果往往各不相同,但并不需要规定统一的疲劳等效持续时间。然而,在许多情况下,实测的混合模式振动环境加速度响应时间历程并不适合直接用于计算窄带振动分量的最大谱所对应的疲劳等效持续时间,原因是其在窄带振动分量的各个频率(或中心频率)上的振动持续时间分布未必能够代表产品寿命周期振动环境剖面的基本特征。

在工程应用中,基于疲劳等效持续时间计算的考虑,通常假定混合模式振动环境的量级和频率特性取决于平台的运行条件,从而将相应的产品寿命周期振动环境剖面按照影响平台振动环境的主要运行参数划分成不同的振动状态(或振动情景)。其中,对于每个振动状态,假定振动环境具有相近的量级和频率特性。例如,对于履带式车辆所产生的混合模式振动环境剖面,通常按照路面等级和车辆行驶速度划分不同的振动状态。应指出的是,在实际使用过程中,同一振动状态未必是在连续的时间段内,可能是多个时间段的组合。因此,对于实测振动环境加速度时间历程的谱分析,通常需要使用数据编辑技术将时间历程数据划分成适用于不同振动状态的数据块。

对于所划分的每个振动状态,利用适用的实测振动环境加速度时间历程数据,分别导出宽带随机振动分量和窄带振动分量(正弦或窄带随机振动分量)的最大谱。而最大谱所对应的疲劳等效持续时间并非基于实测振动环境加速度时间历程导出,而是基于产品寿命周期振动环境剖面所对应的平台运行时间进行估计。一般情况下,按照寿命周期振动环境剖面所对应的典型任务剖面,导出平台运行参数与时间的关系。例如,对于履带式车辆,导出任务剖面在不同路面和不同车辆行驶速度下的行驶时间分布,基于振动状态划分所考虑的主要运行参数范围,将振动环境剖面所对应的振动持续时间分配到各个振动状态,并且作为相应的最大谱所对应的疲劳等效持续时间。显然,这一处理方法所得到的疲劳等效持续时间是偏于保守的,保守程度取决于振动状态划分所考虑的平台运行参数变化范围。缩小平台运行参数变化范围可降低保守程度,但存在适用的实测振动环境数据不足的问题,因此,运行参数变化范围的选取应基于具体平台的振动环境特征和工程经验进行权衡。

对于窄带振动分量(正弦或窄带随机振动分量),如果其频率(或中心频率)随平台运行参数变化,根据划分振动状态所选择的平台运行参数变化范围确定窄带振动分量的频率变化范围。例如,履带式车辆所产生的窄带随机振动分量的中心频率是车辆运行速度的函数,基于每个振动状态所考虑的车辆运行速度变化范围,确定相应的窄带随机振动分量中心频率的变化范围。然后,基于平台运行参数与时间的关系,将振动状态的疲劳等效持续时间分配到频率变化范围内的各个频率分量。如果缺乏适当的平台运行参数与时间关系,典型的处理方式是将疲劳等效持续时间在频率变化范围内均匀分配,即假定窄带振动分量在频率变化范围内线性扫描。

对于不同类型的平台,决定混合模式振动环境的量级和频率特性的平台运行参数与时间的关系往往需要采用不同的方法确定。对于固定翼螺旋桨式飞机和直升机,这一关系直接使用时间变量测度,从每次飞行开始时的发动机启动直至飞机降落后发动机停止工作,按照整个飞行过程中各个典型的飞行状态(如适用,包括瞬态的机动飞行)分配相应的持续时间。对于履带式车辆,寿命周期振动环境剖面通常由总行驶里程规定,需要引入适当的假设以导出平台运行参数与时间关系。典型的假设包括:

(1)车辆在不同等级路面上的行驶里程占总行驶里程的百分比。

(2)车辆在同一等级路面上行驶时的最大行驶速度或平均行驶速度。

(3)车辆在同一等级路面上行驶时,行驶速度的概率分布;一般情况下,假设行驶速度服从 β 分布。

基于上述假设,可以将振动环境剖面规定的总行驶里程变换成履带式车辆在所要求的各种等级路面上和各种行驶速度范围内的行驶时间。

在确定了混合模式振动环境各个振动状态的最大谱和疲劳等效持续时间之后,可以分别对宽带随机振动分量和窄带振动分量的各个最大谱进行统计包络,导出代表整个混合模式振动环境的最大谱,以及相应的疲劳等效持续时间。

3.4.2.5 非高斯分布振动环境的处理

履带式车辆所产生的混合模式振动环境通常采用宽带随机振动分量的加速度自谱密度和一组窄带随机振动分量的加速度自谱密度的组合描述,其隐含地假设随机振动加速度时间历程的幅值符合高斯分布。然而,在履带式车辆行驶过程中,实测的振动加速度响应时间历程的幅值往往不符合高斯分布。在自谱密度和均方根加速度值相同的条件下,非高斯分布的随机振动出现高量级幅值的概率将高于高斯分布的随机振动,从而具有更高的损伤潜能。对于非高斯分布的混合模式随机振动过程,出于实验室振动环境试验控制的考虑,振动环境规范往往采用具有高斯分布的随机振动过程模拟。在这种情况下,可能需要对振动环境规范的加速度自谱密度和均方根加速度值进行适当的补偿,以考虑非高斯分布的损伤潜能,避免振动环境规范导致产品的欠设计和欠试验。

如果存在适用的窄带随机叠加宽带随机振动(NBRoR)环境的实测加速度

时间历程,使用直方图分析可以得到其幅值的概率密度分布曲线,并且计算峰值与均方根值之比,其中,峰值对应的概率典型地选择为 0.2%。如果随机振动加速度时间历程的幅值符合高斯分布,相应的峰值与均方根值之比为 2.88;如果随机振动加速度时间历程的幅值不符合高斯分布,相应的峰值与均方根值之比将大于 2.88。假定基于实测的非高斯分布加速度时间历程所得到的均方根加速度值为 σ_x,峰值与均方根值之比为 α_x,并且 $\alpha_x > 2.88$,则与实测的非高斯分布加速度时间历程等效的高斯分布随机振动过程的均方根加速度值应选择为 $(\alpha_x/2.88)\sigma_x$。这意味着,如果基于实测的非高斯分布加速度时间历程所得到的均方根加速度值为 σ_x、加速度自谱密度为 $G_x(f)$,振动环境规范所考虑的高斯分布随机振动过程的均方根加速度值应选择为 $(\alpha_x/2.88)\sigma_x$,加速度自谱密度应选择为 $(\alpha_x/2.88)^2 G_x(f)$。

应指出的是,上述结果隐含地假设实测的非高斯分布加速度时间历程为平稳过程。如果实测的非高斯分布加速度时间历程为非平稳过程,加速度自谱密度 $G_x(f)$ 通常为最大谱,振动环境规范采用上述结果将过于保守。在这种情况下,应基于实测加速度时间历程数据计算其时变均方根加速度时间历程 $\sigma_x(t)$ 的最大值 σ_{max},并且假定实测加速度时间历程幅值分布的峰值与均方根值之比 α_x 与时间无关。如果最大谱 $G_x(f)$ 所对应的均方根加速度值为 σ_x,并且 $\sigma_x < (\alpha_x/2.88)\sigma_{max}$,振动环境规范所考虑的高斯分布随机振动过程的均方根加速度值选择为 $(\alpha_x/2.88)\sigma_{max}$,加速度自谱密度选择为 $(\alpha_x/2.88)^2 (\sigma_{max}/\sigma_x)^2 G_x(f)$。如果最大谱 $G_x(f)$ 所对应的均方根加速度值 $\sigma_x \geqslant (\alpha_x/2.88)\sigma_{max}$,振动环境规范所考虑的高斯分布随机振动过程的加速度自谱密度仍选择为 $G_x(f)$。实际上,实测加速度时间历程幅值分布的峰值与均方根值之比 α_x 往往与时间相关,在这种情况下,可以选择最大均方根加速度值 σ_{max} 所对应的时间段的峰值与均方根值之比 α_x。

对于固定翼螺旋桨式飞机以及直升机所产生的混合模式振动环境,在实测加速度时间历程的数据处理中,原则上,应对振动幅值进行正态性检验。如果实测加速度时间历程中的窄带振动分量接近正弦振动,去掉其中的窄带振动分量之后的正态性检验结果才适用于等效的高斯分布随机振动过程的加速度自谱密度修正。然而,如果实测加速度时间历程中正弦振动分量的频率随时间变化,在时域中完全去除这些正弦振动分量往往存在一定的困难,从而导致正态性检验结果的偏差。工程经验表明,如果固定翼螺旋桨式飞机以及直升机所产生的窄带振动分量按照正弦振动处理,通常不需要专门考虑随机振动分量的非高斯分布问题。

3.4.3 混合模式振动环境数据的统计分析

3.4.3.1 概述

　　与其他类型的振动环境相似,作为平台结构振动响应的混合模式振动环境实测或预示数据同样仅代表了平台的少数点在个别运行过程中的振动环境,不能充分反映平台结构对产品施加的振动激励的全貌。因此,在工程应用中,通常采用同时考虑点与点之间和过程之间振动响应量级差异的平台结构区域的最大期望振动环境规定产品的混合模式振动环境规范,以得到偏于保守的振动环境设计和试验量级。

　　在工程应用中,由于数据处理和振动试验控制技术的限制,通常采用单轴振动环境规范定义产品的寿命周期混合模式振动环境。在这种情况下,振动环境的统计分析沿三个正交轴向分别导出平台结构区域的最大期望振动环境,其中,在每个轴向上,使用均匀分布的刚体平移振动覆盖实际的振动分量,这可能导致最大期望振动环境的量级过于保守。

　　在混合模式振动环境的统计分析过程中,分别导出宽带随机振动分量和窄带振动分量(正弦或窄带随机振动分量)的最大期望振动环境,然后进行合成,得到最大期望混合模式振动环境。应指出的是,这种处理方式意味着在预期使用过程中,宽带随机振动分量和窄带振动分量同时达到最大量级,所得到的结果通常是保守的。如果适用,在导出宽带随机振动分量和窄带振动分量的最大期望振动环境时,应避免选择过于保守的裕量。

3.4.3.2 宽带随机振动分量的最大期望振动环境

　　对于混合模式振动环境的宽带随机振动分量,最大期望振动环境以加速度自谱密度定义。用于估计最大期望振动环境的实测数据的加速度自谱密度应去除窄带振动分量的影响,并且代表了振动环境剖面的一个完整加速度时间历程样本的最大谱。大多数情况下,适用的实测加速度时间历程样本通常难以覆盖振动环境剖面考虑的所有平台运行条件,关键问题是确认适用的加速度时间历程样本中包含了导致最严酷振动环境量级的平台运行条件下的测试数据,以避免振动环境统计分析中遗漏了预期使用过程中可能遇到的最严酷的平台振动状态。在某些情况下,可能缺少最严酷的平台振动状态的实测数据,如果存在适用的振动环境量级与平台运行参数的经验关系,可以考虑根据适用的平台振动状态的实测数据外推最严酷的平台振动状态的加速度自谱密度。

　　如果适用,用于估计最大期望振动环境的加速度自谱密度样本可采用分析模型或经验模型预示。在这种情况下,同样需要关注预示所得到的加速度自谱密度是否反映了预期使用过程中可能遇到的最严酷的平台振动状态。取决于预示方法,加速度自谱密度预示结果可能代表平台结构某一点的振动响应,也可能代表平台结构某一区域内振动响应的平均,两种不同性质的数据在统计分析中往往需要区别对待。此外,预示方法的不同可能意味着加速度自谱密度预示结果具有不同的裕量。因此,当预示数据用于估计最大期望振动环境时,适当的评估通常是必要的。

假定用于估计最大期望振动环境的实测或预示数据代表了平台结构区域内某一特征点在某一平台运行过程中的宽带随机振动响应分量的最大谱,如果存在足够数量的实测或预示数据,可以采用简单包络限或统计容差限导出区域的最大期望振动环境估计;其中,采用统计容差限时,通常假设加速度自谱密度的幅值服从对数正态分布,计算 P95/50 正态容差限。

在工程应用中,往往面临适用的实测或预示数据数量不足的问题。在这种情况下,一种常用的方法是利用下列公式估计 P95/50 正态容差限 $\mathrm{NTL}_x(n, 0.95, 0.50)$:

$$\mathrm{NTL}_x(n, 0.95, 0.50) = 10^{\mathrm{NTL}_y(n, 0.95, 0.50)/10} \tag{3-21}$$

$$\mathrm{NTL}_y(n, 0.95, 0.50) = \bar{y} + 1.645\sigma_t \quad (\mathrm{dB}) \tag{3-22}$$

$$\sigma_t = \sqrt{\sigma_s^2 + \sigma_p^2} \tag{3-23}$$

式中:x 为加速度自谱密度幅值,其符合对数正态分布;y 为以 dB 表示的加速度自谱密度幅值,其符合正态分布;$\mathrm{NTL}_y(n, 0.95, 0.50)$ 为变量 y 的 P95/50 正态容差限;n 为用于统计包络的样本数;$\bar{y}$ 为变量 y 的 n 个样本的均值;σ_t 为变量 y 的总体标准差(dB);σ_s 为变量 y 的空间分布的总体标准差(dB);σ_p 为变量 y 的过程分布的总体标准差(dB)。

在式(3-21)~式(3-23)中,通常假设空间和过程分布的总体标准差 σ_s 和 σ_p 是已知的,一般情况下,可近似采用相似平台结构的 σ_s 和 σ_p。如果适用,可以采用平台结构在不同运行条件下的振动响应数据计算样本标准差 s_s 和 s_p,并且近似替代 σ_s 和 σ_p。由于 s_s 和 s_p 的计算不要求样本数据源自最严酷的平台振动状态,因此,有可能得到较大的样本数量。在缺乏适用的数据的情况下,可以保守地选择 $\sigma_s = 6\ \mathrm{dB}$、$\sigma_p = 3\ \mathrm{dB}$,然而,这通常导致单轴振动环境规范引入过大的保守性。

在适用的实测或预示数据数量较少的情况下,采用简单包络限导出最大期望振动环境估计往往更为可取。如果适用的振动环境数据测量或预示点的位置接近所考虑的产品在平台上的安装位置,可以在简单包络限的基础上增加 3~5dB 的裕量,作为最大期望振动环境估计。在混合模式振动环境的宽带随机振动分量统计包络中,相关标准建议采用 3 dB 的裕量。

3.4.3.3 窄带振动分量的最大期望振动环境

在混合模式振动环境中,正弦振动分量的最大期望振动环境以加速度幅值谱定义,窄带随机振动分量的最大期望振动环境以加速度自谱密度和带宽定义。然而,在估计最大期望振动环境时,为了避免窄带随机振动分量数据样本的带宽差异导致统计包络结果的分散性,通常采用窄带随机振动分量的均方根加速度值进行统计包络。应指出的是,混合模式振动环境中通常包含多个窄带振动分量,其频率(或中心频率)可能是近似不变的,或者是随平台运行参数变化的;在统计包络分析中,应首先确定每个窄带振动分量在寿命周期振动环境剖面中的频率范围,这往往需要借助窄带振动分量频率与平台运行参数之间的关系;对于各个窄带振动分量,在各自所要求的频率范围内分别确定相应的最大期望振动环境。

原则上,窄带振动分量的统计分析与宽带随机振动环境相似,在每个频率上分别计算最大期望振动环境估计值。然而,与宽带随机振动环境不同,统计分析中所使用的窄带振动分量频率通常需要根据振动环境剖面确定的频率范围人为规定,往往与用于作为统计样本的窄带振动分量数据的频率不完全一致,原因是在不同的数据样本中,平台运行参数的变化范围往往存在差异。即使窄带振动分量在性质上是定频的,不同的实测数据样本中也可能呈现一定的频率差异。因此,窄带振动分量的统计分析通常需要将所规定的频率范围划分成一系列频率区间,将正弦振动频率(或窄带随机振动中心频率)位于同一频率区间的实测或预示数据样本作为同一数据集;其中,最大期望振动环境所对应的正弦振动频率(或窄带随机振动中心频率)位于频率区间的中心。在工程应用中,频率区间的中心频率通常根据窄带振动分量频率与平台运行参数关系选取,目的在于保持混合模式振动环境中各个窄带振动分量频率之间的谐波关系。在窄带振动分量频率随平台运行参数变化的情况下,实验室振动环境试验通常采用线性扫描振动模拟,相应地,在所规定的频率范围内,频率区间应按照等频率间隔划分。频率区间宽度(频率分辨率)通常基于工程经验选择,不同的频率区间宽度选择往往导致频率区间内适用的数据样本数量的差异。为了避免样本数量很小,在统计分析中往往选择较大的频率区间宽度。这样的频率区间宽度通常不能满足实验室振动环境试验控制的频率分辨率要求,需要采用双对数坐标系中的线性内插方法达到所要求的频率分辨率。实际上,在混合模式振动环境规范的制定中,需要对最大期望振动环境的加速度谱进行规格化处理,窄带振动分量统计分析所选择的频率区间宽度通常不会对最终结果产生明显的影响。

与宽带随机振动环境相似,区域的窄带振动分量最大期望振动环境估计基于简单包络限或统计容差限导出。当采用统计容差限时,通常假设正弦振动分量的幅值或窄带随机振动分量的均方根加速度值服从对数正态分布,计算 P95/50 正态容差限。其中,在使用式(3-21)~式(3-23)的方法估计 P95/50 正态容差限时,通常假定各个频率区间内具有相同的总体标准差 σ_s 和 σ_p。

对于窄带随机振动分量的最大期望振动环境估计,除了均方根加速度值以外,原则上还应导出相应的窄带随机振动带宽。一般情况下,窄带随机振动带宽估计可以采用适用样本数据的平均值。然而,在工程应用中,混合模式振动环境规范通常基于工程经验选择窄带随机振动分量的带宽,并且假定每一个窄带随机振动分量的带宽是恒定的。

3.4.4　混合模式振动环境规范的工程处理

3.4.4.1　概述

由于混合模式振动环境的频率特性取决于特定的平台,在工程应用中,产品的混合模式振动环境剖面应规定具体的平台;如果产品在寿命周期中经历两种或更多的平台所产生的混合模式振动环境作用,例如,产品先后经历固定翼螺旋桨式飞机和直升机所产生的混合模式振动环境作用,需要分别规定混合模式振动环境剖面,并且给出各自的最大期望振动环境估计值及其疲劳等效持续时间。在制定产品的振动环境规范时,除非特殊情况,不同的平台所产生的混合模式振动环境通常不能进行合并处理,原因是其在严格意义上不属于相同类型的振动环境。

在产品的振动环境规范中,同一平台所产生的混合模式振动环境一般采用一个正弦叠加宽带随机振动(SoR)环境条件或窄带随机叠加宽带随机振动(NBRoR)环境条件定义;其中,振动环境条件通常选择为平台结构区域的宽带随机振动分量和窄带振动分量的最大期望振动环境的组合及其疲劳等效持续时间,其假定在产品的寿命周期混合模式振动环境中,宽带随机振动分量和窄带振动分量同时达到最大值,这是一种偏于保守的处理。

如果适用的振动环境加速度时间历程数据能够完全代表产品寿命周期混合模式振动环境剖面整个持续时间的振动环境特性,包括振动环境量级的时间分布特征,利用 3.4.2.3 节和 3.4.2.4 节所述的方法可以由适用的数据导出代表整个混合模式振动环境剖面的最大谱和相应的疲劳等效持续时间样本,并且利用 3.4.3.2 节和 3.4.3.3 节所述的方法分别导出宽带随机振动分量和窄带振动分量的最大期望振动环境,从而建立产品的混合模式振动环境规范。然而,在工程应用中,很少能够得到满足这样要求的振动环境加速度时间历程数据,特别是实测数据通常难以反映预期使用环境振动环境量级的时间分布特征。在这种情况下,混合模式振动环境规范的建立通常需要引入适当的假设。

基于实测或预示数据所导出的宽带随机振动分量的最大期望加速度自谱密度往往具有复杂的曲线形状,其中,自谱密度曲线上的窄带尖峰通常具有较大的随机性和易变性。在工程应用中,为了便于产品的振动环境设计和试验,混合模式振动环境规范中的宽带随机振动分量的加速度自谱密度往往需要进行规格化处理(即频域平滑处理)。对于频率(或中心频率)在一定范围内变化的窄带振动分量,最大期望加速度谱往往具有复杂的曲线形状,在混合模式振动环境规范中,同样需要进行规格化处理。

基于实测或预示数据所导出的宽带随机振动分量和窄带振动分量的最大期望振动环境所对应的疲劳等效持续时间往往不同,然而,出于实验室振动环境试验控制的考虑,往往要求混合模式振动环境试验条件中的各个振动分量具有相同的振动持续时间。因此,在混合模式振动环境规范的制定中,通常需要适当调整相关振动分量的量级,以达到各个振动分量具有相同的疲劳等效持续时间。此外,对于频率(或中心频率)在一定范围内变化的窄带振动分量,基于实测或预示数据所导出最大期望振动环境所对应的疲劳等效持续时间往往是频率的复杂函数,而振动控制系统往往难以实现复杂的振动频率与时间函数关系(一般仅支持线性扫描和对数扫描)。因此,在混合模式振动环境规范的制定中,通常需要适当地规定窄带振动分量在给定的频率范围内的频率变化关系。

3.4.4.2 工程处理程序

在制定混合模式振动环境规范时,通常采用下列程序导出宽带随机振动分量和窄带振动分量的最大期望振动环境及其等效疲劳持续时间:

(1)将混合模式振动环境剖面分解成一系列平台振动激励事件的组合(即任务剖面),并且规定各个振动激励事件所对应的平台运行条件和持续时间(或里程)。例如,对于履带式车辆所产生的混合模式振动环境,典型的任务剖面如表 3-2 所列。

表 3-2　履带式车辆典型任务剖面

地　　形	速度/(km/h)	持续时间/min
铺石路	40	3
	35	4
起伏不平道路	25	8
越野	55	10

地　　形	速度/(km/h)	持续时间/min
主干道	75	18
	50	12
	30	5

(2)对于每一个平台振动激励事件,确定平台主要运行参数的变化范围,例如,飞机飞行速度或车辆行驶速度的变化范围。进一步,利用窄带振动分量的频率与平台运行参数关系的分析模型或经验公式,确定平台振动激励事件中各个窄带振动分量的频率范围。

(3)对于每一个平台振动激励事件,获取相关的振动环境实测或预示数据。对于加速度时间历程数据,采用 3.4.2.2 节和 3.4.2.3 节所述的方法分别导出宽带随机振动分量和各个窄带振动分量的最大谱,其中,窄带振动分量的最大谱采用总均方根加速度值与频率的关系描述。然后,采用 3.4.3.2 节和 3.4.3.3 节所述的方法分别导出宽带随机振动分量和各个窄带振动分量的最大期望振动环境。在这一过程中,重要的是确认适用的振动环境实测或预示数据包含了平台振动激励事件中最严酷的振动状态,或者通过适当的裕量可以保证相应的最大期望振动环境覆盖了平台振动激励事件中最严酷的振动状态。对于窄带振动分量,如果缺乏频率范围内某些频率上的实测或预示数据,相应的最大期望振动环境采用相邻频率的最大期望振动环境的内插或外推导出。

(4)基于适用的振动环境实测数据,确定窄带振动分量的特征接近正弦振动还是接近窄带随机振动。不同的平台振动激励事件的实测数据可能呈现不同的窄带振动类型,在这种情况下,根据所有振动激励事件中最严酷的窄带振动量级的特征规定统一的窄带振动类型。在许多情况下,可以依据工程经验规定适当的窄带振动类型。

(5)对于每一个平台振动激励事件,采用适当的方法确定宽带随机振动分量和各个窄带振动分量的疲劳等效持续时间。如果存在能够描述整个平台振动激励事件持续时间的振动特性的适用数据,可以采用 3.4.2.4 节所述的等效关系分别导出宽带随机振动分量和各个窄带振动分量的疲劳等效持续时间。然而,大多数情况下,需要采用其他方法估计疲劳等效持续时间。最保守的处理方法是将各个振动分量的疲劳等效持续时间均选择为平台振动激励事件的持续时间(即任务持续时间);对于履带式车辆,任务持续时间通常基于运输里程和行驶速度分布导出。更合理的处理方法是依据宽带随机振动分量和窄带振动分量的量级(均方根加速度)与平台运行参数之间的经验关系,例如,履带式车辆的振动量级与车辆行驶速度的关系,导出对应于最大振动量级的疲劳等效持续时间。

(6)将各个任务剖面(即各个平台振动激励事件)的宽带随机振动分量和窄带振动分量的最大期望振动环境及其疲劳等效持续时间进行合并处理,分别导出代表整个混合模式振动环境剖面的最大期望振动环境及其疲劳等效持续时间;其中,采用加速度谱包络方法导出最大期望振动环境,并且分别由式(3-2)~式(3-7)将各个任务剖面的疲劳等效持续时间转换成加速度谱包络所对应的疲劳等效持续时间,然后进行叠加,导出代表整个混合模式振动环境剖面的疲劳等效持续时间。

在疲劳等效持续时间的计算中,基于式(3-2)~式(3-7)的计算结果往往是频率的函数。对于宽带随机振动分量,要求疲劳等效持续时间与频率无关,保守的处理方式是选择不同频率分量计算结果中的最大值。宽带随机振动分量的疲劳等效持续时间可以基于均方根加速度值等效关系计算,其结果与频率无关。在选择偏于保守的产品疲劳特性指数 m 的情况下,基于均方根加速度值等效关系所得到的计算结果具有较小的保守程度。

对于窄带振动分量,作为频率函数的疲劳等效持续时间在理论上没有问题。然而,振动持续时间与频率的函数关系将受到实验室振动环境试验控制的限制,在工程应用中,混合模式振动环境试验的窄带振动分量一般选择线性扫描,即在每个频率上具有相同的振动持续时间。因此,对于每个窄带振动分量的疲劳等效持续时间计算,需要将各个频率上的计算结果叠加,得到其累积疲劳等效持续时间。

在线性扫描的假设下,窄带振动分量的最大期望加速度谱量级通常需要进行适当的调整,以保证在各个频率上具有相同的疲劳等效持续时间。出于保守的考虑,典型的调整方法如下:将累积疲劳等效持续时间分配到各个频率,得到线性扫描条件下每个频率上规定的振动持续时间,并且与相应频率上计算的疲劳等效持续时间进行比较;在每个频率上,如果计算的疲劳等效持续时间大于规定的振动持续时间,由式(3-3)或式(3-20)计算规定的振动持续时间所对应的加速度谱量级,作为调整后的最大期望加速度谱量级;如果计算的疲劳等效持续时间小于规定的振动持续时间,保持相应的最大期望加速度谱量级不变。

3.4.4.3 最大期望振动环境的规格化

最大期望混合模式振动环境的规格化(即加速度谱的频域平滑)按照宽带随机振动分量和各个窄带振动分量的加速度谱分别进行处理。对于宽带随机振动分量,最大期望振动加速度自谱密度的规格化处理可参阅 3.3.4.2 节。

对于窄带扫描振动分量(正弦扫描或窄带随机扫描振动分量),加速度谱同样需要进行规格化处理;其中,规格化处理的要求将受到实验室混合模式振动环境试验控制能力的限制。在大多数情况下,在规定的频率范围内,频域平滑处理后的加速度谱(正弦扫描振动加速度幅值谱或窄带随机扫描振动加速度自谱密度)的幅值应为恒定值(即与扫描频率无关);其中,窄带随机扫描振动的加速度自谱密度应为规定的恒定带宽的等幅值自谱密度,相应地,总均方根加速度值应为恒定值(即与扫描频率无关)。在这种情况下,出于保守的考虑,规格化处理后的正弦扫描振动加速度幅值或窄带随机扫描振动总均方根加速度值选择为相应的最大期望振动环境在规定的频率范围内的最大值。然而,在某些情况下,基于统计包络所得到的窄带振动分量的最大期望振动加速度谱(正弦振动加速度幅值与频率的关系或窄带随机振动总均方根加速度值与频率的关系)存在量级明显高于其他频率分量的独立的窄带尖峰,其可能导致规格化处理结果过于保守。如果数据分析结果表明窄带尖峰源自某些平台结构测量点的局部共振频率,将其削减 3 dB 进行规格化处理通常是可取的。

在上述窄带扫描振动分量规格化处理中,存在的问题是,当窄带扫描振动分量的频率下限较低时,采用恒定的加速度幅值(或总均方根加速度值)的保守处理可能导致振动环境试验条件超出振动台的位移限或速度限。实际上,在大多数混合模式振动环境中,窄带振动分量在低频端的振动加速度量级明显低于高频端。在实验室振动环境试验控制能力容许的条件下,可以采用下述方法之一进行窄带扫描振动分量的规格化处理:

(1)将窄带扫描振动分量的频率范围分为低频段和高频段,分别采用一个恒定的加速度幅值(或总均方根加速度值)进行规格化处理,其中,低频段的振动加速度量级低于高频段。相应地,振动环境条件分为对应于窄带扫描振动分量低频段的低量级条件和对应于窄带扫描振动分量高频段的高量级条件。如果需要,频率范围可划分为更多的频段。

(2)在窄带扫描振动分量的频率范围内,采用一条加速度幅值(或总均方根加速度值)随频率(或中心频率)线性变化的直线进行规格化处理;一般情况下,频率下限的振动加速度量级低于频率上限。相应地,振动环境条件的振动加速度量级随着窄带扫描振动分量的频率提高而增大。如果试验控制能力容许,可以采用更复杂的加速度幅值(或总均方根加速度值)与频率关系模型进行规格化处理,其中,更复杂的模型通常根据实测数据中窄带振动分量的频率响应特性确定。

例如,对于履带式车辆所产生的混合模式振动环境,可以采用宽带随机振动分量与 3 个线性扫描正弦振动分量的叠加模拟。基于正弦扫描振动分量不同的规格化处理,可以导出 3 种不同的混合模式振动环境条件,分别如表 3 - 3 ~表 3 - 5 所列。选项 B 的高量级条件的振动严酷度与选项 A 相同,低量级条件的振动严酷度的振动严酷度相比选项 A 明显降低;选项 C 在扫描频率范围上限的振动严酷度与选项 A 相同,在扫描频率范围下限的振动严酷度仅略高于宽带随机振动分量。实际上,选项 C 的频率响应特征最接近实际使用环境,并且对振动台的位移限或速度限的要求最不苛刻。

表 3-3   选项 A——正弦扫描振动叠加宽带随机振动

正弦扫描振动阶次	扫描频率范围/Hz	正弦振动峰值/g	宽带振动均方根/g	总均方根加速度/g
f_1	10~140	5.25		
f_2	20~280	2.00	8.39	9.33
f_3	30~420	1.25		

表 3-4   选项 B——两级正弦扫描振动叠加宽带随机振动

正弦扫描振动阶次	扫描频率范围/Hz	正弦振动峰值/g	宽带振动均方根/g	总均方根加速度/g
f_1	10~70	2.70		
	70~140	5.25		低量级:8.67
f_2	20~140	1.20	8.39	
	140~280	2.00		高量级:9.33
f_3	30~210	0.90		
	210~420	1.25		

表 3-5   选项 C——斜坡式正弦扫描振动叠加宽带随机振动

正弦扫描振动阶次	扫描频率范围/Hz	正弦振动峰值/g	宽带振动均方根/g	总均方根加速度/g
f_1	10~140	0.50~5.25		
f_2	20~280	0.50~2.00	8.39	8.41~9.33
f_3	30~420	0.50~1.25		

对于窄带随机振动分量,加速度自谱密度的带宽根据工程经验规定。在窄带随机振动分量的中心频率不变的情况下,带宽通常以中心频率的百分比规定,典型地,带宽选择为中心频率的 10%。在窄带随机扫描振动的情况下,带宽选择为

与中心频率无关的恒定值;一般情况下,带宽随着窄带随机扫描振动分量的阶次增加而成比例增加,以使得各个阶次的带宽与中心频率之比相等;典型地,对于一阶、二阶和三阶窄带随机扫描振动分量,带宽分别选择为 5 Hz、10 Hz 和 20 Hz。对于上述示例,在规定窄带随机扫描振动带宽的情况下,可以将正弦振动峰值转换为窄带随机振动的加速度自谱密度值,从而采用宽带随机振动分量与 3 个线性扫描窄带随机振动分量的叠加模拟履带式车辆所产生的混合模式振动环境。

3.4.4.4 疲劳等效持续时间的工程处理

在混合模式振动环境规范中,振动环境条件是宽带随机振动分量和窄带振动分量的最大期望振动环境及其疲劳等效持续时间的合成结果。出于实验室振动环境模拟的考虑,混合模式振动环境规范应采用统一的振动持续时间。然而,在实际合成过程中,可能遇到宽带随机振动分量和窄带振动分量的最大期望振动环境所对应的疲劳等效持续时间不一致的问题。在这种情况下,混合模式振动环境规范的制定一般通过适当地调整某些振动分量的量级,以导出具有统一振动持续时间的振动环境条件。

除非特殊要求,混合模式振动环境规范中的振动持续时间基于窄带随机振动分量的最大期望振动环境所对应的疲劳等效持续时间确定,然后,适当调整宽带振动分量的加速度谱量级,使其累积疲劳等效持续时间与规范选择的振动持续时间一致。出于保守的考虑,典型的调整方法如下:如果宽带振动分量的累积疲劳等效持续时间大于规范中的振动持续时间,由式(3-2)计算规定的振动持续时间所对应的加速度谱量级,作为规范中宽带振动分量的加速度谱量级;如果宽带振动分量的累积疲劳等效持续时间小于规范中的振动持续时间,规范中宽带振动分量的加速度谱量级选择相应的最大期望加速度谱量级。

3.5 产品的振动环境试验条件

3.5.1 概述

产品的振动环境设计和试验条件一般基于产品的振动环境规范制定。产品的振动环境规范通常用于规定产品在寿命周期中预期经历的最严酷的振动环境,包括振动环境的类型、量级(加速度谱)和振动持续时间(如适用)。其中,振动环境规范采用简化形式的振动环境条件,包括规格化的加速度谱。基于环境剪裁的要求,振动环境条件应采用基于实测或预示的振动环境数据导出的最大期望振动环境(P95/50 限)及其疲劳等效持续时间(如适用)。然而,在缺乏适用的实测或预示数据的情况下,振动环境条件往往选择相关标准提供的数据;在这种情况下,应确认标准中给出的振动环境量级在统计意义上是最大期望振动环境(P95/50 限),还是极限振动环境(P99/90 限)。一般情况下,产品的振动环境规范应按照其寿命周期振动环境剖面给出相应的振动环境条件,原因是在不同的振动环境剖面中,振动环境往往源自不同的平台结构振动响应,并且产品可能具有不同的构型或具有不同的工作/非工作状态。

应指出的是,在环境工程的早期,产品的振动环境适应性本质上是由振动环境试验规定的,其中,振动环境试验条件从菜单式试验标准(如 MIL‐STD‐810C)中选取,并非根据产品的寿命周期振动环境剖面导出。因此,产品的技术规范直接规定振动环境试验条件,不需要制定产品的振动环境规范。然而,在引入环境剪裁的要求之后,产品的振动环境适应性将由基于寿命周期振动环境剖面所导出的振动环境规范规定。在这种情况下,振动环境试验用于验证产品是否满足振动环境规范要求,但振动环境试验条件并非等同于振动环境规范中的振动环境条件,通常需要进行环境剪裁。

在以振动环境规范定义产品振动环境适应性的情况下,原则上,应分别规定产品的振动环境设计条件和试验条件,两者用于不同的目的,并且振动量级也可能不同。然而,由于结构动力学分析能力的限制,除了某些低频振动环境以外,专门规定振动环境设计条件往往缺乏使用价值。原因是,产品设计是否满足振动环境设计条件只能采用振动环境试验方法进行验证。因此,大多数情况下,仅规定产品的振动环境试验条件是合适的。

取决于振动环境试验的目的,振动环境试验条件通常分为鉴定级试验条件和验收级试验条件。鉴定级试验条件用于产品的振动环境鉴定试验以及抽样验收试验,由于振动环境鉴定试验旨在验证产品设计和制造工艺能够满足振动环境规范所定义的振动环境适应性要求,并且具有一定的安全裕量,鉴定级试验条件应完全覆盖振动环境规范的振动环境量级及其产生的累积疲劳损伤,并且具有适当的裕量(通常称为鉴定裕量)。验收级试验条件用于高可靠性要求产品的全样验收试验,这一振动环境试验的目的是保证所交付的产品具有合格的材料和制造工艺的质量一致性,经过试验合格的产品作为正式产品交付使用。因此,试验条件的振动环境量级应明显低于鉴定级试验条件,并且不应产生过大的累积疲劳损伤。

3.5.2　剪裁过程

在基于产品的振动环境规范制定振动环境试验条件的过程中,环境剪裁需要考虑下列参数的影响:

(1)振动类型;

(2)振动方向；

(3)振动试验频率范围；

(4)振动试验量级；

(5)振动试验持续时间。

在寿命周期内,产品往往经历多种振动环境的作用,从 MIL-STD-810G 标准给出的军用硬件一般寿命周期历程中,列出了武器装备在寿命周期内可能经历的多种振动环境。在产品的振动环境规范中,通常按照不同的寿命周期阶段(或不同的振动环境剖面)和不同的振动类型分别给出各自的振动环境条件。然而,对于产品的振动环境试验,按照振动环境规范中给出的所有振动环境条件逐个进行试验往往是不必要的,相应的试验成本往往也是难以承受的。实际上,在产品预期经历的各种振动环境中,往往其中几种最严酷的振动环境条件的量级可以覆盖其他的振动环境条件,或者,可以通过适当的包络方法从振动环境规范给出的所有振动环境条件中导出几种最严酷的振动环境条件量级,从而基于这几种最严酷的振动环境条件量级确定环境试验条件的量级。因此,环境剪裁的任务之一是将振动环境规范给出的各种振动环境条件进行适当的合并处理。

对于振动环境条件的合并处理,主要原则如下:

(1)合并处理仅能够在相同类型的振动环境条件之间进行。不同类型的振动环境条件(即不同类型的加速度谱)不能合并,例如,不能使用正弦振动等效随机振动,或者相反。

(2)进行合并处理的振动环境条件应具有相同的运动自由度。当振动环境条件采用 3 个正交轴向上的运动自由度分别描述时,应沿相同的轴向分别进行合并处理。

(3)进行合并处理的振动环境条件应具有相同的频率范围。在某些情况下,由于振动环境数据处理的差异,振动环境规范中不同振动环境条件的加速度谱可能具有不同的频率范围,其可以通过适当的处理转换成相同的频率范围。

(4)进行合并处理的振动环境条件应具有相同的产品构型。然而,如果存在确切的证据表明一种构型下的产品振动响应明显超过另一种构型,也可考虑进行合并处理。

(5)进行合并处理的振动环境条件应具有相同的产品工作/非工作状态。然而,如果非工作状态下的振动环境量级低于工作状态下的振动环境量级,也可考虑进行合并处理。

(6)在合并处理过程中,对于单轴振动环境规范,沿同一轴向的各个加速度谱采用频域包络方法导出相应的合成振动环境条件量级。对于多激振器单轴或多轴振动环境规范,相应运动自由度的各个加速度谱向量或矩阵采用频域包络方法导出相应的合成振动环境条件量级。

(7)对于稳态振动环境,在导出合成振动环境条件的量级之后,应基于累积损伤等效准则由各个振动环境条件的疲劳等效持续时间导出合成振动环境条件所对应的疲劳等效持续时间。

对于实验室振动环境试验,重要的问题是产品寿命周期的振动环境需要采用相同类型的振动激励进行模拟,以保证试验结果能够等效寿命周期的振动环境作用。因此,振动环境试验条件应按照不同类型的振动环境分别规定。在工程应用中,实测或预示的振动环境数据通常按照正弦振动、随机振动和瞬态振动的形式分别进行数据处理和统计分析。多数情况下,产品在寿命周期中所经历的不同类型振动分别出现于不同的时间段,很容易分别规定各自的振动环境试验条件。然而,在某些情况下,产品所经历的稳态振动环境同时包含两种类型的振动分量,例如,装载在螺旋桨飞机和直升机上的产品所经历的振动环境的典型特征是正弦振动和一个低量级的宽带随机振动的叠加,其中,正弦振动的频率可能随时间变化。在这样的情况下,振动环境的数据处理和统计分析需要将正弦振动分量和随机振动分量分离,导出各自的振动环境条件。如果随机振动分量的量值很小,这种振动环境可以使用正弦扫描振动试验模拟。如果随机振动分量的量值不可忽略,则应采用宽带随机叠加正弦振动试验模拟;相应地,振动环境试验条件的制定需要同时根据正弦振动分量和随机振动分量的振动环境条件合成。

理论上,试验频率范围应与振动环境条件的频率范围一致。实测的平台结构振动响应数据往往具有很宽的频率范围,但许多频带的振动加速度谱分量很小,几乎不会对产品的振动损伤产生贡献。在平台结构振动响应数据的谱分析中,通常根据工程经验选取适当的分析频率范围,其中,下限频率和上限频率是人为设定的;振动环境条件的频率范围通常取决于这一分析频率范围。尽管产品振动环境规范中不同的振动环境条件可能具有不同的频率范围,在进行振动环境条件合并处理时,可以统一成相同的频率范围,其中,频率下限选择最小值,频率上限选择最大值。然而,在某些情况下,这样的合并处理结果将导致所制定的振动环境试验条件具有过宽的频率范围和过高的量级,可能超出实验室振动环境试验能力,并且导致明显的过试验。因此,更合理的处理方式是,将振动环境条件划分为低频振动和高频振动,分别进行合并处理,并且制定相应的低频和高频振动环境试验条件。在工程应用中,典型地将低频振动的频率范围规定为$2 \sim 100$ Hz,将高频振动的频率范围规定为 $20 \sim 2000$ Hz。应指出的是,对于瞬态振动,低频和高频振动的划分应针对不同的冲击响应谱,同一振动环境条件不能分成两个不同频率范围的冲击响应谱。

实际上,对于具体的产品,可以根据振动所产生的环境效应对试验频率范围进行必要的剪裁,在不改变产品失效模式的条件下,缩小振动环境试验条件的频率范围。例如,在产品上带有减振器的情况下,尽管振动环境条件的加速度谱的高频分量较大,通过减振器的传递将产生很大的衰减,对产品振动响应的贡献很小,经常可以忽略,从而可以降低试验频率上限。当产品的结构尺寸较大时,产品结构的振动模态频率较低,振动环境中的高频分量通过结构传递后将产生明显的衰减,适当降低试验频率上限通常不会改变振动环境试验的结果。同样,对于小尺寸的产品,产品结构的振动模态频率较高,振动环境中远低于基阶振动模态频率的低频分量所产生的产品动力学响应很小,经常可以忽略,从而可以适当提高试验频率下限。

3.5.3 鉴定裕量

一般情况下,可以认为产品振动环境规范代表了产品在寿命周期中预期经历的最严酷的振动环境量级和持续时间,其中,包含了振动环境固有的随机性和易变性。制定鉴定级振动环境试验条件时,需要在振动环境规范规定的振动环境条件上增加鉴定裕量,这一鉴定裕量主要用于考虑:

(1)产品在零部件、材料性能、尺寸、制造工艺等方面的合理偏差所造成的产品振动环境适应能力的散布特性。

(2)产品在零部件、材料性能、尺寸、制造工艺等方面的合理偏差所造成的试验件与实际交付的产品之间在承受振动环境作用的能力上的差异。

(3)产品实际使用过程中与其他环境应力(如温度、加速度等)同时作用可能产生的环境效应增强。

(4)试验边界条件与实际使用过程中的边界条件不一致所产生的产品响应偏离。

(5)试验频率范围剪裁所导致的试验量级下降的适当补偿。

(6)试验控制偏差导致的实际试验量级下降的适当补偿。

(7)如适用,产品振动环境应力筛选和验收试验导致的产品使用寿命降低。

对于稳态振动环境,鉴定裕量包括振动幅值裕量和振动持续时间裕量。对于瞬态振动环境,鉴定裕量仅包括振动幅值裕量,原因是瞬态振动环境所产生的累积疲劳损伤通常可以忽略。然而,在瞬态振动环境试验条件的冲击加速度谱采用瞬态加速度时间历程实现的情况下,鉴定级试验条件的振动作用次数通常选择为 3 次,以提高试验结果的置信度。

鉴定裕量通常根据工程经验选取,主要考虑下列因素:

(1)产品的使用可靠性要求。较大的鉴定裕量通常是达到高可靠性要求的必要条件。

（2）可接受的产品在寿命周期中出现失效的风险。增大鉴定裕量将降低失效风险。

（3）产品的可维修性。在产品不可维修的情况下，通常选择较大的鉴定裕量。

（4）振动环境规范规定的振动环境条件的保守程度。

（5）振动环境试验可实现的控制容差。

在航天飞行器研制中，对于飞行振动环境，鉴定裕量典型地规定为：振动加速度谱幅值裕量为 6 dB，振动持续时间裕量为 4 倍乘积因子；其中，试验控制容差为±3 dB。这是一个相当保守的鉴定裕量，其隐含的前提条件为：高可靠性、低失效风险、不可维修产品、单轴振动环境规范和两次代表飞行环境的验收级振动环境试验。在振动加速度谱幅值服从对数正态分布的情况下，相应的鉴定级振动环境试验条件的量级相当于 P99/90 限（极限振动环境）。然而，在许多情况下，这一保守的鉴定裕量将导致产品研制周期和成本的显著增加。在能够接受较大风险的航天飞行器研制中，可以将振动加速度谱幅值裕量降低至 3 dB，相应地，试验控制容差为+3 dB/−1.5 dB。

考虑到结构疲劳寿命的散布特性，在处理振动所产生的结构累积疲劳损伤问题时，可能需要为疲劳循环次数规定一个 4 倍的设计裕量。然而，在制订鉴定级振动环境试验条件时，应谨慎地评估这一设计裕量作为鉴定裕量的适用性。应指出的是，在产品寿命周期振动环境剖面中，并非所有的振动环境均需要考虑 4 倍乘积因子的振动持续时间裕量。在工程应用中，取决于具体的产品，鉴定级振动环境试验条件的振动持续时间通常选择为寿命周期最大期望振动环境的疲劳等效持续时间的 1~4 倍。一般情况下，如果振动环境剖面所对应的产品技术状态是可维修的，当产品处于可维修状态时，往往可以不考虑振动持续时间裕量。实际上，由于振动环境量级所增加的鉴定裕量，鉴定级振动环境试验条件所得到的产品使用寿命仍然具有适当的裕量。

3.5.4 验收级振动环境试验条件

对于高可靠性要求的产品，降低产品在使用过程中失效率的一个有效措施是进行全样验收振动环境试验，以验证交付的产品不存在由于材料和工艺缺陷导致的早期失效。全样验收振动环境试验与振动环境应力筛选试验的试验目的是相似的，但试验条件的制定基于不同的考虑。对于振动环境应力筛选试验条件，重点考虑筛选效率或费效比，一般采用规定谱型和量级的宽带随机振动激励；由于试验振动激励与产品在寿命周期中预期经历的振动环境无关，实际上难以定量控制不同的使用振动环境作用下的产品失效率。全样验收振动环境试验重点考虑控制使用振动环境作用下的产品失效率,所采用的验收级振动环境试验条件基于产品的振动环境规范以及振动环境应力筛选试验条件制定,与具体的产品无关。

由于产品在验收试验之后正常交付使用,为了避免验收试验明显降低产品的使用寿命,验收级振动环境试验条件的量级应明显低于鉴定级振动环境试验条件;在工程应用中,两者典型地相差 6 dB。同时,在验收级振动环境试验条件中,随机振动环境的量级通常不低于振动环境应力筛选试验条件。

此外,验收级振动环境试验条件的振动试验持续时间应低于鉴定级振动环境试验条件。在工程应用中,基于累积疲劳损伤等效准则,验收级振动环境试验条件所产生的累积疲劳损伤宜小于鉴定级振动环境试验条件的 10%。大多数情况下,验收级振动环境试验主要用于暴露试验件的早期失效,振动持续时间可以依据在振动激励过程中完成试验件功能检查所需要的时间(取决于试验件工作循环的周期)选择,但通常应不超过寿命周期最大期望振动环境的疲劳等效持续时间。

大多数情况下,验收级振动环境试验条件仅需要考虑产品寿命周期振动环境剖面中产品处于工作状态的振动环境。例如,在航天飞行器研制中,验收级振动环境试验条件仅考虑飞行振动环境,由于振动持续时间的鉴定裕量为 4 倍乘积因子,验收级振动环境试验条件的振动持续时间通常选择为飞行振动环境条件的疲劳等效持续时间。

应指出的是,由于全样验收振动环境试验(或振动环境应力筛选试验)将导致产品的累积疲劳损伤,应作为产品寿命周期振动环境剖面的一部分。然而,对于鉴定级振动环境试验条件的制定,如果要求试验件在鉴定试验之前先通过全样验收振动环境试验(或振动环境应力筛选试验),可以不考虑相应的疲劳等效持续时间。

3.5.5 原型飞行振动环境鉴定试验条件

原型飞行鉴定试验是航天飞行器研制中的一种特定用途的试验,其目的是将通过试验考核的原型产品用于航天发射,以降低航天飞行器研制成本。原型飞行鉴定试验实际上是经过减缩后的鉴定试验,相应的试验条件的严酷度介于鉴定级和验收级试验条件之间。与鉴定级振动环境试验条件相似,原型飞行振动环境鉴定试验条件同样基于产品的振动环境规范制定,但鉴定裕量较小。典型地,原型飞行振动环境鉴定试验条件的鉴定裕量规定为:振动加速度谱幅值裕量为 3 dB,并且振动持续时间不增加裕量。应指出的是,原型飞行振动环境鉴定试验条件不能作为振动环境设计条件的下限。一般情况下,原型飞行振动环境鉴定试验用于飞行器系统级(或分系统级)试验。

原型飞行振动环境鉴定试验通常能够验证飞行器的峰值(或一次通过)失效模式满足航天发射要求,并且能够避免材料和工艺缺陷所导致的早期失效;然而,往往难以验证飞行器的累积疲劳损伤失效模式能否满足航天发射要求。因此,对于飞行器的振动环境适应性设计,仍应按照飞行器鉴定级振动环境试验条件考虑各种设计裕量,包括规定组件级的振动环境试验条件,以避免飞行器在航天发射中产生累积疲劳损伤失效。尽管如此,选择原型飞行振动环境鉴定试验通常意味着接受较高的失效风险。

3.5.6 加速振动试验条件

在工程应用中,可能遇到按照上述方法所确定的鉴定级振动环境试验条件的振动持续时间远远超过了实验室振动环境试验可接受的试验持续时间的情况。在这种情况下,通常将相应的鉴定级振动环境试验划分为功能振动试验和振动耐久试验。其中,功能振动试验采用鉴定级振动环境试验条件的加速度谱,并且选择较短的试验持续时间;振动耐久试验则采用加速试验方法,通过提高试验量级以缩短相应的试验持续时间。

加速振动试验条件基于鉴定级振动环境试验条件的加速度谱和相应的振动持续时间制定,其中,振动持续时间应减去功能振动试验的试验持续时间。将鉴定级振动环境试验条件的量级乘以适当的放大因子 $K(K>1)$,得到加速振动试验条件的加速度谱;其中,放大因子 K 定义为正弦振动的加速度峰值或随机振动的均方根加速度值之比,即

$$K=\frac{|P_1(f)|}{|P_2(f)|} \quad \text{或} \quad K=\sqrt{\frac{G_1(f)}{G_2(f)}}=\frac{\sigma_1}{\sigma_2} \qquad (3-24)$$

式中:$|P_1(f)|$、$G_1(f)$、σ_1 分别为加速振动环境试验条件的正弦振动加速度幅值谱、随机振动加速度自谱密度和均方根加速度值;$|P_2(f)|$、$G_2(f)$、σ_2 分别为鉴定级振动环境试验条件的正弦振动加速度幅值谱、随机振动加速度自谱密度和均方根加速度值。

按照振动量级等效关系式(3-2)或式(3-3),可以得到加速振动试验条件的试验持续时间 T_1:

$$T_1=\frac{T_2}{K^m} \qquad (3-25)$$

式中:T_2 为鉴定级振动环境试验条件所对应的振动持续时间。相应地,$T_2/T_1=K^m$ 称为试验加速因子。

根据式(3－25),可以通过选择适当的放大因子 K,将加速振动试验的持续时间 T_1 降低至实验室振动环境试验可接受的范围内。基于保守的考虑,在式(3－25)中,通常选择较小的疲劳指数 m 值。

应指出的是,加速振动环境试验的量级提高是有限度的,即放大因子 K 存在上限。由于振动量级等效关系式(3－2)或式(3－3)是近似的,放大因子 K 增大将导致加速振动环境试验结果的偏差增大,并且,过大的放大因子 K 将导致产品在加速振动环境试验中产生实际使用过程不存在的失效模式。在工程应用中,通常限制放大因子 K 不超过 1.4,即加速振动试验条件的量级最多增加3 dB。这意味着,对于产品的振动环境设计,如果考虑加速振动环境试验,产品的结构强度通常应超过鉴定试验量级至少 3 dB。

3.6 参考文献

［1］MIL-STD-810G Working Group. Environmental Engineering Considerations and Laboratory Tests［S］. MIL-STD-810G. Department of Defense Test Method Standard. 2014.

［2］NASA. Dynamic Environmental Criteria［S］. NASA-HDBK-7005. NASA Technical Standards Program Office. 2001.

［3］Himelblau H, Piersol A G. Handbook for Dynamic Data Acquisition and Analysis［S］. IEST-RD-DTE012.2. Institute of Environmental Sciences. 2006.

［4］NATO International Staff-Defence Investment Division. Mechanical Conditions［S］. Edition1. AECTP-240. Allied Environmental Conditions and Test Publication. 2009.

［5］MIL-HDBK-340A Working Group. Test Requirements for Launch, Upper-Stage, and Space Vehicles［S］. MIL-HDBK-340A. Department of Defense. United States of America. 1999.

［6］NASA. Payload Test Requirements［S］. NASA-STD-7002A. NASA Technical Standards Program Office. 2004.

［7］MIL-HDBK-2164A Working Group. Environmental Stress Screening Process for Electronic Equipment［S］. MIL-HDBK-2164A. 1996.

［8］ECSS Secretariat. Space Engineering, Spacecraft Mechanical Loads Analysis Handbook［S］. ECSS-E-HB-32-26A. Netherlands：ESA Requirements and Standards Division. 2013.

［9］中国国家标准. 统计分布数值表—正态分布［S］. GB 4086.1-1983. 国家标准局. 1983.

［10］Ministry of Defence. Environmental Handbook for Defence Materiel, Part 5, Induced Mechanical Environments［S］. Def Stan 00-35. Issue 4. 2006.

第 4 章　振动环境试验的带谷方法

4.1　概述

　　产品的振动环境试验条件通常源自产品连接界面振动激励(输入)的统计包络结果,用于统计包络的振动激励数据一般是安装产品的平台的结构振动加速度响应。典型地,振动环境试验条件的制定是将产品在平台上的整个安装区域内的所有测量点的振动加速度响应数据进行统计包络和频域平滑处理,得到产品在平台上安装区域内的最大期望振动环境条件,并且增加适当的安全裕量(如鉴定裕量)。在许多情况下,用于统计包络的数据也包括产品上的结构振动加速度响应测量点的数据。这样的振动加速度响应的统计包络过程实质上对平台结构和产品进行了刚化处理,从而忽略了平台结构与产品的弹性振动特性及其相互作用效应。实际上,当产品安装到平台结构上时,在平台振动加速度激励作用下,产品的动力学响应将对平台结构产生反作用,从而导致平台结构振动响应量级下降,特别是在产品的共振频率处的下降尤其显著。即使用于统计包络的振动激励数据中包含了这一反作用效应,导出最大期望振动环境条件的频域平滑处理往往使得产品共振频率的反作用效应被忽略。

　　振动环境试验典型地采用输入加速度控制方法。当经过统计包络和频域平滑处理所导出的振动环境试验条件用于输入加速度控制时,在产品的共振频率附近,为了在产品的连接界面上达到规定的振动输入量级,产品的振动响应将远超出其预期使用过程所经受的振动响应量级,造成显著的过试验。避免出现这种情况的主要方法是在振动环境试验中,采用带谷技术降低特定频带内的振动输入量级。

　　带谷技术通过减小振动试验过程中被试产品(试验件)共振频率周围的基础激励加速度谱的量级,以降低试验件振动响应的不适当放大,从而避免试验件出现显著的过试验。其中,基础激励加速度谱的带谷处理可以通过在试验条件的输入谱中人为地设置窄带下凹(带谷)的方式实现,也可以在试验过程中通过试验控制系统自动限制被试产品的界面载荷或特定位置的加速度响应的方式实现,后者在试验条件的输入谱中自动地设置窄带下凹。由于被试产品的共振频率以及阻尼比受到制造工艺偏差的影响,在试验之前是不完全确定的,带谷过程只能在振动环境试验过程中进行。

带谷技术的使用在减小被试产品过试验的同时,也增加了被试产品某些部分明显欠试验的风险。因此,对振动环境试验条件的基础激励加速度谱进行带谷处理之前,应针对具体的试验件动力学特性进行评估。

无论是采用自动带谷试验方式还是人工带谷试验方式,均需要通过适当地规定试验件的载荷或振动响应限制条件导出输入加速度谱的下凹频带宽度和深度。因此,在采用带谷试验方法时,至少需要考虑下列问题:

(1)如何导出带谷处理的限制条件;

(2)如何在试验过程中直接测量或估计带谷限制条件;

(3)如何评估带谷处理的有效性。

4.2　基本原理

考虑平台对产品施加的随机振动环境,假定 $G_{xx}(f)$ 是未安装产品时平台结构的自谱密度,当产品安装到平台上后,相应的自谱密度为 $G_{xxm}(f)$,则两个自谱密度之间应满足下列关系:

$$G_{xxm}(f) = \frac{G_{xx}(f)}{|1+[Z^S(f)/Z^L(f)]|^2} \qquad (4-1)$$

式中:$Z^L(f)$ 为平台结构输入源的视在质量(也称为动态质量)函数;$Z^S(f)$ 为产品驱动点的视在质量函数。

式(4-1)中的视在质量 $Z(f)$ 定义为

$$Z(f) = F(f)/\ddot{X}(f) \qquad (4-2)$$

式中:$F(f)$ 和 $\ddot{X}(f)$ 分别为作用力和响应加速度的傅里叶变换。

由于 $|1+[Z^S(f)/Z^L(f)]|>1$,因此 $G_{xxm}(f)<G_{xx}(f)$,并且仅在 $Z^S(f)/Z^L(f) \to 0$ 时,$G_{xxm}(f) \to G_{xx}(f)$。如果产品的视在质量 $Z^S(f)$ 相对于平台结构的视在质量 $Z^L(f)$ 较大,则产品安装到平台上后,将明显降低平台结构在产品安装位置的振动响应,即降低平台结构对产品的振动激励。视在质量 $Z^L(f)$ 和 $Z^S(f)$ 是频率 f 的函数,在各自的共振频率上达到极大值。以产品为例,假定仅考虑其自由—自由边界条件下的一个振动模态,则视在质量 $Z^S(f)$ 可以表示为

$$Z^S(f) = m^S + m_n^S \frac{f^2}{f_n^2 - f^2 + j2\zeta_n f_n f} \qquad (4-3)$$

式中:f_n、ζ_n 和 m_n^S 分别为产品振动模态的固有频率、模态阻尼比和模态有效质量;m^S 为产品的总质量。

在产品的共振频率 f_n 附近,假定平台结构的视在质量 $Z^L(f)$ 基本不变,即 $Z^L(f) \approx m^L$,则有

$$1+\left[Z^S(f)/Z^L(f) \right] \approx 1+\frac{m^S}{m^L}+\frac{m_n^S}{m^L} \cdot \frac{f^2}{f_n^2-f^2+j2\zeta_n f_n f} \qquad (4-4)$$

显然,在共振频率 f_n 附近,产品安装之后将使自谱密度 $G_{xxm}(f)$ 明显小于 $G_{xx}(f)$,降低的程度取决于产品振动模态的模态有效质量 m_n 和模态阻尼比 ζ_n。

对平台结构的振动响应进行统计包络和频域平滑处理(即确定最大期望振动环境条件)时,实质上对平台结构和产品进行了刚化处理,即忽略了产品共振频率 f_n 附近的自谱密度 $G_{xxm}(f)$ 下凹,典型地,将式(4-1)简化为

$$G_{xxm}(f) \approx \frac{G_{xx}(f)}{\left(1+\dfrac{m^S}{m^L}\right)^2} \qquad (4-5)$$

式(4-5)代表了产品安装后的自谱密度 $G_{xxm}(f)$ 中仅考虑了产品质量载荷效应的修正。然而,在许多情况下,统计包络和频域平滑处理甚至未考虑产品的质量载荷效应,即最大期望振动环境条件实际上是自谱密度 $G_{xx}(f)$ 的统计包络结果,原因是最大期望振动环境条件通常考虑平台结构在规定区域内的所有仪器设备,其具有不同的质量。

无论是否考虑产品的质量载荷效应,当基于最大期望振动环境条件导出振动环境试验条件时,均未考虑产品的共振频率 f_n 附近由于产品动力学特性影响所导致的振动输入降低,从而使得试验过程中产品在共振频率 f_n 附近所经受的实际振动激励可能明显高于预期使用过程,产生过试验。

为了降低振动环境试验中在共振频率 f_n 附近的过试验程度,工程中常用的处理方法是对振动环境试验条件的基础激励加速度谱进行带谷处理,即在产品的各个共振频率附近降低基础激励加速度谱的幅值,形成局部下凹的振动环境试验条件,如图4-1所示。

原则上,如果视在质量 $Z^L(f)$ 和 $Z^S(f)$ 已知,则根据式(4-1)可以得到经过带谷处理的振动环境试验条件的加速度谱,从而在产品的振动环境设计和试验中采用正确的振动环境输入量级。然而,在工程应用中,$Z^L(f)$ 和 $Z^S(f)$ 并不容易在振动环境试验之前准确得到。实际上,产品的视在质量 $Z^S(f)$ 往往受到产品的设计和制造容差的影响,特别是在所关心的共振频率 f_n 附近,这使得视在质量 $Z^S(f)$ 的分析预示结果往往难以反映真实的产品特性。因此,对于带谷技

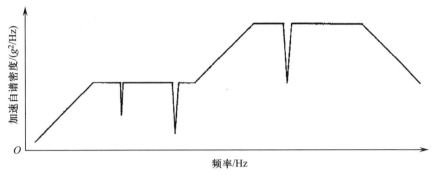

图 4 - 1　带谷处理的试验件随机振动环境试验条件

术的实施,实际上无法使用视在质量 $Z^L(f)$ 和 $Z^S(f)$,需要另外寻求合适的带谷参数(频率范围和加速度谱下凹深度)确定方法。

在工程应用中,带谷技术通常可通过以下方法实现:

(1)修改振动环境试验条件的输入加速度谱型,称为输入加速度限制方法。

(2)基于试验件结构界面力/力矩测量的方法,称为力限制方法。

(3)基于试验件结构加速度响应测量的方法,称为响应加速度限制方法。

输入加速度限制方法基于下列考虑:修改振动环境试验条件的输入加速度谱型,使其在产品的共振频率附近形成下凹,降低产品的安装点在产品的共振频率 f_n 附近所达到的振动输入量级。

力限制方法基于下列考虑:在振动环境试验中,为了在试验件安装界面上达到规定的振动输入加速度谱,振动台需要产生足够的输入力,即使其可能远远超过实际使用环境下作用于产品的输入力,这意味着,在输入加速度控制方式下,振动台呈现为无限大的输入源视在质量特性。然而,实际的平台结构通常呈现有限的输入源视在质量特性。因此,有可能通过限制振动台输入力的方式以模拟实际平台结构的有限输入源视在质量特性。实际上,考虑产品的共振频率 f_n 时,其对整个系统的作用相当于动力吸振器,f_n 为系统的反共振频率,因此,在 f_n 附近的输入力所产生的能量中,很大一部分由动力吸振器所吸收。为了在 f_n 附近达到安装界面上规定的振动输入加速度谱,振动台必须在 f_n 附近增大输入力,从而导致产品振动响应不适当地放大。如果限制振动台输入力,则可以使得振动输入加速度谱在 f_n 附近形成带谷,从而避免产品振动响应不适当地放大。

响应加速度限制方法基于下列考虑:在产品的共振频率 f_n 附近,由于动力吸振器效应,导致产品安装界面上达到规定的振动输入加速度谱时,产品的振动响应不适当地放大。如果将试验过程中产品的振动响应限制为不超过实际使用环境下的最大振动响应(如适用,鉴定裕量),则可以使得振动输入加速度谱在

f_n 附近形成带谷。

在振动试验过程中,振动输入加速度谱的输入带谷实现方式分为自动带谷和人工带谷方式。自动带谷方式利用振动控制系统的限制通道控制功能,通过试验件界面力/力矩或试验件结构振动响应测量点的输出信号作为振动环境试验的限制信号,实现试验件界面振动输入加速度谱的自动带谷处理。人工带谷方式根据预试验测量的相关传递函数或经过验证的分析模型预示结果,在用于作为试验控制系统指令的控制加速度谱(即试验件界面振动输入加速度谱)上人为地设置带谷,并且按照所设置的控制加速度谱进行试验件界面振动输入控制。在工程应用中,可以混合使用两种带谷控制方式。在混合方式下,人工带谷的目的之一是,如果自动带谷失败,避免试验件的任何损伤。在这种情况下,人工带谷设置的比预期的自动带谷更浅,因此,最终的试验件界面振动输入量级通常由自动带谷实现。

4.3 主要带谷和次要带谷

带谷处理的目的是解决试验件共振频率导致的过试验问题。然而,试验件通常具有多个振动模态,包括整体振动模态和局部振动模态,其可能在过试验状态下呈现不同的结构振动响应,例如,对界面力和界面力矩的影响,对特定仪器设备振动响应的影响。如果振动环境试验能够完全模拟产品在真实使用状态下的振动响应分布,则带谷处理不需要特别考虑试验件不同振动模态的结构振动响应差异,原因是带谷处理同步降低了试验件上各点的过试验程度。然而,振动环境试验所产生的振动响应分布往往与真实使用状态不一致,这意味着在试验过程中,试验件上不同点的过试验或欠试验程度不同,带谷处理在降低试验件某些部分过试验程度的同时,可能加剧了其他某些部分的欠试验程度。因此,带谷方法的使用需要在试验件各部分可接受的过试验和欠试验程度之间进行权衡,这涉及到对于不同的结构振动模态可能需要采取不同的处理。

基于上述考虑,将振动试验输入加速度谱的带谷处理分为主要带谷和次要带谷。应指出的是,主要带谷和次要带谷的划分带有很大程度的人为判断因素,但这样的划分有助于带谷评估。

主要带谷的目的是将试验过程中振动台/试验件之间的界面载荷(力和力矩)限制到目标值,以避免试验过程中出现界面载荷超出试验件结构强度设计载荷的情况。本质上,主要带谷是力限制方法,但其实现并不限于试验件结构界面力/力矩测量信号的反馈控制。显然,主要带谷主要考虑试验件在激励方向上对界面力/力矩贡献较大的结构振动模态,这些振动模态通常在激励方向上具有较大的模态有效质量。大多数情况下,模态有效质量较大的结构振动模态为产品的整体振动模态,特别是低阶整体振动模态,但在某些情况下,一些局部振动模态也可能在某一激励方向上具有较大的模态有效质量。随着振动模态阶次的增高(对应于模态频率的增高),相应的模态有效质量往往呈减小的趋势。在大多数情况下,主要带谷用于低阶整体振动模态(特别是一阶振动模态)的共振效应处理。

主要带谷实质上是限制试验过程中施加于试验件的作用力不超过其强度设计载荷。在工程应用中,这一限制条件往往容易被产品研制和使用各方接受。原则上,主要带谷可以用于处理试验件各阶振动模态的共振效应。然而,对于试验件的高阶模态和局部模态,其对界面力/力矩贡献通常较小,主要带谷的限制条件往往难以达到可接受的试验控制精度。因此,如果在振动环境试验过程中考虑抑制高阶模态和局部模态的共振效应,通常需要采用次要带谷。另外,对于组件级产品的振动环境试验,界面力/力矩可能并非产品设计的真正约束条件,使得主要带谷的依据不足。

次要带谷的目的是将试验过程中试验件内的关键仪器设备的振动响应限制到目标值,以避免试验过程中出现关键仪器设备的振动响应超出其振动环境设计条件的情况。本质上,次要带谷是响应限制方法,其实际产生的振动试验输入加速度谱下凹参数与所选择的结构振动响应限制点有关。关键仪器设备的振动响应取决于试验件/振动台之间的界面与试验件上的关键仪器设备安装位置之间的传递函数(频率响应函数),可以表示为一系列结构振动模态响应的叠加。因此,次要带谷所考虑的振动响应放大主要是传递函数中所包含的相关振动模态的共振放大,通常根据试验件各阶振动模态的有效传递率选择需要进行下凹处理的频带。

与主要带谷的不同之处在于,次要带谷更多地反映了频率较高的结构振动模态的动力学响应,原因是次要带谷以局部结构振动加速度响应作为基础,其往往对频率较高的振动模态响应更为敏感,而界面力/力矩通常对频率较低的振动模态响应更为敏感。另外,次要带谷可以处理结构局部振动模态所导致的仪器设备过试验问题,无论这些局部振动模态是否显著影响界面力/力矩。一般情况下,已经采用主要带谷处理的结构振动模态,将不再采用次要带谷处理。然而,应指出的是,当试验件存在密集模态的情况下,对于一个振动模态是否需要进行次要带谷处理往往受到相邻振动模态是否采用主要带谷的影响,这将使得选用次要带谷的评估过程往往更为复杂。

通常,试验件的结构振动响应对结构模态振型和阻尼比敏感,并且往往受到结构局部模态的显著影响,这使得基于结构振动响应的次要带谷参数可能具有较大的易变性,从而导致次要带谷所产生的试验结果的可靠性评估相对困难,特别是在较高频率的振动模态频率上。在导出振动环境设计和试验条件时,采用统计包络和平滑处理的一个主要理由是减小结构振动响应的随机性和易变性的影响,多年的实践已经证明这一个稳健的方法,然而,次要带谷处理与其存在着逻辑上的冲突。实际上,对于系统级/分系统级振动环境试验,次要带谷往往意味着其组件的振动环境条件的改变,从而涉及到系统/分系统承包商与组件承包商之间的责任和风险的重新分配。在工程应用中,往往限制使用次要带谷用于保护关键仪器设备,以避免系统级/分系统级振动环境试验产生明显的欠试验,即使在采用次要带谷的情况下,也尽可能减小输入加速度谱下凹的频带宽度和深度。更常见的惯例是提高组件级产品的振动环境鉴定试验条件的量级,使得在系统级/分系统级振动环境试验中组件级产品位置上所产生的振动加速度响应不超过组件级产品的鉴定试验条件。

4.4 正弦振动环境试验的带谷分析

4.4.1 引言

正弦振动环境试验的带谷分析通常基于平台与产品的耦合动力学分析,如运载火箭与有效载荷(卫星、飞船等)的耦合动力学分析。典型地,耦合动力学分析采用模态分析方法。

将结构划分为内部自由度 i 和界面自由度 j,如图4-2所示。

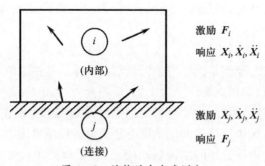

图4-2 结构的自由度划分

一般情况下,激励为作用于内部自由度的力 F_i(可能为零),以及施加于界面自由度的运动 X_j、$\dot{X}_j$、$\ddot{X}_j$(可能为零);其响应为在内部自由度上的运动 X_i、$\dot{X}_i$、$\ddot{X}_i$,以及界面自由度上的反作用力 F_j。其频域运动方程可以表示为

$$\begin{Bmatrix} \ddot{X}_i(f) \\ F_j(f) \end{Bmatrix} = \begin{bmatrix} -(2\pi f)^2 S_{ii}(f) & T_{ij}(f) \\ -T_{ji}(f) & Z_{jj}(f) \end{bmatrix} \begin{Bmatrix} F_i(f) \\ \ddot{X}_j(f) \end{Bmatrix} \qquad (4-6)$$

式中: $S_{ii}(f)$ 为动态柔度(位移/力); $T_{ij}(f) = T_{ji}^T(f)$ 为力或位移的动态传递率; $Z_{jj}(f)$ 为视在质量(力/加速度,也称为动态质量)。

对于产品,假设仅考虑连接界面上来自平台的激振力 F_j^S,相应的连接界面上振动加速度响应为 $\ddot{X}_j^S$,而内部自由度 i 上振动加速度响应为 $\ddot{X}_i^S$,则产品的频域运动方程可以表示为

$$Z_{jj}^S(f) \ddot{X}_j^S(f) = F_j^S(f) \qquad (4-7)$$

$$\ddot{X}_i^S(f) = T_{ij}^S(f) \ddot{X}_j^S(f) \qquad (4-8)$$

式中: $Z_{jj}^S(f)$ 为产品在界面自由度 j 上的视在质量矩阵; $T_{ij}^S(f)$ 为界面自由度 j 与内部自由度 i 之间的动态传递率矩阵。

对于平台,考虑外部激励自由度 e(为内部自由度 i 的一个子集)上的激振力 F_e^L 和产品连接界面自由度 j 上的反作用力 F_j^L,相应的产品连接界面上振动加速度响应为 $\ddot{X}_j^L$,则平台的频域运动方程可以表示为

$$Z_{jj}^L(f) \ddot{X}_j^L(f) = T_{je}^L(f) F_e^L(f) + F_j^L(f) \qquad (4-9)$$

式中: $Z_{jj}^L(f)$ 为平台在界面自由度 j 上的视在质量矩阵; $T_{je}^L(f)$ 为平台外部激励自由度 e 与界面自由度 j 之间的动态传递率矩阵。

当产品安装到平台上时,通常假设:

$$\ddot{X}_j^S = \ddot{X}_j^L = \ddot{X}_j, F_j^S + F_j^L = 0$$

从而可以得到耦合动力学分析方程:

$$\ddot{X}_j(f) = [Z_{jj}^L(f) + Z_{jj}^S(f)]^{-1} T_{je}^L(f) F_e^L(f) \qquad (4-10)$$

$$F_j^S(f) = Z_{jj}^S(f) [Z_{jj}^L(f) + Z_{jj}^S(f)]^{-1} T_{je}^L(f) F_e^L(f) \qquad (4-11)$$

如果令 $Z_{jj}^L(f) \ddot{X}_{j0}(f) = T_{je}^L(f) F_e^L(f)$,则可将式(4-10)和式(4-11)改写为

$$\ddot{X}_j(f) = [Z_{jj}^L(f) + Z_{jj}^S(f)]^{-1} Z_{jj}^L(f) \ddot{X}_{j0}(f) \qquad (4-12)$$

$$F_j^S(f) = Z_{jj}^S(f) [Z_{jj}^L(f) + Z_{jj}^S(f)]^{-1} Z_{jj}^L(f) \ddot{X}_{j0}(f) \qquad (4-13)$$

振动加速度 $\ddot{X}_{j0}(f)$ 为未安装产品时平台在界面自由度 j 上的振动响应。在正弦振动环境试验的带谷分析中,可以认为振动加速度 $\ddot{X}_{j0}(f)$ 为经过统计包络和平滑处理所导出的振动环境试验条件,振动加速度 $\ddot{X}_j(f)$ 和激振力 $F_j^S(f)$ 为

带谷处理所要求得到的振动环境试验的基础激励(界面输入)加速度和界面力。

4.4.2 模态分析方法

在进行正弦振动环境试验的带谷分析时,可以假定平台与产品之间的连接为静定的,相应的连接界面为刚性界面。通常,连接界面的类型对带谷分析影响不大。

在这一假设下,式(4-6)中的视在质量 $Z_{jj}(f)$ 和动态传递率 $T_{ij}(f)$ 可以按照结构振动模态叠加的形式表示为

$$Z_{jj}(f) \approx \sum_{k=1}^{n} T_k(f)\widetilde{\boldsymbol{M}}_{jj,k} + \boldsymbol{M}_{jj,\mathrm{res}} \qquad (4-14)$$

$$\boldsymbol{T}_{ij}(f) \approx \sum_{k=1}^{n} T_k(f)\widetilde{\boldsymbol{T}}_{ij,k} + \boldsymbol{T}_{ij,\mathrm{res}} \qquad (4-15)$$

$$T_k(f) = \frac{1+i2\zeta_k f/f_k}{1-(f/f_k)^2+i2\zeta_k f/f_k} \qquad (4-16)$$

$$\widetilde{\boldsymbol{M}}_{jj,k} = \frac{\boldsymbol{L}_{kj}^{\mathrm{T}}\boldsymbol{L}_{kj}}{m_k} \qquad (4-17)$$

$$\widetilde{\boldsymbol{T}}_{ij,k} = \frac{\boldsymbol{\Phi}_{ik}\boldsymbol{L}_{ij}}{m_k} \qquad (4-18)$$

式中:$T_k(f)$ 为第 k 阶模态的动态传递率;$\widetilde{\boldsymbol{M}}_{jj,k}$、$\widetilde{\boldsymbol{T}}_{ij,k}$ 分别为第 k 阶模态的有效质量和有效传递率;f_k、ζ_k、m_k、$\boldsymbol{\Phi}_{ik}$、$\boldsymbol{L}_{kj}$ 分别为第 k 阶模态的固有频率、模态阻尼比、广义质量、模态振型(列向量)和参与因子(行向量,参见 4.7.3.2 节),$\boldsymbol{M}_{jj,\mathrm{res}}$、$\boldsymbol{T}_{ij,\mathrm{res}}$ 分别为前 n 阶模态频率范围以外的高阶模态对视在质量 $Z_{jj}(f)$ 和动态传递率 $\boldsymbol{T}_{ij}(f)$ 的影响。

在界面运动激励作用下,结构可以用有效质量模型表示,如图 4-3 所示。其中,在界面运动的每个激励轴向上,有效质量模型的每个单自由度系统的质量可以由有效质量矩阵 $\widetilde{\boldsymbol{M}}_{jj,k}$ 导出。

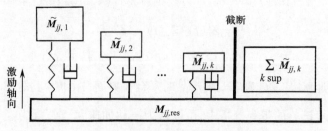

图 4-3 某轴向的有效质量模型

不考虑外部激振力作用的情况下,在连接界面的方向 s 上施加振动加速度激励 $\ddot{X}_s$ 时,方向 r 上的反作用力 $\overline{F}_{rs}$ 可以表示为

$$\overline{F}_{rs}(f) \approx \left[M_{rs0} + \sum_{k=1}^{n} \frac{L_{kr}L_{ks}}{m_k} T_k(f) \right] \ddot{X}_s(f) \qquad (4-19)$$

式中:M_{rs0} 为刚体质量矩阵在方向 r 和 s 之间的相关项。

有效质量模型的单自由度系统质量为

$$\widetilde{M}_{rs,k} = \frac{L_{kr}L_{ks}}{m_k} \qquad (4-20)$$

有效质量模型的剩余质量为

$$M_{rs,\text{res}} = M_{rs0} - \sum_{k=1}^{n} \widetilde{M}_{rs,k} \qquad (4-21)$$

对于带谷分析,通常仅关心界面上 3 个正交的平移激励轴向的有效质量模型,并且激励轴向与响应轴向一致,即 $r=s$。

对于方向 r 上具有有效质量 $\widetilde{M}_{rr,k}$ 的振动模态,在其共振频率 f_k 上所产生的视在质量为 $Q_k\widetilde{M}_{rr,k}$,其中,$Q_k = 1/(2\zeta_k)$。

在正弦振动环境试验的带谷分析时,将平台和产品的动力学分析模型均采用有效质量模型表示,可以得到下列结论:

(1)在平台有效质量模型的共振频率 f_k^l 上,平台的视在质量达到局部极大值,其中,在一阶共振频率 f_1^l 上通常具有最大的视在质量,随着频率增加,有效质量 $\widetilde{M}_{rr,k}^l$ 对平台视在质量的贡献一般是逐步减小的。在频率接近 0 时,平台视在质量的贡献接近于自身刚体质量。

(2)在产品有效质量模型的共振频率 f_k^s 上,产品的视在质量达到局部极大值,因此,当共振频率 f_k^s 所对应的有效质量 $\widetilde{M}_{rr,k}^s$ 较大时,将导致振 f_k^s 附近较大的产品视在质量 $\mathbf{Z}_{rr}^s(f)$。

(3)在产品有效质量模型的一阶共振频率 f_1^s 上,通常具有最大的视在质量。如果 f_1^s 明显大于 f_1^l,则在产品共振频率 f_1^s 上,与平台的视在质量相比,产品的视在质量往往具有较大的占比,甚至更高,根据式(4-10)或式(4-12)其将显著地降低界面上的振动加速度响应 $\ddot{X}_j$,从而表明了带谷的合理性。对于产品有效质量模型的其他共振频率,也可能存在相似的情况。

(4)如果产品的刚体质量与平台的刚体质量相比较大,根据式(4-10)或式(4-12),在除了产品有效质量模型的共振频率 f_k^s 以外的其他频带上,其也将

明显降低界面上的振动加速度响应 $\ddot{X}_j$，即 $\ddot{X}_j(f) < \ddot{X}_{j0}(f)$。因此，正弦振动环境试验条件的制定应考虑质量载荷效应。

应指出的是，有效质量模型的各阶模态并非与结构的各阶模态完全对应，其与界面的激励和响应轴向有关。取决于模态振型，结构的某阶模态可能在一个激励和响应轴向的有效质量模型中具有较大的有效质量，而在另一个激励和响应轴向的有效质量模型中不出现（即相应的有效质量为零）。

实际上，产品的振动模态导致式（4 - 10）的耦合频率响应函数产生共振和反共振。其中，反共振位于产品振动模态的固有频率上。反共振的深度取决于产品共振的放大系数。随着产品的有效质量增大和平台在给定频率上视在质量的减小，反共振的深度增加。因此，带谷方法的目的是，在正弦振动环境试验过程中，通过规定界面输入振动加速度的量级模拟这一反共振效应，其可以从耦合动力学分析中导出。

4.4.3　正弦振动环境试验的主要带谷

正弦振动环境试验的主要带谷旨在考虑被试产品（试验件）安装在平台上所导致的显著的系统反共振效应的补偿。这一系统反共振效应往往在导出试验条件的统计包络和平滑处理中被忽略，使得产品在正弦振动环境试验过程中可能经受过大的振动载荷。

如前所述，主要带谷通过试验件/振动台之间的界面力予以规定。作为限制条件的界面力可以由被试产品与平台的耦合动力学分析导出，如利用式（4 - 11），通过平台的激励 $F_e^l(f)$ 计算界面力 $F_j^s(f)$，并且进行适当的统计包络处理，或者利用式（4 - 13），通过正弦振动环境试验条件规定的试验输入加速度 $\ddot{X}_{j0}(f)$ 直接计算界面力 $F_j^s(f)$。在工程应用中，后者的使用更为方便，仅涉及产品和平台在相互连接界面上的视在质量。

一般情况下，在试验之前，通过分析模型进行产品与平台的耦合动力学分析，以导出界面力 $F_j^s(f)$。其中，产品与平台的分析模型推荐采用有效质量模型，其具有明确的物理意义，并且便于试验验证。界面力 $F_j^s(f)$ 是产品与平台各阶模态的固有频率、模态阻尼比和有效质量的函数，这些参数的估计精度可能显著地影响界面力 $F_j^s(f)$ 的估计误差。因此，如果可能，应通过试验方法验证和修正产品与平台有效质量模型的模态参数，以保证界面力 $F_j^s(f)$ 估计结果的可靠性。

在工程应用中，产品的视在质量 $Z_{rr}^s(f)$ 或有效质量模型参数往往容易在振动试验之前进行测量和试验估计。典型地,将产品通过测力装置安装在振动台的台面上,通过振动台施加振动加速度激励,同时测量测力装置的输出,利用界面上振动加速度激励和反作用力响应的输出导出视在质量 $Z_{rr}^s(f)$,并且进一步识别有效质量模型参数。然而,对于平台的视在质量 $Z_{rr}^L(f)$ 或有效质量模型参数,往往不容易通过试验方法进行估计。实际上,对于主要带谷,一般仅考虑产品有效质量模型的各个固有频率附近的界面力,在这些所关心的频带内,往往不存在平台有效质量模型的各个固有频率,相应地,平台的视在质量 $Z_{rr}^L(f)$ 在这些频带内受到平台结构模态参数的影响较小,通常可以简化处理。

应指出的是,仅在产品有效质量模型的有效质量较大的振动模态的固有频率附近的频带内,所确定的产品界面力 $F_j^s(f)$ 在工程上是有使用价值的。在其余的频带内,所得到的界面力 $F_j^s(f)$ 往往存在较大的误差,原因是受到平台视在质量 $Z_{rr}^L(f)$ 的偏差的显著影响。因此,使用界面力 $F_j^s(f)$ 完全替代试验条件规定的输入加速度 $\ddot{X}_{j0}(f)$ 进行振动环境试验通常是不可行的,可能导致过大的试验不确定性。

当采用界面力 $F_j^s(f)$ 作为振动环境试验的限制条件时,通常仅考虑产品有效质量模型中有效质量较大的低阶振动模态,特别是有效质量最大的一阶振动模态。一方面原因是这些模态往往造成较大的系统反共振效应,从而可能导致较大的过试验程度;另一方面原因是相对容易得到较为准确的有效质量模型参数或相应频带内视在质量 $Z_{rr}^s(f)$ 的估计值。尽管有效质量较小的振动模态也可能造成系统反共振效应,但其对界面力 $F_j^s(f)$ 的贡献较小,采用界面力 $F_j^s(f)$ 作为限制条件往往导致较大的试验不确定性。实际上,对于有效质量较小的振动模态,在振动环境试验过程中造成的过试验程度往往相对较小,在工程上大多可以接受。

从产品设计和验证的角度看,即使能够通过产品与平台的耦合动力学分析导出准确的产生界面力 $F_j^s(f)$,在设计和验证中仍需要增加一定的安全裕量。因此,在正弦振动环境试验中,往往允许作为限制条件的界面力 $F_j^s(f)$ 存在一定的误差,但出于保守的考虑,限制条件通常应具有一定的裕量(即偏大),以避免造成欠试验。实际上,在使用式(4-13)导出界面力 $F_j^s(f)$ 时,通常可以将限制条件的安全裕量保持与试验条件基本一致。

对于正弦振动环境试验的主要带谷,对产品有效质量模型中所需要考虑的每一个振动模态规定各自的精确界面力限制条件往往是不必要的。在大多数情况下,仅有效质量最大的一阶振动模态需要较为精确的界面力限制条件,原因是其产生最大的反共振效应,并且过试验具有最大的结构损伤能力;对于有效质量相比较小的其他模态,往往可以允许界面力限制条件具有更大的安全裕量。实际上,当界面力限制条件选取较大的安全裕量时,有效质量较小的产品振动模态的主要带谷往往失去了实际意义,在正弦振动环境试验中,仍是界面输入加速度条件$\ddot{X}_{j0}(f)$起到试验控制作用。

在正弦振动环境试验中,如果选取合理的界面力限制条件,主要带谷往往容易被产品研制和使用各方接受。在试验之前,应通过产品与平台的耦合动力学分析评估界面力限制条件的合理性。主要带谷的设置通常采用下列准则:

(1)在预示的振动台/试验件界面力和力矩超过产品结构设计载荷的频带内,应考虑主要带谷。

(2)如果可以证明界面力和力矩估计方法的充分性,主要带谷的频带和深度可以基于实测加速度和有限元模型分析数据确定。

对于界面力限制条件的设置,关键问题是,产品动力学分析模型所预示的模态参数(固有频率、模态振型和模态有效质量)应通过试验验证。如果计算的与实测的模态参数不同,则界面力限制条件往往可能无效。在正式的正弦振动环境试验之前,一般通过低量级的正弦扫描振动试验确定试验件的视在质量$Z_{rr}^{S}(f)$,这一数据可以用于验证动力学分析模型预示结果的有效性。

对于正弦振动环境试验主要带谷的实现,原则上应在试验过程中实时测量试验件/振动台之间的界面力,以监控是否超过界面力限制条件,并且将界面力限制条件引入试验控制过程。然而,这一要求并非必要条件。在某些情况下,如果试验证明分析模型能够以适当的精度预示界面力,可以在试验条件规定的界面输入加速度$\ddot{X}_{j0}(f)$上人工设置下凹频带以实现主要带谷;或者,在试验件的特定点上实时测量振动加速度响应,并且将界面力限制条件转换为特定点的振动加速度响应限制条件。在产品有效质量最大的振动模态频率上,往往可以采用这样的处理方式。实际上,在正弦振动环境试验中,经常采用人工设置界面输入加速度谱的下凹频带与实时测量试验件界面力相结合的方式,以保证主要带谷试验实现的可靠性。

4.4.4 正弦振动环境试验的次要带谷

正弦振动环境试验的主要带谷通常对试验件的局部振动响应不甚敏感,原因是作为限制条件的界面力是总体参数,反映了试验件结构的平均特性。然而,在正弦振动环境试验中,特别是在系统级/分系统级正弦振动环境试验中,可能出现试验件的关键仪器设备所经受的振动激励(即关键仪器设备位置上的振动加速度响应)显著超过预期使用状态的过试验情况;即使采用主要带谷处理,也可能无法显著改变关键仪器设备的过试验状况。造成这种状况的主要原因是试验状态下的边界条件与预期使用过程中产品的边界条件之间存在差异,从而改变了试验过程中试验件的振动响应分布。

在这种情况下,可能需要正弦振动环境试验的次要带谷。如前所述,次要带谷通过试验件的关键仪器设备位置上所产生的振动加速度响应予以规定。作为限制条件的振动加速度响应可以由被试产品与平台的耦合动力学分析导出,如利用式(4-8)和式(4-10),通过平台的激励 $\boldsymbol{F}_e^L(f)$ 计算被试产品内部自由度 i 上振动加速度响应 $\ddot{\boldsymbol{X}}_i^s(f)$,并且进行适当的统计包络处理。然而,与被试产品界面力相比,影响被试产品振动加速度响应 $\ddot{\boldsymbol{X}}_i^s(f)$ 的因素将复杂得多,除了主要带谷所考虑产品的振动模态以外,其往往与主要带谷未考虑的产品整体振动模态和局部振动模态有关,并且对模态振型敏感。因此,耦合动力学分析往往需要建立更详细的产品分析模型,并且考虑到边界条件的影响,分析模型的试验验证也更为复杂。

为了简化起见,耦合动力学分析首先导出产品界面的振动加速度响应 $\ddot{\boldsymbol{X}}_j(f)$,在这一过程中,通常采用产品的有效质量模型。然后,假设界面振动加速度 $\ddot{\boldsymbol{X}}_j(f)$ 不再受产品动力学特性的影响,利用式(4-8),计算被试产品所要求位置上的振动加速度响应 $\ddot{\boldsymbol{X}}_i^s(f)$。在后一过程中,应使用详细的产品动力学分析模型。在使用固定界面边界条件分析被试产品振动加速度响应的情况下,实际上是采用动态传递率 $\boldsymbol{T}_{ij}(f)$ 进行预示。根据 $\boldsymbol{T}_{ij}(f)$ 的模态表达式(4-15),在次要带谷中,重要的决定因素是产品界面与所要求位置之间振动模态的有效传递率。

考虑到实际振动环境和产品特性所存在的各种不确定性,当作为次要带谷的限制条件时,耦合动力学分析所预示的振动加速度响应 $\ddot{\boldsymbol{X}}_i^s(f)$ 通常应进行统计包络和平滑处理,并且增加适当的鉴定裕量。实际上,组件级产品的振动环境设计条件和鉴定试验条件往往也是按照相同的方法导出的。因此,根据系统级/分系统级产品中关键仪器设备的振动环境设计条件或鉴定试验条件规定系统级/分系统级正弦振动环境试验次要带谷的适当限制条件通常是一个合理的选择,其可以保证在系统级/分系统级试验中,关键仪器设备所经受的振动激励不超过其振动环境设计条件。

然而,对于系统级/分系统级正弦振动环境试验,当采用次要带谷时,往往意味着在某些频带上可能难以达到试验条件所规定的振动输入加速度量级,包括经过主要带谷处理后的振动输入加速度量级。这将涉及到系统/分系统承包商与组件承包商之间的责任和风险的重新分配。因此,在工程应用中,往往限制使用次要带谷用于保护关键仪器设备组件,以避免系统级/分系统级正弦振动环境试验产生明显的欠试验。更常见的惯例是提高组件级产品的振动环境鉴定试验条件的量级,使得能够涵盖系统级/分系统级正弦振动环境试验中在组件级产品位置上所产生的振动加速度响应。

在正弦振动环境试验中,次要带谷的选择需要权衡各方面可接受的过试验和欠试验的风险。在试验之前,应通过产品与平台的耦合动力学分析以及产品在试验状态下振动响应的预示评估振动响应限制条件的合理性。次要带谷的设置通常采用下列准则:

(1)如果有确切证据表明在正弦振动环境试验过程中预示的试验件结构响应的严酷度超过关键仪器设备组件的振动环境设计条件,可以考虑次要带谷。当经过次要带谷处理的输入加速度谱能够包络用于确定最大期望振动环境条件的振动环境数据(如适用,包含鉴定裕量)时,通常认为经过次要带谷处理的输入加速度谱是可接受的。

(2)为了减小所关心频带内欠试验的风险,应尽可能减小次要带谷的频带宽度和深度。一般情况下,如果组件级产品设计相对于在正弦振动环境试验过程中所经受的振动激励具有正的安全裕量,适度的过试验是可以接受的。

如果正弦振动环境试验采用主要带谷,在试验状态下产品振动响应的预示中,应计入主要带谷的影响。在正式试验之前,应通过被试产品的动态传递率 $T_{ij}(f)$ 测量评估振动响应预示结果的可靠性,其中,动态传递率 $T_{ij}(f)$ 测量应考虑正弦振动扫描速率和扫描方向的影响。

应指出的是,如果在较低装配级的正弦振动环境试验中采用了主要带谷处理,将其经过带谷处理的输入加速度谱直接作为较高装配级的正弦振动环境试验的次要带谷限制条件原则上是不可接受的,即带谷处理从较低装配级向较高装配级的转移是并非合理的。由于局部结构的振动响应受到诸多因素的影响,一些点上的振动响应超过产品设计的准静态载荷(典型地用产品重心的等效加速度描述)并不意味着实际试验过程中真正超过了产品设计的准静态载荷。

在分析模型没有经过试验验证的情况下,往往难以评估根据分析模型所确定的次要带谷的可靠性。在这种情况下,无论是否采取次要带谷措施,正弦振动环境试验中应适当地测量关键仪器设备位置上的结构振动响应。

4.5 随机振动环境试验的带谷分析

4.5.1 引言

与正弦振动环境试验相似,随机振动环境试验的带谷分析也是基于平台与产品的耦合动力学分析。假定产品在预期使用过程中所经受的振动激励完全来自平台结构的随机振动响应,则 4.4.1 节中耦合动力学分析的相关方程可以改写为随机振动的形式:

$$G_{\ddot{x}\ddot{x},j}(f) = H_{jj,a}(f) G_{\ddot{x}\ddot{x},j0}(f) \left[H_{jj,a}(f) \right]^H \tag{4-22}$$

$$G_{\ddot{x}\ddot{x},i}^S(f) = T_{ij}^S(f) G_{\ddot{x}\ddot{x},j}(f) \left[T_{ij}^S(f) \right]^H \tag{4-23}$$

$$G_{\mathrm{FF},j}^S(f) = \left[Z_{jj}^S(f) H_{jj,a}(f) \right] G_{\ddot{x}\ddot{x},j0}(f) \left[Z_{jj}^S(f) H_{jj,a}(f) \right]^H \tag{4-24}$$

$$H_{jj,a}(f) = \left[Z_{jj}^L(f) + Z_{jj}^S(f) \right]^{-1} Z_{jj}^L(f) \tag{4-25}$$

式中:$Z_{jj}^S(f)$ 和 $Z_{jj}^L(f)$ 分别为产品和平台在界面自由度 j 上的视在质量矩阵;$T_{ij}^S(f)$ 为产品界面自由度 j 与内部自由度 i 之间的动态传递率矩阵;$G_{\ddot{x}\ddot{x},j}(f)$ 和 $G_{\ddot{x}\ddot{x},j0}(f)$ 分别为平台安装和未安装产品时在界面自由度 j 上的加速度谱密度矩阵;$G_{\ddot{x}\ddot{x},i}^S(f)$ 为产品内部自由度 i 上的加速度谱密度矩阵;$G_{\mathrm{FF},j}^S(f)$ 为产品界面自由度 j 上的激振力(即反作用力)谱密度矩阵。

同样,在随机振动环境试验的带谷分析中,可以认为振动加速度谱密度 $G_{\ddot{x}\ddot{x},j0}(f)$ 为经过统计包络和平滑处理所导出的振动环境试验条件,振动加速度谱密度 $G_{\ddot{x}\ddot{x},j}(f)$ 和激振力谱密度 $G_{\mathrm{FF},j}^S(f)$ 为带谷处理所要求得到的振动环境试验的基础激励(界面输入)加速度和界面力。

实际上,产品的随机振动响应可能源自平台结构振动和噪声的同时激励,如在运载火箭发射其有效载荷(卫星、飞船等)的过程中。在这类情况下,取决于产品的类型,可能采用随机振动试验或噪声试验模拟产品在预期使用过程中所经受的动力学环境。理想的情况下,应同时模拟振动激励和噪声激励,然而,实验室环境试验技术和成本的限制往往不支持这样的做法。当产品为紧凑结构时,即相对于质量,结构尺寸较小,通常采用基础运动激励方式进行实验室振动环境试验,即使其预期使用过程中所经受的激励可能由噪声源占主导。在这类情况下,应进行预期使用激励条件下的耦合动力学分析,其将包括直接作用于产品外表面的噪声激励,然后基于耦合动力学分析所得到的产品随机振动响应考虑随机振动环境试验的带谷处理。然而,应指出的是,随机振动响应分析往往比正弦振动响应分析复杂得多,特别是随着分析频率范围的增加,分析精度将显著下降,其使用将需要考虑足够的不确定性因子,使得带谷分析结果往往难以判断。

4.5.2　随机振动环境试验的主要带谷

类似于正弦振动环境试验的主要带谷,随机振动环境试验的主要带谷同样旨在降低被试产品主要振动模态的共振频率上的振动响应量级,以避免产品在试验过程中经受过大的振动载荷。

对于随机振动环境试验主要带谷的分析和评估,产品和平台的有效质量模型仍然是一个有效的分析工具。一般情况下,假定随机振动环境试验沿着三个正交轴向依次施加振动激励,并且在每个激励轴向上分别考虑主要带谷。因此,对于主要带谷分析,可以将试验件界面简化为一个运动自由度,相应地,耦合动力学分析的相关方程(4-22)和式(4-24)简化为

$$G_{\ddot{x}\ddot{x},j}(f) = |H_{jj,a}(f)|^2 G_{\ddot{x}\ddot{x},j0}(f) \tag{4-26}$$

$$G_{FF,j}^S(f) = |Z_{jj}^S(f) H_{jj,a}(f)|^2 G_{\ddot{x}\ddot{x},j0}(f) = |Z_{jj}^S(f)|^2 G_{\ddot{x}\ddot{x},j}(f) \tag{4-27}$$

$$H_{jj,a}(f) = \frac{Z_{jj}^L(f)}{Z_{jj}^L(f) + Z_{jj}^S(f)} \tag{4-28}$$

利用模态分析方法,与正弦振动环境试验相似,可以证明在有效质量较大的产品结构模态频率上进行主要带谷的合理性。实际上,通常仅能够在产品的有效质量较大的低阶振动模态上证明主要带谷的合理性,高频范围内的视在质量 $Z_{jj}^S(f)$ 往往存在较大的估计误差。

同样的,随机振动环境试验的主要带谷通过试验件/振动台之间的界面力予以规定。作为限制条件的界面力可以由被试产品与平台的耦合动力学分析导出,如利用式(4-27),可以将界面力谱密度 $G_{FF,j}^S(f)$ 的估计转换成界面加速度谱密度 $G_{\ddot{x}\ddot{x},j}(f)$ 的估计问题,而 $G_{\ddot{x}\ddot{x},j}(f)$ 可以通过被试产品与平台的耦合动力学分析得到,其涉及产品和平台在相互连接界面上的视在质量。实际上,也可通过随机振动环境试验条件规定的试验输入加速度谱密度 $G_{\ddot{x}\ddot{x},j0}(f)$ 直接计算界面力谱密度 $G_{FF,j}^S(f)$。因此,主要带谷的关键问题是确定产品和平台在连接界面上的视在质量 $Z_{jj}^S(f)$ 和 $Z_{jj}^L(f)$。

产品的视在质量 $Z_{jj}^S(f)$ 可以通过产品的有效质量模型计算。为了保证视在质量 $Z_{jj}^S(f)$ 估计结果的可靠性,应通过试验方法验证和修正产品与平台有效质量模型的模态参数。在工程应用中,往往在正式振动试验之前通过预试验估计视在质量 $Z_{jj}^S(f)$。典型地,将产品通过测力装置安装在振动台的台面上,通过振动台施加振动加速度激励,同时测量测力装置的输出,利用界面上振动加速度激励和反作用力响应的输出导出视在质量 $Z_{jj}^S(f)$。

平台的视在质量 $Z_{jj}^L(f)$ 可以通过平台的结构动力学分析模型计算,如果可能,宜将平台的结构动力学分析模型表示为有效质量模型的形式。然而,平台的视在质量 $Z_{jj}^L(f)$ 或有效质量模型参数往往不容易通过试验方法进行估计。在工程应用中,通常认为在主要带谷所考虑的频带内,平台的视在质量 $Z_{jj}^L(f)$ 受到平台结构模态参数的影响较小,采用计算分析结果一般不会引入明显的误差。实际上,在实施主要带谷时,通常近似处理力限制条件,往往不直接涉及平台的视

在质量 $Z_{jj}^L(f)$。

应指出的是,如果产品在预期使用过程中所经受的随机振动激励主要源自平台结构的振动响应,耦合动力学分析仅需要考虑产品和平台的视在质量 $Z_{jj}^S(f)$ 和 $Z_{jj}^L(f)$,以导出界面加速度谱密度 $G_{\ddot{x}\ddot{x},j}(f)$。然而,如果产品在预期使用过程中所经受的随机振动激励中相当大的比例源自外部噪声,耦合动力学分析除了考虑视在质量 $Z_{jj}^S(f)$ 和 $Z_{jj}^L(f)$ 以外,还需要考虑产品的动态传递率 $T_{ij}^S(f)$;相应地,所导出界面加速度谱密度 $G_{\ddot{x}\ddot{x},j}(f)$ 与界面力谱密度 $G_{FF,j}^S(f)$ 之间并不满足式(4-27),从而使得带谷分析更为复杂。

实际上,工程应用中的界面力限制条件往往根据被试产品的具体情况制定,其可能通过下列方法建立:

(1)通过产品与平台分析模型的耦合动力学分析导出界面力谱密度 $G_{FF,j}^S(f)$。

(2)根据产品的准静态设计载荷(典型地以产品质心的准静态加速度描述)导出界面力的均方根值。

(3)根据半经验方法规定界面力谱密度 $G_{FF,j}^S(f)$。

当界面力限制条件以谱密度 $G_{FF,j}^S(f)$ 的形式给出时,可以在试验过程中实时测量试验件/振动台之间的界面力,以监控是否超过界面力限制条件,并且将界面力限制条件引入试验控制过程。在许多情况下,基于可靠性的考量,往往通过人工带谷方式引入主要带谷。在这种情况下,使用试验条件规定的未下凹的输入加速度谱密度 $G_{\ddot{x}\ddot{x},j0}(f)$,通过试验或分析预示方法估计试验状态下的界面力谱密度 $G_{FF,j0}^S(f)$,并且与界面力限制条件 $G_{FF,j}^S(f)$ 进行比较,确定主要带谷的参数,得到相应的带谷系数为

$$C_n(f) = \min\left\{1, \frac{G_{FF,j}^S(f)}{G_{FF,j0}^S(f)}\right\} \qquad (4-29)$$

正式试验所采用的经过带谷处理的输入加速度谱密度为

$$G_{\ddot{x}\ddot{x},j}(f) = C_n(f)G_{\ddot{x}\ddot{x},j0}(f) \qquad (4-30)$$

如果界面力限制条件以均方根值的形式给出,理论上,可以构造出满足限制条件的多个不同的带谷系数 $C_n(f)$。一种合理的处理方式是,选择主要带谷的参数,使得经过带谷处理的输入加速度谱密度 $G_{\ddot{x}\ddot{x},j}(f)$ 的均方根值相对于未下凹的输入加速度谱密度 $G_{\ddot{x}\ddot{x},j0}(f)$ 的均方根值的变化达到最小。当试验存在一个具有较大有效质量的单一振动模态时,基于输入加速度谱密度 $G_{\ddot{x}\ddot{x},j0}(f)$ 估计的试验状态下的界面力谱密度 $G_{FF,j0}^S(f)$ 将在这一振动模态频率上产生一个峰值;简单的方法是削减这一峰值,以达到规定的界面力限制条件的均方根值。削减区域的宽度可以逐个人工或使用诸如 1/2 倍频程、半功率带宽等准则自动定

义。如果试验件存在几个具有较大有效质量的振动模态,主要带谷的选择将具有更大的灵活性。

对于随机振动环境试验的主要带谷,通常仅考虑有效质量较大的低阶模态。在大多数情况下,仅有效质量最大的一阶振动模态需要较为精确的界面力限制条件。在试验之前,应通过产品与平台的耦合动力学分析评估界面力限制条件的合理性。主要带谷的设置通常采用下列准则:

(1)如果预示的振动台/试验件界面力和力矩超过产品结构设计载荷,可以考虑主要带谷。

(2)如果可以证明界面力和力矩估计方法的充分性,可以考虑基于实测加速度数据的主要带谷。

(3)如适用,在有效质量较大的低阶模态频率上考虑主要带谷。相关频率上主要带谷的频带宽度和深度的选择应使欠试验的风险达到最小。

对于随机振动环境试验主要带谷的实现,如果可行,可以采用试验过程中实时测量试验件/振动台之间界面力的方法,通过振动试验控制系统的限制通道控制功能自动达到试验过程中的界面力不超过限制条件。然而,在实际应用中,经常采用人工带谷方式,直接在在试验条件规定的界面输入加速度谱密度 $G_{xx,j0}(f)$ 上人工设置下凹频带以实现主要带谷,特别是采用界面力的均方根值作为限制条件的情况下。如果试验证明分析模型能够以适当的精度预示界面力,可以在试验件的特定点上实时测量振动加速度响应,并且将界面力限制条件转换为特定点的振动加速度响应限制条件。在产品有效质量最大的振动模态频率上,往往可以采用这样的处理方式。即使在采用自动带谷方式控制的随机振动环境试验中,经常采用人工设置界面输入加速度谱密度的下凹频带与实时测量试验件界面力相结合的方式,以保证主要带谷试验实现的可靠性。

4.5.3 随机振动环境试验的次要带谷

在随机振动环境试验中,也可能出现试验件的关键仪器设备所经受的振动激励显著超过预期使用状态的过试验情况。造成这种状况的主要原因是试验状态下的试验件振动响应分布往往明显不同于预期使用过程中,其可能源自试验状态与预期使用状态的边界条件之间的差异,或者试验状态与预期使用状态的激励源之间的差异。

随机振动环境试验的次要带谷,一般也通过试验件的关键仪器设备位置上所产生的振动加速度响应予以规定。作为限制条件的振动加速度响应可以由被试产品与平台的耦合动力学分析导出,其中,应考虑被试产品与平台在预期使用过程中所经受的实际振动激励状态,其可能包括几个不同的激励状态,例如,运载火箭的起飞、跨声速和最大动压区飞行。与产品界面力的预示相比,振动加速度响应的预示结果往往受到更多因素的影响。除了主要带谷所考虑产品的振动模态以外,振动加速度响应往往与主要带谷未考虑产品的整体振动模态和局部振动模态有关,并且对模态振型敏感;同时,往往受到振动激励分布的显著影响。因此,振动加速度响应的耦合动力学分析不仅需要建立更详细的产品动力学分析模型,并且分析预示精度往往随着所涉及的模态数量增加而显著降低。实际上,当分析频率范围内包含的模态数量较大时,分析预示往往难以给出准确的振动加速度响应谱密度,特别是在中高频范围内,通常仅给出较宽频带(如 1/3 倍频带)内的均方根值振动加速度响应。考虑到实际振动环境和产品特性所存在的各种不确定性,当作为次要带谷的限制条件时,耦合动力学分析所预示的振动加速度响应谱密度通常应进行统计包络和平滑处理,并且增加适当的鉴定裕量。

在许多情况下,对于精确预示产品的随机振动响应,往往缺乏详细的产品动力学分析模型和激励函数。相应地,产品及其组件的振动环境设计条件和鉴定试验条件通常根据经验公式或动力学相似外推方法导出,其中包含了大量的简化处理,如假设产品中的仪器设备是刚性的,其动态质量等于静态质量。然而,对于较大的仪器设备,不大可能满足这一假设。为了避免随机振动试验过程中显著的过试验,采用带谷技术是有效的,并且是合理的。在仪器设备的随机振动环境试验中,可以通过主要带谷降低过试验程度。然而,在包含这些仪器设备的系统级/分系统级随机振动环境试验中,通常不可能直接测量仪器设备安装界面上的反作用力,仅能够测量安装界面上的振动加速度响应。一种可能的解决途径是,利用仪器设备的动态质量,通过界面的振动加速度响应估计界面反作用力,如式(4-27)所示。在实际的试验过程中,一般通过直接规定界面振动加速度响应的限制条件达到相同的目的,即在系统级/分系统级随机振动环境试验中采用次要带谷处理。

应指出的是,当系统级/分系统级随机振动环境试验中采用次要带谷时,可能导致试验件的某些部分明显的欠试验。在工程应用中,应谨慎使用系统级/分系统级试验的次要带谷用于保护关键仪器设备。如果必须使用,应评估经过次要带谷处理的振动输入加速度谱密度(如适用,包括主要带谷)可能导致的试验件振动响应的欠试验程度;如果适用,通过减小次要带谷的频带宽度和深度降低欠试验程度。更常见的惯例是,提高组件级产品的振动环境鉴定试验条件的量级,使得能够涵盖系统级/分系统级随机振动环境试验中在组件级产品位置上所产生的振动加速度响应。

当考虑随机振动环境试验中的次要带谷时,在试验之前,应通过产品与平台的耦合动力学分析以及产品在试验状态下振动响应的预示评估振动响应限制条件的合理性。如果可能,应基于试验测量的结构振动响应进行评估。当产品在预期使用过程中主要经受噪声环境激励时,应通过系统级声振分析预示产品的振动响应,并且同产品在随机振动环境试验状态下的振动响应预示结果进行比较。关于随机振动环境试验次要带谷的设置准则及相关注意事项与正弦振动环境试验是相似的,可参阅 4.4.4 节。

4.6　输入加速度限制方法

4.6.1　输入加速度的修正

如 4.2 节所述,在工程应用中,$Z^L(f)$ 和 $Z^S(f)$ 并不容易在试验之前得到,这使得式(4-1)中的自谱密度 $G_{xxm}(f)$ 的计算实际上很难实现。

一种近似的处理方法是:随机振动环境试验时,在试验夹具的产品(试验件)安装点附近安装一个加速度传感器,用于测量和控制作用于产品的输入加速度;在产品上振动响应较大的位置上安装另一个传感器,用于测量产品的响应加速度;在振动激励作用下,测量产品的输入和响应加速度,并且计算两者之间的传递函数(频率响应函数)$H(f)$。然后,使用传递函数 $H(f)$ 的幅值 $|H(f)|$ 替代式(4-1)右侧项的分母,计算相应的自谱密度 $\widetilde{G}_{xxm}(f)$:

$$\widetilde{G}_{xxm}(f) = G_{xx}(f)/|H(f)| \tag{4-31}$$

假设产品可以用一个单自由度线性系统描述,则传递函数 $H(f)$ 可以表示为

$$H(f) = 1 + \frac{f^2}{f_n^2 - f^2 + j2\zeta_n f_n f} \tag{4-32}$$

式中:f_n 和 ζ_n 分别为产品的无阻尼共振频率和阻尼比。

$H(f)$ 的幅频响应曲线 $|H(f)|$ 如图4-4所示。其中,$f \leqslant \sqrt{2} f_n$ 时,$|H(f)| \geqslant 1$。

仍假设在产品的共振频率 f_n 附近,平台结构的视在质量 $Z^L(f)$ 基本不变,即 $Z^L(f) \approx m^L$,则比较式(4-32)和式(4-4)可看到,在产品的共振频率 f_n 附近,$|H(f)|$ 与 $|1+[Z^S(f)/Z^L(f)]|^2$ 有相似的曲线形状,并且,当 m_n^S/m^L 超过一定的数值后,$|H(f)| < |1+[Z^S(f)/Z^L(f)]|^2$。

当使用自谱密度 $\widetilde{G}_{xxm}(f)$ 作为随机振动环境的试验条件时,在产品的共振频率附近,由于幅频特性 $|H(f)| > 1$,因此,在产品的共振频率附近形成下凹(称为带谷),降低了产品的安装点在产品的共振频率附近所达到的振动输入量级,尽

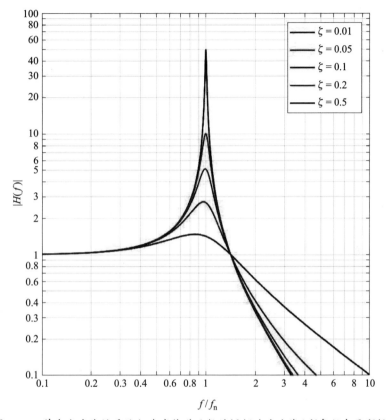

图 4-4　单自由度线性系统加速度传递函数的幅频响应曲线(彩色版本见彩插)

管在随机振动环境试验中使用这一试验条件并不能完全模拟产品在其预期使用过程中所经受的振动环境激励(原因是 $|H(f)| \neq |1+[Z^{S}(f)/Z^{L}(f)]|^{2}$),但其改善了产品过试验的程度。

如果在随机振动环境试验的整个频率范围使用自谱密度 $\widetilde{G}_{xxm}(f)$ 作为试验条件,则相当于在产品上的振动响应点达到自谱密度 $G_{xx}(f)$,即将振动输入加速度的试验条件完全变成了振动响应加速度的试验条件。这是不能接受的,原因是在幅频特性 $|H(f)| < 1$ 的试验频率上,其实质上增加了产品安装点的振动输入加速度量级,造成过试验。因此,使用式(4-31)计算的自谱密度 $\widetilde{G}_{xxm}(f)$ 不能在整个试验频率范围使用,只能在产品共振频率附近的一部分频带内使用。

当获得幅频特性 $|H(f)|$ 后,可以选择满足条件 $|H(f)| > 1$ 的各个频带,使用式(4-31)计算自谱密度 $\widetilde{G}_{xxm}(f)$,然后,与剩余频带上的自谱密度 $G_{xx}(f)$ 组合在

一起,形成试验控制使用的自谱密度。但实际上,这种方法存在一定的缺陷。一方面,由于测试噪声和非线性等因素的影响,幅频特性$|H(f)|$本身存在一定的误差;而且,考虑到产品的弹性模态振型的影响,幅频特性$|H(f)|$实际上与振动响应测量点的位置有关。另一方面,当产品的模态质量m_n与相比平台结构的输入源视在质量M相比较小时,在共振频率f_n附近的一部分频带内,存在着$|H(f)|>|1+[Z^s(f)/Z^L(f)]|^2$的情况,这将导致这一频带上的自谱密度$\widetilde{G}_{xxm}(f)$实际上是欠试验的。当产品存在多个共振频率时,由于其高阶模态的模态质量减小,在高频范围内很容易出现这种情况。

在视在质量$Z^L(f)$和$Z^s(f)$以及产品的模态振型未知的情况下,无法确认在满足条件$|H(f)|>1$的各个频带是否存在欠试验的可能性。在工程应用中,比较有把握的是在产品一阶共振频率附近的频带内使用式(4-31)计算自谱密度$\widetilde{G}_{xxm}(f)$,原因是一阶共振频率所对应的模态质量较大,并且一阶模态的振型值在产品不同的响应点上的差异相对较小,使得采用这种处理方法造成欠试验的风险较低。对于高阶共振频率,除非有明确的实测数据支持,一般不进行处理。多数情况下,与一阶共振频率相比,在高阶共振频率附近的频带内,过试验对产品的影响一般要小一些。

4.6.2 随机振动试验的输入加速度限制技术

对于随机振动环境试验,输入加速度限制技术的具体步骤如下:

(1)将试验件安装到振动台上,在试验台面或试验夹具上的试验件安装点附近安装一个加速度传感器,用于作为振动试验控制的反馈传感器;当测量试验件的频率响应函数时,这一传感器用于测量试验件的输入加速度。在试验件上一阶共振响应较大的位置上安装第二个加速度传感器,用于测量试验件的响应加速度。

(2)使用低量级的正弦扫描振动信号或宽带随机振动信号输入振动台,测试试验件响应加速度与输入加速度之间的传递函数$H(f)$或幅频响应函数$|H(f)|$。其中,振动测试的频率范围一般与振动环境试验条件规定的频率范围一致。

(3)由实测传递函数$H(f)$或幅频响应函数$|H(f)|$识别试验件的一阶共振频率f_1。

(4)如果随机振动环境试验条件规定的自谱密度为$G_{xx}(f)$,相应的频率下限为f_d,频率上限为f_u,则在试验件的一阶共振频率影响范围内,按照下式得到修改后的自谱密度$G_{xxm}(f)$:

$$G_{xxm}(f)=\begin{cases} G_{xx}(f)/|H(f)| , f_d < f \leqslant \sqrt{2}f_1 \\ G_{xx}(f) , \sqrt{2}f_1 < f \leqslant f_u \end{cases} \qquad (4-33)$$

（5）使用修改后的自谱密度 $G_{xxm}(f)$ 作为试验条件,使用输入加速度控制技术进行随机振动环境试验,即振动环境试验的控制点为试验件安装点附近的加速度传感器。

如果在试验件的一阶共振频率 f_1 处,$H(f_1)=Q$,其中,Q 为试验件的一阶共振放大因子,随机振动环境试验的输入加速度限制技术实质上是将试验件一阶共振频率上的随机振动激励量级降低 Q 倍。

4.6.3　正弦扫描振动试验的输入加速度限制技术

对于正弦扫描振动环境试验,输入加速度限制技术的具体步骤与上述的随机振动环境试验相似。主要的差别是正弦扫描振动环境试验条件用幅值谱规定。

如果正弦扫描振动环境试验条件规定的幅值谱为 $P_x(f)$,相应的频率下限为 f_d,频率上限为 f_u,在试验件的一阶共振频率影响范围内,幅值谱为

$$P_{xm}(f) = \begin{cases} P_x(f)/\sqrt{|H(f)|}, & f_d < f \leqslant \sqrt{2}f_1 \\ P_x(f), & \sqrt{2}f_1 < f \leqslant f_u \end{cases} \qquad (4-34)$$

如果在试验件的一阶共振频率 f_1 处,$H(f_1)=Q$,其中 Q 为试验件的一阶共振放大因子,则正弦扫描振动环境的输入加速度限制技术实质上是将试验件一阶共振频率上的正弦振动激励量级降低 $\sqrt{Q}$ 倍。

4.6.4　特点和局限性

输入加速度限制技术实质上是基于相互作用等效的原则导出的。基于区域统计包络和规格化处理所导出的振动环境试验条件相当于对产品的连接界面进行了刚化处理。按照这一条件进行试验时,需要将产品通过一个刚性试验夹具固定在振动台上,其可能导致产品的振动响应特性发生改变,使产品和夹具之间的耦合作用与产品安装在平台结构上的情况有所不同。在这种情况下,当安装在刚性夹具上的传感器达到规定的试验条件时,在产品的响应频率上,振动台输入的能量往往可能超过实际振动环境输入的能量,从而导致过试验。

采用输入加速度控制方法进行振动环境试验时,最严重的过试验来源于最大期望振动环境规格化处理得到的试验条件忽略了产品与平台结构之间的相互作用所导致的反共振效应,这使得振动环境试验中产品在共振频率上产生比使用环境下更大的响应,如图 4-5 所示。

输入加速度限制技术的本质是通过控制被试产品的响应来改善安装阻抗的模拟,以减小过试验。其采用的方法是人工修改输入激励谱,在某些出现产品共振的频带上形成带谷,如图 4-6 所示。

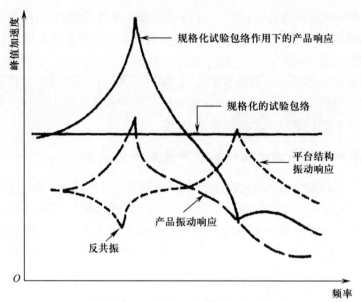

图 4-5 产品对试验包络的响应与实际环境响应的比较

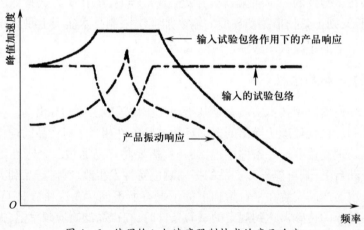

图 4-6 使用输入加速度限制技术的产品响应

输入加速度限制技术的优点在于：

(1)对于随机振动环境试验和正弦扫描振动环境试验,实现比较容易。

(2)不需要使用产品安装位置上的平台结构的输入源视在质量数据,因此,试验时不需要考虑产品的使用平台类型和特性。

输入加速度限制技术的局限性是：

(1)一般仅能够修正产品一阶共振频率的影响。尽管在理论上可以修正高阶共振频率的影响,但其需要相应的实测数据支持,实际上并不可行。

（2）由于产品一阶模态的弹性变形影响，修正的振动量级实际上与传递函数测试时在产品上安装的响应加速度传感器的位置有关。

（3）没有考虑试验中产品安装界面的刚化效应，一般仅适用于尺寸较小的产品。

4.7 力限制方法

4.7.1 引言

理论上，除了采用连接界面输入加速度描述平台结构对产品的振动环境激励以外，也可以采用界面输入力描述平台结构对产品的振动环境激励。在产品连接界面上，界面输入力和输入加速度之间的关系为

$$F(f) = Z^s(f)A_a(f) \tag{4-35}$$

式中：$F(f)$ 和 $A_a(f)$ 分别为产品的界面输入力与界面输入加速度的傅里叶变换；$Z^s(f)$ 为产品的驱动点视在质量（产品界面的原点机械阻抗）。

对于随机振动，可以将上式变为

$$G_{FF}(f) = |Z^s(f)|^2 G_{aa}(f) \tag{4-36}$$

式中：$G_{FF}(f)$、$G_{aa}(f)$ 分别为产品的界面输入力与界面输入加速度的自谱密度。

式（4-35）和式（4-36）表明，如果将界面输入加速度试验条件转换成界面输入力试验条件，并且采用界面输入力的测量信号作为振动环境试验控制的反馈信号，将得到与输入加速度控制技术相同的试验结果。在采用界面输入力描述的情况下，产品的振动响应仅取决于连接界面的输入力和产品自身的动力学特性，与平台结构和产品之间的动力学耦合作用无关。即使外场（平台结构/产品）的动力学耦合作用与实验室（振动台/试验夹具/试验件）的动力学耦合作用存在明显差异，在振动台/试验夹具与试验件之间连接界面上的动态力再现正确的外场实测界面输入力的情况下，能够保证试验件的振动响应与产品在预期使用过程中的振动响应一致。

然而，由于测量技术的限制，仅在少数情况下可以从外场试验中直接测量产品的界面输入力。大多数情况下，界面输入力需要根据产品的振动输入或响应加速度数据估计。因此，在工程应用中，直接规定产品的界面输入力试验条件往往是不切实际的，原因是界面输入力数据的准确性不足以提供所要求的试验控制精度。更多的情况下，将界面输入力作为振动环境试验中输入加速度控制的一种限制条件，以避免或减少产品在其共振频率附近的过试验。

输入加速度控制导致振动环境试验中产品共振频率附近产生过试验的原因

可以归结为:在产品共振频率附近,为了达到规定的输入加速度试验条件,将导致作用于产品的界面输入力明显大于实际振动环境的界面输入力。因此,避免产品共振频率附近明显过试验的一种技术途径是,减小被试产品在其共振频率附近的界面输入力,使其接近实际振动环境的界面输入力。

力限制方法以试验件/振动台之间的界面力/力矩作为带谷处理的限制条件。如果假定试验件连接界面为刚性界面,在以基础激励加速度谱控制的振动环境试验中,试验件的界面力/力矩可以用6个分量描述(3个正交的力分量和3个正交的力矩分量)。然而,实际的振动环境试验通常采用3个正交轴向依次激励的方式,在每个激励方向上可以仅考虑1个力分量(激振力)和1个力矩分量(倾覆力矩),其中,倾覆力矩可以进一步表示为激振力的函数。应指出的是,在某些情况下,例如,重心较高的试验件的横向振动试验,倾覆力矩往往成为带谷处理的限制条件,但其可以转换为以激振力表示的限制条件。

在工程实践中,力限制方法往往容易为涉及振动环境试验的有关各方所接受,除了其具有坚实的理论基础以外,尚具有下列优点:

(1)界面力是试验件以及支承结构的总体参数,反映了结构的平均特性,其预示结果受到分析模型的详细程度影响较小,通过简化的有效质量模型可以得到良好的预示结果。

(2)预示界面力所要求的试验件和支承结构的参数可以通过试验测量。在对平台结构动力学特性的合理假设基础上,可以不依赖于试验件的分析模型、直接根据试验测量结果导出所要求的力限制条件。

(3)在振动环境试验中,可以通过试验件与振动台(或夹具)之间的力传感器直接测量所要求的界面力,并且通过力传感器输出信号的反馈控制(限制控制)实现自动带谷。理论上,力限制方法的实现需要1~6个力/力矩测量通道;实践中,通常仅需要激励方向上的反作用力。

(4)借助于经过试验验证的简单的试验件分析模型,可以根据试验件结构在特定位置上的振动加速度响应估计所要求的界面力,从而使用振动加速度响应的测量反馈信号实现满足力限制条件的自动带谷;或者,根据力限制条件在用于振动控制的基础输入加速度谱上进行人工带谷处理。

4.7.2　界面力的测量和估计

对于采用力限制方法的振动环境试验,在试验过程中通常要求测量或估计作用于试验件界面上的载荷(界面力和力矩)。在工程应用中,一般可能通过下列方法测量或导出界面载荷。

4.7.2.1　力测量装置

在振动环境试验中,测量输入到试验件的总作用力的直接方法是在试验件与试验夹具/振动台之间串联一组动态力传感器,利用力传感器的组合直接测量合成的界面力和力矩或每个界面上的独立载荷。在实际应用中,一般将动态力传感器设计在试验夹具中。

通过力测量装置可以得到最精确和完整的界面载荷实时测量结果。力测量装置通常由一组压电式力传感器构成,其安装在两个刚性连接平面(或连接框)之间,测量通过刚性连接平面(或连接框)传递的合成激振力(或反作用力)的各个分量。在适当的组合设计下,力测量装置能够完整地测量激振力(或反作用力)的 6 个分量,包括 3 个正交的力分量和 3 个正交的力矩分量。大多数情况下,仅需要测量沿单轴振动激励方向上的力分量。

石英晶体制造的压电式力传感器具有较高的刚度,其典型为垫圈型结构,可用于测量 1 个方向或 3 个正交方向的作用力(如图 4-7 所示)。通常,采用平行布置的多个相同规格的压电式力传感器测量连接界面上的总体界面输入力(力分量以及力矩分量)。图 4-8 给出了一种用于卫星力限振动试验的测力装置。

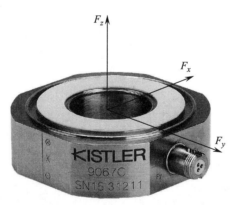

图 4-7　压电式力传感器

力测量装置采用压电式力传感器的重要原因是提高力测量装置的刚度和测量频率范围。典型地,力测量装置的测量频率上限可以达到 100 Hz 以上。力测量装置可以设计为通用形式或专用形式,前者可适用于不同的试验件连接界面尺寸。然而,应注意的是,通用力测量装置往往需要额外的转接段与试验件界面相连接,其可能降低整个试验夹具的刚度,并且在水平方向的振动试验中增加了作用于水平滑台的倾覆力矩。

上、下支承环

力传感器

图 4-8　用于振动环境试验的压电式界面输入力测量装置

　　与其他界面力测量和估计方法相比,采用力测量装置(FMD)的局限性是试验频率范围的限制。尽管在界面力测量中低频分量占主导,但力测量装置的使用往往可能降低振动试验夹具的刚度和试验系统的固有频率,导致高频激励分量的显著衰减。当试验频率上限较高时,有必要评估采用其他界面力测量或估计方法的可行性。

4.7.2.2　应变式力传感器

　　通过测量试验件连接界面附近的结构应变间接确定界面力和力矩。应变与界面力和力矩之间关系通过试验校准得到。这一方法比上节所述的力测量装置的测量精确度差。应变式力传感器的刚度一般小于压电式力传感器,使得测量频率上限相比较低。实际上,应变式力传感器的优点是可以在试验夹具设计时,通过选取适当的夹具结构形式并在适当的位置上粘贴应变计,直接将试验夹具作为力传感器使用。轮辐型或圆柱型的应变式力传感器(图 4-9),可用于设计和制造界面输入力测量装置。

图 4-9　用于振动环境试验的界面输入力测量的应变式装置

在测量频率范围要求不高的情况下,可以采用应变计作为力测量装置的敏感元件。与直接使用应变计测量试验件结构应变不同,采用应变计的力测量装置实际上是通过应变计的适当组合构成一个多分量测力传感器,其可以通过严格的校准方法得到界面力和力矩与应变计组合输出的线性关系,从而具有相当高的测量精度。在工程应用中,通常将应变计直接安装在振动试验夹具上构成力测量装置。设计应变式力测量装置时,往往需要在测量灵敏度与夹具刚度之间进行权衡。

4.7.2.3　通过振动台动圈电流估计界面力

采用上述两种力传感器测量界面输入力方法具有一定局限性:一是试验夹具的设计比较复杂,制造成本高;二是试验夹具的刚度受到限制,使其主要适用于低频振动试验。

实际上,当采用电动式振动台进行振动环境试验时,可以通过振动台动圈的驱动电压和电流的测量结果间接地获得振动台作用于试验件的作用力分量(沿振动激励方向)。

假定振动台动圈的驱动电压和电流的傅里叶变换分别为 $U(f)$ 和 $I(f)$,其中,$I(f)$ 中用于驱动试验件的电流部分为 $I_L(f)$,则有

$$I_L(f) = I(f) - U(f)/Z_0(f) \tag{4-37}$$

式中:$Z_0(f)$ 为动圈在无负载(如果适用,带有试验夹具)情况下的电阻抗。

振动台作用于试验件的作用力 $F(f)$ 可表示为

$$F(f) = K(f)I_L(f) \tag{4-38}$$

式中:$K(f)$ 为动圈的电流—力转换系数。

假定试验件的机械阻抗 $Z(f)$ 为

$$Z(f) = F(f)/A_a(f) \tag{4-39}$$

式中:$A_a(f)$ 为试验件与振动台与试验夹具之间连接界面的加速度的傅里叶变换。

从而可以得到:

$$Z(f)A_a(f) = K(f)\left[I(f) - U(f)/Z_0(f)\right] \tag{4-40}$$

对于随机振动,可以将式(4-40)变为

$$Z(f)G_{aa}(f) = K(f)\left[G_{ia}(f) - G_{ua}(f)/Z_0(f)\right] \tag{4-41}$$

式中:$G_{aa}(f)$ 为界面加速度的自谱密度;$G_{ia}(f)$ 和 $G_{ua}(f)$ 分别为界面加速度与动圈驱动电流和电压之间的互谱密度。

定义界面加速度与动圈驱动电流和电压之间的频响函数 $H_{ia}(f)$ 和 $H_{ua}(f)$ 分别为

$$H_{ia}(f) = G_{ia}(f)/G_{aa}(f)\,,\ H_{ua}(f) = G_{ua}(f)/G_{aa}(f) \tag{4-42}$$

则式(4-41)可以表示为

$$H_{ia}(f) = \frac{H_{ua}(f)}{Z_0(f)} + \frac{Z(f)}{K(f)} \qquad (4-43)$$

使用2个或更多的已知机械阻抗 $Z(f)$ 的模拟负载(如刚性质量块)对振动台特性进行测试,可以得到相应的频响函数 $H_{ia}(f)$ 和 $H_{ua}(f)$,从而可以使用式(4-43)求解得到电流—力转换系数 $K(f)$ 和无负载(或带有试验夹具)情况下的动圈电阻抗 $Z_0(f)$ 的估计值。其中,模拟负载为质量为 m 的刚性质量块时,相应的机械阻抗 $Z(f) = m$ 。

在已知电流—力转换系数 $K(f)$ 和无负载情况下的动圈电阻抗 $Z_0(f)$ 的情况下,可以使用振动台动圈的驱动电压 $U(f)$ 和电流 $I(f)$ 的测量结果估计作用力 $F(f)$:

$$F(f) = K(f)[I(f) - U(f)/Z_0(f)] \qquad (4-44)$$

这一方法通常比力测量装置的测量精确度差,并且仅能估计界面力,而不能估计界面力矩。

4.7.2.4 通过加速度响应估计界面力

在振动环境试验中,测量结构的振动加速度响应远比测量界面力更容易,并且成本更低。因此,在一定程度上,通过试验件结构振动加速度响应的测量结果估计界面力往往具有很大的吸引力。如果能够得到准确的试验件动力学分析模型,可以在整个频率范围内使用试验件结构振动加速度响应测量数据精确地复现界面力。然而,精确的动力学分析模型与频率有关,使得界面力的估计过程过于复杂。在工程应用中,考虑到界面力主要取决于试验件结构的低频振动响应,即在结构有效质量模型的一阶固有频率以上,结构的视在质量随频率增加而显著降低,在界面力的估计过程中可以采用简化的动力学分析模型。简化模型一般采用基于动力学分析模型导出的缩聚质量矩阵(也称为质量算子)建立界面力/力矩与结构振动加速度响应测量数据之间的线性关系,其中,缩聚质量矩阵与振动加速度响应测量点的数量和位置有关。如果选择足够数量的测量点及其适当的位置,则可以在整个频率范围内以相当好的精度通过实测振动加速度响应再现界面力,特别是占主导的一阶振动模态频率范围。

借助于试验件的动力学分析模型,根据试验件结构振动加速度响应的测量结果估计界面力和力矩。这一方法的估计精确度取决于动力学分析模型对试验件动力学特性的逼真程度,并且与振动加速度响应测量点的位置和数量有关。通常,通过数学仿真确定加速度响应测量点与界面力和力矩之间的传递函数(频率响应函数)。如果分析模型所确定的传递函数与试验件相应的传递函数在所关心的频率范围内一致,加速度响应测量通道可以用于作为自动带谷的限制通道。

4.7.3　力限制预示方法

4.7.3.1　力限制预示的解析方法

对于力限制技术,除了规定输入加速度谱以外,需要规定力限制谱。如果适用,应基于外场试验中实测的界面动态力数据制定力限制谱。然而,在工程应用中,很少能够得到适用的界面动态力实测数据,力限制谱通常需要基于适当的振动加速度数据导出。典型地,如果已知产品连接界面上的输入加速度数据,可采用式(4-35)或式(4-36)预示力限制谱。应指出的是,用于预示力限制谱的界面输入加速度数据应为实际振动环境的实测或预示数据,而非振动环境试验条件规定的输入加速度谱。

在使用式(4-35)和式(4-36)预示力限制谱的情况下,产品的驱动点视在质量 $Z^s(f)$ 可以在正式振动试验之前测量。测量时,将试验件(产品)安装到振动台上,在试验件和试验夹具之间串联力传感器,在试验件和试验夹具连接界面附近安装加速度传感器;然后,以小量级进行振动激励,同时测量连接界面上的力和加速度响应,并且计算两者之间的频响函数。因此,力限制谱的制定转化为估计界面输入加速度谱 $A(f)$ 或 $G_{aa}(f)$,其取决于平台结构输入源的视在质量(原点机械阻抗) $Z^L(f)$ 。对于随机振动环境,界面输入加速度的自谱密度 $G_{aa}(f)$ 为式(4-1)中的自谱密度 $G_{xxm}(f)$,相应地由式(4-36),产品界面输入力的自谱密度 $G_{FF}(f)$ 可表示为

$$G_{FF}(f) = \frac{|Z^s(f)|^2}{|1 + [Z^s(f)/Z^L(f)]|^2} G_{xx}(f) \qquad (4-45)$$

如果已知平台结构输入源的视在质量 $Z^L(f)$,使用式(4-45)可以得到产品界面输入力的自谱密度(输入力限制谱) $G_{FF}(f)$ 。然而,在许多情况下,不存在适用的平台结构输入源的视在质量 $Z^L(f)$ 的实测数据,需要通过近似计算方法确定输入力限制谱 $G_{FF}(f)$ 。

对于平台结构和产品的视在质量计算,可以将其简化为图4-10所示的等效质量—弹簧—阻尼器系统模型。相应的视在质量 $Z(f)$ 为

$$
\begin{aligned}
Z(f) &= M + \sum_{n=1}^{\infty} m_n \frac{f^2}{(f_n^2 - f^2) + j2\zeta_n f_n f} \\
&= \sum_{n=1}^{\infty} m_n \frac{f_n^2 + j2\zeta_n f_n f}{(f_n^2 - f^2) + j2\zeta_n f_n f}
\end{aligned} \qquad (4-46)
$$

$$\sum_{n=1}^{\infty} m_n = M \qquad (4-47)$$

式中:m_n、f_n 和 ζ_n 分别为系统第 n 阶模态的模态有效质量、固有频率和模态阻尼比;M 为系统的总质量。

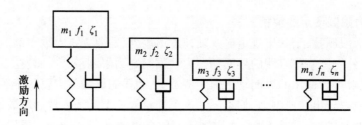

图 4-10　等效质量—弹簧—阻尼器系统模型

假设在设计和试验所关心的上限频率 f_u 以下,平台结构或产品仅有 N 个模态,当 $f \leqslant f_u$ 时,可将式(4-46)近似简化为

$$Z(f) \approx \sum_{n=1}^{N} m_n \frac{f_n^2 + 2j\zeta_n f_n f}{(f_n^2 - f^2) + 2j\zeta_n f_n f} + M_r \qquad (4-48)$$

式中:M_r 为系统的剩余质量。

$$M_r = \sum_{n=N+1}^{\infty} m_n = M - \sum_{n=1}^{N} m_n \qquad (4-49)$$

如果能够确定平台结构和产品在设计和试验所关心的频率范围内的各阶模态的模态有效质量、固有频率、模态阻尼比以及剩余质量,则可以由式(4-48)计算平台结构和产品的视在质量 $Z^L(f)$ 和 $Z^S(f)$,然后,由式(4-45)得到输入力限制谱 $G_{FF}(f)$。

为了简化力限制谱 $G_{FF}(f)$ 的计算过程,可以进一步假设平台结构和产品在设计和试验所关心的频率范围内为稀疏模态。将所关心的频率范围划分为若干个频带,在每个频带内仅包含一个产品的模态频率,并且假设仅有一个平台结构的模态起主导作用。在这一前提下,可以将式(4-46)进一步简化为

$$Z^L(f) \approx m_1 \frac{f_1^2 + 2j\zeta_1 f_1 f}{(f_1^2 - f^2) + 2j\zeta_1 f_1 f} + M_{1r} \qquad (4-50)$$

$$Z^S(f) \approx m_2 \frac{f_2^2 + 2j\zeta_2 f_2 f}{(f_2^2 - f^2) + 2j\zeta_2 f_2 f} + M_{2r} \qquad (4-51)$$

式中:m_1、f_1、ζ_1 和 M_{1r} 分别为平台结构在所选频带内的模态有效质量、固有频率、模态阻尼比和剩余质量,m_2、f_2、ζ_2 和 M_{2r} 分别为产品在所选频带内的模态有效质量、固有频率、模态阻尼比和剩余质量。

在式(4-50)和式(4-51)中,剩余质量是超过所选频带上限频率的各阶模

态的模态有效质量之和,与所选的频带范围有关,因此,可以认为剩余质量是频率的函数。同时,式(4-50)和式(4-51)也忽略了低于所选模态频率的各阶模态的影响。

在使用式(4-50)和式(4-51)描述平台结构和产品视在质量的情况下,平台结构和产品组成的耦合系统可以用图4-11所示的复杂两自由度系统模型描述,其中,$K_1 = (2\pi f_1)^2 m_1$,$K_2 = (2\pi f_2)^2 m_2$。

在消去刚体模态后,图 4-11 所示的耦合系统的两个共振频率可用式(4-52)计算:

$$(1-\beta_1^2)(1-\beta_2^2) + \alpha_1(1-\beta_2^2) + \mu(1-\beta_1^2)(1-\beta_2^2) + \mu\alpha_2(1-\beta_1^2) = 0 \quad (4-52)$$

式中:$\beta_1 = f/f_1$,$\beta_2 = f/f_2$,$\alpha_1 = m_1/M_{1r}$,$\alpha_2 = m_2/M_{2r}$,$\mu = M_{2r}/M_{1r}$。

令 $\Omega = f_2/f_1$,将 $\beta_1 = \Omega\beta_2$ 代入式(4-52),可以得到变量 β_2 的二阶方程,求解可以得到 β_2 的两个正实根,其分别对应于耦合系统的两个共振频率 f_{c1} 和 f_{c2}。

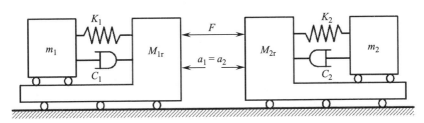

图 4-11　复杂两自由度系统模型

定义函数:

$$H(\alpha_1, \alpha_2, \mu, \beta_2, \Omega, Q_1, Q_2) = \frac{|Z^s(f)|^2/M_{2r}^2}{|1 + [Z^s(f)/Z^L(f)]|^2} \quad (4-53)$$

式中:$Q_1 = 1/(2\zeta_1)$ 和 $Q_2 = 1/(2\zeta_2)$ 分别为平台结构和产品的共振放大因子。

式(4-53)可以由式(4-50)和式(4-51)计算。相应地,式(4-45)可以表示为

$$G_{FF}(f) = G_{xx}(f)M_{2r}^2 H(\alpha_1, \alpha_2, \mu, \beta_2, \Omega, Q_1, Q_2) \quad (4-54)$$

得到所选频带内的 m_1、f_1、ζ_1、M_{1r} 和 m_2、f_2、ζ_2、M_{2r} 后,由式(4-54)可以计算出相应频带内的界面输入力自谱密度 $G_{FF}(f)$。由于振动环境试验条件规定的自谱密度 $G_{xx}(f)$ 实际上是统计包络结果,输入力自谱密度 $G_{FF}(f)$ 并不代表产品的真实输入力,在不同的频率上,其安全裕量各不相同。为了简化起见,通常假设输入力自谱密度 $G_{FF}(f)$ 在所选频带内是常数,并且使用式(4-54)所计算出的最大值作为产品随机振动环境试验在所选频带内的力限制谱,这是一种偏于保守的处理结果。

令:

$$A_{c1} = G_{xx}(f_{c1}) H(\alpha_1, \alpha_2, \mu, f_{c1}, \Omega, Q_1, Q_2)$$
$$A_{c2} = G_{xx}(f_{c2}) H(\alpha_1, \alpha_2, \mu, f_{c2}, \Omega, Q_1, Q_2)$$

在所选频带内的力限制谱 $G_{FF}(f)$ 为

$$G_{FF}(f) = \max\{A_{c1}, A_{c2}\} \tag{4-55}$$

所选频带内的 m_1、f_1、ζ_1、M_{1r} 和 m_2、f_2、ζ_2、M_{2r} 可以分别通过平台结构和产品有限元模型计算,也可以分别通过试验测量的平台结构和产品的频响函数进行模态参数识别(采用单自由度模态的曲线拟合方法)。其中,采用有限元模型计算数据时,需要根据工程经验假设模态阻尼比 ζ_1 和 ζ_2。

对于试验频率范围内的每个频带计算力限制谱 $G_{FF}(f)$,将其组合在一起,可以得到整个试验频率范围内的力限制谱。在 NASA – HDBK – 7004C 中,推荐使用 1/3 倍频程带宽计算力限制谱 $G_{FF}(f)$。一般情况下,所得到的整个试验频率范围内的力限制谱应进行适当的平滑包络处理。

对于正弦扫描振动,力限制谱的确定过程与随机振动相似。其中,产品界面输入力的幅值谱 $|F(f)|$ 可表示为

$$|F(f)| = \frac{|Z^s(f)|}{|1 + [Z^s(f)/Z^L(f)]|} |P_x(f)| \tag{4-56}$$

式中: $|P_x(f)|$ 为正弦振动环境试验条件规定的加速度幅值谱。

4.7.3.2　模态有效质量的计算

在上述力限制谱的解析方法确定过程中,关键是确定平台结构和产品在试验频率范围内的各阶模态参数。当有适用的原点频响函数测量数据时,可以用单自由度模态的曲线拟合方法得到各个频带内所需要的所有模态参数。这对于被试产品是容易实现的,原因是在输入力限制的振动试验中可以测量试验件的原点频响函数。然而,对于平台结构,往往不容易得到适用的实测数据,经常需要通过平台结构的有限元模型计算相应的模态参数。

对于具有 n 个自由度的结构有限元模型按照内部自由度和界面自由度划分形式表示:

$$\begin{bmatrix} M_{ss} & M_{sm} \\ M_{ms} & M_{mm} \end{bmatrix} \begin{Bmatrix} \ddot{x}_s \\ \ddot{x}_m \end{Bmatrix} + \begin{bmatrix} K_{ss} & K_{sm} \\ K_{ms} & K_{mm} \end{bmatrix} \begin{Bmatrix} x_s \\ x_m \end{Bmatrix} = \begin{Bmatrix} 0 \\ f_m \end{Bmatrix} \tag{4-57}$$

式中: x_s 和 x_m 分别为内部自由度和界面自由度的位移向量,$s+m=n$。取约束边界,即 $x_m=0$,代入式(4-57)中取第一式可得:

$$M_{ss}\ddot{x}_s + K_{ss}x_s = 0 \tag{4-58}$$

求解式(4-58)特征值问题,得到界面约束状态下的弹性模态特征值矩阵 $\Lambda_{bs} = \mathrm{diag}(\lambda_{bi})$ 和特征向量 Φ_{bs},$i = 1, 2, \cdots, s$,下标 b 表示与界面约束有关的量。

定义 $n \times s$ 阶固定界面约束模态集为

$$\boldsymbol{\Phi}_b = \begin{bmatrix} \boldsymbol{\Phi}_{bs} \\ \mathbf{0} \end{bmatrix} \qquad (4-59)$$

定义 $n \times m$ 阶刚体模态集为给定界面自由度单位位移所引起的结构刚体位移。根据定义:

$$\begin{bmatrix} \boldsymbol{K}_{ss} & \boldsymbol{K}_{sm} \\ \boldsymbol{K}_{ms} & \boldsymbol{K}_{mm} \end{bmatrix} \begin{bmatrix} \boldsymbol{\Phi}_{cm} \\ \boldsymbol{I} \end{bmatrix} = \begin{bmatrix} \mathbf{0} \\ \boldsymbol{F}_{cm} \end{bmatrix} \qquad (4-60)$$

式中: $\boldsymbol{F}_{cm} = \boldsymbol{K}_{mm} - \boldsymbol{K}_{ms} \boldsymbol{K}_{ss}^{-1} \boldsymbol{K}_{sm}$。则刚体模态集为

$$\boldsymbol{\Phi}_c = \begin{bmatrix} \boldsymbol{\Phi}_{cm} \\ \boldsymbol{I} \end{bmatrix} = \begin{bmatrix} -\boldsymbol{K}_{ss}^{-1} \boldsymbol{K}_{sm} \\ \boldsymbol{I} \end{bmatrix} \qquad (4-61)$$

取模态变换矩阵:

$$\boldsymbol{\Phi} = \begin{bmatrix} \boldsymbol{\Phi}_b & \boldsymbol{\Phi}_c \end{bmatrix} = \begin{bmatrix} \boldsymbol{\Phi}_{bs} & \boldsymbol{\Phi}_{cm} \\ \mathbf{0} & \boldsymbol{I} \end{bmatrix} \qquad (4-62)$$

那么,结构的位移向量可以用模态坐标表示为

$$\begin{Bmatrix} \boldsymbol{x}_s \\ \boldsymbol{x}_m \end{Bmatrix} = \boldsymbol{\Phi} \boldsymbol{q} = \begin{bmatrix} \boldsymbol{\Phi}_{bs} & \boldsymbol{\Phi}_{cm} \\ \mathbf{0} & \boldsymbol{I} \end{bmatrix} \begin{Bmatrix} \boldsymbol{q}_b \\ \boldsymbol{q}_c \end{Bmatrix} \qquad (4-63)$$

式中: $\boldsymbol{q}_b$ 和 $\boldsymbol{q}_c$ 分别为弹性模态坐标向量和刚体模态坐标向量。

将式(4-63)代入式(4-57),且方程两边前乘 $\boldsymbol{\Phi}^{\mathrm{T}}$,可以得到:

$$\begin{bmatrix} \overline{\boldsymbol{M}}_{bb} & \boldsymbol{L}_{bc} \\ \boldsymbol{L}_{bc}^{\mathrm{T}} & \overline{\boldsymbol{M}}_{cc} \end{bmatrix} \begin{Bmatrix} \ddot{\boldsymbol{q}}_b \\ \ddot{\boldsymbol{q}}_c \end{Bmatrix} + \begin{bmatrix} \boldsymbol{\Lambda}_{bs} \overline{\boldsymbol{M}}_{bb} & \mathbf{0} \\ \mathbf{0} & \mathbf{0} \end{bmatrix} \begin{Bmatrix} \boldsymbol{q}_b \\ \boldsymbol{q}_c \end{Bmatrix} = \begin{Bmatrix} \mathbf{0} \\ \boldsymbol{F}_m \end{Bmatrix} \qquad (4-64)$$

$$\overline{\boldsymbol{M}}_{bb} = \boldsymbol{\Phi}_{bs}^{\mathrm{T}} \boldsymbol{M}_{ss} \boldsymbol{\Phi}_{bs} \qquad (4-65)$$

$$\boldsymbol{L}_{bc} = \boldsymbol{\Phi}_{bs}^{\mathrm{T}} \boldsymbol{M}_{ss} \boldsymbol{\Phi}_{cm} + \boldsymbol{\Phi}_{bs}^{\mathrm{T}} \boldsymbol{M}_{sm} \qquad (4-66)$$

$$\overline{\boldsymbol{M}}_{cc} = \boldsymbol{M}_{mm} + \boldsymbol{M}_{ms} \boldsymbol{\Phi}_{cm} + \boldsymbol{\Phi}_{cm}^{\mathrm{T}} \boldsymbol{M}_{sm} + \boldsymbol{\Phi}_{cm}^{\mathrm{T}} \boldsymbol{M}_{ss} \boldsymbol{\Phi}_{cm} \qquad (4-67)$$

将式(4-64)转换到频域并展开,可以得到:

$$(\boldsymbol{\Lambda}_{bs} - \omega^2 \boldsymbol{I}) \overline{\boldsymbol{M}}_{bb} \boldsymbol{q}_b(\omega) = \omega^2 \boldsymbol{L}_{bc} \boldsymbol{q}_c(\omega) \qquad (4-68)$$

$$\boldsymbol{L}_{bc}^{\mathrm{T}} \boldsymbol{q}_b(\omega) + \overline{\boldsymbol{M}}_{cc} \boldsymbol{q}_c(\omega) = -\frac{1}{\omega^2} \boldsymbol{F}_m(\omega) \qquad (4-69)$$

从式(4-68)、式(4-69)中消去 $\boldsymbol{q}_b(\omega)$,并利用 $\boldsymbol{x}_m(\omega) = \boldsymbol{q}_c(\omega)$,可以得到:

$$\left\{ \overline{\boldsymbol{M}}_{cc} + \boldsymbol{L}_{bc}^{\mathrm{T}} \left[\left(\frac{1}{\omega^2} \boldsymbol{\Lambda}_{bs} - \boldsymbol{I} \right) \overline{\boldsymbol{M}}_{bb} \right]^{-1} \boldsymbol{L}_{bc} \right\} \ddot{\boldsymbol{x}}_m(\omega) = \boldsymbol{F}_m(\omega) \qquad (4-70)$$

式中: $\boldsymbol{\Lambda}_{bs}$ 和 $\overline{\boldsymbol{M}}_{bb}$ 为对角矩阵, $\overline{\boldsymbol{M}}_{bb}$ 的对角线元素 m_n 为各阶弹性模态质量,假定矩阵 $\boldsymbol{L}_{bc}$ 的第 s 行向量为 $\boldsymbol{L}_s$,即

$$L_{bc} = [\,L_1^T \quad L_2^T \quad \cdots \quad L_s^T\,]^T \qquad (4-71)$$

对于 $i = 1, 2, \cdots, s$, 有

$$L_i = \boldsymbol{\Phi}_{bs,i}^T (M_{ss}\boldsymbol{\Phi}_{cm} + M_{sm}) \qquad (4-72)$$

式中: $\boldsymbol{\Phi}_{bs,i}$ 为 $\boldsymbol{\Phi}_{bs}$ 的第 i 列, 即第 i 约束模态。则式 (4-70) 可表示为

$$\left[\,\overline{M}_{cc} + \sum_{i=1}^{s} \frac{L_i^T L_i}{m_i} \cdot \frac{\omega^2}{\omega_i^2 - \omega^2}\,\right] \ddot{x}_m(\omega) = F_m(\omega) \qquad (4-73)$$

式中: $\omega_i^2 = \lambda_{bi}$, $i = 1, 2, \cdots, s$。当界面自由度仅为一个平移运动自由度时 (其对应于输入力限制的单轴振动试验的状态), $\overline{M}_{cc}$ 为结构的总质量。将式 (4-73) 与式 (4-46) 相比较, 称 $L_i^T L_i / m_i$ 为结构第 i 阶弹性模态的模态有效质量矩阵。值得说明的是, 约束模态 $\boldsymbol{\Phi}_{bs}$ 在计算中被消去, 因此模态有效质量是结构的固有特性, 与约束模态无关。

4.7.3.3　力限制预示的半经验方法

当采用解析方法确定振动试验的力限制谱时, 需要知道在试验安装点上的平台结构源视在质量和产品驱动点视在质量数据, 这使得力限制技术的使用受到很大的限制。在 NASA-HDBK-7004 力限振动试验标准中, 给出了一种获得力限制谱的简单方法。这一方法将式 (4-45) 或式 (4-56) 中与平台结构源视在质量和产品驱动点视在质量相关的变换系数简化为

$$\frac{|Z^s(f)|}{|1 + [Z^s(f)/Z^L(f)]|} = \begin{cases} CM_0, & f < f_1 \\ CM_0(f_1/f), & f \geqslant f_1 \end{cases} \qquad (4-74)$$

式中: M_0 为试验件的总质量; f_1 为试验件的一阶共振频率; C 为与频率无关的经验系数。

对于正弦扫描振动试验, 产品界面输入力限制的幅值谱 $|F(f)|$ 可表示为

$$|F(f)| = \begin{cases} CM_0 |P_x(f)|, & f < f_1 \\ CM_0 |P_x(f)| (f_1/f), & f \geqslant f_1 \end{cases} \qquad (4-75)$$

对于随机振动试验, 产品界面输入力限制的自谱密度 $G_{FF}(f)$ 可表示为

$$G_{FF}(f) = \begin{cases} C^2 M_0^2 G_{xx}(f), & f < f_1 \\ C^2 M_0^2 G_{xx}(f)(f_1/f)^2, & f \geqslant f_1 \end{cases} \qquad (4-76)$$

半经验方法的关键问题是选择合适的经验系数 C。经验系数 C 与平台结构和产品的特性有关, 其选择一般应根据工程经验判断, 并需要参考相似结构的试验数据。一组经验数据是: 当产品质量相对于平台结构足够大时, C 可选取为 $1 \sim 1.2$; 当产品质量相对于平台结构较小时, C 应选取为 1.4 以上。

使用图 4-12 所示的简化两自由度系统模型对平台结构和产品的耦合动力

分析,可以为经验系数 C 的选取提供指导。其中,M_1、K_1 和 C_1 表示平台结构的质量、刚度和阻尼特性,M_2、K_2 和 C_2 表示产品结构的质量、刚度和阻尼特性。当非耦合情况下,两个单自由度系统的共振频率相等时,产品的响应和界面力达到最大,因此以下仅对这一特殊情况进行讨论。

此时,图 4－12 所示的简化两自由度系统的共振频率 f_c 可由下式确定:

$$\left(\frac{f_c}{f_0}\right)^2 = 1 + \frac{M_2}{2M_1} \pm \sqrt{\frac{M_2}{M_1} + \left(\frac{M_2}{2M_1}\right)^2} \tag{4-77}$$

式中:f_0 为非耦合情况下产品或平台结构单自由度系统(两者相等)的共振频率。

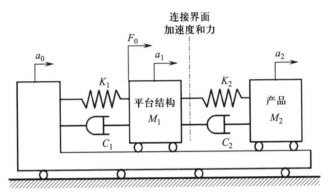

图 4－12　简化两自由度系统模型

对于随机振动试验,输入力限制谱 $G_{FF}(f)$ 可由下式确定:

$$\frac{G_{FF}(f)}{M_2^2 G_{xx}(f)} = \frac{1 + (f_c/f_0)^2/Q_2^2}{[1 - (f_c/f_0)^2]^2 + (f_c/f_0)^2/Q_2^2} \tag{4-78}$$

式中:Q_2 为非耦合情况下产品的共振放大因子。

实际的输入力限制谱 $G_{FF}(f)$ 选取式(4－78)的两个计算结果中较大的一个。图 4－13 给出了不同 Q_2 值下规格化的输入力限制谱 $G_{FF}(f)/[M_2^2 G_{xx}(f)]$(界面力谱密度除以界面加速度谱密度与负载产品质量的平方的乘积)与质量比 M_2/M_1 之间的关系曲线。

从图 4－13 可以看到,当 M_2/M_1 很小时,产品对平台结构的影响很小,规格化输入力限制谱近似为 Q_2 的平方,在实际的试验中基本上不起作用。当 M_2/M_1 较大时,规格化输入力限制谱减小,在实际的试验中将导致产品的输入加速度谱在共振频率附近下凹。其中,当 $M_2/M_1 \geqslant 0.4$ 时,规格化输入力限制谱对阻尼不敏感,但在力限制谱用于试验控制的情况下,产品输入加速度谱的下凹深度近似正比于 Q_2 的平方。当 $M_2/M_1 = 1$ 时,规格化输入力限制谱为 2.56。

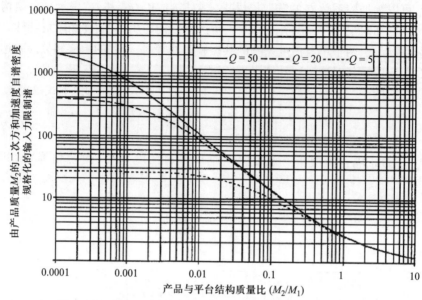

图 4 - 13　简化两自由度系统模型导出的规格化输入力限制谱

图 4 - 13 中的规格化输入力限制谱相当于式(4 - 76)中的经验系数 C^2，因此，如果已知平台结构和产品的基本特性参数，可以使用图 4 - 13 确定经验系数 C^2。在 NASA - HDBK - 7004C 中，推荐使用平台结构和产品的剩余质量作为图 4 - 12中简化两自由度系统模型的质量 M_1 和 M_2，以得到偏于保守的结果。

4.7.3.4　其他方法

对于正弦振动环境试验，可基于试验件结构的准静态设计载荷导出力限制条件。典型地，准静态设计载荷以试验件重心的加速度描述，但试验中往往难以测量重心位置上的加速度，通常将其转换成界面载荷。简单地，在转换过程中将试验件作为刚体处理，得到偏于保守的力限制条件。

早期用来进行力限制的方法是，基于界面力—界面加速度的乘积的平均值近似等于常数导出力限制条件，其实现相对简单。在 NASA - HDBK - 7005 动力学环境准则中详细描述了试验方法和步骤。

不同的力限制条件导出方法具有不同的原始数据要求和不同的力限制精确度。在上述方法中，力限制预示的解析方法通常具有最佳的力限制条件精确度，但其需要试验件和平台的驱动点视在质量数据；其中，试验件的驱动点视在质量可以在正式振动试验之前通过低量级激励测量，而平台的驱动点视在质量往往采用分析模型计算或简化假设。其他 3 种方法均不需要试验件和平台的驱动点视在质量数据。相比而言，如果能够适当地选择经验系数 C，半经验方法导出的力限制条件可以得到与力限制预示的解析方法相似的精确度。基于准静态设计载荷和界面力—界面加速度乘积所导出的力限制条件往往偏于保守。

4.7.4　试验控制

力限制方法的实现分为自动带谷方式和人工带谷方式。

现代振动试验控制系统大多具有限制控制功能,其将振动试验的实时反馈信号分为控制通道和限制通道,两者可分别设置各自的试验控制谱,其中,控制通道为试验条件规定的振动输入加速度谱,而限制通道为试验限制条件(如力限制条件)规定的限制谱。在进行振动试验时,将控制通道的反馈信号与试验条件规定的振动输入加速度谱进行比较,根据两者的误差谱,通过控制补偿算法生成或迭代修正试验驱动谱和相应的驱动时间历程,用于驱动振动台产生规定的振动输入;同时,实时监测限制通道的反馈信号,并且与试验限制条件规定的限制谱进行比较;如果限制通道的反馈信号超出限制谱,则以超出频带内两者的误差谱替代相应频带内控制通道的误差谱,通过控制补偿算法迭代修正试验驱动谱和相应的驱动时间历程,从而实现振动输入加速度谱的自动下凹。

在自动带谷方式的力限制振动试验控制中,控制通道一般采用安装在试验件连接界面上的振动加速度传感器输出作为反馈信号,其代表了试验过程中施加于试验件的振动输入加速度激励;限制通道典型地采用试验件连接界面与振动台之间的力测量装置输出作为反馈信号,其代表了试验过程中施加于试验件的界面力。如果采用其他形式的界面力测量或估计方法,限制通道采用相应的传感器输出作为反馈信号,其通常需要进行适当的变换后用于试验控制过程。

当力限制振动试验控制采用人工带谷方式时,将不再使用限制通道,而是手动修改控制通道的振动输入加速度谱,以保证试验过程中施加于试验件的振动激励不超过力限制条件。振动输入加速度谱的下凹频带和深度通常根据分析模型的预示结果确定,然而,如果可能,在试验过程中应测量或估计试验件的界面力,以验证人工带谷处理结果的合理性和有效性。

在工程应用中,经常同时采用自动带谷和人工带谷方式定义力限制条件所产生的主要带谷,其中,人工带谷的目的是,如果自动带谷失败,避免试验件的任何损伤。人工带谷设置的比预期的自动带谷更浅。因此,最终的振动输入量级由界面载荷控制的自动带谷实现。

4.7.5　特点和局限性

与输入加速度限制技术相似,输入力限制技术同样是基于相互作用等效的原则导出的,其通过控制被试产品的输入力来改善振动试验安装阻抗的模拟,以减小过试验。其通过在出现产品共振的频带上形成带谷,以在振动环境试验中考虑产品与平台结构之间的相互作用所导致的反共振效应。

输入力限制技术的优点在于:

(1)振动环境试验中出现欠试验和严重过试验的概率低。

(2)当采用半经验方法确定输入力限制谱时,可以不使用产品安装位置上的平台结构的输入源视在质量和产品的驱动点视在质量数据。

(3)能够修正产品多阶共振频率的影响。

输入力限制技术的主要局限性是:需要有试验件的实测或预示的输入力数据的支持,并且在试验过程中需要测量试验件的总输入力。

4.8 响应加速度限制方法

4.8.1 引言

响应限制方法以试验件规定位置上的振动加速度响应作为带谷处理的限制条件。一般情况下,在试验件的一个或多个关键部件位置上安装振动加速度传感器,并且规定其振动加速度响应限制条件,不同位置上可以采用相同或不同的振动加速度响应限制条件。在振动试验过程中,控制这些位置上的振动加速度响应不超过规定的限制条件,相应地,试验条件规定的振动输入加速度谱可能在相关的频带上产生下凹。

响应限制方法可以应用于正弦振动环境试验和随机振动环境试验。在两类振动环境试验中,响应限制条件的形式和导出方法有所不同。对于采用响应限制方法的带谷振动环境试验,作为限制条件的结构振动响应加速度谱应与用于振动控制的基础输入加速度谱具有相同的谱类型和频率范围。即对于正弦振动环境试验,响应限制条件的加速度谱应采用幅值谱形式;对于随机振动环境试验,响应限制条件的加速度谱应采用功率谱密度形式。

采用响应限制方法的带谷振动环境试验一般包括:

(1)预示预期使用过程中试验件关键位置上的振动响应。通常可以通过以往的实测数据或分析模型预示振动响应;在某些情况下,可能采用关键位置上所安装的仪器设备的振动环境设计条件作为限制条件。

(2)在试验过程中测量这些关键位置上的振动响应。

(3)在关键共振频率上对试验条件规定的振动输入加速度谱进行带谷处理,使得这些关键位置上实测的振动响应不超过预示的限制条件。

4.8.2　响应加速度限制原理

对于随机振动环境试验,振动环境试验条件规定的输入加速度的自谱密度为 $G_{xx}(f)$。假定 $G_{xx}(f)$ 是从未安装产品的平台结构的最大期望振动环境导出的。

随机振动环境试验时,在试验夹具的产品(试验件)安装点附近安装一个加速度传感器,用于测量和控制作用于产品的输入加速度;在产品上规定的响应监测点上安装另一个传感器,用于测量产品的响应加速度。假定输入加速度与响应加速度之间的传递函数为 $H(f)$,当振动控制点达到规定的输入加速度的自谱密度 $G_{xx}(f)$ 时,产品上响应监测点的输出加速度的自谱密度 $G_{rr}(f)$ 为

$$G_{rr}(f) = |H(f)|^2 G_{xx}(f) \qquad (4-79)$$

在产品的响应监测点上,假定规定的响应加速度限制的自谱密度为 $\overline{G}_{rr}(f)$。对于使用响应加速度限制技术的随机振动环境试验控制,要求在试验激励过程中始终满足下列条件:

$$G_{rr}(f) \leqslant \overline{G}_{rr}(f) \qquad (4-80)$$

当产品的输入加速度为规定的自谱密度 $G_{xx}(f)$ 时,在响应监测点上,由于共振放大影响,在产品共振频率附近的频带上可能不能满足上述条件。在这种情况下,达到这一要求的条件是,在不满足式(4-80)的频带上,用式(4-81)计算的自谱密度 $G_{xxm}(f)$ 代替 $G_{xx}(f)$:

$$G_{xxm}(f) = \overline{G}_{rr}(f) / |H(f)|^2 \qquad (4-81)$$

因此,在控制原理上,响应加速度限制技术与输入加速度限制技术是一致的,即在产品的共振频率附近形成下凹,从而降低产品的安装点上在产品的共振频率附近所达到的振动输入量级。

与输入加速度限制技术不同的是,响应加速度限制技术并不直接测量产品的传递函数 $H(f)$ 或幅频响应函数 $|H(f)|$,也不直接计算修正后的自谱密度 $G_{xxm}(f)$,而是通过振动控制系统修正振动台的驱动信号实现。

当采用输入加速度控制方法进行随机振动环境试验时,对于试验条件规定的输入加速度的自谱密度 $G_{xx}(f)$,振动台驱动信号的自谱密度 $G_{ddx}(f)$ 通过式(4-82)得到

$$G_{ddx}(f) = G_{xx}(f) / |H_{xd}(f)|^2 \qquad (4-82)$$

式中:$H_{xd}(f)$ 为振动控制系统的驱动通道与产品的输入加速度控制点(试验控制点)之间的传递函数。

而振动台驱动信号的驱动谱(幅值谱)$|D_x(f)|$ 为

$$|D_x(f)| = \sqrt{G_{xx}(f)} / |H_{xd}(f)| \qquad (4-83)$$

振动控制系统根据驱动谱$|D_x(f)|$和随机化的相位生成驱动信号的时间历程$d_x(t)$。实际上,考虑到控制误差,驱动谱$|D_x(f)|$应根据规定的自谱密度$G_{xx}(f)$与实测的自谱密度$\hat{G}_{xx}(f)$之间的误差进行迭代修正。

当考虑响应加速度限制时,可以根据响应加速度限制的自谱密度$\overline{G}_{rr}(f)$得到另一个驱动谱$|D_r(f)|$:

$$|D_r(f)| = \sqrt{G_r(f)} / |H_{rd}(f)| \qquad (4-84)$$

式中:$H_{rd}(f)$为振动控制系统的驱动通道与产品的响应加速度监测点之间的传递函数。

根据两个驱动谱$|D_x(f)|$和$|D_r(f)|$,可以生成一个新的驱动谱$|D(f)|$:

$$|D(f)| = \min\{D_x(f), D_y(f)\} \qquad (4-85)$$

振动控制系统根据新的驱动谱$|D(f)|$和随机化的相位生成驱动信号的时间历程$d(t)$。使用驱动信号$d(t)$驱动振动台,就可以满足响应加速度限制的要求。

实际上,当采用响应加速度限制技术时,在被试的产品上可以选择多个响应加速度监测点,并且在每个响应加速度监测点上,可以各自设置用于响应加速度限制的自谱密度。

对于正弦扫描振动环境试验,响应加速度的限制方法与随机振动试验相似,只是输入加速度控制点和响应加速度监测点上的试验条件由随机振动的自谱密度改为正弦扫描振动的幅值谱。

4.8.3 试验控制

响应限制方法通常采用现代振动试验控制系统的限制控制功能实现,一般采用自动带谷方式。其中,控制通道一般采用安装在试验件连接界面上的振动加速度传感器输出作为反馈信号,其代表了试验过程中施加于试验件的振动输入加速度激励;限制通道一般采用试验件关键仪器设备安装位置上的振动加速度传感器输出作为反馈信号,并且设置为试验限制条件规定的振动加速度幅值谱或加速度功率谱密度。如果适用,可采用部件的振动环境设计条件或试验条件(如鉴定条件)作为限制谱。对于低频正弦振动,可采用关键仪器设备的准静态设计载荷导出振动加速度响应的限制条件。

当试验件上包含多个关键位置时,原则上,每个位置上的振动加速度传感器输出作为一个独立的限制通道,并且设置相应的振动加速度响应限制谱,在振动试验过程中,分别判断各个限制通道的信号是否超过各自的限制条件,并且进行相应的驱动信号修正。然而,如果所考虑的关键位置数量过多,超出了振动试验控制系统的能力限制时,可能需要通过预试验评估振动输入与各个关键位置的振动响应之间的传递函数(频率响应函数),筛选出真正起到振动响应限制作用的位置。如果需要,可以通过振动输入加速度谱的适当人工带谷处理以实现大多数关键位置的振动响应不超过其响应限制条件。

4.8.4　特点和局限性

响应加速度限制技术同样是基于相互作用等效的原则导出的,其通过控制被试产品的响应来改善振动试验安装阻抗的模拟,以减小过试验。响应加速度限制技术通过实时闭环反馈控制方法自动在出现产品共振的频带上形成带谷,以在振动环境试验中考虑产品与平台结构之间的相互作用所导致的反共振效应。

响应加速度限制技术的优点在于:

(1)不需要使用产品的驱动点视在质量数据,因此,试验时不需要考虑产品的特性。

(2)不需要使用产品安装位置上的平台结构的输入源视在质量数据,因此,试验时不需要考虑产品的使用平台类型和特性。

(3)能够修正产品多阶共振频率的影响。

(4)可以在试验件安装界面附近安装多个加速度传感器,用于作为振动试验控制点的反馈传感器,通过这些传感器反馈信号的多点平均值控制、多点最大值控制或多点最小值控制,以考虑试验中产品安装界面上的加速度不均匀性的影响,从而可适用于尺寸较大的产品。

响应加速度限制技术的主要局限性是:需要有试验件上关键位置的实测或预示的响应加速度数据的支持。如果缺乏足够的实测振动响应数据,响应限制条件通常基于试验件与平台动力学分析模型的耦合动力学分析得到。然而,振动响应的分析预示结果取决于分析模型和激励函数的准确性,在许多情况下,预示精度往往是令人怀疑的,特别是在较高的频率上。

此外,对于系统级试验件,关键位置的数量可能相当大。尽管在理论上可以对每个关键位置均设置各自的振动响应限制条件,然而,在实践中往往存在困难。一方面,并非所有位置都容易安装振动加速度传感器;另一方面,数量过多的振动响应限制条件(即使是相同的限制条件)往往可能导致显著的欠试验,使得试验控制策略的定义变得极为复杂。

4.9 参考文献

［1］MIL-STD-810G Working Group. Environmental Engineering Considerations and Laboratory Tests［S］. MIL-STD-810G. Department of Defense Test Method Standard. 2014.

［2］NASA. Dynamic Environmental Criteria［S］. NASA-HDBK-7005. NASA Technical Standards Program Office. 2001.

［3］ECSS Secretariat. Space Engineering, Spacecraft Mechanical Loads Analysis Handbook［S］. ECSS-E-HB-32-26A. Netherlands：ESA Requirements and Standards Division. 2013.

［4］NASA. Force Limited Vibration Testing［S］. NASA-HDBK-7004C. NASA Technical Standards Program Office. 2012.

［5］Scharton T D. Force Limited Vibration Testing Monograph［S］. NASA-RP-1403. 1997.

［6］Piersol A G, Paez T L.Harris' Shock and Vibration Handbook［M］. 6th Edition, McGraw-Hall. 2010.

［7］Salvignol J C, Brunner O. A New Force Measurement Device for Spacecraft Testing［J］. ESA Bulletin. No. 105. European Space Agency. 2001.

［8］Smallwood D O. Shaker Force Measurements Using Voltage and Current［M］. SAND96-1354C. 1996.

［9］Rice C E, Buehrle R D. Validation of Force Limited Vibration Testing at NASA Langley Research Center［S］. NASA-TM-2003-212404. USA. 2003.

［10］Samford R M, Wada B K, Gayman W H. Equivalent Spring-Mass System for Normal Modes［S］. NASA-CR-116825. USA. 1971.

第 5 章 振动激励设备

5.1 电动式振动台

5.1.1 引言

电动式振动台也称为电动式激振器,其由恒定磁场和位于磁场中通过一定交变电流的线圈的相互作用所产生的电磁力来产生机械振动加载。在振动试验中所用的电动式振动台基本上采用励磁线圈产生恒定磁场,需要一个带有励磁电源的功率放大器以及冷却装置。图 5 - 1 是电动式振动台的典型原理图。在性能参数范围内,电动式振动台可以产生任意波形的振动激励。

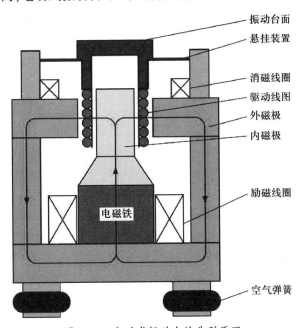

图 5-1 电动式振动台的典型原理

与电液式振动台相比,电动式振动台的最大特点是频率范围宽,其频率上限一般可达到 2000 Hz 以上,适合于航空航天零部件和设备的试验应用。

5.1.2 电动式振动台的基本参数

电动式振动台的主要性能参数包括:

1. 最大动态推力 F_m

电动式振动台的动态推力分为正弦推力、随机推力和冲击推力。

正弦推力以峰值表示,是电动式振动台的标称规格,其计算公式为

$$F_m = BlI_m \qquad\qquad (5-1)$$

式中:B 为电动式振动台气隙的磁感应强度;l 为动圈导线的有效长度;I_m 为动圈中通过的最大电流。

正弦推力主要取决于电动式振动台的电气参数和配套的功率放大器的输出特性以及两者之间的匹配程度。

实际应用中,电动式振动台的最大正弦推力一般由无负载情况下实测的台面最大振动加速度峰值导出,即

$$F_m = m_0 a_m \qquad\qquad (5-2)$$

式中:m_0 为电动式振动台运动部件的等效质量;a_m 为台面最大振动加速度峰值。

随机推力以均方根值表示,计算公式仍为式(5-1),其中,I_m 为动圈中通过的最大均方根值电流。电动式振动台的最大随机推力与配套的功率放大器类型密切相关。

实际应用中,电动式振动台的最大随机推力一般由带有额定刚性负载情况下实测的台面最大振动加速度均方根值导出,计算公式仍为式(5-2),其中,a_m 为台面振动加速度的最大均方根值。

采用上述方法得到的最大随机推力与测试谱型和负载质量有关。ISO 5344 建议采用图 5-2 所示的加速度自谱密度和 2 倍于运动部件等效质量的额定刚性负载进行测试。一些电动式振动台制造商采用 20~2000 Hz 带宽内的平直加速度自谱密度测试最大随机推力,负载质量为运动部件等效质量的 1~4 倍。不同的测试条件导致同一电动式振动台所给出的最大随机推力不同,使用时应当注意。

电动式振动台具有各种不同规格的标准产品,最大正弦推力一般为 400 N~200 kN。

2. 最大负载质量 m_{Lmax}

对于垂直使用的电动式振动台,负载质量对电动式振动台的动圈组件产生一个轴向的静态载荷。如果电动式振动台没有设置专门的静态载荷平衡装置,则这一载荷将导致动圈偏离平衡位置,使得电动式振动台可用的振动位移降低,

负载质量较大时,将导致电动式振动台机械限位。

电动式振动台一般设置专门的垂直载荷支承装置以平衡重力的影响。垂直载荷支承装置大多采用空气弹簧支承,少数类型的电动式振动台在动圈组件中输入一个直流电流以产生一个平衡负载重力的静态力,但后一种方式将降低振动台可用的动态推力。因此,最大负载质量 m_{Lmax} 主要取决于垂直载荷支承装置的承载能力。

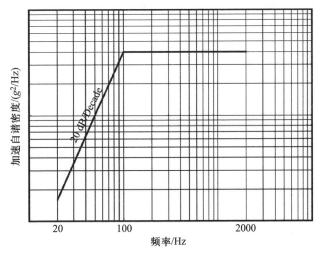

图 5-2 ISO 建议的最大随机推力测试用加速度自谱密度

3. 最大抗倾覆力矩 M

电动式振动台的最大抗倾覆力矩 M 主要取决于导向装置的结构和参数。

电动式振动台的导向装置主要有两类:一类采用自润滑直线轴承或滚珠式直线轴承导向;另一类采用静压直线轴承导向。显然,后者具有更大的抗倾覆力矩能力,一般用于大推力电动式振动台。

4. 最大振动位移 D

电动式振动台的最大振动位移 D 取决于电动式振动台悬挂装置设计容许的最大变形。由于悬挂装置疲劳强度的影响,在进行冲击试验和随机振动试验时,电动式振动台可达到的最大振动位移可以比进行连续正弦振动试验时增大约 25%。

对于正弦振动,电动式振动台典型的最大振动位移 D 为 ±19 mm 和 ±25 mm。

5. 最大振动速度 V

电动式振动台的最大振动速度 V 主要取决于功率放大器的最大输出功率,其近似计算公式为

$$V = \frac{2W_m}{F_m} \qquad (5-3)$$

式中：W_m 为功率放大器的最大输出功率。

大多数电动式振动台的最大振动速度在 1.4~2.0 m/s 的范围内。

6. 最大振动加速度 a_m

电动式振动台的最大振动加速度 a_m（对于正弦振动和冲击为峰值，对于随机振动为均方根值）决取决于最大动态推力 F_m 和负载特性。对于质量负载，最大振动加速度 a_m 为

$$a_m = \frac{F_m}{m_0 + m_L} \qquad (5-4)$$

式中：m_0 为电动式振动台运动部件的等效质量；m_L 为负载的等效运动质量。

通常，电动式振动台的规格给出正弦振动条件下空载最大振动加速度（$m_L = 0$）和随机振动条件下额定负载的最大振动加速度均方根值（一般 $m_L \geqslant m_0$）。

7. 可用频率范围

电动式振动台的可用频率范围用频率下限 f_d 和频率上限 f_u 表示。

电动式振动台的可用频率下限 f_d 主要取决于运动部件的悬挂频率以及台体隔振装置的共振频率。电动式振动台的频率下限典型为 2~5 Hz。

电动式振动台的可用频率上限 f_u 主要取决于运动部件的共振频率和阻尼比。电动式振动台的频率上限一般为 2000~3000 Hz；小推力电动式振动台的频率上限更高，可达到 4000 Hz 以上。

8. 波形失真度

电动式振动台的波形失真度采用加速度波形失真度，一般在单频正弦振动和无负载条件下测量。影响波形失真度的主要因素有：悬挂装置的非线性刚度、工作气隙的磁感应强度均匀性等。当台面上安装有负载时，负载动特性将影响波形失真度。

对于空载情况，频率大于 20 Hz 时，加速度波形失真度小于 10%。

9. 加速度均匀度 N_a

电动式振动台的加速度均匀度 N_a，应为台面上各点的振动加速度幅值相对于台面中心点振动加速度幅值最大偏差的绝对值与中心点振动加速度幅值之比，常用下式计算：

$$N_a = \frac{|\Delta a_{max}|}{a_0} \times 100\% \qquad (5-5)$$

式中：a_0 为同次测量中台面中心点的振动加速度幅值；Δa_{max} 为同次测量中台面上各点的振动加速度幅值相对于台面中心点振动加速度幅值的最大偏差。

加速度均匀度与动圈结构尺寸、台面的弯曲振动模态以及动圈组件的悬挂和导向装置的结构特性等有关。当台面上安装有负载时,负载动特性将影响加速度均匀度。

在空载情况下,加速度均匀度应小于 25%。

10. 横向振动比 T_a

电动式振动台的横向振动比 T_a 定义为台面的测量点(通常为中心点)上垂直于主振方向的振动加速度与主振方向上的振动加速度之比,常用下式计算:

$$T_a = \frac{\sqrt{a_y^2 + a_z^2}}{a_x} \times 100\% \qquad (5-6)$$

式中:a_x 为沿台面主振方向上的振动加速度幅值;a_y 和 a_z 分别为垂直于主振方向的两个正交方向上的振动加速度幅值。

电动式振动台的横向振动比与动圈组件的悬挂和导向装置的结构特性以及动圈结构的模态特性等有关。当台面上安装有负载时,负载动特性将增大横向振动比。

在空载情况下,横向振动比应小于 25%。

11. 本底噪声加速度

电动式振动台的本底噪声加速度主要受到功率放大器信噪比、直流励磁电源纹波的影响。当负载质量增大时,本底噪声加速度通常会降低。

从使用角度考虑,在空载情况下,电动式振动台的本底噪声加速度峰值应不大于 $0.1g$。

12. 台面漏磁

电动式振动台在气隙中建立磁通的同时,也在台面上产生了漏磁场。台面上漏磁场的强度取决于电动式振动台的磁路和运动部件的结构形式等。通常在振动台中设置消磁线圈以减小台面上的漏磁场强度。

在台面上方的不同位置上,漏磁场强度不同。一般选择距台面高度为台面直径的 1/4 处的平面的漏磁场强度作为台面漏磁的标称值。

台面漏磁影响一些带有对磁场敏感器件(如线圈)的产品的试验结果,从使用角度考虑,电动式振动台的台面漏磁一般应不大于 1.5 mT。一些消磁设计较好的电动式振动台,台面漏磁可达到 0.6 mT 以下,甚至低到 0.3 mT。

5.1.3　电动式振动台的性能

电动式振动台具有优异的中高频性能,其极限性能曲线如图 5-3 所示,可以看到:

(1)在$f_d \leqslant f \leqslant f_1$的频率范围内,电动式振动台的振动性能受到运动部件设计容许的最大行程的限制。因此,极限性能曲线在频率范围$[f_d, f_1]$内为等位移线。

(2)在$f_1 \leqslant f \leqslant f_2$的频率范围内,电动式振动台的振动性能受到最大速度的限制。因此,极限性能曲线在频率范围$[f_1, f_2]$内为等速度线。

(3)在$f_2 \leqslant f \leqslant f_u$的频率范围内,电动式振动台的振动性能受到最大动态推力的限制,对于刚性负载,最大加速度正比于最大动态推力。因此,极限性能曲线在频率范围$[f_2, f_u]$内为等加速度线,其数值与负载质量有关。

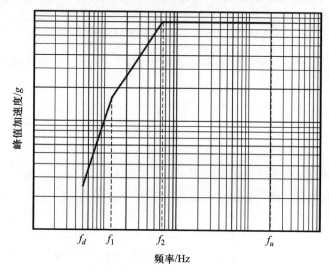

图 5 - 3 电动式振动台的极限性能曲线

极限性能曲线各转折点的频率如下:

$$f_1 = \frac{1}{2\pi} \cdot \frac{V}{D} \tag{5-7}$$

$$f_2 = \frac{1}{2\pi} \cdot \frac{a_m}{V} = \frac{1}{2\pi} \cdot \frac{F_m}{(m_0 + m_p)V} \tag{5-8}$$

可以看到:转折频率f_1与负载质量无关,而转折频率f_2与负载质量有关。

上述极限性能曲线的讨论是基于刚性试验负载的假设,并且对电动式振动台的性能进行了简化处理。这一极限性能曲线通常作为振动环境试验选用电动式振动台的参考。

对于电动式振动台的试验控制,需要考虑振动台动圈的驱动电流或驱动电压与振动台台面的振动加速度输出之间的传递特性(频率响应特性)。在工程应用中,通常采用两种方式描述电动式振动台的传递特性:

（1）电流—加速度传递函数的幅频特性 $|H_I(f)|$，其在保持振动台动圈中的驱动电流幅值不变的条件下，通过改变驱动电流的频率，测试振动台台面输出的振动加速度幅值。

（2）电压—加速度传递函数的幅频特性 $|H_V(f)|$，其在保持作用于振动台动圈两端的驱动电压幅值不变的条件下，通过改变驱动电压的频率，测试振动台台面输出的振动加速度幅值。

电流—加速度幅频特性 $|H_I(f)|$ 和电压—加速度幅频特性 $|H_V(f)|$ 与安装在电动式振动台台面上的试验负载特性有关。在刚性试验负载的条件下，典型的电动式振动台传递函数幅频特性曲线 $|H_I(f)|$ 和 $|H_V(f)|$ 如图 5-4 所示，其中，m_0、m_{10} 和 m_{40} 分别代表了空载、最大正弦振动加速度幅值为 $10g$ 的刚性试验负载和最大正弦振动加速度幅值为 $40g$ 的刚性试验负载的测试条件。在图 5-4(a) 中，幅频特性曲线 $|H_I(f)|$ 的峰值 1 和峰值 2 分别对应于振动台运动部件（如适用，包括刚性试验负载）的悬挂频率和结构共振频率；随着刚性试验负载的质量增大，运动部件的悬挂频率和结构共振频率降低。在图 5-4(b) 中，幅频特性曲线 $|H_V(f)|$ 仅出现受运动部件结构共振频率影响的峰值 2。

在振动环境试验中，安装在电动式振动台台面上的试验负载通常为弹性试验件。试验件的固有振动特性（结构振动模态）将改变电动式振动台的电流—加速度幅频特性 $|H_I(f)|$ 和电压—加速度幅频特性 $|H_V(f)|$。与图 5-4 相比，弹性试验件将使得 $|H_I(f)|$ 和 $|H_V(f)|$ 曲线产生更多的峰和谷，其中，在试验件的结构振动模态频率上，$|H_I(f)|$ 和 $|H_V(f)|$ 曲线将出现代表反共振的谷。弹性试验件导致的峰和谷将增大 $|H_I(f)|$ 和 $|H_V(f)|$ 曲线的动态范围，从而增加电动式振动台的试验控制难度，特别地，如果弹性试验件导致 $|H_I(f)|$ 和 $|H_V(f)|$ 曲

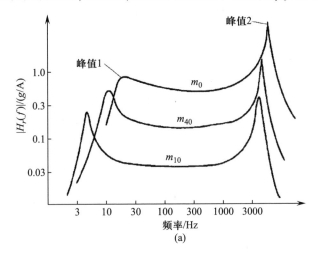

(a)

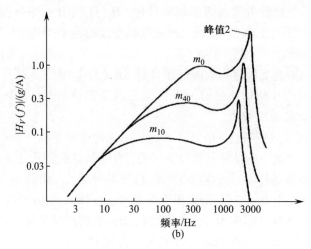

图 5 - 4　典型的电动式振动台传递函数幅频特性曲线
（a）电流—加速度传递函数的幅频特性曲线；
（b）电压—加速度传递函数的幅频特性曲线。

线产生深谷，将使得这一频率上可达到的振动加速度幅值显著地降低。

尽管传递函数幅频特性 $|H_I(f)|$ 和 $H_V(f)|$ 通常采用正弦信号测试，其适用于随机振动试验。在工程应用中，选用 $|H_I(f)|$ 或 $|H_V(f)|$ 取决于与振动台相匹配的功率放大器的输出特性。

5.1.4　电动式振动台的结构和控制

电动式振动台一般由台体、功率放大器以及冷却装置（风机或水冷装置）组成。只有小推力的永磁式振动台采用自然冷却方式，不带冷却装置。

电动式振动台台体的主要部件包括磁钢体和励磁线圈、运动部件（动圈组件）、悬挂和导向装置、垂直支撑装置、消磁线圈、隔振装置、支架等。其典型结构如图 5 - 5 所示。

磁钢体和励磁线圈构成了电动式振动台的电磁铁磁路，在直流励磁电源作用下，在工作气隙中产生恒定的磁场。电动式振动台中使用的电磁铁磁路主要有三种形式（图 5 - 6）：

（1）单气隙单磁路结构，由一个励磁线圈、上磁极板、下磁极板、磁壁和中心磁极组成，工作气隙位于上磁极板与中心磁极之间；

（2）单气隙双磁路结构，由两个励磁线圈、上磁极板、中磁极板、下磁极板、磁壁和中心磁极组成，工作气隙位于中磁极板与中心磁极之间；

（3）双气隙磁路结构，由一个励磁线圈、上磁极板、下磁极板、磁壁和中心磁极组成,两个工作气隙分别位于上磁极板与中心磁极和下磁极板与中心磁极之间。

其中,单气隙双磁路结构具有气隙磁场强度高、漏磁小的特点,是电动式振动台设计中使用最广泛的电磁铁磁路。

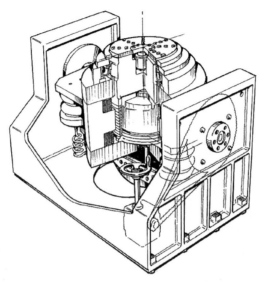

图 5-5 电动式振动台台体的典型结构

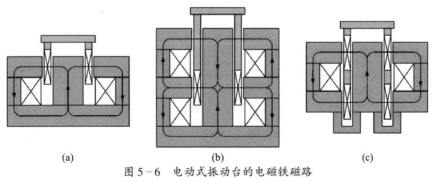

(a) (b) (c)

图 5-6 电动式振动台的电磁铁磁路

(a)单气隙单磁路;(b)单气隙双磁路;(c)双气隙磁路。

运动部件(动圈组件)一般由驱动线圈(动圈)、动圈骨架(绕线壁筒)和台面结构组成(图 5-7(a)),是电动式振动台的关键部件,在很大程度上决定了电动式振动台的技术性能。在工作气隙中的磁感应强度恒定的情况下,电动式振动台的推力主要取决于动圈的匝数和线圈通过的电流。为了减轻运动部件的质量,动圈一般使用铝线绕制,并且采用比刚度大的轻合金材料(如铝、镁合金)或复合材料(如碳纤维增强环氧树脂基复合材料)制造动圈骨架。同样,台面结构也应采用比刚度大的轻合金材料或复合材料制造。

美国 UD 公司所制造的感应式振动台采用了另一种设计思想,其驱动线圈不是安装在运动部件上,而是固定在气隙磁场中。在运动部件上对驱动线圈相对应的位置,安装一个短路环,通过与驱动线圈之间的互感效应产生感应电流,从而产生电动式振动台的推力(图 5-7(b))。与传统形式的电动式振动台相比,感应式振动台的运动部件结构简单、强度高、质量小,但低频性能受互感特性的影响,推力衰减较大。

(a)   (b)

图 5-7　电动式振动台的运动部件

(a)常规振动台;(b)感应式振动台。

电动式振动台的励磁线圈、驱动线圈以及短路环在工作过程中存在着严重的发热现象,因此,需要采用强制冷却措施以保证振动台正常工作。电动式振动台的强制冷却方法主要包括风冷方法和水冷方法。风冷方法的散热效率较低,主要用于推力在 60 kN 以下的振动台;水冷方法的散热效率高,主要用于推力在 80 kN 以上的振动台。

悬挂和导向装置的作用是将运动部件柔性悬挂在气隙磁场中,并且约束运动部件,使得其在气隙磁场中进行一维轴向运动。悬挂和导向装置实际上是由运动部件上端的柔性悬挂装置和运动部件下端的直线导向装置两部分组成的,其特性直接影响电动式振动台的横向振动比和抗倾覆力矩能力。柔性悬挂装置有多种结构形式,主要使用的有:板式弹簧悬挂装置、U 型弹簧悬挂装置、摇臂结构悬挂装置、滚臂结构悬挂装置、滚轮结构悬挂装置等。对于柔性悬挂装置的基本要求是:在运动方向具有较大的位移和尽可能小的约束刚度,在非运动方向(侧向和扭转方向)具有尽可能大的约束刚度。直线导向装置主要包括直线滚珠轴承导向装置、直线自润滑轴承导向装置和液体静压轴承导向装置。其中,液体静压轴承导向装置的性能最好,但价格高,一般用于大推力的电动式振动台。

电动式振动台的功率放大器主要用于将输入的激振电压信号进行功率放大后输出到驱动线圈,以推动运动部件产生规定的推力或振动加速度。为了得到高效率的电—力转换,功率放大器的电压和电流输出(或输出阻抗)应与驱动线圈的输入阻抗相匹配。通常,根据设计的不同,驱动线圈有高电压、低电流和低电压、高电流两种类型,为了实现阻抗匹配,必要时应采用输出变压器改变功率放大器的输出阻抗特性。功率放大器的一个重要特性是输出电流的峰值因数,即输出电流峰值与输出电流均方根值之比,其直接影响电动式振动台可以实现的随机推力。现代的电动式振动台一般采用基于 MOSFET 或 IGBT 技术的开关式功率放大器,其随机均方根值推力可以达到与正弦峰值推力相当的水平。

通常,在功率放大器内,还内置有驱动励磁线圈的直流电源(励磁电源)以及驱动消磁线圈的直流电源(消磁电源)。为了达到理想的消磁效果,消磁电源的输出电流最好是可调的。

电动式振动台本身是开环的,为了实现规定的振动试验条件,需要采用振动控制器进行闭环控制。用于振动试验的电动式振动试验系统的典型配置如图 5-8 所示。

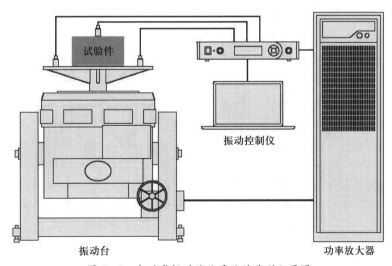

图 5-8　电动式振动试验系统的典型配置图

5.2 电液式振动台

5.2.1 引言

电液式振动台也称为电液式激振器,是一个带有电液伺服阀的液压作动器(一般称为电液伺服作动器组件),并且需要一个液压源和伺服控制器。图 5-9 是电液式振动台的典型原理图。图中,电液伺服阀既是电—机转换元件,又是功率放大元件,其性能直接影响电液式振动台的工作特性。大部分电液式振动台使用大流量电液伺服阀,一般由先导级和功率级组成,功率级一般为四通滑阀,并且带有位置电反馈。常用的电液伺服阀包括双喷嘴挡板三级流量伺服阀和动圈式两级流量伺服阀。

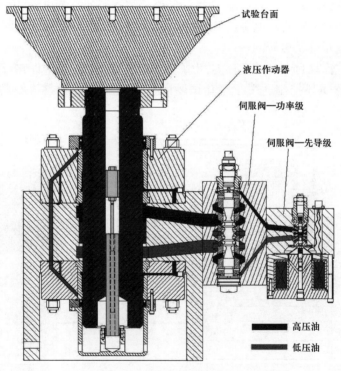

图 5-9 电液式振动台的原理

电液式振动台一般采用双作用对称液压作动器,典型的液压作动器结构如图 5-10 所示。液压作动器的活塞在电液伺服阀控制的液压油作用下产生线振动,通过活塞杆对试验件施加振动激励。为了消除横向运动分量和减小侧向力的影响,活塞杆采用非金属自润滑低摩擦支承导向装置或静压支承导向装置。

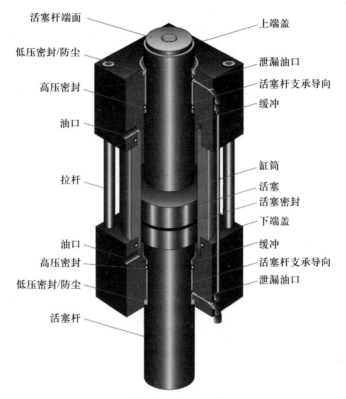

左侧标注(从上到下):
活塞杆端面
低压密封/防尘
高压密封
油口
拉杆
油口
高压密封
低压密封/防尘
活塞杆

右侧标注(从上到下):
上端盖
泄漏油口
活塞杆支承导向
缓冲
缸筒
活塞
活塞密封
下端盖
缓冲
活塞杆支承导向
泄漏油口

图 5 - 10　典型的电液伺服作动器结构

　　电液式振动台容易实现大推力和长行程,在性能参数范围内,可以产生任意波形的振动激励。用于单轴振动环境试验的电液式振动台一般是在电液伺服作动器组件的活塞杆上安装一个试验台面,以实现对试验件的基础运动激励。由于电液伺服作动器组件的结构尺寸较小,因此,有利于组合成各种类型的多轴和多点振动激励设备。目前国际上已经投入使用的多轴和多点振动激励设备中,大多数为电液式振动台。

5.2.2　电液式振动台的基本参数

　　电液式振动台的主要性能参数包括:

　　1. 最大动态推力 F_m

　　电液式振动台的推力分为静态推力和动态推力。其中,最大静态推力 F_s 取

决于液压作动器活塞的有效面积和液压源的工作压力,即

$$F_s = A_p(p_s - p_r) \tag{5-9}$$

式中:A_p 为液压作动器活塞的有效面积;p_s 为供油压力;p_r 为回油压力。

最大动态推力 F_m 取决于最大静态推力 F_s 和负载特性。在实际应用中,一般取最大静态推力 F_s 的 2/3 作为电液式振动台的最大动态推力 F_m,这是一个偏于保守的指标选取方法。

电液式振动台有各种不同规格的标准产品,其最大动态推力一般为 10 ~ 1000 kN。具有更大动态推力的电液式振动台也可专门定制。

2. 最大负载质量 m_{Lmax}

对于垂直使用的电液式振动台,负载质量对液压作动器的活塞产生一个轴向的静态载荷,如果液压作动器没有设置专门的静态载荷平衡装置,则这一载荷将由电液式振动台的推力予以平衡,其导致电液式振动台可用的最大动态推力降低。从保证电液式振动台具有足够的可用动态推力和伺服控制精度的角度,一般将最大负载质量 m_{Lmax} 限定为其产生的重力不超过最大动态推力 F_m 的 20%。

当负载质量较大时,一般在液压作动器上设置专门的静态载荷平衡装置以平衡重力的影响。在这种情况下,最大负载质量 m_{Lmax} 主要取决于静态载荷平衡装置的承载能力。通常,静态载荷平衡装置的最大承载能力可达到液压作动器最大动态推力 F_m 的 50% ~ 70%。

当电液式振动台带有试验台面时,负载质量实际上是由活塞与试验台面的质量 m_0 和试验件的质量 m_L 叠加而成的,其容许的最大试验件质量等于最大负载质量 m_{Lmax} 减去活塞与试验台面的质量 m_0。在工程应用中,经常将容许的最大试验件质量定义为电液式振动台的最大负载质量。

3. 最大抗倾覆力矩 M

电液式振动台的最大抗倾覆力矩 M 主要取决于液压作动器的导向结构形式、活塞杆直径和工作行程。

与自润滑直线轴承导向相比,采用静压直线轴承导向的液压作动器具有更大的最大抗倾覆力矩 M。增大活塞杆直径和减小工作行程,将增加最大抗倾覆力矩 M。

通过在设计中增加辅助导向装置,可以提高电液式振动台的最大抗倾覆力矩 M。

4. 最大振动位移 D

电液式振动台的最大振动位移 D 取决于液压作动器的工作行程,为液压作动器工作行程的 1/2。

电液式振动台可以产生较大的振动位移,典型的最大振动位移 D 为 $\pm 25 \sim \pm 250$ mm。

5. 最大振动速度 V

电液式振动台的最大振动速度 V 取决于液压作动器活塞的有效面积、电液伺服阀和液压源的额定流量,即

$$V = \frac{Q_{\mathrm{m}}}{A_{\mathrm{p}}} \tag{5-10}$$

式中:Q_{m} 为电液伺服阀或液压源的最大流量。

大多数电液式振动台的最大振动速度在 $0.5 \sim 1.25$ m/s 的范围内。

6. 最大振动加速度 a_{m}

电液式振动台的最大振动加速度 a_{m} 取决于最大动态推力 F_{m} 和负载特性。对于质量负载,最大振动加速度 a_{m} 为

$$a_{\mathrm{m}} = \frac{F_{\mathrm{m}}}{m_0 + m_{\mathrm{L}}} \tag{5-11}$$

式中:m_0 为液压作动器活塞和试验台面的等效运动质量;m_{L} 为试验负载的等效运动质量。

通常,电液式振动台的规格给出空载最大振动加速度($m_{\mathrm{L}} = 0$)和满载最大振动加速度($m_{\mathrm{L}} = m_{\mathrm{Lmax}}$)。

对于随机振动,振动加速度的均方根值是最大振动加速度的 1/3。

7. 可用频率范围

电液式振动台的可用频率范围用频率下限 f_{d} 和频率上限 f_{u} 表示。理论上,电液式振动台的频率下限 f_{d} 可以达到直流;然而,采用加速度反馈控制时,实际可达到的频率下限取决于加速度传感器的分辨率。

由于电液式振动台原理和结构的限制,频率上限 f_{u} 一般较低。大多数电液式振动台的频率上限为 $100 \sim 200$ Hz;少数类型的电液式振动台的频率上限可达到 500 Hz 以上,但高频的波形失真度很大。

一般,随着电液式振动台的推力和振动位移增加,可用的频率上限 f_{u} 下降。电液式振动台的频率上限也与伺服控制器采用的闭环控制方法有关,采用动压反馈补偿或加速度反馈补偿可提高频率上限。

8. 波形失真度

电液式振动台的波形失真度包括位移波形失真度和加速度波形失真度,一般在单频正弦振动和刚性负载条件下测量。影响波形失真度的主要因素有:活塞的滑动摩擦、电液伺服阀的非线性流量特性、供油和回油的压力脉动等。当负载质量增大时,波形失真度通常会降低。

位移波形失真度主要用于 50 Hz 以下,电液式振动台的位移波形失真度可达到5%以下。加速度波形失真度主要用于 10 Hz 以上,电液式振动台的加速度波形失真度一般不大于 10%。

9. 横向振动

电液式振动台的横向振动与液压作动器的导向结构形式、活塞杆直径、工作行程以及负载特性等有关。对于空载情况,横向振动典型地小于 10%。

10. 本底噪声加速度

电液式振动台的本底噪声加速度主要受到供油和回油的压力脉动、电液伺服阀抖动信号、活塞摩擦力变化和伺服控制硬件与算法的影响。当负载质量增大时,本底噪声加速度通常会降低。

从使用角度考虑,在空载情况下,电液式振动台的本底噪声加速度应比最大振动加速度小 45 dB 以上。

5.2.3　电液式振动台的性能

电液式振动台具有优异的低频性能,频率下限可以达到直流,然而,高频特性受到自身特性的限制,可用的频率上限一般较低。影响电液式振动台频率上限的主要因素包括:

(1)液压作动器的油柱共振;

(2)电液伺服阀的频率响应特性;

(3)液压作动器和试验台面组合体的纵向和横向固有频率。

导致液压作动器油柱共振的原因是液压油的可压缩性。在电液伺服阀与液压作动器之间腔体内的液压油可视为一个弹簧,其可压缩性用液压弹簧刚度 k_h 表示为

$$k_h = \frac{4\beta_e A_p^2}{V_t} \qquad (5-12)$$

式中:β_e 为油液的有效体积弹性模量(典型地,$\beta_e = 1.2 \times 10^9 \ \mathrm{N/m^2}$,考虑到油液温度、压力以及含在油液中的空气,分析时一般取下限值 $\beta_e = 6.9 \times 10^8 \ \mathrm{N/m^2}$);$A_p$ 为液压作动器活塞的有效面积;V_t 为液压作动器两腔的总容积。

因此,液压作动器的油柱共振频率 f_h 为

$$f_h = \frac{1}{2\pi}\sqrt{\frac{k_h}{m}} = \frac{1}{\pi}\sqrt{\frac{\beta_e A_p^2}{m V_t}} \qquad (5-13)$$

式中:m 为液压作动器活塞以及与活塞相连的试验台面和试验件的等效总质量。

在考虑液压油可压缩性和电液伺服阀的频率响应特性的条件下,电液式振

动台的极限性能曲线如图 5 - 11 所示。

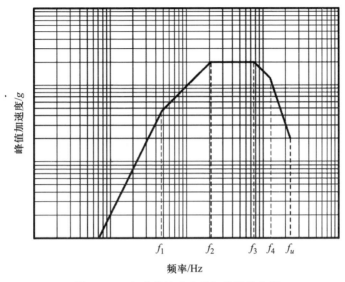

图 5 - 11　电液式振动台的极限性能曲线

由图 5 - 11 可以看到：

在 $f \leqslant f_1$ 的频率范围内,电液式振动台的振动性能受到液压作动器工作行程的限制。因此,极限性能曲线在频率范围 $[0, f_1]$ 内为等位移线。

在 $f_1 \leqslant f \leqslant f_2$ 的频率范围内,电液式振动台的振动性能受到电液伺服阀或液压源的最大流量的限制,即受到液压作动器最大速度的限制。因此,极限性能曲线在频率范围 $[f_1, f_2]$ 内为等速度线。

在 $f_2 \leqslant f \leqslant f_3$ 的频率范围内,电液式振动台的振动性能受到液压作动器最大动态推力的限制,对于刚性负载,液压作动器最大加速度正比于最大动态推力。因此,极限性能曲线在频率范围 $[f_2, f_3]$ 内为等加速度线,其数值与负载质量有关。

在 $f_3 \leqslant f \leqslant f_4$ 的频率范围内,电液式振动台的振动性能受到液压油可压缩性的限制。由于考虑液压油可压缩性的情况下,液压作动器相当于一个二阶线性系统,在超过液压作动器的油柱共振频率 f_h 后,液压作动器的最大速度以 -12 dB/oct 的斜率下降。因此,极限性能曲线在频率范围 $[f_3, f_4]$ 内为以 -6 dB/oct 的斜率下降的加速度线,其数值与负载质量有关。

在 $f \geqslant f_4$ 的频率范围内,电液式振动台的振动性能受到液压油可压缩性和电液伺服阀截止频率的限制。在考虑液压油可压缩性和电液伺服阀频率响应的情况下,液压作动器近似于一个四阶线性系统,在超过电液伺服阀的截止频率

$f_s v$(假定$f_{sv} > f_3$)后,液压作动器的最大速度以大致-24 dB/oct 的斜率下降。因此,极限性能曲线在$f \geqslant f_4$的频率范围内为以大致-18 dB/oct 的斜率下降的加速度线,其数值与负载质量有关。在$f \geqslant f_4$的情况下,通常选择电液式振动台的最大加速度下降至10%(-20 dB)时所对应的频率作为电液式振动台的可用频率上限f_u。由于电液伺服阀相位特性的影响,在这一频率上,伺服控制精度可能难以满足试验要求,实际的可用频率上限f_u往往更低。

极限性能曲线各转折点的频率如下:

$$f_1 = \frac{1}{2\pi} \cdot \frac{V}{D} = \frac{1}{2\pi} \cdot \frac{Q_m}{DA_p} \tag{5-14}$$

式中:V为液压作动器的最大速度;D为液压作动器的最大位移(最大工作行程的一半);Q_m为电液伺服阀或液压源的最大流量。

$$f_2 = \frac{1}{2\pi} \cdot \frac{a_m}{V} = \frac{1}{2\pi} \cdot \frac{F_m}{m_0 + m_L} \cdot \frac{A_p}{Q_m} = \frac{1}{2\pi} \cdot \frac{p_L A_p^2}{(m_0 + m_L) Q_m} \tag{5-15}$$

式中:a_m为液压作动器的最大加速度;F_m为液压作动器的最大动态推力;m_0为液压作动器活塞以及试验台面的等效运动质量;m_L为试验负载的等效运动质量;p_L为液压作动器的最大负载压力(一般为液压源供油压力p_s的2/3)。

$$f_3 = f_h^2 / f_2 = \frac{2}{\pi} \cdot \frac{\beta_e A_p}{V_t} \cdot \frac{Q_m}{F_m} = \frac{2}{\pi} \cdot \frac{\beta_e Q_m}{p_L V_t} \tag{5-16}$$

$$f_4 = f_{sv} \tag{5-17}$$

式中:f_{sv}为电液伺服阀的截止频率(幅值下降至-1 dB 的频率)。

可以看到:转折频率$f_1 \sqrt{} f_3$和f_4与负载质量无关,而转折频率f_2与负载质量有关。

如果液压作动器组件(包括连接接头和激振杆)的横向共振频率小于液压作动器的可用频率上限f_u,将导致电液式振动台的极限性能曲线在横向共振频率以上以更陡的斜率下降,从而降低了电液式振动台的频率上限。

上述极限性能曲线的讨论是基于刚性试验负载的假设,并且对电液式振动台的性能进行了简化处理。这一极限性能曲线通常作为振动环境试验选用电液式振动台的参考。

电液式振动台的液压作动器通过电液伺服阀和伺服控制器构成一个实时闭环系统,以使液压作动器的活塞杆运动实时跟踪伺服控制器的输入电压信号。对于电液式振动台的试验控制,通常考虑伺服控制器的输入电压与振动台台面的振动位移或加速度输出之间的传递特性(频率响应特性)。在工程应用中,一般采用输入电压—位移传递函数的幅频特性$|H_{DV}(f)|$和输入电压—加速度传递函数的幅频特性$|H_{AV}(f)|$描述电液式振动台的传递特性,其在保持伺服控

制器的输入电压幅值不变的条件下,通过改变输入电压的频率,测试振动台台面输出的振动位移和加速度幅值。理论上,电液式振动台的幅频特性 $|H_{DV}(f)|$ 和 $|H_{AV}(f)|$ 之间满足下列关系:

$$|H_{AV}(f)| = (2\pi f)^2 |H_{DV}(f)| \tag{5-18}$$

然而,在较高的频率上,如果存在液压作动器与台面/试验件组合体的结构弹性振动的影响,幅频特性 $|H_{DV}(f)|$ 和 $|H_{AV}(f)|$ 之间可能不满足式(5-18)给出的关系。

在电液式振动台的实时闭环系统中,通常采用液压作动器的内置 LVDT 位移传感器的输出作为控制反馈变量,以使液压作动器的活塞位移实时跟踪伺服控制器的输入电压信号。在这种情况下,如果液压作动器的活塞/活塞杆与台面组合体的固有频率明显高于电液式振动台的使用频率上限 f_u,可以在电液式振动台的使用频率范围内假定振动台台面的振动位移正比于伺服控制器的输入电压信号,相应地,幅频特性 $|H_{DV}(f)|$ 与频率 f 无关。然而,由于伺服控制器性能的限制,即使在活塞/活塞杆与台面组合体为刚体的条件下,对于较高的频率,幅频特性 $|H_{DV}(f)|$ 与频率 f 有关。在振动环境试验中,安装在电液式振动台台面上的试验负载通常为弹性试验件,试验件的固有振动特性(结构振动模态)将改变电液式振动台的幅频特性 $|H_{DV}(f)|$ 和 $|H_{AV}(f)|$;特别是在试验件的结构振动模态频率上, $|H_{DV}(f)|$ 和 $|H_{AV}(f)|$ 曲线可能出现代表反共振的谷。

5.2.4　电液式振动台的结构和控制

在用于单轴垂直振动环境试验的情况下,电液式振动试验系统典型地由下列各部分组成(图 5-12):

(1)液压作动器,带有内置位移反馈传感器(LVDT 传感器)和安装基座。

(2)电液伺服阀。

(3)试验台面。

(4)减振基础。

(5)液压源和液压管路。

(6)伺服控制器。

(7)振动加速度传感器。

(8)振动控制器。

液压作动器(包括安装基座)、电液伺服阀、试验台面以及减振基础组成的整体结构通常称为电液式振动台。由于液压作动器直接将反作用力施加在基础上,基础产生的振动加速度可以通过液压作动器的传递叠加到振动台台面上,导致台面振动加速度产生偏差;基础产生的振动加速度传递到周围的建筑物结构

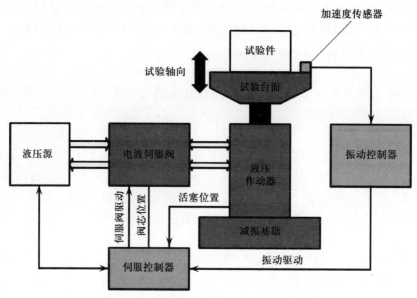

图 5 - 12　电液式振动试验系统的组成框图

上,也可导致建筑物产生振动,影响建筑物的安全;因此,在工程应用中,通常将液压作动器通过安装基座固定在实验室的刚性减振基础上,其中,减振基础的质量宜超过电液式振动台运动质量(如适用,包括试验件质量)的 50 倍。当电液式振动台的推力较小时,例如,最大动态推力 F_{m} 不超过 100 kN,出于简化实验室设计的考虑,通常采用刚性质量块和一组减振器组成一个可移动的减振基础,将液压作动器固定在刚性质量块上;在这种情况下,减振基础的质量相对较小,为了避免台面振动加速度产生明显的偏差,电液式振动台的可用频率下限 f_{d} 通常应高于减振基础的固有频率。用于垂直振动环境试验的电液式振动台的典型结构如图 5 - 13 所示。

电液式振动台所使用的液压作动器具有下列特点:

(1)采用对称的双出杆活塞结构形式,活塞杆尽量采用空心结构以减轻运动质量。

(2)活塞杆和缸筒采用较大的外径,具有较高的侧向刚度和失稳载荷。

(3)内置位移反馈传感器,一般采用 LVDT(直线位移传感器)。

(4)采用低摩擦、无爬行、无滞涩、耐磨和长寿命的密封结构,要求微速运动(3~5 mm/s)下不得有爬行、黏着滞涩现象,高频振动下密封摩擦力很小且尽可能接近恒定值。

(5)活塞杆的支承导向装置采用非金属自润滑低摩擦支承导向或静压

支承导向。

（6）电液伺服阀安装在液压作动器上，以减小伺服阀与液压作动器之间的油路容积。

图 5 - 13　电液式振动台的典型结构

对于电液式振动台所使用的伺服液压作动器设计，重要的问题是降低活塞和活塞杆运动的摩擦力，特别是在要求电液式振动台具有较高的试验频率上限的情况下。降低摩擦力的最佳方案是活塞杆采用静压支承导向装置，同时活塞采用间隙密封，如图 5 - 14 所示。与图 5 - 10 中所示的活塞杆采用的非金属自润滑低摩擦支承导向装置相比，静压支承导向装置具有更低的摩擦力和更高的抗侧向载荷能力，但价格较高。

当试验件质量较大时，为了消除重力导致的液压作动器推力损失，电液振动台一般应设置专门的静态载荷平衡装置。常用的静态载荷平衡装置主要有两类：

（1）外置静态载荷平衡装置，利用空气弹簧或油气支承装置直接支承电液振动台的台面，通过调整压力平衡作用于台面上的负载质量。

（2）内置静态载荷平衡装置，利用油气支承装置在对称液压作动器的活塞杆下端面作用静态压力，在活塞杆上产生一个轴向静态力，通过调整压力平衡作用于活塞上的负载质量。

电液式振动台的液压源采用恒压源。对于多轴和多点振动试验系统，多个电液伺服作动器组件可以共用一个液压源。

液压作动器和电液伺服阀通过伺服控制器构成一个实时闭环系统，电液式

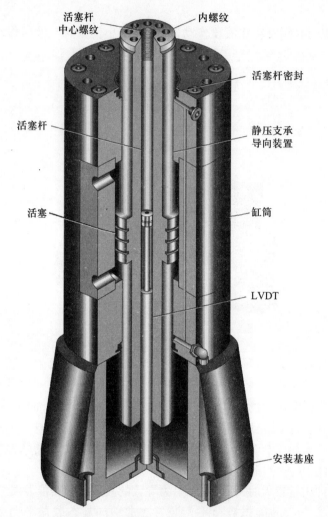

活塞杆
中心螺纹

内螺纹

活塞杆密封

活塞杆

静压支承
导向装置

活塞

缸筒

LVDT

安装基座

图 5 - 14　超低摩擦的伺服液压作动器剖视图

振动台的性能与伺服控制器所采用的闭环控制方法有关。典型地,伺服控制参数为液压作动器的活塞位移(或台面位移),一般采用液压作动器的内置 LVDT 的输出作为控制反馈变量。在大多数情况下,电液式振动台的伺服控制采用 PID(比例积分微分)控制算法,其控制结构图如图 5 - 15 所示。从提高电液式振动台的性能角度出发,伺服控制可以采用现代控制方法,如自适应控制等。

为了提高电液式振动台的稳定性和可用试验频率上限,在伺服控制系统中采用一些控制补偿措施是必要的。其特点是伺服控制的反馈信号除了作动器位移以外,还引入其他的变量作为辅助反馈。这种做法需要在电液伺服作动器组

件上增加相应的检测传感器。目前,在电液式振动台的反馈控制中使用的补偿控制方法主要有两种:

(1)采用液压作动器位移反馈的 PIDF 控制方法,同时利用液压作动器压差反馈提高系统的频率响应和稳定性。

(2)采用液压作动器位移、速度和加速度共同反馈的三参量反馈控制方法。

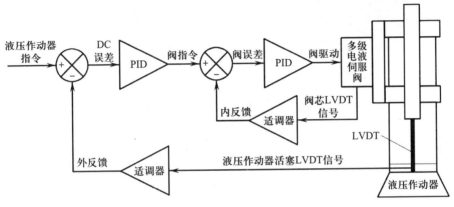

图 5 - 15　典型的伺服控制结构图

对于振动环境试验,电液式振动台需要另外配置振动控制器作为外部的控制回路,以进行规定试验条件的开环或闭环振动控制。

5.3　水平滑台

5.3.1　引言

水平滑台是振动环境试验的一种辅助机械装置,用于进行水平方向的单轴振动环境试验。其主要作用是:

(1)在水平振动试验中,用于支承试验件的质量。

(2)在水平方向上,将振动台产生的激励传递给试验件。

(3)约束试验件在其他方向上的运动。

水平滑台主要由滑板(试验台面)、驱动杆(传力构件)、支承与导向装置、台体/基座以及辅助装置组成(图 5 - 16)。滑板的上表面用于固定试验件,滑板的下表面用于静态支承和导向,滑板的一个侧面或相对的两个侧面通过驱动杆与振动台的台面相连,用于传递激励运动。

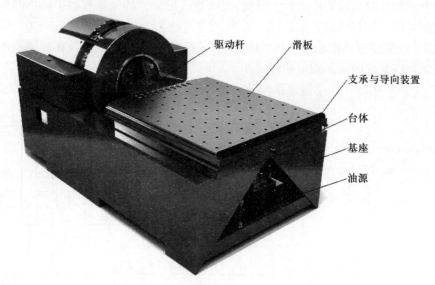

图 5-16　用于电动式振动台的水平滑台

对于振动试验,水平滑台需要具有下列特性:
(1)较宽的使用频率范围。
(2)较小的运动摩擦力和波形畸变。
(3)较大的承载能力和力传递率。
(4)较高的侧向、俯仰、偏转和滚动运动约束能力。

水平滑台设计中最关键的问题是滑板的支承与导向方式,其主要考虑下列几个问题:
(1)运动的平稳性和直线度。
(2)摩擦力。
(3)承载能力。
(4)抗侧向力和力矩能力。

综合考虑各方面的性能,水平滑台主要采用静压支承导向方式,主要有平面油膜滑台、静压导轨滑台和静压轴承—油膜组合滑台。

5.3.2　水平滑台的基本参数

水平滑台的主要性能参数包括:

1. 滑板(试验台面)尺寸

水平滑台的滑板(试验台面)一般为矩形平板。振动试验所关心的尺寸为长度 L 和宽度 W,其决定了试验台面可容许安装的试验件或试验夹具尺寸。

　　滑板尺寸是影响水平滑台使用频率上限的主要因素。平板的纵向振动一阶固有频率 f_1 可用式(5-19)近似计算：

$$f_1 = c/(4L) \tag{5-19}$$

式中：c 为材料中的声速。对于钢、铝和镁，声速 c 分别为 5148 m/s、4990 m/s 和 4796 m/s。

　　2. 运动质量

　　水平滑台的运动质量一般是滑板质量与驱动杆质量之和，包括两者之间的连接件。对于静压导轨滑台和静压轴承—油膜组合滑台，也包括静压轴承运动部分的质量。

　　3. 最大负载质量

　　水平滑台的最大负载质量是指在滑板的运动摩擦力不超过规定值的条件下，滑板所容许承受的最大试验件/试验夹具质量。

　　最大负载质量主要取决于滑板支承与导向装置的结构和参数以及滑板的弯曲刚度。

　　大多数情况下，水平滑台并没有给出容许的运动摩擦力，其通常可以根据与水平滑台所配套的振动台的最大动态推力确定。一般情况下，容许的摩擦力应小于振动台最大动态推力的 10%，最好不超过 5%。

　　最大负载质量一般是在负载质量近似均匀分布于滑板上表面的情况下测定的。当负载质量分布不均匀时，往往导致滑板的弯曲变形增加，其可导致滑板的运动摩擦力增大。因此，在使用水平滑台时，容许的负载质量应留有一定的裕量。

　　4. 最大振动位移

　　水平滑台的最大振动位移取决于滑板支承与导向装置设计容许的滑板最大行程。

　　考虑到振动台与水平滑台组装时的轴向偏差，滑板的最大行程一般应超过振动台的最大振动位移(峰—峰值)至少 0.5 英尺(152.4 mm)。

　　5. 最大抗倾覆力矩能力

　　水平滑台的最大抗倾覆力矩能力一般以试验负载绕滑板横向中心轴的容许最大倾覆力矩表示，其中，试验负载为质量比较小(通常远小于最大负载质量)的额定负载，并且负载质量近似均匀分布于滑板上表面。

　　最大抗倾覆力矩能力主要取决于导向装置的结构和参数，以及滑板的弯曲刚度。

　　当使用水平滑台进行大质量试验件的振动试验时，应考虑试验件质量以及在滑板上的分布对水平滑台抗倾覆力矩能力的影响：

（1）当试验件的质量增大时，通常将导致导向装置的作用力增大，从而使水平滑台的实际抗倾覆力矩能力下降。但某些油膜滑台例外，其影响导向装置工作的主要是向上的作用力，试验件质量增大时，向上的作用力实际上是减小的。

（2）当负载质量分布不均匀时，通常将导致导向装置的作用力增大，从而使水平滑台的实际抗倾覆力矩能力下降。

（3）当负载与滑板之间的连接界面尺寸减小时，试验件的倾覆力矩往往导致滑板的弯曲变形增加，其可导致滑板的运动摩擦力增大。

因此，对于大质量的试验件，水平滑台容许的负载质量和质心高度应留有足够的裕量。

6. 可用频率范围

水平滑台的可用频率范围用频率下限 f_d 和频率上限 f_u 表示。

水平滑台的可用频率下限 f_d 一般可达到 0 Hz。

在无负载情况下，水平滑台的可用频率上限 f_u 主要取决于滑板的共振频率和阻尼比。当滑板的阻尼较大（如使用镁合金制造）时，可用频率上限可高于滑板的共振频率，其实际上是受到滑板的反共振频率的限制。然而，在滑板共振频率附近及其以上，滑板上的加速度均匀度将迅速变差。

带有负载时，一般将导致滑板的共振频率和反共振频率降低。

7. 波形失真度

水平滑台的波形失真度采用加速度波形失真度，一般在单频正弦振动和无负载条件下测量。影响波形失真度的主要因素是滑板的运动摩擦力。当滑板上安装有负载时，将影响波形失真度。

对于空载情况，当频率大于 20 Hz 时，加速度波形失真度典型地小于 10％。

8. 加速度均匀度

水平滑台的加速度均匀度 N_a 定义为滑板上各点的振动加速度幅值相对于滑板中心点振动加速度幅值最大偏差的绝对值与中心点振动加速度幅值之比，常用式(5-20)计算：

$$N_a = \frac{|\Delta a_{max}|}{a_0} \times 100\% \qquad (5-20)$$

式中：a_0 为同次测量中滑板中心点的振动加速度幅值；Δa_{max} 为同次测量中滑板上各点的振动加速度幅值相对于滑板中心点振动加速度幅值的最大偏差。

加速度均匀度与滑板尺寸和结构振动模态、支承与导向装置的结构特性等有关。当滑板上安装有负载时，负载动特性将影响加速度均匀度。

当频率大于滑板结构纵向一阶共振频率的 1/3 时，加速度均匀度随着频率增加明显增大。

在滑板纵向一阶共振频率的 1/3 以下的频率上,在空载情况下,加速度均匀度典型地应小于 25％。

9. 横向振动比

水平滑台的横向振动比 T_a 定义为滑板的测量点(通常为中心点)上垂直于主振方向的振动加速度与主振方向上的振动加速度之比,常用下式计算:

$$T_a = \frac{\sqrt{a_y^2 + a_z^2}}{a_x} \times 100\% \qquad (5-21)$$

式中:a_x 为沿滑板主振方向上的振动加速度幅值;a_y 和 a_z 分别为垂直于主振方向的两个正交方向上的振动加速度幅值。

水平滑台的横向振动比与导向装置的结构特性、滑板尺寸和结构模态特性等有关。当台面上安装有负载时,负载动特性将增大横向振动比。

对于空载情况,横向振动比典型地应小于 25％。

5.3.3　水平滑台的性能

水平滑台的性能主要包括两方面的特性:

(1)振动传递特性。

(2)试验件的支承和约束特性。

水平滑台的振动传递特性一般用代表滑板运动的特征点与振动台台面中心点之间沿主振方向上的加速度传递率表示,其是频率的函数。代表滑板运动的特征点一般选择为滑板的中心点,或者,为滑板中心轴线上距振动台最远的点。应指出的是,两种定义所得到的加速度传递率不同。

上述加速度传递率实际上是由滑板与传力构件组合体的纵向振动模态特性所决定的。在振动试验的频率范围内,一般仅需要考虑组合体的刚体模态和前两阶纵向振动弹性模态的影响。当滑板上安装有负载时,将使得加速度传递率的频率响应曲线发生改变。

试验件的支承和约束特性一般用滑板上表面安装规定的刚性负载时,滑板容许的最大水平加速度表示,其中,假定试验频率远低于滑板的一阶共振频率。滑板容许的最大水平加速度是刚性负载的质量和相对于滑板上表面的质心高度的函数,其中,刚性负载的质量应不超过水平滑台的最大负载质量。

在某些类型滑台的设计中,刚性负载的重力作用不影响滑台的抗倾覆力矩能力。在这种情况下,滑板容许的最大水平加速度 a_m 实际上是由滑台容许的试验件最大倾覆力矩 $\boldsymbol{M}_{om}$ 所决定的,即最大水平加速度 a_m 可用下式估计:

$$a_\mathrm{m} = \boldsymbol{M}_\mathrm{om}/(mh_\mathrm{cg}) \tag{5-22}$$

式中:m 和 h_cg 分别为刚性负载的质量和质心高度。

然而,对于大多数水平滑台,刚性负载的重力作用将导致其容许的试验件最大倾覆力矩发生改变。当使用式(5-22)估计最大水平加速度时,需要根据相应的刚性负载重力 mg 确定对应的滑台容许的试验件最大倾覆力矩。

如果试验件为弹性的,在试验件的横向共振频率附近,由于试验件倾覆力矩的放大效应,将使得滑板容许的最大水平加速度降低。

5.3.4 水平滑台的结构

5.3.4.1 概述

对于采用静压支承导向方式的水平滑台,主要由滑板(试验台面)、驱动杆(传力构件)、静压支承与导向装置、台体/基座以及液压源和管路组成。

静压水平滑台按照支承和导向方式分为:

(1)平面油膜滑台,其通过滑板底面与导向平台顶面之间的静压油膜实现试验件的支承和俯仰方向的约束,滑板其他方向的约束通过机械机构实现。

(2)静压导轨滑台,其通过一组轴线平行的静压直线轴承实现试验件的支承和各方向的约束,滑板底面固定在静压直线轴承上。

(3)静压轴承—油膜组合滑台,其通过一组轴线平行的静压直线轴承以及滑板底面与导向平台顶面之间的静压油膜实现试验件的支承和各方向的约束,滑板底面固定在静压直线轴承上。其中,静压油膜主要用于提供试验件的支承。

对于上述 3 种静压水平滑台,滑板与传力构件的设计基本一致,主要差别是支承和导向装置的结构不同。

5.3.4.2 滑板和传力构件

滑板的典型结构如图 5-17 所示,其主要的设计要求如下:

(1)具有尽可能高的纵向振动固有频率和阻尼比。

(2)具有足够的抗弯刚度。

(3)尽可能减轻滑板的质量。

滑板的纵向振动固有频率主要取决于滑板的长度,其纵向振动一阶固有频率可使用式(5-19)估计。尽管钢制滑板可适当提高纵向振动固有频率,但其质量过大,并且阻尼较小,实际很少使用。相比而言,镁合金是制造滑板的理想材料,尽管纵向振动固有频率相对较小,但其质量相对较小,而且模态阻尼比高,实际上提高了水平滑台的可用频率上限。镁合金滑板的弱点是成本相对较高,并且材料硬度较小,使用过程中容易损伤。在滑板长度或使用频率上限要求不太高的情况下,也可以使用铝合金制造滑板。

提高滑板弯曲刚度的主要措施是增加滑板的厚度,由此带来的问题是滑板质量的同步增加,对于大尺寸滑板,这一问题尤为突出。夹层结构可以在保证弯曲刚度的情况下降低滑板质量,但其制造工艺复杂,实际使用不多。

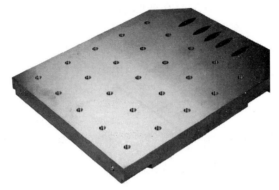

图 5 - 17 滑板的典型结构

滑板的弯曲刚度设计主要考虑在安装试验负载情况下的滑板弯曲变形量。如果弯曲变形过大,将导致静压支承的局部油膜破裂,相对运动表面形成干摩擦和磨损,导致滑板运动的摩擦力超标,甚至造成滑板卡死现象。容许的滑板弯曲变形量与滑台的支承和导向方式有关。对于开式结构的油膜滑台,容许的弯曲变形量较大;而对于闭式结构的静压直线轴承滑台,容许的弯曲变形量较小。对于具有相同弯曲刚度的滑板,在相同的负载载荷作用下所产生的弯曲变形量也与滑台的支承和导向方式有关。对于油膜滑台,导向平台对滑板的约束是分布刚度支承,滑板的受力分布相对较为均匀,弯曲变形量较小。对于静压轴承滑台,静压轴承对滑板的约束集中在几个轴承的支承点,在支承点上,滑板受到较大的集中力作用,弯曲变形量较大。因此,油膜滑台的滑板厚度可小于静压轴承滑台的滑板,这一特点也使得同样尺寸的滑台中,油膜滑台的运动质量相比较小。

由于静压轴承滑台对滑板的弯曲变形敏感,除了设计中提高滑板弯曲刚度以外,在使用过程中也应采取必要的措施减小滑板的弯曲变形。主要措施有:

(1)在试验夹具设计时,应尽量使试验夹具与滑板的连接界面接近静压轴承对滑板的支承点;如果可能,应将载荷分散到较大的区域中。

(2)试验夹具与滑板的配合面应具有足够的平面度,在安装螺栓预紧之前,两者应保持密切贴合,以避免螺栓预紧过程增加滑板的弯曲应力。

驱动杆的两端分别通过螺栓与滑板和振动台台面连接在一起,主要的设计要求是:

（1）轴向刚度大。

（2）连接可靠性高、便于装卸。

（3）结构质量尽可能小。

与滑板相似，镁合金是制造驱动杆的理想材料。除了驱动杆自身的结构刚度以外，连接刚度是影响轴向刚度的主要因素。其中，驱动杆与振动台台面连接应使用尽可能多的连接螺栓。驱动杆主要有下列类型：

（1）剪切传力型，驱动杆与滑板之间采用膨胀销(也称膨胀螺栓)连接。

（2）拉压传力型，驱动杆与滑板之间采用螺栓连接。为了便于安装，螺栓轴线与水平面呈一定的夹角，如图 5 - 18 所示。

图 5 - 18　拉压传力型驱动杆

5.3.4.3　油膜滑台的支承以及导向装置

油膜滑台通过在滑板底面与导向平台顶面之间注入压力油，以形成静压油膜。油膜滑台典型地采用 4 个对称分布的油腔(凹槽)，如图 5 - 19 所示。每个油腔各安装一个节流器(一般采用小孔节流器或毛细管节流器)，液压泵输出的压力油通过节流器进入油腔，然后从周边流出返回油箱。多油腔结构的作用是提高油膜滑台承受偏心载荷(或倾覆力矩)的能力，如图 5 - 20 所示。

在油膜滑台设计时，一般根据滑板尺寸和最大负载质量选择油腔的数量、尺寸和节流器的类型与节流比(对于毛细管节流器，节流比典型为 0.5)，根据这些参数计算液压源的最低供油压力，然后，根据设定的油膜厚度计算油膜刚度，确定所需要的供油流量和节流器尺寸。油膜厚度越小，则油膜刚度越大，所需要的供油流量越小，但其受到节流器尺寸的限制。油膜滑台一般采用低压供油方式(压力一般不超过 4 MPa)，油膜厚度通常为 30~60 μm，这使得其抗倾覆力矩能力相对较小。

由于滑板与导向平台之间存在厚度 30~60 μm 的油膜，因此，滑板与导向平台表面不需要很高的粗糙度要求，但平面度要求较高(一般应达到 0.02~0.05 mm/m)，以

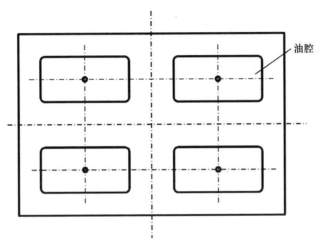

图 5-19　油膜滑台的油腔分布

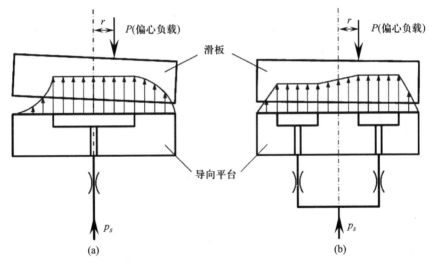

图 5-20　单油腔和多油腔的承载能力示意图
(a)单油腔；　(b)多油腔。

避免导致油膜的不连续。

导向平台大多采用质地坚硬、价格便宜的花岗岩制造。考虑到在花岗岩上加工油槽和油路相对困难，一些油膜滑台将油槽和油路设置在滑板底面上。实际上，导向平台不一定采用整块平板，其可以用一组小尺寸的油膜滑动单元(图 5-21)组合而成。

油膜滑台的静压油膜只能限制滑板的俯仰和滚转运动,不能约束滑板的横向运动和偏航运动。因此,油膜滑台需要专门设计约束滑板横向运动以及偏航运动的导向装置。多种类型的导向装置可用于约束油膜滑台的滑板横向和偏航运动,包括滑块式导向机构、滚动轴承导向机构、U形弹簧导向机构等。

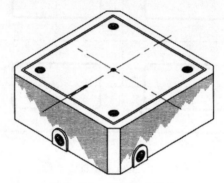

图 5 - 21　油膜滑动单元

5.3.4.4　静压导轨滑台的支承和导向装置

除了少数静压导轨滑台采用整体的闭式静压导轨以外,大多数静压导轨滑台均采用一组静压直线轴承作为支承与导向装置,其滑板一般通过螺纹连接方式固定在轴承的运动部件上。与整体的静压导轨相比,静压直线轴承易于标准化,使得水平滑台制造成本大幅度下降;在工艺上容易得到更小的轴承间隙,从而提高油膜刚度。

用于水平滑台的静压直线轴承主要有下列类型:

(1)圆柱形截面静压直线轴承(图 5 - 22)。

(2)V形截面静压直线轴承(图 5 - 23)。

(3)T形截面静压直线轴承(图 5 - 24)。

其中,圆柱形和V形截面静压直线轴承仅有一个运动自由度,可以同时完成支承和导向功能;而T形截面静压直线轴承实际有 3 个运动自由度(尽管侧向的间隙很小),如果限制滑板侧向力和滚转力矩产生的运动,可能需要附加其他约束装置。对于水平滑台设计,通常需要使用多个静压直线轴承支承滑板。

静压直线轴承的技术指标主要包括:

(1)最大工作行程。

(2)最大容许垂向载荷。

(3)垂向刚度。

(4)额定供油压力和流量。

根据工作压力,静压直线轴承一般分为中低压轴承(压力在 10 MPa 以下)

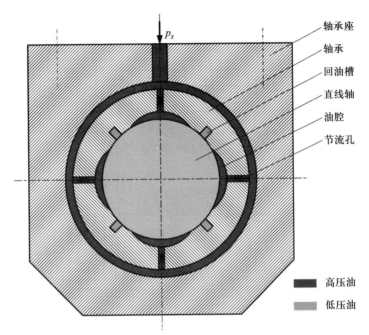

图 5 - 22 圆柱形截面静压直线轴承横截面示意图

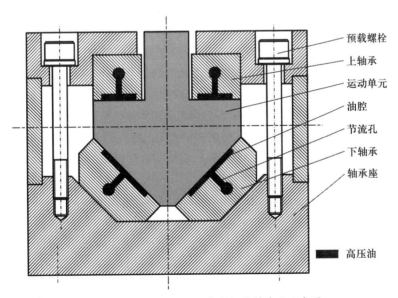

图 5 - 23 V 形截面静压直线轴承横截面示意图

和高压轴承(压力在 20 MPa 以上)。工作压力越高,油膜厚度越小,轴承垂向刚度越大,对水平滑台的装配精度要求也越高。

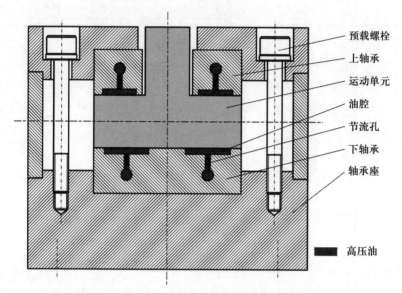

预载螺栓
上轴承
运动单元
油腔
节流孔
下轴承
轴承座

■ 高压油

图 5-24　T 形截面静压直线轴承横截面示意图

当使用静压直线轴承设计水平滑台时,一般情况下,静压直线轴承应采用对称布局方式,并且保持各轴承的轴线平行。如果可能,应加大静压直线轴承之间的距离,以提高水平滑台抗倾覆力矩的能力。静压直线轴承的运动间隙很小(油膜厚度一般不超过 30 μm),因此,在装配时应保证与轴承相连接的滑板底面和台体顶面之间具有足够高的平行度,以减少装配应力导致作用于静压直线轴承的附加载荷。

在静压导轨滑台设计时,一般根据滑板尺寸、最大负载质量和倾覆力矩选择静压直线轴承的规格、数量和安装位置。当使用高压轴承时,数量一般为 4 个或 6 个,更多的数量将使得装配难度显著加大。当使用低压轴承时,由于油膜厚度较大,可使用数量更多的轴承,以提高水平滑台的承载能力并且降低滑板的弯曲变形量,其不足之处是增加了水平滑台的运动质量。

5.3.4.5　静压轴承—油膜组合滑台

对于滑板完全由一组静压直线轴承支承和导向的静压导轨滑台,存在的主要问题是,滑板仅由静压直线轴承连接位置的少数集中力支承,在试验负载的重力作用下,滑板的横向弯矩较大,特别是在试验负载的重力作用于滑板表面较小区域内的情况下。如果滑板的弯曲刚度不足,试验负载的作用使得滑板产生较

大的弯曲变形,可能导致静压直线轴承卡死。在这种设计方案中,为了保证足够
的滑板弯曲刚度,滑板需要较大的厚度,使得滑板质量过大。因此,在工程应用
中,很少使用静压导轨滑台。

　　更为可取的水平滑台设计方案是在油膜滑台的基础上增加若干个静压直线
轴承,构成静压轴承—油膜组合滑台。在这种组合方式下,试验负载的重力、偏
心力矩和倾覆力矩将由油膜滑台产生的分布支承力和静压直线轴承产生的集中
支承力共同平衡,其中,重力载荷主要由油膜滑台产生的分布支承力平衡,静压
直线轴承主要用于平衡偏心力矩和倾覆力矩。此外,静压直线轴承用于滑板的
导向,以替代油膜滑台的导向机构。这一组合设计方案可以充分发挥静压直线
轴承的优势。

　　取决于所使用的静压直线轴承类型,静压轴承—油膜组合滑台具有不同的
结构形式。在工程应用中,最常用的静压轴承—油膜组合滑台结构形式是在油
膜滑台结构的基础上,沿滑板运动方向设置一组高压供油的圆柱形截面静压直
线轴承(图 5 - 25)。

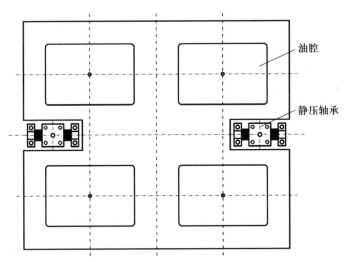

图 5 - 25　静压轴承—油膜组合滑台的油腔和圆柱形截面静压直线轴承分布

　　对于采用圆柱形截面静压直线轴承的组合滑台,在滑板尺寸较小的情况下,
沿滑板中心轴线两端各布置一个静压直线轴承,其将提供最大的抗倾覆力矩能
力,并且约束滑板横向和偏航运动。在滑板尺寸较大或要求抗倾覆力矩能力较
大的情况下,可以选择数量更多的静压直线轴承;静压直线轴承通常采用对称布
局方式,并且尽可能靠近滑板运动方向的两端布置。

另一种静压轴承—油膜组合滑台结构形式是采用 TEAM 公司专利的 T 形截面静压滑动单元(图 5-26),这一静压滑动单元是低压的 T 形截面静压直线轴承与油膜滑动单元的组合。通常,在组合滑台结构设计中,根据滑板尺寸选择静压滑动单元的数量,对称排列成静压滑动单元阵列,如图 5-27 所示。

图 5-26 T 形截面静压滑动单元

图 5-27 静压轴承—油膜组合滑台的 T 形截面静压滑动单元分布

5.3.4.6 其他类型的水平滑台

采用静压支承导向方式的水平滑台主要用于采用电动式振动台所进行的水平轴向振动环境试验,其中,水平滑台的可用频率上限是试验系统选择中所考虑的主要问题之一,应达到 2000 Hz。然而,对于采用电液式振动台所进行的水平轴向振动环境试验,其试验频率上限往往不超过 100 Hz,所使用的水平滑台不一定需要采用静压支承导向方式。

当水平滑台的可用频率上限要求不高时,例如,可用频率上限为 100~200 Hz,水平滑台可以采用机械式直线轴承和导轨实现滑板的支承与导向。用于水平滑台的机械式直线轴承和导轨主要有下列类型:

（1）球形滚珠或圆柱形滚珠直线轴承和导轨。

（2）自润滑直线轴承和导轨。

5.3.5　多个水平滑台用于大型结构的水平振动试验

5.3.5.1　概述

对于大型结构的水平振动试验,如果采用单一的水平滑台作为试验件的支承和导向装置,则需要使用一个滑板尺寸足够大的水平滑台,或者,通过一个大尺寸的扩展夹具将试验件安装在标准滑台上。这两种方式均存在很大的局限性。对于前者,需要专门设计的超大型水平滑台,研制难度大,成本高;并且超大尺寸滑板的运动质量大幅度增加,将无端消耗大量的振动台推力。对于后者,扩展夹具的尺寸和质量均很大,并且固有频率一般不高;夹具质量增大将消耗大量的振动台推力,夹具尺寸增大将导致试验件的质心提高,使得作用于滑台的倾覆力矩显著增大,而夹具的固有频率下降实际上限制了可用的试验频率上限。因此,与大尺寸滑台相比,采用大尺寸扩展夹具的方案更不可取。

在水平振动试验中,水平滑台最主要的作用是提供试验件的支承和导向功能,将运动激励传递给试验件并非必要的功能。实际上,振动台产生的激振力可以不经过滑板的传递而直接作用于试验件,即使是在采用加速度输入控制方式的情况下。因此,对于大型结构水平振动试验,可以使用多个小型水平滑台采用分散布局的方式提供试验件的支承和导向功能,以避免使用大尺寸的水平滑台或扩展夹具。

5.3.5.2　多个水平滑台支承方案

当使用多个小型水平滑台作为试验件水平振动试验的支承时,一般选用静压导轨滑台,其同时能够实现导向功能。

用于试验件支承和导向时,静压导轨滑台的规格基本相同,数量一般为 4 个或 6 个,如果可能,相对于通过试验件质心、分别平行和垂直于试验激振方向的两个正交垂向平面对称分布,如图 5 - 28 所示。其中,静压导轨滑台与垂直于试验激振方向的垂向平面的距离应尽可能大,以提高抗试验件倾覆力矩的能力。

静压导轨滑台与试验件之间的连接方式取决于试验件的结构形式。例如,对于运载火箭结构的水平振动试验,静压导轨滑台的滑板可以直接连接在试验件的连接端框上,或者,将所有静压导轨滑台的滑板先连接在一个转接工装的下端面上,然后将转接工装的上端面连接在试验件的连接端框上。对于战术导弹纵向的水平振动试验,一般使用两个转接框架支承弹体结构,将静压导轨滑台分为两组,其滑板分别连接在两个转接框架的下端面上。

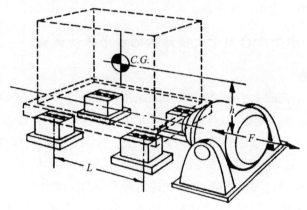

图 5 - 28   使用多个小型滑台进行水平振动试验的试验件支承方案

静压导轨滑台的基座直接或通过支承工装固定在隔振的实验室地基上,各个静压导轨滑台的运动轴线应保持平行,但不必要位于同一高度上。其中,支承工装的作用是调整滑台的安装高度以及运动轴线的方向。如果可能,滑板的高度应接近试验件的质心高度,以减小试验件在水平振动试验过程产生的倾覆力矩。

在支承方案设计时,一般根据试验件的质量、预计的支承位置及其产生的倾覆力矩选择静压导轨滑台的规格和数量。通常,可供选择选择的静压导轨滑台规格不多,提高试验承载和抗倾覆力矩能力主要依靠增加滑台数量。为了避免要求滑台数量过多造成试验件安装和调整的困难,试验件可采用软悬挂方式以抵消自重,使得滑台主要用于导向和承受倾覆力矩。

当使用多个小型水平滑台进行水平振动试验时,振动台施加的激振力一般直接作用在试验件上。如果可能,宜采用多激振器试验技术。

5.3.5.3   支承和导向装置

小型静压导轨滑台实际上是单一的 V 形截面或 T 形截面静压直线轴承(图 5 - 23 或图 5 - 24)。与大中型水平滑台使用的静压直线轴承相比,主要的差别是轴承的周边需要密封,并且带有回油接口。这使得两者的油路设计略有差异。图 5 - 29 给出了用于作为小型静压导轨滑台的 V 形或 T 形静压滑台。

V 形静压滑台仅有一个运动自由度,而 T 形静压滑台除了轴向运动自由度以外,侧向带有一定的间隙,实际上有 3 个运动自由度。在实际应用时,一般选择 2 个 V 形静压滑台,并且排列成一条直线,而其他则使用 T 形静压滑台,以降低装配难度,并且减少试验件结构变形所产生的附加作用力和力矩。

图 5-29　Ⅴ形或 T 形静压滑台

5.4　参考文献

［1］Lang G F, Snyder D. Understanding the Physics of Electrodynamic Shaker Performance［J］. Sound and Vibration. 2001.

［2］ISO. Electrodynamic Vibration Generating Systems-Performance Characteristics［S］. ISO-5344-2004. 2004.

［3］Huntley B L.Electrohydraulic-The Most Versatile Shaker［J］. The Journal of Environmental Sciences. 1979.

［4］雷天觉. 新编液压工程手册［M］. 北京:北京理工大学出版社. 1998.

［5］李洪人. 液压控制系统［M］. 北京:国防工业出版社. 1990.

［6］邱法维,钱稼茹,陈志鹏. 结构抗震实验方法［M］. 北京:科学出版社. 2000.

［7］陈燕生等.液体静压支承原理和设计［M］.北京:国防工业出版社. 1980.

［8］Kamball D V. Cantilever Driver Bar［P］. US Patent. No.3933033, 1976.

［9］Griggs F J M. Vibration Testing Apparatus［P］. US Patent. No.4489612. 1984.

［10］Kamball D V. Vibration Test Apparatus and Bearing Therefor［P］. US Patent. No.4783999. 1988.

［11］Tauscher R C, Baughn D L, Woyski W B. Vibration Test Fixture［P］. US Patent. No.4996881. 1991.

第6章　振动试验夹具设计

6.1　概述

在振动环境试验中,对试验件(被试产品)施加基础运动激励的振动台或水平滑台的台面通常设置一组螺孔,用于固定试验件。然而,在大多数情况下,试验件不能直接使用螺栓固定在台面的螺孔上,需要通过适当的振动试验夹具将其固定在台面上。在这种情况下,振动试验夹具主要实现下列功能:

(1)模拟试验件在实际使用状态下的边界条件。

(2)将振动台或水平滑台台面产生的振动激励传递到试验件上。

在实际使用过程中,试验件所经历的振动环境一般源自平台产生的振动激励,其通过产品与平台结构之间的连接界面传递到产品。在振动环境试验中,振动试验夹具应模拟产品与平台结构之间的连接界面,以使试验振动激励与试验件所经历的实际振动环境作用保持一致。当连接界面尺寸较大时,为了保证试验过程中作用于试验件连接界面的振动激励分布与实际振动环境一致,振动试验夹具应模拟试验件的平台支承结构动力学特性。然而,在工程应用中,设计和制造能够模拟平台支承结构动力学特性的振动试验夹具通常是困难和昂贵的。大多数情况下,通常假定试验件与平台结构之间的连接界面是刚性的,相应地,在试验频率范围内,按照刚体要求设计振动试验夹具。这样的处理可能导致试验振动激励作用下的试验件振动响应明显偏离实际振动环境作用情况,往往需要对振动环境试验条件进行适当的修正。

在试验振动激励作用下,如果振动试验夹具存在明显的弹性振动响应,将导致传递到试验件的振动激励在某些频率上显著地放大、而在另一些频率上显著地衰减,这可能导致振动环境试验控制结果显著地超差。因此,基于振动激励传递的考虑,在试验频率范围内,应尽可能避免振动试验夹具产生共振响应,即尽可能保证振动试验夹具在试验频率范围内接近刚体。然而,在许多情况下,特别是试验件连接界面尺寸较大的情况下,振动试验夹具设计可能难以使其固有频率超过试验频率上限。在这样的情况下,往往需要在振动试验夹具设计中采用适当的阻尼措施以降低振动试验夹具的共振响应幅值。尽管振动控制系统可以补偿振动试验夹具共振响应影响,应指出的是,这样的补偿是有限度的,并且受到振动台动态推力的限制;一般情况下,应在充分考虑和实施了振动试验夹具设计改进的各种途径之后,使用振动控制系统补偿振动试验夹具共振响应影响。

原则上,对于特定的试验件,应专门设计相匹配的振动试验夹具。振动试验夹具不仅与试验件的质量、物理形状、尺寸和连接方式等参数有关,而且与所要求的振动环境试验条件和适用的振动台参数有关;在许多情况下,振动试验夹具设计将受到适用的振动台推力特性的限制。然而,振动试验夹具的设计和制造往往是昂贵的,并非所有的振动环境试验在成本上可以接受。在工程应用中,通常设计和制造一些通用的振动试验夹具,以满足多种不同类型的试验件的试验要求,尽管对于特定的试验件,通用的振动试验夹具在性能上并非最优。

大多数情况下,振动试验夹具通过螺栓固定在振动台或水平滑台的台面上,用于基础运动激励传递。在这种情况下,振动试验夹具通常为不含运动部件的结构件,其与台面之间的连接刚度将显著地影响振动试验夹具的固有频率。在试验件的尺寸和质量较大的情况下,振动试验夹具的尺寸和质量较大,为了平衡试验件和振动试验夹具的质量以及振动过程中产生的较大的倾覆力矩,振动试验夹具往往带有静态支承和导向装置,但这些具有运动部件的装置通常不会显著地改变振动试验夹具在振动激励方向上的固有频率。

在某些情况下,作用于振动试验夹具的振动激励为振动台产生的集中载荷,通过振动试验夹具传递到试验件的局部结构上,或者通过振动试验夹具转换成作用于试验件连接界面的基础运动激励,例如,采用单点或多点激振技术所进行的单激振器或多激振器振动环境试验。在这种情况下,振动试验夹具与振动台(激振器)之间通常采用具有 5 个运动自由度的传力构件连接,其仅在振动台激励轴向传递作用力,在其他轴向上避免对振动试验夹具产生约束力或力矩;此外,振动试验夹具可能带有运动自由度约束机构,以消除振动试验构型中不可控制的刚体运动自由度。传力构件和运动自由度约束机构通常不会显著地改变振动试验夹具在振动激励轴向上的固有频率,但可能影响试验频率上限。

6.2　振动试验夹具的设计考虑

6.2.1　引言

对于振动试验夹具设计,首先需要考虑下列使用要求:

(1)试验件的特性,包括形状尺寸、连接方式和尺寸、质量特性(质量、质心位置以及转动惯量)、基本的振动模态频率等。

(2)试验件在实验室振动环境试验中所需要模拟的振动激励状态。

(3)振动环境试验条件,包括试验频率范围、振动加速度量级和振动轴向。

(4)适用的振动台以及水平滑台的性能参数,包括最大动态推力、运动质量、台面尺寸和安装螺孔分布等。

(5)使用温度范围。

对于尺寸和质量较大的试验件(例如,连接界面特征尺寸大于振动台台面尺寸的 2 倍),以及一些具有特殊形状和连接方式的试验件(例如,管路),往往需要设计专用的振动试验夹具,尽管在专用的振动试验夹具中可能采用一些通用的结构构件。在这种情况下,振动试验夹具设计仅需要考虑特定产品的振动环境试验条件和试验构型(即振动台以及水平滑台、试验夹具和试验件的配置与布局)。其中,当振动环境试验条件规定在不同的轴向上分别进行试验时,往往需要采用不同的试验构型。如果适用,振动试验夹具设计宜在不同的试验构型中采用相同的夹具结构,以降低试验成本;然而,由于振动激励设备的限制,不同的试验构型可能需要设计不同的振动试验夹具。

对于尺寸和质量较小的试验件,振动激励设备的能力往往不会构成实现振动环境试验条件的限制。在这种情况下,如果适用,采用能够适用于多种不同类型试验件的通用振动试验夹具更为可取,其可以显著地降低试验成本。在这种情况下,振动试验夹具设计需要考虑预期进行试验的各种试验件的振动环境试验条件和试验构型。然而,工程应用中,不大可能在振动试验夹具设计时得到预期使用的所有试验件相关数据。大多数情况下,根据振动激励设备的相关参数设计和制造通用振动试验夹具,其中,仅考虑通用振动试验夹具适用的最大负载尺寸和质量以及试验轴向;在实际试验时,根据具体的产品特性和振动环境试验条件,确定通用振动试验夹具是否能够满足要求。

对于振动试验夹具设计,成本往往是重要的制约因素。由于振动试验夹具属于单件设计,并且使用次数极为有限,不大可能制造一个原型夹具进行设计验证,然后再反复修改设计,以达到最佳的使用性能。在许多情况下,甚至通过有限元分析技术进行振动试验夹具的设计验证和优化也是成本上难以接受的。因此,振动试验夹具设计往往依赖于设计人员的工程经验,其设计目标是可用而非最优。

一般情况下,振动试验夹具设计的主要任务是选择振动试验夹具的材料结构和形状,并且确定结构及其连接界面的各个尺寸。如果适用,振动试验夹具宜采用整体材料加工,以达到最佳的性能。然而,由于制造工艺和制造成本的限制,在工程应用中,振动试验夹具可能采用焊接、螺纹连接、铆接或胶接等结构形式。应指出的是,不同的制造工艺可能导致具有相同或相似结构形状和尺寸的振动试验夹具的性能(如固有频率)存在明显的差异。因此,振动试验夹具设计应选择适当的制造工艺。

6.2.2　振动试验夹具的性能

在振动试验夹具用于振动激励传递的情况下,其设计应考虑下列性能:

(1)强度。在试验激励产生的振动载荷作用下,振动试验夹具的强度应具有足够的安全裕量。典型地,对于一次性使用的振动试验夹具,安全系数应大于1.4。作用于振动试验夹具的振动载荷取决于试验件的质量特性以及模态特性和试验条件规定的振动量级以及振动轴向,并且受到振动试验夹具与试验件和振动激励设备之间的连接方式的影响。

(2)刚度。在试验激励产生的振动载荷作用下,振动试验夹具的刚度应足以保证不产生明显影响试验控制的结构振动变形,并且尽可能不改变施加于试验件的振动载荷特性。在工程应用中,通常假设试验件与平台支承结构之间的连接界面为刚性的,相应地,振动试验夹具的刚度应保证其与试验件之间的连接界面接近刚性;这一假设可能明显偏离实际使用状态,但其影响通常在试验条件制定过程中考虑。对于质量相同的夹具结构,在振动激励轴向上,增大夹具结构总体刚度将提高其一阶固有频率;如果适用,通过提高夹具结构刚度使其一阶固有频率高于试验频率上限。

(3)质量。原则上,在满足强度和刚度要求的情况下,应尽可能减小振动试验夹具的质量,以避免消耗更多的振动台推力。在工程应用中,振动试验夹具的质量主要受到试验条件所规定的振动加速度量级和适用的振动台动态推力的制约,通过适当选择振动试验夹具的材料,可以有效地减小振动试验夹具的质量。此外,一般认为振动试验夹具质量应为试验件质量的 4 倍,以消除试验件的反作用力影响;然而理论和实践证明,试验件的反作用力影响也可以通过适当地选择振动控制点的位置予以消除。

(4)固有频率。为了避免夹具结构共振响应导致所传递的振动激励显著地衰减,并且造成试验控制的动态范围过大,振动试验夹具的固有频率应高于试验频率上限。然而,在夹具结构尺寸较大的情况下,通常难以将其固有频率设计到2000 Hz 以上。在这种情况下,与试验件一阶固有频率相比,振动试验夹具在振动激励方向上的一阶固有频率至少应高于 1 个倍频程,目的是避免两者的耦合效应导致过大的共振和反共振,其将明显地改变试验件的动力学响应特性,并且导致试验控制的困难。

(5)阻尼。如果振动试验夹具的固有频率位于试验频率范围内,避免其具

有高 Q 值(放大因子)的共振响应是必要的。降低夹具结构振动模态的 Q 值的基本途径是增加结构阻尼。如果适用,选择具有高阻尼特性的镁合金或复合材料制造夹具结构。在使用材料阻尼很小的钢和铝合金制造夹具结构的情况下,通常需要采用附加阻尼结构降低 Q 值。夹具结构的螺纹连接接头通常能够提供较大的摩擦阻尼,然而,在振动激励传递路径上的螺纹连接接头往往导致结构固有频率降低,并且可能在振动激励作用下产生松动和磨损。

(6)运动自由度约束。在振动环境试验中,通过振动试验夹具施加于试验件的振动激励应符合试验条件规定的要求,其中,在非振动激励方向上,应保证通过振动试验夹具所施加振动激励量级显著地低于试验条件规定的振动激励量级。在非振动激励方向上,振动试验夹具的运动分为两种:刚体运动响应和弹性振动响应。如果振动激励设备不能约束振动试验夹具在非振动激励方向上的刚体运动响应,振动试验夹具本身应带有刚体运动自由度约束机构。非振动激励方向上的夹具结构弹性振动响应取决于振动试验夹具与试验件组合体的结构振动模态特性,如果试验振动激励将导致夹具结构在非振动激励方向上产生明显的振动响应,应通过提高相应的结构振动模态频率和阻尼比的方式予以抑制。此外,振动试验夹具设计适当的运动自由度约束机构也可以抑制其在非振动激励方向上的振动响应。

(7)使用寿命。振动试验夹具的使用寿命应超过所要求的试验持续时间,并且具有足够的安全裕量。典型地,对于一次性使用的振动试验夹具,使用寿命应大于或等于试验持续时间的 4 倍。影响振动试验夹具使用寿命的主要因素包括:结构疲劳强度和磨损;其中,磨损主要存在于螺接结构和附加的运动自由度约束机构中。

对于振动试验夹具设计,重要的问题是避免试验件固定到振动试验夹具之后的振动模态特性相对于实际使用状态产生显著的改变,以使得试验件在试验振动激励作用下的结构响应分布与预期使用振动环境的作用结果一致;如果两者存在显著的差异,试验件可能在振动环境试验中引入不切实际的失效模式。然而,在工程应用中,通常难以实现这一要求。大多数情况下,振动环境试验条件基于试验件与平台支承结构之间刚性连接界面的假设导出,其通常覆盖了预期使用振动环境作用所产生的试验件结构振动响应。如果夹具结构设计难以达到刚性连接界面的要求,应估计试验件固定到振动试验夹具之后的振动模态特性,以评估试验件在试验振动激励作用下的结构响应是否能够覆盖预期使用振动环境的作用结果。

6.2.3　振动环境试验构型

　　振动试验夹具的结构形式主要取决于试验件的振动环境试验构型。在振动试验夹具设计之前,应进行振动环境试验方案设计,确定针对特定产品的振动环境试验构型,并且选择相应的振动激励设备。试验构型应符合试验件在实验室振动环境试验中所要求模拟的振动激励状态,并且能够实现振动环境试验条件所规定的各项要求。在单轴振动环境试验构型中,一般使用振动试验夹具将试验件固定在振动台或水平滑台的台面上,对于振动激励设备的选择,通常按照刚体运动质量估计振动台的最大推力要求,其中,典型地假定夹具质量(如适用,包括水平滑台滑板的质量)为试验件质量的 4 倍,可以有效避免夹具和试验件所产生的反作用效应导致试验过程中振动台推力不足。如果适用的振动台的最大推力限制不允许采用过大的夹具质量,应基于工程经验评估容许的夹具质量是否能够实现;在这种情况下,对试验构型进行动力学建模分析往往能够提供必要的数据。

　　基于试验方案设计所确定的各个试验构型,确定振动试验夹具的主要设计要求:

　　(1)振动试验夹具的基本形状和主要尺寸。

　　(2)振动试验夹具与振动激励设备和试验件之间的连接方式和接口尺寸。

　　(3)振动试验夹具的使用频率范围。

　　(4)振动试验夹具的质量限制。

　　(5)作用于振动试验夹具的载荷状态和最大载荷估计。

　　(6)如适用,振动试验夹具的运动自由度约束和静态载荷支承要求。

　　(7)振动试验夹具上控制传感器的安装位置和安装螺孔尺寸。

　　对于单轴振动环境试验,试验条件通常规定在 3 个正交轴向上依次施加振动激励。在试验件的尺寸和质量较小的情况下,如果试验件对重力方向不敏感,可取的试验构型是采用垂直激励的振动台施加振动激励,仅通过改变试验件在试验夹具上的安装方向完成 3 个正交轴向的振动试验。在试验件的尺寸和质量较大、或试验件对重力方向敏感的情况下,垂直轴向的试验构型采用垂直激励的振动台施加振动激励,2 个水平轴向的试验构型一般采用水平滑台施加振动激励;在这种情况下,出于成本的考虑,垂直轴向和水平轴向的试验构型往往采用相同的振动试验夹具。在试验件对重力方向敏感的情况下,对于质量很小的试验件,水平轴向的试验构型可以将振动台旋转至水平激励方向施加振动激励,而不需要使用水平滑台;然而,这样的试验构型将使得振动台经受较大的侧向力和倾覆力矩,在工程应用中并不推荐。

在某些振动环境试验中,振动激励以集中力的形式直接施加于试验件结构,例如飞机外挂的挂飞和自由飞振动环境试验。在这种情况下,振动试验夹具通常分为两部分:用于模拟试验件边界条件的试验夹具(如试验件悬挂或支承系统)和用于传递激振力的试验夹具。在这类振动试验夹具设计中,关键的问题是避免改变试验件的动力学特性。

6.2.4 材料选择

对于振动试验夹具设计,材料的选择主要取决于夹具质量和刚度的设计要求。一般情况下,材料的强度和疲劳特性并非重要,原因是夹具刚度要求通常使得夹具结构的应力水平不高,除了某些局部结构以外。在实际使用中,夹具结构可能出现的强度破坏通常限于某些局部的连接结构,典型地为螺纹连接结构,其通常采用局部增强的方法处理,不影响整体结构的材料选择。

理论上,各种常用的金属材料和复合材料均可用于振动试验夹具设计。在多数情况下,夹具质量往往是关键的设计约束条件,原因是减小夹具质量通常意味着降低振动台的最大动态推力要求。因此,振动试验夹具设计通常选择轻质材料,如铝合金、镁合金或复合材料;出于制造成本的考虑,铝合金是实验室振动环境试验中最常用的夹具材料。

一般情况下,对于同样的结构形式,结构固有频率取决于材料的比刚度 E/ρ(材料的杨氏模量与密度之比)。表 6-1 列出了一些结构常用金属材料的性能参数。可以看到,钢、铝合金、镁合金的比刚度 E/ρ 相差并不大,但镁合金的密度仅为铝合金的 65%、钢的 23%;这意味着,对于振动试验夹具设计,选择镁合金将得到更好的性能;然而,镁合金的制造成本将明显地高于铝合金。如果夹具质量并非重要,振动试验夹具设计可以选择钢,其通常具有更低的制造成本。

表 6-1 结构常用金属材料的典型性能参数

材 料	密度 ρ /(kg/m^3)	杨氏模量 E /GPa	比刚度 E/ρ /(MPa/(kg/m^3))
镁合金	1800	41.4	23
铝合金	2770	69	24.9
钢	7840	207	26.5

在振动试验夹具设计中,另一个需要考虑的材料特性是材料阻尼性能。如果振动试验夹具的固有频率在试验频率范围内,提高夹具结构阻尼将是必要的。提高夹具结构阻尼的一个相对简单的技术途径是选择具有高阻尼性能的结构材

料。与铝合金相比,镁合金和树脂基复合材料通常具有更大的材料阻尼(超出铝合金一个数量级以上)。在一些情况下,依靠结构材料的阻尼特性不足以达到所要求的夹具结构振动模态阻尼比(或放大因子 Q),振动试验夹具可能需要采用黏弹性高阻尼材料设计适当的附加阻尼层。即使在使用铝合金制造振动试验夹具的情况下,对于适当的夹具结构形式,附加阻尼层仍可以显著地降低夹具结构振动模态的放大因子 Q,特别是在结构振动模态频率较高的情况下。附加阻尼层的问题在于增加了夹具质量,并且对夹具的使用环境温度较为敏感。

对于振动和高低温组合环境试验,振动试验夹具将在高温和低温环境下使用。在夹具材料选择中,应考虑高温和低温环境的影响。大多数情况下,环境试验的高温典型地不高于 71 ℃,低温典型地不低于−51 ℃,通常不会对振动试验夹具结构所使用的金属和复合材料性能产生明显的影响;然而,用于夹具结构附加阻尼层的黏弹性高阻尼材料可能由于高温和低温的影响而丧失阻尼效果。在某些情况下,振动和高温组合环境试验可能要求模拟数百摄氏度的温度,振动试验夹具结构材料的选择应保证材料性能在规定的高温条件下不产生明显的下降;典型地,镁合金的使用温度极限不超过 250 ℃,铝合金的使用温度极限不超过 370 ℃。如果需要,振动试验夹具应带有冷却装置。

6.2.5　结构形式和制造

如果夹具质量容许,实体结构通常是可取的振动试验夹具结构形式,原因是其具有最高的结构刚度和固有频率。对于实体的夹具结构设计,通常应保证夹具与试验件组合体的重心对准振动激励设备(振动台或水平滑台台面)的中心线。在振动试验夹具尺寸较小的情况下,选择实体结构形式通常是可行的,其具有较低的制造成本;铝合金通常是合适的实体结构夹具材料,尽管镁合金可以使夹具质量更小,但制造成本更高,并且使用寿命更短。

然而,在振动试验夹具尺寸较大的情况下,即使采用镁合金或更轻的结构材料制造,实体结构的质量往往明显地超过振动激励设备的最大动态推力限制。对于这种情况,一种可行的振动试验夹具结构造型方法是,在实体结构的基础上进行减重设计,直至达到夹具质量限制目标。减重造型设计的基本准则是:对于所要求的减重量,在振动激励传递路径上,使得减重后的结构造型的刚度和固有频率相对于原来的实体结构的降低程度达到最小。尽管理论上存在最优的结构造型,在实际应用中,这样的减重设计通常基于工程经验,仅需要达到可用的夹具结构造型;同样,减重造型所得到的夹具结构与试验件组合体的重心应对准振动激励设备的中心线。减重造型所得到的夹具结构一般采用整块材料的机械加工方式制造;用于机械加工的材料毛坯可以使用锻件或铸件。如果适用,也可采用精密铸造成形,再进行少量的机械加工。

在许多情况下,采用上述方法制造的振动试验夹具成本过高。作为替代,工程应用中经常使用焊接方法制造振动试验夹具。原理上,采用焊接结构的振动试验夹具同样可以使用上述减重方法进行结构造型。然而,在工程应用中,出于简化制造工艺的考虑,采用焊接结构的振动试验夹具更多地采用等厚度板和壳体构件组合方法进行结构造型。铝合金和镁合金均可以采用气体保护焊成形,其中,镁合金更容易焊接成形;当采用铝合金制造焊接结构的振动试验夹具时,通常选择 6061-T6,其具有良好的焊接性能和机械加工性能。焊接结构在焊接成形之后应进行适当的热处理,以消除内应力,避免在振动过程中焊接部位出现裂纹。为了避免焊接结构产生明显的焊接变形和焊接过程烧穿,用于焊接的板和壳体构件应具有适当的厚度;对于铝合金和镁合金,最小厚度典型地为 25 mm(或 1 英寸);对于镁合金制造的焊接结构,常用的厚度为 38 mm(或 1.5 英寸);如果认为结构质量过大,可以在板或壳体构件上通过开孔方式减重。此外,用于焊接的板和壳体构件的厚度应考虑焊缝的焊透性要求,以避免焊缝存在裂纹。与铸造成形的振动试验夹具相比,焊接结构的制造周期要短得多。然而,由于焊接成形结构受到构件形状和厚度的限制,在达到相同的结构刚度和固有频率的条件下,其质量可能大于机械加工或铸造成形结构。

在某些情况下,振动试验夹具可能采用螺纹连接结构。与焊接结构相比,螺纹连接结构的优势是制造成本较低,并且有可能根据不同类型试验件的要求进行适当的组合;其主要问题是,螺纹连接实际上削弱了结构连接刚度,可能显著地降低振动试验夹具的刚度和固有频率,不容易获得理想的夹具性能。因此,在振动试验夹具设计中,应首先考虑机械加工、铸造或焊接结构,而非螺纹连接结构;即使采用螺纹连接结构,也应尽可能减少夹具中的螺纹连接界面。在工程应用中,螺纹连接主要用于组合式振动试验夹具,即通过少数几个夹具(或部件)的适当组合以适应不同类型试验件的试验要求;其中,用于螺纹连接组合的夹具(或部件)采用机械加工、铸造或焊接结构。

对于某些小型的振动试验夹具,有可能采用胶接连接方式替代焊接连接方式,以简化夹具制造过程。相比而言,胶接夹具比焊接夹具制造速度快、成本低,并且可以在实验室内完成胶接成形过程。对于胶接夹具,应根据夹具结构材料选择适当的黏合剂,其应具有足够的胶接强度。大多数情况下,高温固化的环氧基黏合剂适用于铝合金和镁合金以及钢的胶接;在金属表面涂黏合剂之前,应按照规定的胶接工艺要求进行表面处理;在黏合剂固化过程中,应按照规定的胶接工艺要求加温和加压。其中,胶接表面加压可以采用适当的工装,或者在夹具结构上设计适当的紧固件。应指出的是,尽管黏合剂可以完全填充连接界面之间的间隙,保证连接界面之间尽可能小的配合公差是必要的,原因是过厚的胶层将显著降低连接刚度。与焊接连接方式相比,胶接连接方式通常使振动试验夹具的固有频率有所降低,但有可能使相应的放大因子 Q 略微下降。

如果需要,胶接连接方式也可以用于螺纹连接结构的连接界面,以提高螺纹连接界面的强度和刚度。黏合剂可以完全填充螺纹连接界面之间的间隙,避免连接界面之间出现相对运动。然而,使用黏合剂之后,螺纹连接界面的拆卸将变得困难(并非不可拆卸)。

对于大尺寸的振动试验夹具,可以考虑采用复合材料制造的整体结构。一般情况下,采用高模量玻璃纤维/环氧树脂复合材料或高模量碳纤维/环氧树脂复合材料制造振动试验夹具,后者通常具有更高的材料比刚度和更小的密度,但成本更高。在结构刚度和固有频率相同的条件下,复合材料结构往往具有更小的质量;特别地,与金属结构相比,复合材料结构可以得到更高的材料阻尼,在夹具结构固有频率位于试验频率范围内的情况下,这一特性是非常有价值的。一般情况下,复合材料夹具需要在适当的位置设置金属预埋件,以用于结构连接(例如,与试验件之间的螺纹连接)。在工程应用中,复合材料夹具应用面临的主要问题是制造成本高。

在一些特殊的应用场合,可以采用金属粉末增强环氧树脂注射或模压成形方法制造振动试验夹具。这种方式的特点是可以快速成形,并且能够保证夹具与试验件之间的连接界面紧密贴合,特别适合于具有曲面形式连接界面的试验件。小型的振动试验夹具可以直接使用金属粉末增强环氧树脂制造,其中,需要在适当的位置设置金属预埋件,以用于结构连接。更为普遍的方法是使用金属粉末增强环氧树脂在金属结构表面成形,以匹配试验件的连接界面。

6.2.6　螺纹连接

在振动试验夹具中,螺纹连接方式主要用于:

(1)振动试验夹具与振动激励设备和试验件之间的连接。

(2)振动试验夹具部件之间的可拆卸连接。

在采用螺纹连接的情况下,关键的问题是保证振动过程中螺纹不产生松动,并且螺纹连接的结构配合面(即螺纹连接界面)之间始终保持压紧状态,不会产生相对运动。如果螺纹连接界面之间在振动过程中出现相对运动,将导致相互碰撞,所产生的结构响应可能超过规定的试验量级和试验频率,并且使得振动控制难以稳定。同时,螺纹连接界面之间的间隙也将改变试验夹具/试验件的固有频率。

在螺纹连接设计中,通常应满足下列要求:

(1)两个配合面之间应具有足够的配合精度;典型地,对于两个配合平面,平面度应达到6级。

(2)与螺栓在使用过程中预期经受的最大拉伸载荷相比,螺栓装配的预紧力至少应超过20%。

(3)尽可能减少螺栓之间的间距,以避免试验振动激励在螺栓的跨距之间产生结构共振响应。典型地,当试验频率上限为2000 Hz时,螺栓之间的间距应不超过75 mm。

(4)如果适用,应尽可能选择较短的螺栓长度。

(5)除非尺寸很小的部件或振动加速度量级很低,避免采用螺栓受剪切的方式传递振动载荷。

(6)螺纹连接应具有适当的防松措施。

夹具结构的螺纹连接主要有两种方式:

(1)螺栓和螺母连接方式。

(2)螺栓和结构内螺纹连接方式。

基于预紧力的要求,螺纹连接通常采用高强度螺栓。在夹具结构设置内螺纹的情况下,铝合金和镁合金基体上直接加工的内螺纹不足以承受螺栓的预紧力;如果螺纹连接拆装次数很少,可以采用不锈钢钢丝螺套(图6-1(a))在铝合金或镁合金基体上形成内螺纹;如果螺纹连接需要反复拆装,通常使用不锈钢插销螺套(图6-1(b))在铝合金或镁合金基体上形成内螺纹。对于复合材料制造的夹具结构,内螺纹应设置在金属预埋件上,其中,铝合金或镁合金预埋件的螺纹同样应采用不锈钢螺套。

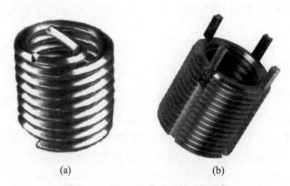

(a)   (b)

图6-1　用于形成内螺纹的螺套

(a)不锈钢钢丝螺套;(b)不锈钢插销螺套。

对于螺纹连接设计,螺栓的布局应保证振动过程中各个螺栓的受力尽可能一致,并且规定各个螺栓的拧紧力矩。螺栓以及螺母应通过平垫圈拧紧到夹具结构上,避免使用弹簧垫圈。对于铝合金或镁合金的夹具结构,平垫圈应具有足够大的接触面积,以降低作用于夹具结构的局部应力。如果振动量级较小或振动持续时间较短,足够的螺栓预紧力就可以满足螺纹防松要求。如果适用,螺纹连接宜采用细牙螺纹,其具有更好的防松效果。在振动量级较大并且振动持续时间较长的情况下,采用专门的螺纹防松设计是必要的;其中,简单的螺纹防松措施是采用螺纹防松胶(厌氧胶)。

6.2.7　附加阻尼处理

对于尺寸较大的振动试验夹具,共振频率将不可避免地落入试验频率范围内,特别是在试验频率上限为 2000 Hz 的情况下。振动试验夹具的结构共振响应往往造成试验控制的困难,并且在高于共振频率的高频区显著地衰减传递到试验件的振动激励。为了降低夹具结构共振频率的不利影响,降低共振频率所对应的放大因子 Q 是必要的。

通过选择具有高阻尼特性的镁合金或复合材料制造振动试验夹具,可以显著地降低放大因子 Q。然而,在工程应用中,镁合金或复合材料夹具的成本未必能够接受,大多数情况下,使用铝合金制造振动试验夹具。铝合金本身的材料阻尼很小,在需要降低结构共振的放大因子 Q 的情况下,夹具结构通常需要采取附加阻尼处理。

附加阻尼处理的常用方法是采用黏弹性高阻尼材料在夹具结构表面制作附加阻尼层。简单的处理方法是将黏弹性材料直接涂覆或粘贴在结构表面,形成自由阻尼层;效率更高的处理方法是将黏弹性材料粘贴在结构表面,并且在黏弹性材料表面上粘贴金属薄板,形成约束阻尼层,其可以得到更高的阻尼系数。附加黏弹性阻尼层所产生的阻尼特性与黏弹性材料在夹具结构振动过程中的变形状态和变形量密切相关;一般情况下,附加黏弹性阻尼层应设置在夹具结构中厚度较小的板和壳体构件表面。

在振动试验夹具设计中,出于减重的考虑,往往在夹具结构内部形成近似封闭的空腔。在振动激励作用下,夹具结构表面将产生声辐射;如果声辐射激发空腔固有频率的响应,将产生空腔共鸣,其将增强夹具结构在相应频率上的振动响应。为了避免空腔共鸣,通常在空腔内填充聚氨酯泡沫。同时,填充聚氨酯泡沫也可以增加空腔壁板的阻尼,降低壁板的结构振动响应。

6.2.8　辅助静态支承和运动自由度约束

对于大型试验件的垂直轴向振动环境试验,通常需要采用大尺寸的振动试验夹具将试验件固定在振动台的台面上,试验件和夹具的自重可能超过振动台的静态支承能力。为了避免振动台动态推力的无效损失,通常需要在振动试验夹具下方设置辅助静态支承,以平衡试验件和夹具的自重。一般情况下,辅助静态支承采用空气弹簧;通过弹簧或橡皮绳悬挂振动试验夹具或试验件的方式也可提供所要求的静态支承力。

在垂直轴向振动激励作用下,大型试验件和夹具可能产生相当大的倾覆力矩,明显超出振动台的抗倾覆力矩能力。倾覆力矩主要由试验件和夹具组合体的质心偏离振动激励轴线和空间振动模态响应所产生;倾覆力矩导致的振动台面横向振动将使得试验件经受过大的振动激励作用,并且可能导致振动台故障。为了降低倾覆力矩及其影响,通常需要在振动试验夹具上设置垂直导向装置,以约束振动试验夹具的横向和转动运动自由度。适用于电动式振动台动圈的各种导向机构均可以作为振动试验夹具的垂直导向装置,关键的问题是保证垂直导向装置具有足够的抗倾覆力矩能力。图 6-2 所示是一个带有辅助静态支承和垂直导向装置的振动试验夹具实例。

图 6-2　带有辅助静态支承和垂直导向装置的振动试验夹具实例

6.3　典型的振动试验夹具结构

6.3.1　扩展台面

取决于具体的型号,电动式振动台的动圈组件直径典型地为 12 英寸(30.48 cm)、16 英寸(40.64 cm)和 24 英寸(60.96 cm)。当试验件的连接界面尺寸超出动圈组件直径时,通常需要将试验件固定在扩展台面进行振动激励。扩展台面的下端面与电动式振动台动圈组件连接在一起,上端面用于固定试验件,典型结构如图 6-3 和图 6-4 所示。在工程应用中,扩展台面的上端面主要有圆形和正方形两种,其中,圆形直径或正方形边长典型地为动圈组件直径的

1.5～3倍;如果需要,可以设计更大尺寸或特殊形状的扩展台面。在扩展台面尺寸明显大于动圈组件直径的情况下,例如,两者直径之比超过2.5,扩展台面往往需要带有辅助静态支承和垂直导向装置(图6-2)。

图 6-3　典型的圆形扩展台面

图 6-4　典型的正方形扩展台面

　　扩展台面设计通常需要在结构固有频率和质量之间权衡。典型地,扩展台面结构由顶板(台面)、截锥壳和纵向加强肋组成,基本的结构固有频率为台面的弯曲振动模态频率。尽管在结构设计中尽可能提高台面的弯曲振动模态频率,由于结构质量的约束,台面的一阶弯曲振动模态频率通常低于 2000 Hz,因此,降低台面弯曲振动模态的放大因子 Q 是必要的。在工程应用中,扩展台面一般采用镁合金焊接结构,以在结构质量、弯曲振动模态频率和放大因子 Q 之间得到相对优化的结果。为了提高动圈组件/扩展台面/试验件组合体的纵向振动固有频率,扩展台面应通过高强度螺栓固定在动圈组件的所有安装螺孔上,并且采用沉孔形式缩短螺栓长度。

6.3.2　转接板

　　电动式振动台动圈组件上的螺孔尺寸和位置通常难以适应不同试验件的安装要求。在垂直轴向的振动环境试验中,通常将适当的转接板固定在动圈组件上,再将试验件固定在转接板上施加振动激励。原则上,对于特定的试验件,应设计与之相匹配的转接板;然而,在工程应用中,通常设计一些通用的转接板,以适应不同试验件的安装要求。典型地,转接板采用圆板结构,通过高强度螺栓固定在动圈组件的安装螺孔上;其中,为了保证转接板具有尽可能高的弯曲振动模态频率,应保证转接板以尽可能多的螺栓固定在动圈组件上,并且转接板应具有足够的厚度。典型地,如果动圈组件安装螺孔之间的典型间距为 4 英寸(10.16 cm),转接板的厚度宜选择为 1.5 英寸(3.81 cm)或更大。圆形转接板的直径一般应小于动圈组件直径的 1.25 倍。

出于结构质量的考虑,转接板一般采用铝合金或镁合金结构。当转接板直径较大时,转接板的一阶弯曲振动模态频率可能在 2000 Hz 以下,采用镁合金结构更为可取。如果结构质量并非重要,直径较小的转接板可采用钢结构,其优点是便于加工试验件安装螺孔。对于试验件安装,通常在转接板上表面设置不同尺寸和布局方式的螺孔(图 6-5),也可以在转接板上表面设置辐射状或网格状分布的 T 形槽(图 6-6);其中,采用 T 形槽的情况下,转接板一般为铝合金或钢结构。

图 6-5　典型的转接板

图 6-6　带有 T 形槽的转接板

6.3.3　立方体和封闭盒式夹具

立方体夹具(图 6-7)主要用于小型试验件的振动环境试验,一般采用铝合金或镁合金制造。立方体夹具通常在 5 个表面上设置不同尺寸和布局方式的螺孔,用于安装试验件,另一面与振动台动圈组件或转接板连接。用于连接动圈组件或转接板的螺栓孔应采用沉孔形式,以缩短螺栓长度。

小尺寸的立方体夹具往往为实体结构。尺寸较大的立方体夹具通常采用空心结构,以减小结构质量。空心的立方体夹具可以采用铸造结构或焊接结构。

图 6-7　典型的立方体夹具

大多数情况下,空心的立方体夹具采用平板焊接成形之后进行机械加工;在立方体尺寸较大的情况下,除了 6 块壁板以外,内部通常设置加强肋板,以提高壁板的固有频率。

　　与空心立方体夹具相似,封闭盒式夹具采用 5 块平板焊接成开口的立方形盒式结构,使用螺栓将顶盖(第 6 块平板)固定在开口的侧板上,形成封闭的立方体夹具。这种夹具的特点是可以将试验件固定在顶盖内侧或外侧,分别进行单向瞬态脉冲激励(这种试验实际上是采用机械式冲击试验机实现的)。对于这样的夹具结构设计,关键问题是保证螺栓固定的顶盖具有尽可能高的弯曲振动模态频率。

　　结构形式略有不同的封闭盒式夹具如图 6-8 所示,其用于电路板的振动环境试验,模拟电路板的四周固支边界条件。

图 6-8　用于电路板振动环境试验的封闭盒式夹具

6.3.4　L 形和 T 形夹具

　　L 形夹具(图 6-9)可以将试验件安装在垂直的平板上施加振动激励。对于小型试验件,L 形夹具可以用于替代水平滑台。尽管可以将安装有 L 形夹具的振动台旋转至水平方向施加振动激励,这将导致电动式振动台动圈组件受到较大的倾覆力矩作用,因此,当试验件对重力方向敏感时,仍推荐采用水平滑台施加振动激励。

L形夹具通常采用镁合金焊接结构。在L形夹具设计中,关键问题是保证垂直平板具有足够的弯曲刚度和尽可能高的弯曲振动模态频率,原因是振动激励过程中试验件产生的倾覆力矩将诱发垂直平板的弯曲振动响应;典型的措施是增加垂直平板的厚度以及采用更多的加强肋板。T形夹具(图6-10)与L形夹具具有相似的功能。

图6-9 典型的L形夹具 　　图6-10 典型的T形夹具

6.4 振动试验夹具设计方法

6.4.1 引言

在工程应用中,大多数振动试验夹具仅用于特定试验件的振动环境试验,而非通用的。因此,在振动试验夹具设计中,降低成本是一个重要的制约条件。降低成本不仅要求夹具结构简单、易于制造,而且要求设计过程尽可能采用成熟技术和结构形式、减少设计分析和试验验证的工作量。

对于振动试验夹具设计,通常考虑下列设计准则:

(1)试验件与振动试验夹具之间的连接方式和连接刚度应与试验件的实际使用状态一致。大多数情况下,振动环境试验条件所规定的振动量级代表了试验件的输入加速度,试验控制点应设置在振动试验夹具上,试验件连接方式和连接刚度的改变将导致试验件振动响应的显著变化。

(2)在单轴振动激励作用下,应尽可能避免振动试验夹具与试验件连接界面不同位置上的振动响应存在明显的差异,从而避免试验控制点的位置变化导致试验件所经受的振动激励产生过大的不确定性。如果可能,振动试验夹具与试验件连接界面的弯曲振动模态频率应明显高于试验频率上限;否则,应尽可能降低试验频率范围内的连接界面弯曲振动模态的放大因子 Q。

(3)试验件与振动试验夹具组合体的质心应尽可能接近振动激励设备的激励轴线,以降低振动激励过程中产生的偏心力矩。

（4）尽可能降低振动试验夹具的高度，以降低振动激励过程中产生的倾覆力矩。

（5）尽可能提高振动试验夹具在各个轴向上的总体刚度，使其在试验振动激励作用下所产生的结构变形可以忽略。如果适用，振动试验夹具宜采用对称结构。

（6）尽可能保证振动试验夹具的固有频率超过试验频率上限；否则，尽可能降低相关固有频率所对应的放大因子 Q。

（7）尽可能提高振动试验夹具与振动激励设备之间的连接刚度。

（8）尽可能减少在振动试验夹具中使用的螺纹连接。对于所使用螺纹连接，应规定适当的螺栓拧紧力矩要求。

（9）尽可能降低振动试验夹具的质量。

在上述设计准则中，一部分要求是相互冲突的，在设计过程中需要进行折衷处理。尽管有限元建模分析是一个强有力的结构设计工具，在工程应用中，出于设计成本的考虑，更多是依据工程经验和简单的分析模型选择夹具结构的形状和参数。即使在使用结构有限元建模分析方法进行振动试验夹具设计的情况下，在夹具正式使用之前，应进行试验鉴定，以确认其性能符合试验要求。

6.4.2　结构初步设计

对于振动试验夹具设计，首先应基于被试产品的振动环境试验构型确定振动试验夹具的主要设计要求。其中，夹具结构的基本形状和尺寸主要取决于试验件和振动激励设备的连接界面形状、尺寸以及振动激励方向。实际上，对于特定的试验件及其振动环境试验条件，往往可以采用不同的试验构型实现，其可能需要采用不同的夹具结构；即使在同一试验构型中，也可能选择不同的夹具结构。因此，夹具结构设计并不存在唯一结果，更多是根据具体的限制条件选择可用的结果，其通常是成本和性能之间权衡的产物。在夹具结构设计中，应优先考虑现有的振动试验夹具的适用性。

绝大多数情况下，在振动环境试验构型中，将试验件固定在振动台台面（包括单轴振动台、多轴振动台以及水平滑台的台面）上施加振动激励。在试验件的连接界面为平面的情况下，振动试验夹具设计的典型考虑如下：

（1）对于连接界面尺寸小于台面尺寸的情况，如果适用，首先考虑将试验件直接固定在振动台台面上；否则，通过适当的转接板将试验件固定在振动台台面上。

（2）对于连接界面尺寸大于或等于台面尺寸、并且小于台面尺寸的 1.25 倍的情况，通过适当的转接板将试验件固定在振动台台面上。

(3)对于连接界面尺寸大于或等于台面尺寸的 1.25 倍、并且小于台面尺寸的 3 倍的情况,如果存在适用的扩展台面,通过扩展台面将试验件固定在振动台台面上;当扩展台面的安装螺孔不符合试验件安装要求时,可能需要通过适当的转接板将试验件固定在扩展台面上。

(4)对于连接界面尺寸大于或等于台面尺寸的 1.25 倍的情况,如果不存在适用的扩展台面,或者适用的扩展台面质量过大,按照扩展台面相似的结构形式设计专用的试验夹具,将试验件通过试验夹具固定在振动台台面上。如果需要,专用的试验夹具应设计适当的辅助静态支承和垂直导向装置。

(5)对于小型试验件,可以采用立方体夹具、L 形夹具或 T 形夹具改变试验件在振动台台面上的安装方向,以施加不同轴向的振动激励。

某些连接界面尺寸大于或等于台面尺寸的 1.25 倍的试验件采用端框连接方式,例如,导弹和运载火箭的舱段,尽管可以将其固定在扩展台面上进行试验,但将导致试验件/扩展台面组合体的质量过大。在这种情况下,振动试验夹具通常采用带有端框的截锥壳结构,以降低结构质量;其中,截锥壳结构往往采用纵向加强肋板增强纵向和横向刚度。

对于连接界面非平面的试验件,振动试验夹具通常应模拟试验件在实际使用状态下的支承结构。一般情况下,可以按照试验件的实际支承结构设计振动试验夹具,使得试验件/夹具组合体的连接界面成为一个平面。试验件/夹具组合体的连接界面设计为可直接固定在振动台台面上,或者,通过适用的扩展台面或转接板固定在振动台台面上。基于制造成本的考虑,振动试验夹具的结构未必与试验件的实际支承结构完全一致,而是采用梁、板和实体块的组合形式,其中,关键问题是保证振动试验夹具与试验件之间的连接界面与实际支承结构一致。

在某些情况下,试验件本身并不具备用于固定到支承结构的连接方式,例如,包装件、炮弹、小型导弹等。在振动环境试验构型中,试验件需要通过夹持方式固定在振动台台面上。对于低频振动环境(如运输振动环境),如果试验件具有长方体外形,可以通过捆扎或压板压紧方式固定在振动台台面上施加振动激励;如果试验件外表面为曲面(如圆柱体),需要设计专门的夹具将试验件夹紧,然后固定在振动台台面上,图 6-11 给出了一个用于圆柱形试验件的振动试验夹具实例。

6.4.3 结构详细设计

在结构初步设计确定了振动试验夹具的基本结构形式和主要尺寸之后,根据振动试验夹具设计要求所规定的使用频率范围、结构质量限制以及适用的制造工艺,确定振动试验夹具的材料、结构细节和详细尺寸。

图 6-11 用于圆柱形试验件的振动试验夹具实例

尽管振动试验夹具的结构参数选择取决于结构刚度和固有频率,适当地估计作用于振动试验夹具的最大使用载荷仍是必要的,主要原因是,对于振动试验夹具的连接结构设计,结构强度仍是重要的影响因素。在工程应用中,通常简单地假设试验件和振动试验夹具为刚体,基于振动环境试验条件规定峰值加速度估计作用于振动试验夹具与振动激励装置连接界面的最大使用载荷;考虑到试验件和振动试验夹具的弹性振动响应所产生的动载荷,通常将所得到的结果乘以 2 倍的载荷系数。在单轴振动环境试验中,作用于振动试验夹具的载荷除了激励轴向的载荷分量以外,还包括垂直于激励轴向的横向载荷分量;对于横向载荷分量估计,通常假定横向的峰值加速度为激励轴向峰值加速度的 50%。在进行结构强度分析和设计时,通常假定最大使用载荷为等效的静载荷。

如果成本可以接受,镁合金是制造振动试验夹具结构的首选材料,特别是用于高频振动环境试验的大尺寸振动试验夹具。小尺寸的镁合金夹具结构通常采用镁合金块机械加工成形;大尺寸的镁合金夹具结构可以采用铸造或焊接成形,然后进行适当的机械加工。尽管铸造镁合金往往具有更好的材料阻尼,考虑到单件制造成本,在工程应用中,更多地采用镁合金板焊接成形方法制造振动试验夹具结构。基于成本的考虑,多数情况下,采用铝合金制造振动试验夹具结构。与镁合金相比,大尺寸铝合金夹具结构的单件铸造相对容易;然而,在要求加工周期较短的情况下,大尺寸铝合金夹具结构往往采用焊接结构。

尽管振动试验夹具不推荐使用螺接结构,对于考虑结构部件通用性的振动试验夹具,螺接结构往往是不可避免的。此外,试验件与振动试验夹具之间通常采用螺纹连接方式,为了减小结构尺寸,通常在夹具结构上设置内螺纹。在振动试验夹具使用螺接结构的情况下,结构设计应考虑下列准则:

(1)采用螺栓连接的界面应为平面,并且具有尽可能大的接触面积,以提供良好的接触刚度,特别是在试验频率上限超过 500 Hz 的情况下。

(2)连接螺栓的数量和分布应尽可能增加连接界面的接触面积和各方向的连接刚度。其中,应尽可能缩小螺栓之间的跨距,以避免螺栓跨距之间的局部结构共振频率低于试验频率上限。

(3)对于镁合金和铝合金夹具结构,应采用不锈钢螺套(或其他类型的钢质嵌入件)形成内螺纹。典型地,螺纹长度应大于或等于螺纹直径的 2.5 倍,以保证在 12.9 级螺栓的最大预紧力作用下不锈钢螺套不会产生脱扣现象。

(4)在振动过程中,作用于螺栓的最大拉伸载荷小于螺栓保证载荷的 50%。

(5)在装配过程中,如适用,所有螺栓应拧紧至其最大容许的拧紧力矩。

(6)应尽可能减小螺栓长度,典型地,在拧紧状态下,悬空的螺栓长度宜不超过直径的 5 倍。

实际上,振动试验夹具与振动激励设备之间螺纹连接界面的螺栓数量和规格由振动激励设备的安装螺孔所决定。在振动试验夹具设计中,应尽可能采用最多的螺栓将振动试验夹具固定在振动激励设备上。振动试验夹具的其他螺纹连接界面的螺栓数量和规格可以参照与振动激励设备的螺纹连接界面选取。

在振动试验夹具结构的详细设计中,通常根据工程经验选择适当的结构构型和初步的尺寸参数,其应满足夹具质量和制造工艺约束条件,然后,建立夹具结构的动力学分析模型,估计夹具结构的总体刚度和固有频率。如果夹具结构的总体刚度或固有频率不满足要求,改变相关的局部结构形状和尺寸并且重新分析,直至得到满足总体刚度和固有频率要求的结构构型和尺寸参数。在实际应用中,可能需要选择多种可行的结构构型和尺寸参数进行分析,通过比较确定最佳的设计选择。

对于夹具结构的总体刚度和固有频率分析,可以采用有限元建模技术。然而,由于有限元分析方法的复杂性,这将导致振动试验夹具迭代设计过程的成本过高,在工程应用中并非可取。除了某些大尺寸振动试验夹具,在振动试验夹具设计中很少采用有限元分析方法,而是采用简单的计算公式估计夹具结构的总体刚度和固有频率。与之相适应,振动试验夹具设计通常采用简单的结构构件(实体块、板、梁、壳体)及其组合形式。

在工程应用中,振动试验夹具最常用的结构构件是实体块和等厚度平板(梁通常可以视为宽度较小的平板);出于加工成本的考虑,在焊接结构夹具中,壳体构件通常采用等厚度平板焊接成形的棱柱壳或棱锥壳形式。对于夹具结构的总体刚度和固有频率分析,通常将夹具结构划分为实体块、平板等简单构件,分别计算各个简单构件的刚度和固有频率,然后再通过适当的合成,估计总体刚度和固有频率。其中,在计算夹具结构固有频率时,实体块可以作为刚体质量处理,原因是实体块的尺寸通常不大,自身的固有频率往往明显高于试验频率上限。

　　实际上,对于小尺寸的振动试验夹具,影响夹具结构最低固有频率的主要因素是夹具与振动激励设备之间以及夹具部件之间的螺纹连接刚度,整体结构或结构部件往往可以作为刚体质量处理。尺寸较大的振动试验夹具通常为平板(包括加强肋板)、截锥壳(如适用)以及实体部件的组合体,面积最大的平板的弯曲振动模态频率往往是影响夹具结构最低固有频率的主要因素,增加平板厚度(包括加肋平板结构的等效厚度)是提高弯曲振动模态频率的主要措施之一,其主要受到结构质量的限制。

6.4.4　附加结构或装置设计

　　在大尺寸的振动试验夹具设计中,可能遇到下列问题:

　　(1)夹具结构的固有频率小于试验频率上限。

　　(2)夹具与试验件的自重超出振动台的静态支承载荷。

　　(3)夹具与试验件在振动过程中产生的倾覆力矩超出振动台的抗倾覆力矩能力。

　　在夹具结构的固有频率小于试验频率上限的情况下,振动试验夹具设计应尽可能降低相应的振动放大因子 Q;其中,振动放大因子 Q 应小于 10(或者模态阻尼比 ζ 大于 0.05)。如果适用,采用镁合金结构是降低振动放大因子 Q 的有效途径。然而,在某些情况下,夹具结构只能采用铝合金制造,或者,即使采用镁合金制造,振动放大因子 Q 仍难以满足要求,振动试验夹具设计通常需要采用附加阻尼结构。最常用的附加阻尼结构是在夹具结构表面设置黏弹性高阻尼材料的自由阻尼层或约束阻尼层。为了提高附加阻尼结构的阻尼效率,阻尼层通常设置在面积较大的平板和壳体表面上。

　　在夹具与试验件的自重超出振动台的静态支承载荷的情况下,最简单的方法是在实验室振动环境试验中采用软悬挂系统(如橡皮绳组件)悬吊夹具与试验件组合体,以平衡其自重。在这种情况下,振动试验夹具仅需要设置适当的吊点,并且悬挂系统的固有频率应低于试验频率下限的 1/2。软悬挂系统的缺点是需要在实验室中搭建支承框架,其可能影响试验件的吊装。在不适合使用软悬挂系统的情况下,通常在振动试验夹具上设置附加的空气弹簧支承装置。多数情况下,沿振动试验夹具周边设置一组对称分布的相同规格的空气弹簧,夹具结构设计应留有空气弹簧的连接位置,并且需要设计适当的空气弹簧支承框架。

　　对于垂直轴向的振动环境试验,在夹具与试验件产生的倾覆力矩超出振动台的抗倾覆力矩能力的情况下,振动试验夹具设计应选择适当的导向装置,以承受夹具与试验件产生的倾覆力矩。导向装置用于约束振动试验夹具除了振动激励轴向以外的其他刚体运动自由度,其具有各种不同的形式,典型地可以划分为导向机构(如直线轴承和导轨组合)和导向结构(如 U 形弹簧)两类。在导向装置选择中,所考虑的主要参数是抗倾覆力矩能力和各个约束自由度的刚度。夹具结构设计应留有导向装置的连接位置,并且需要设计适当的导向装置支承框架;其中,支承框架应具有足够的刚度和尽可能高的固有频率。

6.5 振动试验夹具的验证

6.5.1 引言

在工程应用中,即使采用有限元建模技术进行振动试验夹具的振动模态和振动响应分析,仍然难以保证振动试验夹具能够满足振动环境试验的控制要求。因此,在振动环境试验之前,有必要通过试验方法验证振动试验夹具的性能符合振动环境试验规范的所有要求。由于振动试验夹具的性能将受到试验件动力学特性的影响,对于振动试验夹具的试验验证,通常应带有试验件或动力学相似的模拟件。

振动试验夹具验证的典型试验方法是将振动试验夹具和试验件(或模拟件)按照规定的试验构型安装在振动激励设备上,施加适当的基础运动激励,并且测量振动试验夹具的结构响应,从而评估振动试验夹具是否能够满足试验要求。出于不同的考虑,试验验证可以通过两种方式实现:

(1)通过专门的预备性试验测试夹具在无负载和带有负载状态下的结构振动响应,其中,负载通常采用动力学相似的模拟件。

(2)在正式试验之前,通过低量级振动激励测试夹具在带有负载状态下的结构振动响应,其中,负载为正式的试验件。

在上述振动试验夹具的验证试验中,一般采用单轴振动激励方式,主要测量参数为夹具结构在规定的振动激励作用下沿 3 个正交轴向的振动加速度响应。对于振动试验夹具的验证,主要考虑下列性能参数:

(1)在振动激励轴向上,夹具结构振动控制点上的振动响应加速度与夹具结构振动输入加速度之间的传递特性。夹具结构振动输入加速度一般使用安装在振动激励设备台面上的加速度传感器测量;如果不存在适当的传感器安装位置,可采用振动控制点的驱动信号替代。

(2)在振动激励轴向上,夹具与试验件连接界面的振动加速度均匀度。

(3)夹具结构振动控制点上的横向振动比(即非激励轴向与激励轴向的振动加速度分量之比)。

在振动试验夹具验证试验采用闭环振动控制方式的情况下,可以采用夹具结构振动控制点上的振动加速度响应直接判断振动试验夹具的性能是否符合使用要求。然而,对于准确地评估振动试验夹具的性能,测试夹具结构振动响应加速度与振动输入加速度之间的传递特性仍是重要的,其直接反映了振动试验夹具的动力学特性。

实际上,振动试验夹具的性能主要取决于夹具结构在试验频率范围内的振动模态参数(固有频率、模态阻尼比和模态振型)。在振动试验夹具的试验验证中,测试夹具结构在试验频率范围内的振动模态参数往往是必要的,特别是在基于夹具结构动力学模型的分析结果选择结构参数的情况下,振动模态参数比较通常是检验结构动力学模型有效性的基本方法。对于使用基础运动激励所进行的验证试验,通常利用夹具结构振动响应加速度与振动输入加速度之间的传递特性识别试验频率范围内的振动模态参数,其中,最重要的是沿振动激励方向的主要振动模态以及垂直于振动激励方向的一阶弯曲振动模态。

对于振动试验夹具的试验验证,除了采用单轴振动环境试验方法以外,也可以采用试验模态分析方法。典型地,可以将振动试验夹具和试验件按照规定的试验构型安装在振动激励设备上,或者将振动试验夹具和试验件固定在刚性基础上,使用锤击或激振器激励方法进行振动模态测试。在不同的边界条件下,将得到不同的振动模态参数,因此对于振动模态参数比较,夹具结构动力学模型应模拟模态试验的边界条件。应指出的是,在已知夹具结构振动模态的情况下,仍可能需要通过基于结构动力学模型的夹具结构振动响应预示判断振动试验夹具的性能是否符合使用要求。

6.5.2　夹具共振

对于振动环境试验控制,所关心的振动试验夹具的主要特性参数是夹具结构试验控制点上振动响应加速度与振动输入加速度之间的传递特性,以及夹具与试验件连接界面的振动加速度均匀度,后者将影响试验控制点的选择。这两项特性参数主要取决于夹具结构沿振动激励轴向的振动模态参数,其涉及两类结构振动模态:

(1)沿激励轴向的纵向振动模态;

(2)夹具与试验件连接界面的弯曲振动模态。

在试验频率范围内,如果振动试验夹具存在沿振动激励轴向的弹性振动模态,振动激励将导致夹具结构振动模态的共振响应,从而影响传递到试验件连接界面的振动激励加速度的量级和分布。在振动环境试验中,通常将振动控制点选择在振动试验夹具与试验件的连接界面上(位于夹具结构一侧),以通过振动控制系统的补偿消除夹具结构振动模态的影响。然而,如果夹具结构振动模态的放大因子 Q 过大(即模态阻尼比过小),在共振频率附近,振动控制的动态范围往往难以抑制夹具结构导致的振动响应放大,造成试验件经受过大输入加速度;在共振频率以上,由于夹具结构的减振效应,可能导致试验件经受的输入加速度难以达到规定的量级。此外,如果试验频率范围内存在夹具与试验件连接界面的弯曲振动模态,当振动控制点选择连接界面的不同位置时,由于共振频率附近的结构共振响应量级在不同位置上的显著差异,将导致试验件实际经受的输入加速度存在显著的不确定性。

在试验频率范围内夹具共振不可避免的情况下,降低相关振动模态的放大因子 Q 是解决试验控制问题的关键,其既可以减小振动控制的动态范围,也可以降低连接界面不同位置上振动响应量级的差异。应指出的是,即使夹具结构振动模态的放大因子 Q 较小,如果夹具结构振动模态与试验件振动模态之间产生动力学耦合,将可能导致夹具结构试验控制点上振动响应加速度与振动输入加速度之间的传递特性出现深谷,使得试验件经受的输入加速度在相应的频率上难以达到规定的量级。为了避免这种情况,夹具结构振动模态频率应至少为试验件振动模态频率的 2 倍。

对于振动激励方向的夹具共振测试,典型的试验方法是将振动试验夹具固定在振动台(或水平滑台)上,在振动试验夹具无负载和带有负载的情况下,通过振动激励设备在规定的轴向上施加基础运动激励,同时测量振动台面和振动试验夹具与试验件连接界面上沿振动激励轴向的振动加速度响应,并且估计连接界面与振动台面之间的振动加速度传递函数。一般情况下,试验采用正弦扫描振动或宽带随机振动激励方式;如果适用,试验采用实时闭环控制技术,振动控制点通常选择在振动试验夹具与试验件连接界面上。

在连接界面与振动台面之间的振动加速度传递函数中,幅频特性曲线的峰值通常代表了夹具结构共振,在包含峰值的窄带内,可以近似作为单自由度系统处理,导出相应的共振频率 f_n 和放大因子 Q。应指出的是,传递函数幅频特性曲线所反映的振动试验夹具共振频率 f_n 与夹具上安装的负载特性有关,在无负载状态下,共振频率 f_n 代表了夹具结构振动模态频率。当负载质量增加时,共振频率 f_n 通常下降。在带有弹性负载的情况下,传递函数幅频特性曲线中不仅存在夹具结构振动模态所导致的共振峰,而且存在试验件振动模态所导致的共振峰;通过无负载和带有负载的传递函数测试结果比较,可以识别夹具结构振动模态。对于动力学特性复杂的试验件,同时测量试验件结构的振动加速度响应可能是必要的。

对于夹具与试验件连接界面的振动加速度均匀度测试,通常在连接界面的不同位置上布置 N 个加速度传感器,以得到连接界面的不同位置与振动台面之

间的振动加速度传递函数幅频特性 $|H_i(f)|$,$i = 1,2,\cdots,N$。连接界面的加速度均匀度 $N_a(f)$ 由下式估计:

$$N_a(f) = \max\left\{\frac{|\Delta H_1(f)|}{|\bar{H}(f)|},\frac{|\Delta H_2(f)|}{|\bar{H}(f)|},\cdots,\frac{|\Delta H_N(f)|}{|\bar{H}(f)|}\right\} \qquad (6-1)$$

$$\Delta H_n(f) = |H_n(f)| - |\bar{H}(f)|,\quad |\bar{H}(f)| = \frac{1}{N}\sum_{i=1}^{N}|H_i(f)| \qquad (6-2)$$

加速度均匀度 $N_a(f)$ 可能受到试验件特性的显著影响,因此,对于振动加速度均匀度 $N_a(f)$ 是否满足试验要求的判定,应采用真实负载情况下的测试结果。应指出的是,加速度均匀度 $N_a(f)$ 的测试结果除了受到振动试验夹具结构动力学特性的影响之外,还受到振动激励设备和试验件特性的影响,例如,如果振动激励存在转动运动分量,将导致加速度均匀度增大。在加速度均匀度不满足要求的情况下,应分析主要影响因素源自何处,其中,夹具结构共振导致的加速度均匀度增大仅出现在共振频率附近。

6.5.3 横向振动

在单轴振动环境试验中,应尽可能减小作用于试验件连接界面的横向振动激励分量,以避免试验件经受明显的过试验。在相关试验标准中,通常规定横向振动激励分量的量级不超过激励轴向振动量级的 45%。

对于振动试验夹具的横向振动测试,典型的试验方法是将振动试验夹具固定在振动台(或水平滑台)上,在振动试验夹具无负载和带有负载的情况下,通过振动激励设备在规定的轴向上施加基础运动激励,同时测量位于振动试验夹具与试验件连接界面的振动控制点上 3 个正交轴向(包括激励轴向)的振动加速度响应,并且估计非激励轴向与激励轴向之间的振动加速度传递函数。一般情况下,试验采用正弦扫描振动或宽带随机振动激励方式;如果适用,试验采用实时闭环控制技术。假定两个正交的非激励轴向的振动加速度传递函数幅频特性分别为 $|H_{yx}(f)|$ 和 $|H_{zx}(f)|$,连接界面的横向振动比 $T_a(f)$ 由式(6-3)估计:

$$T_a = \sqrt{|H_{yx}(f)|^2 + |H_{zx}(f)|^2} \times 100\% \qquad (6-3)$$

横向振动比 $T_a(f)$ 可能受到试验件特性的显著影响,因此,对于横向振动比 $T_a(f)$ 是否满足试验要求的判定,应采用真实负载情况下的测试结果。振动试验夹具对横向振动比 $T_a(f)$ 的影响主要表现在:

(1)夹具与试验件组合体的质心偏离激励轴线;

(2)夹具与试验件组合体的横向振动模态和空间振动模态(如适用)的共振响应。

6.6 参考文献

[1] Fackler W C.Equivalence Techniques for Vibration Testing[R]. SVM-9. The Shock and Vibration Informa-tion Center.United States Department of Defense. 1972.

[2] NATO International Staff-Defence Investment Division. Mechanical Conditions[S]. Edition1. AECTP-240. Allied Environmental Conditions and Test Publication. 2009.

[3] NASA. Requirements for Threaded Fastening Systems in Spaceflight Hardware[S]. NASA-STD-5020. NASA Technical Standards Program Office. 2012.

[4] MIL-STD-810G Working Group. Environmental Engineering Considerations and Laboratory Tests[S]. MIL-STD-810G. Department of Defense Test Method Standard. 2014.

第7章　振动控制系统

7.1　振动控制方法和控制系统概述

7.1.1　引言

对于振动环境试验,要求试验件振动输入界面或试验件上规定点(称为振动控制点)的振动响应符合试验标准或技术条件规定的振动试验条件(振动谱或振动时间历程曲线)。但是,无论是电动式振动台还是电液式振动台,其输出的加速度或位移响应是频率的函数,频率响应函数除了与振动台本身的动态特性有关以外,还与试验件的动力学特性有关。因此,为了保证振动控制点上的振动响应符合规定的试验条件,并控制在规定的容差范围内,需要对振动台的输入信号进行调整,以补偿振动台、试验件以及安装夹具的动力学特性。这一补偿过程称为振动控制或均衡,其作用是对不同频率上的振动能量进行重新分配,以实现规定的振动响应。

早期的振动控制技术采用模拟控制方法,主要用于正弦振动试验,也有少量模拟振动控制系统用于进行随机振动试验。随着计算机技术的发展,模拟式振动控制技术很快被数字式振动控制技术所替代。目前在振动试验中使用的振动控制系统均采用数字式振动控制技术。图7-1是一个采用数字式振动控制技术的典型振动试验系统的框图,其中,振动控制的各种计算均由数字计算机完成。

采用数字式振动控制技术的典型振动控制系统一般需要完成下列任务:

(1)设置振动试验条件。

(2)产生驱动信号(离散的数字信号),并且通过数/模转换器(DAC)变成连续的模拟信号,经低通滤波器平滑后输出。

(3)采集经低通滤波器进行抗混滤波后的振动响应信号,并且通过模/数转换器(ADC)变成离散的数字信号。

(4)对采集的振动响应信号进行分析,并且与设定的振动试验条件进行比较。

(5)根据比较误差,修改驱动信号,并且输出。

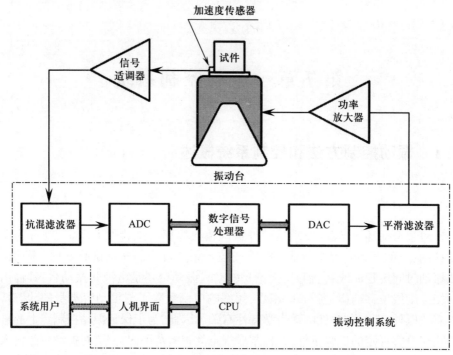

图 7-1 典型的振动试验系统(单输入—单输出)

数字式振动控制技术通常采用迭代方法完成振动控制或均衡,需要快速地完成大量的数据分析和计算过程,以防止迭代过程的时间过长导致振动试验失控。因此,数字式振动控制技术要求计算机具有高速运算能力,特别是对于中高频的随机振动和正弦扫描振动控制。

基于 DSP 数字信号处理器芯片的高速并行数据处理技术的发展,为数字式振动控制算法的实现提供了强大的硬件平台,使得数字式振动控制系统有能力在很短的时间内完成多通道动态信号的数据处理过程,从而有能力将传统的单轴的单输出振动试验扩展到单轴的多输出振动试验,以至多轴振动试验。

对于单轴振动试验,包括单输入—单输出振动控制和多输入—单输出振动控制。实际上,多输入—单输出振动控制是将控制系统的多个输入信号合成为一个虚拟的输入信号,从控制原理上说,仍是单输入—单输出控制。主要的振动试验控制类型包括:

(1)随机振动控制,包括宽带随机振动控制和窄带随机振动控制。

(2)正弦振动控制,包括定频正弦振动控制(或正弦驻留振动控制)和正弦扫描振动控制。

（3）时域波形复现振动控制，包括经典冲击脉冲控制、冲击响应谱控制、瞬态时间历程模拟控制、长时间历程模拟控制等。

（4）混合模式振动控制，包括正弦加宽带随机（SoR）振动控制、窄带随机加宽带随机（RoR）振动控制、正弦加窄带随机加宽带随机（SRoR）振动控制等。

其中，前三种振动试验控制是基本的试验控制类型。

多轴振动试验是单轴试验的扩展，两者的试验控制类型是相同的。所不同的是，多轴振动试验采用了多输入—多输出的矩阵控制技术，使得控制算法更为复杂，相应的数据处理计算量大幅度增加。

最早的多输入—多输出振动控制技术可能来源于结构的地震动模拟试验和车辆的道路模拟试验的需要。在那些场合下，激励源明显是多轴的。试验的主要目的是复现实测的响应时间历程，往往可以用开环控制的方式完成。当多输入—多输出振动试验引入到航空航天领域后，开环控制技术则不能满足实际需要，从而发展了基于闭环控制技术的多输入—多输出振动控制系统，用以完成多轴随机振动、正弦扫描振动和波形（或冲击响应谱）复现试验。

应注意的是，输入和输出两个术语在不同场合是有差异的。对于振动试验，输入是指振动试验的驱动信号，输出是指振动试验的响应测量信号；而对于振动控制系统，则恰好相反，输入是指振动试验的响应测量信号，输出是指振动试验的驱动信号。

7.1.2　振动控制的基本原理

振动控制的基本原理是反馈控制理论。在振动试验过程中，将实测的振动响应信号与所要求的参考信号进行比较，如果存在偏差，则按一定方式修改输入的激振信号，在新的激振信号作用下，使得这一偏差减小。通过反复迭代修改，直到实测的振动响应信号与所要求的参考信号之间的偏差在容许的误差范围内。

振动控制可以分为 4 类策略，简述如下：

（1）开环控制。开环控制方法无法提供基于振动响应测量结果的驱动信号修改，但在生成驱动信号时，通过对已知的或估计的信号畸变进行补偿（前馈控制），仍可以得到接近试验条件的预期振动响应，特别是对于具有时不变特性的系统。对于使用电液式振动台进行的低频振动试验，由于振动台自身的电液伺服控制系统已经补偿了振动台的动力学特性，而试验件以及安装夹具所产生的动力学反馈影响不显著（特别是采用位移控制时），开环控制仍是一种可行的振动控制方案。

(2)非实时闭环控制。非实时的闭环控制方法使用振动响应测量结果修改驱动信号,以产生规定的振动响应。其中,试验操作者是整个控制回路的一个关键环节,其根据所达到的和所规定的试验特性,决定是否需要进一步修改驱动信号。如果不再修改驱动信号,则后续的试验激励过程实际上是开环控制。进一步的发展是将试验操作者的判定交由计算机完成,但这种判定过程是在一次试验激励完成之后、下一次试验激励开始之前进行。这类控制形式的最初应用是时域波形复现振动控制方法。

(3)实时闭环控制。实时闭环控制方法同样使用振动响应测量结果修改驱动信号,以产生规定的振动响应。其中,驱动信号的修改过程通过所达到的和所规定的试验条件的实时比较,由振动控制系统按照规定的算法自动实现,并且在试验激励的过程中完成。振动控制过程的稳定性和动态品质在激励之前由试验操作者选择参数确定。实现实时控制的关键在于比较和修正过程的数据处理时间与所规定的试验激励时间相比足够短。这类控制形式是目前正弦振动控制和随机振动控制的基本方法。

(4)主动控制。主动控制方法是使用系统状态矢量的实时辨识技术,将驱动信号施加到振动试验系统中,以实时匹配规定的振动响应时间历程。由于控制算法的复杂性,这类控制方法可实现的控制频率响应范围受到很大的限制,目前在振动试验领域中的实际应用不多。

在当前的振动控制系统中,主要采用非实时和实时闭环控制两种策略。前者用于时域波形复现振动控制(包括冲击响应谱控制),后者则用于正弦振动、随机振动和混合模式振动控制。

大多数情况下,振动试验条件是以谱形式规定的,例如正弦振动试验的幅值谱,随机振动试验的加速度谱密度,瞬态振动或冲击试验的冲击响应谱。在振动试验控制过程中,需要将振动谱或冲击响应谱转换成时间历程信号以用于振动台驱动,但振动响应与试验条件的比较以及驱动信号的修正是在频域中完成的。实际上,即使振动试验条件是以时间历程形式规定的,振动响应与试验条件的比较以及驱动信号的修正也是在频域中完成的,原因是时间历程的比较结果受到信号之间时延的影响,而时延通常是未知的。

对于单输入—单输出振动控制,可以用下列频域方程描述:

$$Y(f) = H(f)X(f) \tag{7-1}$$

式中: $X(f)$ 和 $Y(f)$ 分别为振动台驱动信号和响应信号的傅里叶谱, $H(f)$ 为系统的传递函数(频率响应函数)。其中, $H(f)$ 既包含了试验件的动力学特性,也包含了振动台、响应测量传感器以及信号适调器的动力学特性。

定义控制补偿函数 $A(f)$ 为

$$A(f) = 1/H(f) \qquad (7-2)$$

利用控制补偿函数 $A(f)$ 计算驱动信号的傅里叶谱:

$$X(f) = A(f)Y(f) \qquad (7-3)$$

式中: $Y(f)$ 为振动试验条件规定的试验加速度的傅里叶谱(系统响应输出谱)。

将上述控制补偿函数引入振动控制过程,利用 $X(f)$ 变换后所得到的驱动时间历程信号输入振动台后,所得到的实际响应输出的傅里叶谱向量 $R(f)$ 为

$$R(f) = H(f)A(f)Y(f) = Y(f) \qquad (7-4)$$

式(7-2)和式(7-3)是控制均衡的基本公式,可以编入随机、正弦和时域波形复现振动控制的算法。对于每一个算法,均需要识别系统的传递函数,但具体的实现方法随试验类型的改变有所不同。单输入—单输出数字式振动控制系统的典型控制原理如图7-2所示。

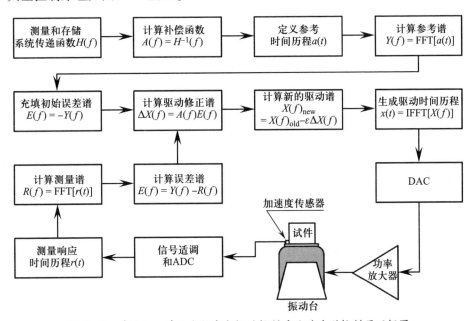

图7-2　单输入—单输出数字式振动控制系统的典型控制原理框图

在上述数字式振动控制方法中,用于进行试验条件比较和驱动信号修正的振动响应参数每次至少需要一帧采样数据(而不是一个采样点)进行计算,相应地,驱动信号也需要每次计算一帧时间历程数据。因此,数字式振动控制方法是帧对帧的修正,这意味着即使所谓实时控制方式,也存在着至少一个数据帧持续时间的控制延迟(取决于控制算法,实际的控制延迟时间更长)。对于实时闭环控制方法,一般用控制回路时间(Loop Time)描述控制延迟,其定义为两次驱动

信号修正的间隔时间,即在控制回路时间内,驱动信号的频域特性实际上是保持不变的。控制回路时间将导致试验控制产生误差,特别是当试验系统(振动台和试验件等)存在非线性时;当控制回路时间过长时,可能导致试验的振动响应发散。在控制系统的回路时间一定时,避免系统发散的一个主要措施是降低振动试验控制的上限频率。对于不同类型的振动(正弦或随机),达到相同的试验控制上限频率所要求的回路时间不同;正弦振动控制一般需要更短的控制回路时间。

7.1.3　多输入—单输出振动控制

在单输入—单输出振动控制中,通常假定试验件与振动台之间的连接界面是刚性的,那么对于单轴振动环境试验,仅通过连接界面的一个控制点上沿振动激励方向的加速度响应就可完全描述试验件所经受的振动激励。然而,许多情况下,特别是连接界面尺寸较大的情况下,连接界面在试验频率范围内通常不满足刚性界面的假设,这意味着,在单轴振动环境试验中,连接界面不同位置上振动响应的加速度将存在一定的差异,换句话说,当采用单输入—单输出随机振动控制方法时,试验件实际经受的振动激励量级将与控制点的位置相关,从而导致试验结果的不确定性。

在这种情况下,为了减少试验控制点差异造成的不确定性,一种控制策略是同时采用多个试验控制点的振动响应规定振动试验条件。在单输入振动控制的情况下,试图使试验台面或试验件上的多个控制点同时达到各自规定的振动试验条件几乎是不可能的,即便是规定各个控制点上采用相同的振动试验条件。因此,在多输入—单输出振动控制方法中,是将各个控制点的振动响应通过某种准则合成为一个虚拟控制点的振动响应,从而将其转换成单输入—单输出振动控制问题。多输入—单输出振动控制通常包括多点平均控制、多点最大控制、多点最小控制以及限制通道控制等控制策略。从本质上讲,多输入—单输出振动控制并没有改变单轴振动试验的任何特性,只是通过对多个试验控制点的振动响应的综合,减少了试验选择控制点所带来的试验结果不确定性,有利于提高试验结果的一致性。

7.1.4　多输入—多输出振动控制

在单输入—单输出振动控制方法中,只有时域波形复现振动控制涉及信号的相位。对于正弦振动控制,不需要考虑正弦波的相位,控制过程只与振幅有关。对于随机振动控制,目的是匹配规定的自谱密度,相位信息也不重要。然而,在时域波形复现振动控制中,各个频率分量的精确相位却是至关重要的。

对于多激振器振动试验,可以用图 7-3 所示的框图描述。系统的振动响应包含了多个振动激励的贡献,因此存在交叉耦合问题。

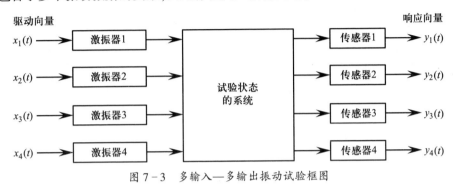

图 7-3　多输入—多输出振动试验框图

图 7-3 可以用下列频域方程描述:

$$Y(f) = H(f)X(f) \tag{7-5}$$

式中:$X(f)$ 和 $Y(f)$ 分别为驱动信号和响应信号的傅里叶谱向量,$H(f)$ 为系统的传递矩阵(频率响应函数矩阵)。其中,$H(f)$ 既包含了试验件的动特性,也包含了振动台、响应测量传感器以及信号适调器的动特性。

如果驱动信号和响应信号的数量相同,均为 $N(N > 1)$,并且矩阵 $H(f)$ 的逆存在,则定义交叉耦合补偿矩阵 $A(f)$($N{\times}N$ 维)为

$$A(f) = H^{-1}(f) \tag{7-6}$$

利用交叉耦合补偿矩阵 $A(f)$ 计算激励输入的傅里叶谱向量:

$$X(f) = A(f)Y(f) \tag{7-7}$$

式中:$Y(f)$ 为振动试验条件规定的试验加速度的傅里叶谱向量(系统响应输出谱向量)。

将上述补偿矩阵引入振动控制过程(图 7-4),利用 $X(f)$ 变换后所得到的驱动时间历程信号输入系统后,所得到的实际响应信号的谱向量 $R(f)$ 为

$$R(f) = H(f)A(f)Y(f) = Y(f) \tag{7-8}$$

式(7-6)和式(7-7)是交叉耦合补偿的基本公式,可以编入时域波形复现正弦和随机振动控制的算法。对于每一个算法,均需要识别系统的传递矩阵,但具体的实现方法随试验类型的改变有所不同。

多输入—多输出振动控制方法涉及信号之间的相位关系,因此,信号的相位信息是至关重要的。如果能够精确控制每个频率分量的相位,则可以将单点激励振动试验的步骤扩展到多点激励振动试验。

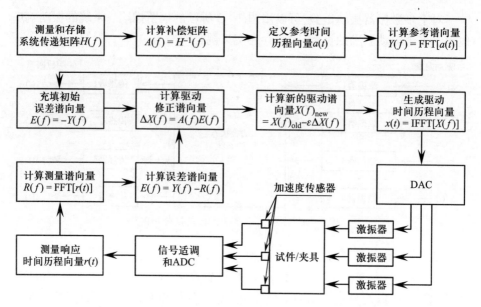

图 7-4 将交叉耦合补偿矩阵引入振动控制过程的框图

7.1.5 振动控制系统的硬件结构

随着微电子和计算机技术的飞速发展,数字式振动控制系统的硬件每过几年就会产生一个明显的变化,但基本的硬件结构相对稳定。现代数字式振动控制系统的硬件结构(图 7-5)主要包括下列组成部分:

(1)模拟输入信号适调器;

(2)输入信号抗混滤波器;

(3)A/D 转换器(ADC);

(4)实时数字信号处理器(DSP);

(5)D/A 转换器(DAC);

(6)输出信号平滑滤波器;

(7)数据传输总线/接口;

(8)计算机。

为了减小振动控制系统的控制回路时间,以提高振动试验控制的频率上限,数字式振动控制系统一般采用下位机和上位机构成的双层计算结构模式。其中,下位机通常采用 DSP 芯片实现并行的数字信号实时处理和振动控制迭代计算,上位机则采用商用计算机[如 PC(个人计算机)或工作站]用于振动试验条件设置、试验进程控制、试验数据显示和存储等试验管理与人机交互功能。在下位机与上位机之间,一般通过数据传输总线或接口进行数据交换。

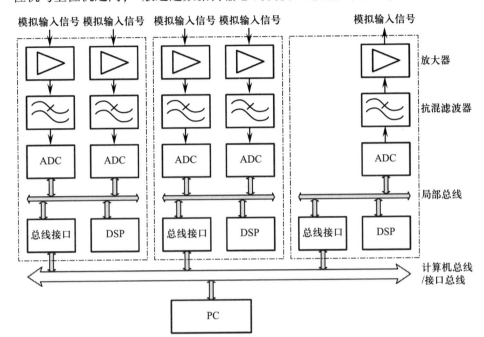

图 7-5　典型的多通道数字式振动控制系统硬件框图

在现代数字式振动控制系统中,一般将模拟输入信号适调器、输入信号抗混滤波器、A/D 转换器、实时数字信号处理器(DSP)等集成在计算机总线插卡或模块中,构成一个完整的振动测量信号输入前端,而将实时数字信号处理器、D/A 转换器、输出信号平滑滤波器等集成在计算机总线插卡或模块中,构成一个完整的振动控制信号输出前端。在某些产品中,振动测量信号输入前端和振动控制信号输出前端也可集成在同一个计算机总线插卡或模块中。

在采用模块化硬件结构的情况下,很容易根据不同的振动试验系统要求组合成具有不同数量的输入和输出通道的数字式振动控制系统。模块化的输入/输出前端主要有两种结构形式:

(1)计算机总线或测控总线插卡形式。有 PCI/PCI-e 计算机总线插卡、VME 计算机总线插卡、VXI 测控总线插卡、PXI 测控总线插卡等通用总线插卡。一些公司也采用自定义的测控总线插卡。

(2)接口总线模块形式。典型地有 USB 接口总线模块、IEEE 1394 接口总线模块和 IEEE 1588 接口总线模块(带有时钟同步的以太网)。

输入/输出前端采用计算机总线插卡形式时,模块之间的同步、数据交换和模块与上位机之间数据交换一般直接通过计算机总线实现。输入/输出前端采用通用或专用测控总线插卡形式时,模块之间的同步、数据交换直接通过测控总线实现,但模块与上位机之间数据交换则需要通过接口总线(如 USB、IEEE 1394)或以太网实现。

输入/输出前端采用接口总线模块时,模块之间的同步、数据交换和模块与上位机之间数据交换一般直接通过接口总线实现。实际上,在多个输入/输出前端模块组成的振动控制系统中,目前只有 IEEE 1588 接口总线模块具有这样的功能;而采用 USB 或 IEEE 1394 接口总线时,模块之间的同步一般需要在模块上专门设置同步时钟接口实现,而模块之间的数据交换则需要借助于上位机实现。

集成电路技术的发展所产生的 $\Delta-\Sigma$ ADC 和 DAC 芯片为数字式振动控制系统的输入/输出前端提供了强有力的技术支持。其中,$\Delta-\Sigma$ ADC 芯片在一块芯片内集成了模拟式低通滤波、高速采样、模/数转换、数字式低通滤波和抽取等过采样技术所需要的全部功能,从而实现了高性能的抗混滤波和高分辨率的 A/D 转换。目前使用 $\Delta-\Sigma$ ADC 芯片的 24 bit 高速模数转换器的采样率可达到 200 ks/s 以上,其抗混滤波具有 110 dB/oct 以上的过渡带衰减率以及线性相移特性,完全满足各种类型的振动控制系统的测量信号采集要求。

对于数字式振动控制系统的硬件,实时数据处理性能是最关键的指标。为了达到尽可能高的数据处理速度,多通道的振动控制系统一般采用分布式的并行数据处理技术,在各个模块化的输入/输出前端中分别实时处理各自输入或输出通道的数据。其中,DSP 芯片是实现实时数据处理性能的基础。由于浮点 DSP 芯片技术的发展,对于单输入—单输出和多输入—单输出振动控制,实时控制的频带已达到 5000 Hz 以上,远远超出了振动环境试验控制的要求。但对于多输入—多输出振动控制,由于控制算法涉及矩阵运算,其计算量远远高于单输入—单输出和多输入—单输出振动控制,在同样硬件条件可实现的实时控制的频带要小得多,目前的最高水平可达到 2000 Hz 左右。

7.1.6 振动控制系统的主要性能指标

数字式振动控制系统的技术性能指标是由系统的硬件和软件共同决定的。因此,对于不同类型的振动试验,即使振动控制系统的硬件完全相同,由于振动控制算法的差异,振动控制系统所达到性能指标也并不相同。另外,振动控制系统的性能指标并不等于相应的振动试验所能够达到的控制指标,在更大的程度上,振动试验所能够达到的控制精度取决于振动台、试验夹具和试验件的动力学特性。

对于振动控制系统,主要性能指标包括:

1. 输入通道数

振动控制系统的输入通道可用于振动控制、振动限制和振动测量的模拟信号输入,其中,只有前两种信号用于振动控制过程。无论是多输入—单输出振动控制,还是多输入—多输出振动控制,实际振动试验中所使用的振动控制和/或振动限制的信号数量并不多。对于多输入—单输出振动控制,大多数情况下,用于振动控制和振动限制的信号总数不超过 4 个,更多的控制反馈信号(包括限制信号)并不能带来更多的效益。对于多输入—多输出振动控制,常规的控制方法要求用于振动控制的信号数量等于振动试验中使用的振动台数量;一些特殊的控制方法可以允许振动控制信号的数量超过振动台数量,或者允许在振动控制过程中使用限制信号,在这类情况下,用于振动控制以及振动限制的信号总数一般不超过振动台数量的 2 倍。因此,即使振动控制系统配置了更多数量的输入通道,也仅仅是增加了用于振动测量的通道数量。实际上,这些测量通道可以用其他的数据采集系统替代。

2. 输出通道数

振动控制系统的输出通道用于振动台的驱动,其数量应与振动试验中使用的振动台数量一致。对于单输入—单输出和多输入—单输出振动控制,一些型号的振动控制系统除了一个用于振动台驱动的输出通道以外,还配置了一个称为恒定电平输出适配器(Constant Output Level Adaptor, COLA)的输出通道。COLA 通道仅用于正弦扫描振动试验,其输出为一个等幅值(典型为±1V)的正弦扫描信号,信号的频率与 D/A 通道输出的正弦扫描振动驱动信号一致。COLA 通道的作用是为正弦扫描振动试验中另外配置的数据采集系统提供一个同步信号。

3. 动态范围

控制系统的动态范围是指振动控制系统能够同时控制的最大反馈信号和最小反馈信号的能力,一般用最大信号幅值与最小信号幅值之比的对数(dB)表示。振动控制系统的动态范围取决于输入和输出通道的测量动态范围(信号量程与最小幅值分辨率之比)、抗混滤波特性和具体使用的控制算法等。在实际使用时,振动控制系统的动态范围可能会由于测量噪声干扰的影响而降低。

控制系统的动态范围是振动控制系统关键的技术性能指标之一。对于振动加速度谱控制,例如正弦扫描振动的幅值谱控制或随机振动的自谱密度控制,控制系统的动态范围应超过振动加速度谱规定的动态范围与振动台、试验夹具和试验件系统动力学特性的动态范围的组合;否则,将可能产生振动控制超差、试验件过试验及其导致的试验件损伤。一般情况下,控制系统的动态范围大于或等于 80 dB 是一个可行的指标,原因是除了控制系统以外,在实际使用中,振动试验系统的动态范围一般不会超过 60 dB。

4. 频率范围和频率分辨率

控制系统的频率范围是指振动控制系统在振动试验中可以设置和实现的振动加速度谱的频率范围(或振动时间历程对应的频率范围);频率分辨率则用规定的频率范围内的谱线数表示。对于随机振动试验,一般采用等间隔的频率分辨率;对于正弦扫描振动试验,取决于扫描速率的类型,频率分辨率可能为等间隔的(线性扫描)或等比例的(对数扫描)。

在振动控制系统给出的频率范围指标中,频率上限主要是由输入/输出前端的采样率决定的(可能的例外是正弦扫描振动)。实际上,除了正弦扫描振动以外,振动控制系统技术规格中所给出的最大上限频率与实时控制性能无关,后者取决于控制回路时间。即使控制回路时间较长,仍可以实现较高的试验频率上限。只是在这种情况下,如果试验系统存在非线性,容易导致振动控制不稳定。

5. 控制回路时间

控制回路时间是振动控制系统关键的技术性能指标之一,特别是在正弦扫描振动试验的情况下。

对于随机振动控制,控制回路时间主要取决于下列因素:用于控制迭代修正的数据帧长度(反比于上限频率、正比于谱线数)和数量,自谱密度或谱密度矩阵估计的计算时间,驱动谱迭代修正时间,随机振动时间历程生成时间。在并行数据处理的情况下,数据的采样时间(数据帧长度乘以数量)占控制回路时间的主要部分;但对于多输入—多输出振动控制,其他的计算时间在控制回路时间中所占的比例增大,其中,随着输出通道数量增加,控制回路时间增大。

对于正弦扫描振动控制,控制回路时间主要取决于下列因素:用于控制迭代修正的数据采样时间,幅值谱(以及相位谱)估计的计算时间,驱动谱迭代修正时间,正弦扫描振动时间历程生成时间。在低频段,幅值谱(以及相位谱)估计至少需要一个振动周期以上的采样数据,数据的采样时间占控制回路时间的主要部分;在高频段,数据的采样时间减少,谱估计和驱动谱迭代修正的计算时间将占控制回路时间的主要部分。因此,随着控制频率增大,控制回路时间将减小。在高频段,尽管控制回路时间相对较小,但控制回路时间内将包含多个振动周期,在这些周期内,振动驱动信号实际上没有实时修正,可能产生振动控制超差甚至不稳定现象。

6. 均衡时间

均衡时间定义为振动控制开始到振动控制点的实测响应谱进入试验条件规定的容差带内所需要的时间,相应的性能指标也称为均衡速度。均衡时间可以作为衡量振动控制系统实时控制性能的一个指标参数。

均衡速度除了与振动控制系统的控制回路时间有关以外,还受到试验条件规定的参考谱形状、控制迭代修正参数的设置和振动试验系统(包括试验件)的动力学特性的影响。与控制回路时间相比,均衡时间相对容易测量。然而,用于实时控制性能比较时,需要在相同的条件下进行测量。

7. 控制精度

控制精度定义为在振动试验系统达到均衡状态下,振动控制点的实测响应谱与试验条件规定的参考谱之间的偏差。对于幅值谱或自谱密度,一般用实测响应谱值与参考谱值之比的对数(dB)表示。对于相位谱或相干函数,则直接用偏差值表示。

控制精度是振动控制系统关键的技术性能指标之一。影响振动试验控制精度的因素较多,既包括振动控制系统本身的硬件性能和控制算法,也包括振动控制系统在使用时所设置的参考谱形状和控制迭代修正参数,还包括振动试验系统(包括试验件)的动力学特性。

振动控制系统技术规格中所给出的控制精度指标实际是在理想情况下的测试结果,一般不考虑参考谱形状和振动试验系统(包括试验件)的动力学特性的影响。这一指标应当明显小于振动试验条件规定的试验控制容差。例如,如果试验条件规定的自谱密度的控制容差为±3 dB,则振动控制系统的控制精度应不超过±1 dB。

7.2　随机振动控制方法

7.2.1　引言

随机振动环境通常分为平稳随机振动和非平稳随机振动两大类。对于随机振动环境试验,一般假设振动环境是各态历经的平稳随机过程。因此,随机振动环境试验条件一般可用自谱密度完全描述。随机振动控制的基本要求是,在振动台的台面或试验件的控制点上产生的随机振动时间历程应是连续的平稳随机过程,并且具有振动试验条件所规定的随机振动加速度自谱密度。

典型的随机振动均衡过程是将一个白噪声信号通过一组增益可调的窄带带通滤波器进行带通滤波,然后将滤波后的所有信号叠加后作为振动台的驱动信号。根据振动台的台面或试验件控制点上所测量的振动响应信号的自谱密度,调节各个窄带带通滤波器的增益,可使得振动响应信号的自谱密度接近或达到振动试验条件规定的要求。增益调节过程可以通过人工方式或自动控制方式完成。在均衡过程中,实际上是通过一组窄带带通滤波器所构成的传递函数补偿振动台和试验件的频率响应特性的影响。窄带滤波器的数量越多,即滤波器通带越窄,随机振动控制的频率分辨率越高,均衡所达到的响应自谱密度精度越高,但相应的统计误差也越大。

在现代的随机振动试验中,均衡过程一般通过数字式计算机控制系统自动完成,采用实时的闭环控制策略。闭环的随机振动方法使用实测的系统传递函数生成所需要的驱动自谱密度(驱动谱),并且形成符合驱动谱要求的真随机信号时间历程,以驱动振动台产生振动试验条件所规定的加速度自谱密度(参考谱),实测与规定的自谱密度之间的偏差通过迭代修正驱动谱而系统地减小,以达到所需要的试验控制精度。

7.2.2　随机振动控制原理

对于单输入—单输出随机振动控制过程,其驱动信号的自谱密度 $G_{xx}(f)$ 与响应信号的自谱密度 $G_{yy}(f)$ 之间满足下列关系:

$$G_{yy}(f) = |H(f)|^2 G_{xx}(f) \tag{7-9}$$

式中:$|H(f)|$ 为系统传递函数(频率响应函数)的幅值。

如果在试验激励之前通过测试得到系统传递函数的幅值 $|H(f)|$,可以通过对传递函数幅值求逆得到补偿函数 $A(f)$:

$$A(f) = (|H(f)|^2)^{-1} = |H(f)|^{-2} \tag{7-10}$$

利用补偿函数 $A(f)$,可以从所规定的响应信号的自谱密度 $G_{yy}(f)$ 获得驱动信号的自谱密度 $G_{xx}(f)$:

$$G_{xx}(f) = A(f) G_{yy}(f) = G_{yy}(f) / |H(f)|^2 \tag{7-11}$$

然后,进一步通过时域随机化过程,生成驱动信号的真随机时间历程 $x(t)$,其具有自谱密度 $G_{xx}(f)$。

将以这种方法获得的时间历程 $x(t)$ 作为驱动信号输入振动台,同时,实测振动台输出的振动响应时间历程 $r(t)$,并且计算其自谱密度 $G_{rr}(f)$。可以预见,在时不变线性系统的假设下,所产生的实测振动响应的自谱密度 $G_{rr}(f)$ 将与所规定的振动响应的自谱密度 $G_{yy}(f)$ 完全一致。然而,实际上,实测的自谱密度 $G_{rr}(f)$ 与规定的自谱密度 $G_{yy}(f)$ 之间存在一定的偏差,其原因包括:

(1)实测的系统传递函数幅值仅是真实传递函数幅值 $|H(f)|$ 的估计值 $|\hat{H}(f)|$,与真值之间存在一定的偏差。

(2)实际的系统中存在一定程度的非线性,使得系统传递函数的幅值随驱动信号量级的改变而发生变化。

（3）实际的系统中存在一定程度的时变性,使得系统传递函数的幅值可能随振动试验时间的延续而发生变化。

实测与规定的自谱密度之间的偏差可采用驱动信号的迭代修正过程减小,有两种可供选择的迭代修正途径:

（1）保持系统传递函数的估计值不变,利用实测与规定的自谱密度之间的偏差修正驱动信号的自谱密度,然后,使用时域随机化计算新的驱动信号时间历程,称为驱动谱控制方法。

（2）利用驱动信号和实测的响应信号修正系统传递函数的估计值,然后,利用修正后的系统传递函数幅值,通过式（7-9）计算新的驱动信号的自谱密度,再通过时域随机化计算新的驱动信号时间历程,称为传递函数控制方法。

7.2.3　时域随机化过程

时域随机化过程是根据驱动信号的自谱密度（驱动谱）$G_{xx}(f)$生成连续的平稳随机时间历程信号的过程,这是实现随机振动控制的一个重要环节。

从驱动谱 $G_{xx}(f)$ 可以得到驱动时间历程信号 $x(t)$ 的幅值谱 $|X(f)|$:

$$|X(f)| = \sqrt{G_{xx}(f)} \qquad (7-12)$$

然而,驱动谱没有相应的相位信息。当使用不同的相位谱时,通过逆傅里叶变换所得到的时间历程是不同的。通常,随机振动试验要求驱动时间历程信号为具有高斯分布的随机信号,因此,需要人为制造一个具有均匀分布的随机相位谱 $\theta(f)$,与式（7-12）所得到的幅值谱一起构成驱动信号的傅里叶谱 $X(f)$:

$$X(f) = |X(f)| [\cos\theta(f) + \mathrm{j}\sin\theta(f)] \qquad (7-13)$$

通过逆傅里叶变换,可由傅氏谱 $X(f)$ 得到驱动时间历程信号 $d_0(t)$。显然, $d_0(t)$ 是随机时间历程信号,并且具有所要求的幅值谱 $|X(f)|$ 或自谱密度 $G_{xx}(f)$。

由于傅氏谱 $X(f)$ 仅具有有限的谱线数,所得到的驱动信号 $d_0(t)$ 也只有有限的时间长度,其远小于随机振动试验所要求的振动持续时间。尽管将随机时间历程信号 $d_0(t)$ 循环发送可得到足够长的振动持续时间 $x(t)$,但这将导致驱动时间历程信号成为伪随机信号,其幅值谱是不连续的线谱,不能满足随机振动试验的要求。因此,需要采用一定方法制造持续时间足够长的真随机时间历程信号。

由驱动谱 $G_{xx}(f)$ 生成足够长度的真随机时间历程信号的方法主要有:

（1）采用内插方法增加驱动谱 $G_{xx}(f)$ 的谱线数,使得生成驱动信号的傅里叶谱 $X(f)$ 具有足够高的频率分辨率,然后,通过逆傅里叶变换,可由傅里叶谱 $X(f)$ 得到持续时间足够长的信号 $d_0(t)$,并且作为驱动时间历程信号 $x(t)$。

（2）保持驱动谱 $G_{xx}(f)$ 不变,生成多个不同的随机相位谱 $\theta(f)$,从而构成一

组傅里叶谱 $X(f)$，通过逆傅里叶变换，得到一组相同时间长度的信号 $d_i(t)$，$i = 0,1,2,\cdots$。各个信号 $d_i(t)$ 具有相同的幅值谱 $|X(f)|$ 或自谱密度 $G_{xx}(f)$。将各个 $d_i(t)$ 乘以相同的时间窗函数 $w(t)$ 后，进行重叠（典型为 50%）和求和处理，可以得到具有足够长持续时间的驱动时间历程信号 $x(t)$，如图 7-6 所示。

（3）由驱动谱 $G_{xx}(f)$ 和一个随机相位谱 $\theta(f)$ 生成驱动信号数据块 $d_0(t)$，并且将其作为种子，通过起点随机时延、正序或倒序循环相接，可以得到一组相同时间长度的信号 $d_i(t)$，$i = 1,2,\cdots$。各个信号 $d_i(t)$ 与 $d_0(t)$ 具有相同的幅值谱 $|X(f)|$ 或自谱密度 $G_{xx}(f)$。将 $d_0(t)$ 和各个 $d_i(t)$ 乘以相同的时间窗函数 $w(t)$ 后，进行重叠（典型为 50%）和求和处理，可以得到具有足够长持续时间的驱动时间历程信号 $x(t)$，如图 7-6 所示。

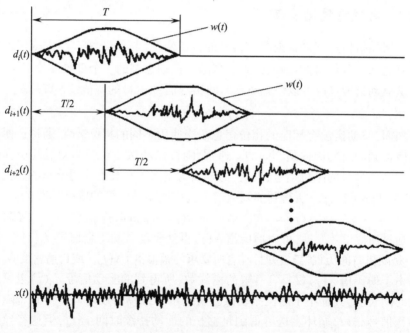

图 7-6　时域随机化的加窗、重叠和求和处理过程

对于时间窗函数 $w(t)$ 的选择，关键问题是保证由各个信号 $d_i(t)$ 加窗、重叠和求和处理后所得到的驱动时间历程信号 $x(t)$ 具有与 $d_i(t)$ 相同的自谱密度 $G_{xx}(f)$ 和均方根值。由于各个信号 $d_i(t)$ 之间互不相关，并且信号 $x(t)$ 为各态历经的平稳随机过程，可以导出时间窗函数 $w(t)$ 应满足下列条件：

$$w^2(t) + w^2\left(t + \frac{T}{2}\right) = 1, 0 \leqslant t \leqslant \frac{T}{2} \tag{7-14}$$

式中:T 为时间窗函数 $w(t)$ 的长度(持续时间)。

满足式(7-14)的时间窗函数有半正弦时间窗 $w(t)$:

$$w(t)=\begin{cases} \sin\dfrac{\pi t}{T}, & 0\leqslant t\leqslant T \\ 0, & t<0, t>T \end{cases} \tag{7-15}$$

可以证明,在时间窗函数 $w(t)$ 满足式(7-14)的条件下,由上述时域随机化所得到的信号 $x(t)$ 均为高斯分布的真随机时间历程,并且具有所要求的幅值谱 $|X(f)|$ 或自谱密度 $G_{xx}(f)$。相比而言,最后一种方法的计算量更小。

在随机振动控制系统中,时域随机化过程产生驱动信号的离散时间历程序列 $\{x(i\Delta t)\}$,其中,$\Delta t=1/f_s$ 为采样时间间隔,f_s 为振动控制回路的采样率(即试验控制点的振动响应时间历程的采样率)。离散时间历程序列 $\{x(i\Delta t)\}$ 通过 D/A 转换器(DAC)和平滑滤波器转换成模拟驱动信号 $x(t)$。由于驱动信号时间历程 $x(t)$ 的幅值服从高斯分布,在离散时间历程序列 $\{x(i\Delta t)\}$ 中,将存在少量量级很高的峰值,其可能超过 D/A 转换器的输出量程。为了避免这种情况,在工程应用中,通常将驱动信号时间历程 $x(t)$ 的最大峰值限定为其均方根值的 3 倍。

7.2.4　系统识别

振动控制的第一步是系统识别,以建立整个系统(包括振动试验台、试验件、传感器和信号适调器等)的输入—输出数学模型。系统的数学模型一般采用系统传递函数(频率响应函数)描述,通过振动控制系统发送的驱动信号和同步采集的实测响应信号进行识别。

在单输入—单输出的情况下,传递函数估计的测量模型可用图 7-7 表示。图中,$m(t)$ 为激励输入的噪声干扰,$n(t)$ 为响应输出的噪声干扰。

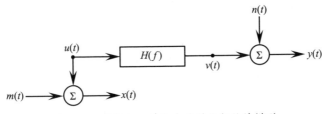

图 7-7　单输入—单输出传递函数估计模型

在存在噪声干扰的情况下,驱动和响应信号的傅里叶谱之间存在下列关系:

$$Y(f)-N(f)=H(f)[X(f)-M(f)] \tag{7-16}$$

式中:$X(f)$ 和 $Y(f)$ 分别为实测的驱动和响应信号的傅里叶谱;$M(f)$ 和 $N(f)$ 分别

为叠加在真实驱动和响应信号上的未知噪声干扰的傅里叶谱向量。

对于系统传递函数 $H(f)$ 估计,关键的问题是尽可能降低噪声干扰对估计结果的影响。在工程应用中,一般通过适当选择的激励信号进行系统传递函数测试,以尽可能降低噪声干扰的影响,得到准确的 $H(f)$ 估计值。在振动控制中,系统传递函数测试主要使用两类激励信号,一种是使用步进正弦或正弦扫描振动信号,另一种是宽带随机振动信号。

对于单输入—单输出随机振动控制,一般采用宽带随机振动信号进行系统传递函数测试,并且仅需要考虑传递函数的幅频特性 $|H(f)|$ 或 $|H(f)|^2$。

在驱动信号为宽带随机振动信号的情况下,系统传递函数的幅频特性 $|H(f)|^2$ 可采用式(7-17)估计:

$$|\hat{H}(f)|^2 = \frac{G_{yy}(f)}{G_{xx}(f)} \tag{7-17}$$

式中: $G_{xx}(f)$ 为驱动信号的自谱密度; $G_{yy}(f)$ 为响应信号的自谱密度。

当考虑叠加在真实驱动和响应信号上的噪声干扰 $m(t)$ 和 $n(t)$ 时,将式(7-16)两边分别乘以各自的复共轭,取多帧谱算术平均,并且假定外界噪声相互之间,以及外界噪声与信号之间都是不相关的,可以得到:

$$|H(f)|^2 = \frac{G_{yy}(f) + G_{nn}(f)}{G_{xx}(f) + G_{mm}(f)} \tag{7-18}$$

式中: $G_{nn}(f)$ 和 $G_{mm}(f)$ 分别为响应信号与驱动信号的噪声干扰的自谱密度。

与式(7-18)所给出的真实幅频特性 $|H(f)|^2$ 相比,噪声干扰将导致式(7-17)所给出的幅频特性估计值 $|\hat{H}(f)|^2$ 存在偏差,即式(7-17)给出的 $|\hat{H}(f)|^2$ 是 $|H(f)|^2$ 的有偏估计。

在单输入—单输出随机振动环境试验中,用于系统传递函数测试的驱动信号 $x(t)$ 由振动控制系统直接生成,通常可以假定驱动信号的噪声干扰 $m(t)$ 为零,即 $G_{mm}(f) = 0$。在这种情况下,式(7-17)所给出的幅频特性估计值 $|\hat{H}(f)|^2$ 仍然是有偏估计,然而,可以使用频率响应函数的 H_1 估计方法给出 $|H(f)|^2$ 的无偏估计 $|\hat{H}(f)|_1^2$:

$$|\hat{H}(f)|_1^2 = \frac{|G_{xy}(f)|^2}{G_{xx}^2(f)} = |H(f)|^2 \tag{7-19}$$

式中: $G_{xy}(f)$ 为驱动与响应信号的互谱密度。

式(7-19)给出的估计值 $|\hat{H}(f)|_1^2$ 与式(7-17)给出的估计值 $|\hat{H}(f)|^2$ 之比为驱动与响应信号的相干函数 $\gamma_{xy}^2(f)$:

$$\gamma_{xy}^2(f) = \frac{|\hat{H}(f)|_1^2}{|\hat{H}(f)|^2} = \frac{|G_{xy}(f)|^2}{G_{xx}(f)G_{yy}(f)} \qquad (7-20)$$

由于相干函数 $\gamma_{xy}^2(f) \leqslant 1$，$|\hat{H}(f)|_1^2 \leqslant |\hat{H}(f)|^2$。显然，当响应信号存在测量噪声的情况下，对于系统传递函数幅频特性估计，互谱方法所得到的估计结果的精度优于自谱方法。

应指出的是，在单输入—单输出随机振动控制中，始终需要实时估计响应输出的自谱密度 $G_{rr}(f)$（即系统传递函数测试中响应输出自谱密度 $G_{yy}(f)$ 的估计值）。因此，采用式(7-17)给出幅频特性估计值 $|\hat{H}(f)|^2$ 往往可以降低控制算法的计算量，特别是在使用传递函数控制方法的情况下。对于系统传递函数测试，在使用式(7-17)估计幅频特性的情况下，如果适用，应计算激励输入与响应输出的相干函数 $\gamma_{xy}^2(f)$，以判断所得到的幅频特性估计值 $|\hat{H}(f)|^2$ 是否存在过大的偏差。如果相干函数 $\gamma_{xy}^2(f)$ 值明显小于1，往往表明响应测量中存在较大的噪声干扰，通常需要检查测量系统是否存在过大的背景噪声。

对于系统传递函数测试，典型地可以采用有限带宽的白噪声信号作为激励信号，其中，在试验条件规定的试验频率范围内，激励信号的自谱密度 $G_{xx}(f)$ 为常数，在试验频率范围之外，$G_{xx}(f)$ 为零。有限带宽白噪声信号的主要优点是容易生成激励时间历程信号，并且激励能量在整个试验频率范围内均匀分布，有效地避免了系统传递函数估计中的病态问题。主要问题是，在试验件所经受的随机振动激励具有相同的均方根加速度的条件下，有限带宽白噪声信号往往产生较大的振动激励速度和位移；当试验频率下限较低时，为了避免试验件所经受的振动激励在低频段超出规定的量级，往往需要降低激励信号的自谱密度 $G_{xx}(f)$，使得振动响应信号在中高频段的信噪比降低。

为了避免有限带宽白噪声信号的缺陷，在工程应用中，通常基于试验条件规定的参考自谱密度 $G_{yy}(f)$ 确定系统传递函数测试所使用的激励信号的自谱密度 $G_{xx}(f)$。一般情况下，假定在试验频率范围内，未知的系统传递函数幅频特性 $|H(f)|^2 = K$，其中，K 为常数，并且根据振动激励系统的特性估计 K 值，其中，假定振动台的运动部件和试验件均为刚体；然后，将参考自谱密度 $G_{yy}(f)$ 量级降低大约 20 dB，由式(7-11)计算激励信号的自谱密度 $G_{xx}(f)$，这意味着 $G_{xx}(f)$ 与参考自谱密度 $G_{yy}(f)$ 具有相同的谱型。这种方法通常可以保证在自谱密度为 $G_{xx}(f)$ 的宽带随机振动激励信号作用下，控制点振动响应的自谱密度 $G_{rr}(f)$ 不会超过参考自谱密度 $G_{yy}(f)$。

对于系统传递函数测试，在给定激励信号自谱密度 $G_{xx}(f)$ 的情况下，宽带随机振动激励可以选择伪随机信号或真随机信号(参见上节)：

(1)伪随机信号激励是将通过逆傅里叶变换得到的种子数据块重复发送,形成连续的振动激励信号 $x(t)$,本质上是周期性激励,相应地,控制点的实测振动响应信号 $r(t)$ 也是周期性的。如果谱估计所使用的数据块长度与振动激励种子数据块一致,将不存在数据截断产生的泄露问题,实测响应信号 $r(t)$ 的自谱密度估计或 $r(t)$ 与激励信号 $x(t)$ 的互谱密度估计将不需要加窗处理,并且在计算系统传递函数幅频特性 $|H(f)|^2$ 的估计值时,可以直接使用给定的激励信号自谱密度 $G_{xx}(f)$。

(2)真随机信号激励将通过逆傅里叶变换得到的种子数据块进行时域随机化,形成连续的各态历经平稳随机振动激励信号 $x(t)$,相应地,控制点的实测振动响应信号 $r(t)$ 是各态历经平稳随机过程。即使谱估计所使用的数据块长度与振动激励种子数据块一致,仍将存在数据截断产生的泄露问题,实测响应信号 $r(t)$ 的自谱密度估计或 $r(t)$ 与激励信号 $x(t)$ 的互谱密度估计需要加窗处理(典型地采用 Hanning 窗)。在计算系统传递函数幅频特性 $|H(f)|^2$ 的估计值时,如果直接使用给定的激励信号自谱密度 $G_{xx}(f)$,$r(t)$ 的自谱密度估计或 $r(t)$ 与 $x(t)$ 的互谱密度估计需要乘以相应的修正因子,以补偿加窗导致的谱值降低。

无论采用伪随机信号或真随机信号进行宽带随机振动激励,$r(t)$ 的自谱密度估计、$r(t)$ 与 $x(t)$ 的互谱密度估计或系统传递函数幅频特性估计均需要采取统计平均方法降低估计结果的随机误差。当系统存在非线性时,真随机激励信号可以通过统计平均抵消非线性失真,得到非线性系统的最佳线性近似,伪真随机激励信号则不存在相似的效应,使得两种类型激励所得到的系统传递函数幅频特性估计将存在差异。然而,非线性系统的最佳线性近似实际上与激励信号的谱型和量级有关,系统传递函数测试所得到的幅频特性估计并不能代表试验条件规定的振动量级下的系统传递特性,因此,采用伪随机信号或真随机信号所得到的幅频特性估计的差异不会对试验控制产生明显的影响。

7.2.5 实现过程

7.2.5.1 驱动谱控制方法

驱动谱控制方法可以通过下列步骤实现:

(1)在所关心的频率范围内激励试验件,确定驱动与实测响应(控制点)之间传递函数(频率响应函数)幅值的估计值 $|\hat{H}(f)|$。

(2)计算补偿函数 $A(f) = |\hat{H}(f)|^{-2}$。

(3)定义振动控制点的自谱密度(参考谱) $G_{yy}(f)$。

(4)使用补偿函数 $A(f)$ 和参考谱 $G_{yy}(f)$ 计算初始驱动信号的自谱密度(驱

动谱)$G_{xx,0}(f)$。

（5）基于式(7-12)，使用初始驱动谱 $G_{xx,0}(f)$ 计算初始驱动信号的幅值谱（驱动幅值谱）$|X_0(f)|$，并且生成具有均匀分布的随机相位谱 $\theta_0(f)$，然后，使用逆 FFT 变换成时间历程种子数据块 $d_0(t)$。

（6）基于种子数据块 $d_0(t)$，使用时域随机化方法实时生成初始驱动时间历程 $x_0(t)$。

（7）使用初始驱动时间历程 $x_0(t)$ 激励试验件，并且同步采集控制点的响应时间历程 $r_k(t)$，$k=0$。

（8）计算实测响应时间历程 $r_k(t)$ 的自谱密度（测量谱）$G_{rr,k}(f)$。

（9）由测量谱 $G_{rr,k}(f)$ 和参考谱 $G_{yy}(f)$ 之差计算误差谱 $E_k(f)$：

$$E_k(f) = G_{rr,k}(f) - G_{yy}(f) \tag{7-21}$$

（10）使用补偿函数 $A(f)$ 和误差谱 $E_k(f)$ 计算驱动信号的修正谱 $\Delta G_{xx,k}(f)$：

$$\Delta G_{xx,k}(f) = A(f)E_k(f) \tag{7-22}$$

（11）使用修正谱 $\Delta G_{xx,k}(f)$ 修正当前的驱动谱 $G_{xx,k}(f)$，导出新的驱动谱 $G_{xx,k+1}(f)$：

$$G_{xx,k+1}(f) = G_{xx,k}(f) - \varepsilon \Delta G_{xx,k}(f) \tag{7-23}$$

式中：ε 为修正加权系数，用以考虑控制过程的收敛稳定性，$0<\varepsilon \leq 1$。修正加权系数 ε 的选择通常应保证控制过程的过冲不超过 1.2 dB。

（12）基于式(7-12)，使用驱动谱 $G_{xx,k+1}(f)$ 计算驱动信号的幅值谱（驱动幅值谱）$|X_{k+1}(f)|$，并且生成具有均匀分布的随机相位谱 $\theta_{k+1}(f)$，然后，使用逆 FFT 变换成时间历程种子数据块 $d_{k+1}(t)$。

（13）基于种子数据块 $d_{k+1}(t)$，使用时域随机化方法实时生成驱动时间历程 $x_{k+1}(t)$。

（14）使用驱动时间历程 $x_{k+1}(t)$ 激励试验件，并且同步采集控制点的响应时间历程 $r_{k+1}(t)$。

（15）计算实测响应时间历程 $r_{k+1}(t)$ 的测量谱 $G_{rr,k+1}(f)$。

（16）由式(7-21)计算新的误差谱 $E_{k+1}(f)$，重复步骤(10)至步骤(16)，直至达到规定的振动试验持续时间。

在上述步骤(10)中，如果所得到的误差谱 $E_k(f)$ 在规定的误差限以内（典型地，误差限应小于试验条件规定的试验容差），可以考虑不进行驱动谱修正。

采用驱动谱控制方法的单输入—单输出随机振动控制算法框图如图 7-8 所示。

实际上，对于驱动谱的修正，可采用不同的修正公式，其导致迭代修正过程的收敛速度和稳定性有所差别。例如，在上述步骤(9)中，以对数方式定义测量

谱和参考谱之间的相对误差谱 $\bar{E}_k(f)$:

$$\bar{E}_k(f) = \log \frac{G_{rr,k}(f)}{G_{yy,k}(f)} \qquad (7-24)$$

相应地,上述步骤(10)和(11)可以合并为利用下述公式导出新的驱动谱 $G_{xx,k+1}(f)$:

$$\log G_{xx,k+1}(f) = \log G_{xx}(f) - \alpha\bar{E}_k(f) \qquad (7-25)$$

式中:α 为修正加权系数,用以考虑控制过程的收敛稳定性,$0<\alpha\leqslant1$。修正加权系数 α 的选择通常应保证控制过程的过冲不超过 1.2 dB。

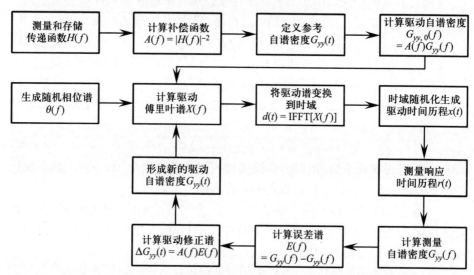

图 7-8　单输入—单输出随机振动控制算法——驱动谱控制方法

在实际应用中,可以直接采用相对误差谱 $\bar{E}_k(f)$ 修正驱动信号的幅值谱 $|X_k(f)|$:

$$\log|X_{k+1}(f)| = \log|X_k(f)| - \frac{\alpha}{2}\bar{E}_k(f) \qquad (7-26)$$

或

$$|X_{k+1}(f)| = |X_k(f)|\left[\frac{G_{yy}(f)}{G_{rr,k}(f)}\right]^{\alpha/2} \qquad (7-27)$$

在工程应用中,为了避免试验过程的振动响应超过试验条件规定的量级(包括控制容差),随机振动控制通常采用逐步增大试验量级的迭代控制策略。在振动控制系统中,控制算法生成的驱动时间历程 $x(t)$ 通过一个增益为 $1/K$ 的程控输出衰减器之后驱动振动台系统,而控制点的响应时间历程 $r(t)$ 通过一个

增益为 K 的程控输入放大器之后进行数据采集。在试验控制过程中,通过逐步降低 K 值(即增加 $1/K$ 值)实现试验量级的逐步增大。这一处理方式可以保证随机振动控制算法不受试验量级变化的影响。

7.2.5.2　传递函数控制方法

传递函数控制方法可以通过下列步骤实现:

(1)在所关心的频率范围内激励试验件,确定驱动与实测响应(控制点)之间传递函数(频率响应函数)幅值的初始估计值 $|\hat{H}_0(f)|$。

(2)计算初始补偿函数 $A_0(f) = |\hat{H}_0(f)|^{-2}$。

(3)定义振动控制点的自谱密度(参考谱) $G_{yy}(f)$。

(4)使用初始补偿函数 $A_0(f)$ 和参考谱 $G_{yy}(f)$ 计算初始驱动信号的自谱密度(驱动谱) $G_{xx,0}(f)$。

(5)基于式(7-12),使用初始驱动谱 $G_{xx,0}(f)$ 计算初始驱动信号的幅值谱(驱动幅值谱) $|X_0(f)|$,并且生成具有均匀分布的随机相位谱 $\theta_0(f)$,然后,使用逆 FFT 变换成时间历程种子数据块 $d_0(t)$。

(6)基于种子数据块 $d_0(t)$,使用时域随机化方法实时生成初始驱动时间历程 $x_0(t)$。

(7)使用初始驱动时间历程 $x_0(t)$ 激励试验件,并且同步采集控制点的响应时间历程 $r_k(t)$,$k=0$。

(8)计算实测响应时间历程 $r_k(t)$ 的自谱密度(测量谱) $G_{rr,k}(f)$。

(9)基于式(7-24),使用测量谱 $G_{rr,k}(f)$ 和参考谱 $G_{yy,k}(f)$ 计算相对误差谱 $\bar{E}_k(f)$。

(10)使用驱动谱 $G_{xx,k}(f)$ 和测量谱 $G_{rr,k}(f)$ 计算补偿函数估计值 $\Delta A_k(f)$:

$$\Delta A_k(f) = \frac{G_{xx,k}(f)}{G_{rr,k}(f)} \tag{7-28}$$

(11)使用补偿函数估计值 $\Delta A_k(f)$ 与当前的补偿函数 $A_k(f)$ 加权求和,导出新的补偿函数 $A_{k+1}(f)$:

$$A_{k+1}(f) = \frac{\beta}{\beta+1}A_k(f) + \frac{1}{\beta+1}\Delta A_k(f) \tag{7-29}$$

式中:β 为修正加权系数,用以考虑控制过程的收敛稳定性,$\beta \geq 0$。修正加权系数 β 的选择通常应保证控制过程的过冲不超过 1.2 dB。

(12)使用补偿函数 $A_{k+1}(f)$ 和参考谱 $G_{yy}(f)$ 计算驱动谱 $G_{xx,k+1}(f)$。

(13)基于式(7-12),使用驱动谱 $G_{xx,k+1}(f)$ 计算驱动信号的幅值谱(驱动幅值谱) $|X_{k+1}(f)|$,并且生成具有均匀分布的随机相位谱 $\theta_{k+1}(f)$,然后,使用逆

FFT 变换成时间历程种子数据块 $d_{k+1}(t)$。

（14）基于种子数据块 $d_{k+1}(t)$，使用时域随机化方法实时生成驱动时间历程 $x_{k+1}(t)$。

（15）使用驱动时间历程 $x_{k+1}(t)$ 激励试验件，并且同步采集控制点的响应时间历程 $r_{k+1}(t)$。

（16）计算实测响应时间历程 $r_{k+1}(t)$ 的测量谱 $G_{rr,k+1}(f)$。

（17）重复步骤（9）至步骤（17），直至达到规定的振动试验持续时间。

在上述步骤（9）中，如果所得到的相对误差谱 $\bar{E}_k(f)$ 在规定的误差限以内（典型地，误差限应小于试验条件规定的试验容差），可以考虑不进行补偿函数和驱动谱修正。

对于上述步骤（10），在考虑控制点振动响应中的噪声干扰的情况下，更为精确的方式是计算驱动时间历程 $x_k(t)$ 与实测响应时间历程 $r_k(t)$ 的互谱密度 $G_{xr,k}(f)$，然后，由下式计算补偿函数估计值 $\Delta A_k(f)$：

$$\Delta A_k(f) = \frac{G_{xx,k}^2(f)}{\mid G_{xr,k}(f) \mid^2} \tag{7-30}$$

然而，这种方式使得迭代控制循环中的计算量显著增大。在实测响应时间历程 $r_k(t)$ 的信噪比较高的情况下，采用式（7-28）计算补偿函数估计值 $\Delta A_k(f)$ 往往更为可取。

采用传递函数控制方法的单输入—单输出随机振动控制算法框图如图 7-9 所示。

7.2.6　试验控制的实时性和测量谱估计问题

名义上，随机振动控制采用实时控制算法。然而，由于实测响应自谱密度（测量谱）估计、驱动谱修正以及随机振动时间历程的种子数据块生成需要一定的计算时间，在这一过程中，驱动时间历程信号的自谱密度是不变的。因此，从谱控制的角度看，随机振动控制实际是准实时的，其从采集响应信号开始到驱动信号的修正完成需要一定的延迟时间。

对于随机振动试验，要求振动控制系统具有良好的实时性，以避免振动试验量级超出容差的时间过长。通常使用控制回路时间作为描述随机振动控制系统的指标，其定义为从响应信号采集开始，经过测量谱估计、比较，驱动谱修正，逆 FFT 变换，时域随机化，直至驱动信号输出为止所需要的总时间。

在控制回路时间中，影响最大的因素是实测响应自谱密度（测量谱）估计所需要的时间。在随机振动控制中，一般采用基于 FFT 的 Cooley-Tukey（库利·图

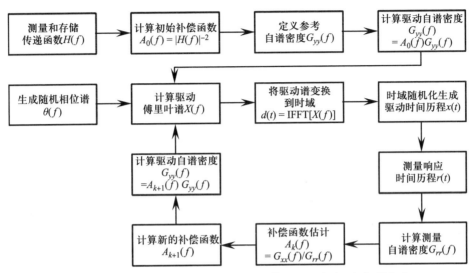

图 7 - 9　单输入—单输出随机振动控制算法——传递函数控制方法

基)方法计算实测响应时间历程 $r(t)$ 的自谱密度。

对于持续时间为 T 的一帧实测响应时间历程样本 $r_i(t)$,由 FFT 计算其傅里叶谱 $R_i(f_k)$,其中,离散频率 f_k 为

$$f_k = \frac{k}{T} = \frac{k}{2N\Delta t}, k = 0, 1, \cdots, N \qquad (7-31)$$

式中:$2N$ 为离散化的样本数据点数(典型地,$N = 2^p$,p 为正整数);Δt 为采样时间间隔。

由于实测响应时间历程 $r(t)$ 采样过程中抗混滤波器的过渡带影响,在较高的频率 f_k 上,信号分量的幅值将存在明显的衰减以及混叠误差,试验控制的最高频率 f_{max} 应小于实测响应时间历程 $r(t)$ 的采样序列的 Nyquist(奈奎斯特)频率 $f_N = f_s/2$,其中,$f_s = 1/\Delta t$ 为 $r(t)$ 的采样率。对于随机振动控制,一般选择 $f_{max} = f_s/2.56 = f_N/1.28$。假定 $f_{max} = N_e/(2N\Delta t)$,正整数 N_e 代表了实测响应时间历程 $r(t)$ 的傅里叶谱和自谱密度分析中所考虑的谱线数,换句话说,对于 $r(t)$ 的傅里叶谱和自谱密度分析,将舍弃式(7-31)中 $k = 0$ 和 $k > N_e$ 的离散频率 f_k 上的谱分量。因此,在随机振动控制中,对于实测响应时间历程样本 $r_i(t)$ 的傅里叶谱 $R_i(f_k)$,通常仅保留 $k = 1$ 至 $k = N_e$ 的离散频率 f_k 上的谱分量,其余频率上的谱分量值人为设置为零。对于实测响应时间历程 $r(t)$ 的自谱密度估计、驱动谱计算和修正,也采取相同的处理措施。

由一帧样本计算的自谱密度估计 $\hat{G}_{rr}(f_k)$ 为

$$\hat{G}_{rr}(f_k) = \frac{2}{N\Delta t}R_i(f_k)R_i^*(f_k) , k = 1,2,\cdots,N_e$$

然而,采用一帧样本所得到的自谱密度估计 $\hat{G}_{rr}(f_k)$ 是没有意义的,不能代表平稳随机信号的统计特征。在工程应用中,自谱密度估计 $\hat{G}_{rr}(f_k)$ 应采用 n_d 帧样本计算结果的统计平均值,即

$$\hat{G}_{rr}(f_k) = \frac{2}{n_d N\Delta T}\sum_{i=1}^{n_d} R_i(f_k)R_i^*(f_k) , k = 1,2,\cdots,N_e \qquad (7-32)$$

当 n_d 为有限数量时,自谱密度估计 $\hat{G}_{rr}(f_k)$ 中存在统计抽样误差(图7-10),其将影响试验控制精度。通常,自谱密度估计中的归一化随机误差 ε_r:

$$\varepsilon_r \approx \frac{1}{\sqrt{n_d}} \qquad (7-33)$$

式中: n_d 为邻接平均帧数。

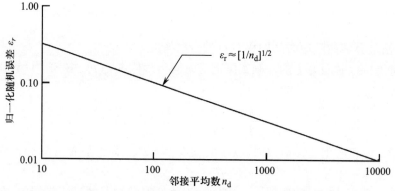

图7-10 自谱密度估计中的归一化随机误差

相应地,自谱密度 $G_{rr}(f)$ 的估计值 $\hat{G}_{rr}(f)$ 的分布为

$$\frac{\hat{G}_{rr}(f)}{G_{rr}(f)} = \frac{\chi^2}{n} , n = 2n_d \qquad (7-34)$$

式中: n 为 χ^2 分布的统计自由度。

在置信度 $(1-\alpha)$ 的条件下,真值 $G_{rr}(f)$ 的置信区间为

$$\frac{n\hat{G}_{rr}(f)}{\chi_{n;\alpha/2}^2} \leqslant G_{rr}(f) \leqslant \frac{n\hat{G}_{rr}(f)}{\chi_{n;1-\alpha/2}^2} , n = 2n_d \qquad (7-35)$$

如果用于统计平均的邻接平均帧数 n_d 足够大,例如, $n_d \geqslant 30$, $\hat{G}_{rr}(f)/G_{rr}(f)$ 近似服从标准高斯分布,在置信度 $(1-\alpha)$ 的条件下,真值 $G_{rr}(f)$ 的置信区间可以近似

表示为

$$\left(1 - z_{\alpha/2}\frac{1}{\sqrt{n_d}}\right)\hat{G}_{rr}(f) \leqslant G_{rr}(f) \leqslant \left(1 + z_{\alpha/2}\frac{1}{\sqrt{n_d}}\right)\hat{G}_{rr}(f) \qquad (7-36)$$

式中：$z_{\alpha/2}$ 为标准高斯分布的 $\alpha/2$ 分位点。在置信度 90% 的条件下，$z_{\alpha/2}=1.645$；在置信度 95% 的条件下，$z_{\alpha/2}=1.960$。在式(7-36)中，假定 $z_{\alpha/2}/\sqrt{n_d}\ll1$。

基于同样的假设，由式(7-36)可以导出以自谱密度的对数形式近似表示的真值 $G_{rr}(f)$ 的置信区间：

$$\log\hat{G}_{rr}(f) - z_{\alpha/2}\frac{1}{\sqrt{n_d}} \leqslant \log G_{rr}(f) \leqslant \log\hat{G}_{rr}(f) + z_{\alpha/2}\frac{1}{\sqrt{n_d}} \qquad (7-37)$$

在工程应用中，统计自由度一般在 100~200 的范围内选择，相应的邻接平均帧数 n_d 为 50~100。

对于随机振动信号的自谱密度估计，存在样本数据截断所导致的旁瓣泄漏问题，应采用时域加窗处理来抑制潜在的泄漏误差。因此，对于实测响应时间历程样本 $r_i(t)$ 的傅里叶谱 $R_i(f_k)$ 计算，实际上是将 $w(t)r_i(t)$ 的时间序列进行傅里叶变换，其中，$w(t)$ 为持续时间 T 的时间窗函数。在工程应用中，随机振动信号一般采用 Hanning 窗：

$$w(t) = \begin{cases} 1 - \cos^2\left(\dfrac{\pi t}{T}\right), & 0 \leqslant t \leqslant T \\ 0, & t < 0, t > T \end{cases} \qquad (7-38)$$

应指出的是，对于实测响应自谱密度估计 $\hat{G}_{rr}(f_k)$，加窗处理造成下列附加影响：

(1)改变了随机信号的均方根值，这意味着根据加窗后的实测信号计算的自谱密度估计应进行适当的修正；当采用 Hanning 窗时，所计算的自谱密度估计值应乘以修正因子 8/3，以得到正确的谱密度值。

(2)降低了自谱密度估计的频率分辨率，这意味着如果需要保持加窗处理后的频率分辨率带宽与未加窗时相同，应增大自谱密度分析的样本持续时间 T。

采用时域加窗处理时，如果用于自谱密度分析的测量信号总长度 T_r 不变，由于保持频率分辨率导致样本持续时间 T 增大，就会减小邻接平均帧数 n_d，使得自谱密度估计中的随机误差增大。为此，在自谱密度估计中，一般采用信号重叠处理来增加用于分析和平均的样本数量。在进行重叠处理时，实际的平均次数将大于等效的邻接平均帧数，原因是所处理的数据样本中包含了冗余信息。通常，等效的邻接平均帧数 n_d 根据式(7-39)计算：

$$n_d \approx (1 - P)n_b \qquad (7-39)$$

式中：n_b 是用于谱密度估计的样本数量；P 为每个样本用于后续计算的重叠百分比。在随机振动控制中，一般选择 $P=50\%$。

无论是否采用重叠处理，如果基于统计自由度的考虑，经过 50~100 帧响应数据的测量时间完成一次测量谱估计和驱动谱修正，将意味着闭环控制的回路时间过长，随机振动控制的反应速度不能满足试验需要。为了解决谱估计的统计自由度与控制回路时间之间的矛盾，在工程应用中，通常利用以前的控制循环中所得到的实测响应自谱密度估计与当前控制循环中所得到的实测响应自谱密度估计进行统计平均，以提高自谱密度估计结果的统计自由度。

假定第 k 次控制回路循环中采集的实测响应样本数据所计算的自谱密度估计值为 $\hat{G}(k)$，前一次控制回路循环中所使用的实测响应自谱密度为 $\bar{G}(k-1)$，第 k 次控制回路循环中所使用的实测响应自谱密度 $\bar{G}(k)$ 由式（7-40）计算：

$$\bar{G}(k) = \frac{\beta-1}{\beta}\bar{G}(k-1) + \frac{1}{\beta}\hat{G}(k) \qquad (7-40)$$

式中：β 为平均加权因子，可根据试验要求设定。

对于这一平均方法，新数据 $\hat{G}(k)$ 的权重为 $1/\beta$，而上一次控制回路循环使用的平均数据 $\bar{G}(k-1)$ 的权重为 $(\beta-1)/\beta$。对于第 k 次控制循环，旧数据的平均权重为 $[(\beta-1)/\beta]^{k-1}$，因此，这种平均方法称为指数平均。在式（7-40）中，第 k 次控制回路循环中所采集数据的自谱密度估计值 $\hat{G}(k)$ 为 K 帧数据的算术平均值，其中，K 为自谱密度分析的邻接平均帧数。由于使用了以前的采样数据，实测响应自谱密度 $\bar{G}(k)$ 的统计自由度 n 大幅度增加，其可以由式（7-41）计算：

$$n = 2K(2\beta-1) \qquad (7-41)$$

例如，当 $K=4$、$\beta=8$ 时，统计自由度为 120。但每次控制回路循环仅需要使用 4 帧邻接的新数据，相应的闭环控制回路时间大幅度降低。应指出的是，当 β 增大时，旧数据在自谱密度估计结果中所占的权重增大，降低了自谱密度估计的实时跟踪速度，导致闭环控制的收敛速度下降。因此，应根据试验条件和控制容差要求选择合适的 β 值。

7.2.7 试验控制精度

对于单输入—单输出随机振动试验，振动试验条件所规定的容差一般采用试验控制点上实测的与规定的随机振动响应自谱密度的比值定义，通常表示为分贝形式，即

$$\bar{E}(f) = 10\log\frac{G_{rr}(f)}{G_{yy}(f)} \quad \mathrm{dB} \qquad (7-42)$$

式中：$G_{yy}(f)$ 和 $G_{rr}(f)$ 分别为规定的和实测的加速度自谱密度。

在单输入—单输出随机振动试验中，加速度自谱密度的试验容差规定为 ±3 dB；对于高复现性要求的小型试验件的振动试验，试验容差可以至 -1.0 dB $\sim$ $+2.0$ dB。

在随机振动试验中，经常使用的另一个容差指标是随机振动的均方根值容差，其同样可以表示为分贝形式，即

$$\bar{E}_{\text{rms}} = 20\log\frac{\sigma_{rr}}{\sigma_{yy}} \quad \text{dB} \tag{7-43}$$

$$\sigma_{yy} = \sqrt{\int_{f_d}^{f_u} G_{yy}(f)\,\mathrm{d}f}, \sigma_{rr} = \sqrt{\int_{f_d}^{f_u} G_{rr}(f)\,\mathrm{d}f} \tag{7-44}$$

式中：σ_{yy} 和 σ_{rr} 分别为规定的和实测的加速度均方根值；f_d 和 f_u 分别为随机振动试验频率范围的下限频率和上限频率。

在单输入—单输出随机振动试验中，加速度均方根值的试验容差规定为 ±1 dB或$\pm10\%$。

应指出的是，随机振动响应的自谱密度估计中存在统计抽样误差，其将影响试验控制精度。在规定试验容差时，典型地选择统计自由度 $n=120$。

7.2.8　多输入—单输出随机振动控制

多输入—单输出随机振动控制方法是单输入—单输出随机振动控制方法的扩展，其将多个试验控制点的随机振动响应自谱密度按照某种准则合成为一个虚拟试验控制点的随机振动响应自谱密度，从而将多输入—单输出随机振动控制问题转换成单输入—单输出随机振动控制问题。

多输入—单输出随机振动控制主要包括 3 种控制策略，分别是多点平均控制、多点最大控制和多点最小控制。在控制过程中，各个控制点采用相同的振动试验条件，依据上述 3 种控制策略，可以使用各个控制点的随机振动响应自谱密度的算术平均值（或加权平均值）、最大值包络或最小值包络作为控制反馈信号，并且与振动试验条件规定的自谱密度进行比较，使用两者之间的误差修正驱动信号的幅值谱。

多点平均、最大或最小随机振动控制实际上是将各控制点的随机振动响应自谱密度合成为一个虚拟的随机振动响应自谱密度 $\tilde{G}_{rr}(f)$。假定各个控制点的振动加速度传感器输出信号的自谱密度分别为 $G_{rr,i}(f)$，$i=1,2,\cdots,N$，对于多点平均、最大或最小随机振动控制，合成的振动响应自谱密度 $\tilde{G}_{rr}(f)$ 分别由下式计算：

$$\tilde{G}_{rr}(f)_{\text{ave}} = \frac{1}{N} \sum_{i=1}^{N} G_{rr,i}(f) \qquad (7-45)$$

$$\tilde{G}_{rr}(f)_{\text{max}} = \max\{G_{rr,1}(f), G_{rr,2}(f), \cdots, G_{rr,N}(f)\} \qquad (7-46)$$

$$\tilde{G}_{rr}(f)_{\text{min}} = \min\{G_{rr,1}(f), G_{rr,2}(f), \cdots, G_{rr,N}(f)\} \qquad (7-47)$$

假定驱动与各个控制点之间的系统传递函数幅值特性分别为 $|H_i(f)|^2$，$i = 1, 2, \cdots, N$，对于多点平均、最大或最小随机振动控制，驱动与虚拟响应（各个控制点随机振动响应自谱密度的合成结果）之间的系统传递函数幅值特性 $|\tilde{H}(f)|^2$ 分别为

$$|\tilde{H}(f)|^2_{\text{ave}} = \frac{1}{N} \sum_{i=1}^{N} |H_i(f)|^2 \qquad (7-48)$$

$$|\tilde{H}(f)|^2_{\text{max}}| = \max\{|H_1(f)|^2, H_2(f)|^2, \cdots, |H_N(f)|^2\} \qquad (7-49)$$

$$|\tilde{H}(f)|^2_{\text{min}}| = \min\{|H_1(f)|^2, H_2(f)|^2, \cdots, |H_N(f)|^2\} \qquad (7-50)$$

在实际应用中，系统传递函数特性 $|\tilde{H}(f)|^2$ 通常利用虚拟响应自谱密度 $\tilde{G}_{rr}(f)$ 的估计值与激励信号的自谱密度 $G_{xx}(f)$ 之比确定。以 $|\tilde{H}(f)|^2$ 的估计值替代单输入—单输出随机振动控制方法中的 $|\hat{H}(f)|^2$ 进行驱动信号迭代修正，可以将单输入—单输出随机振动控制方法扩展成多输入—单输出随机振动控制方法。

在多输入—单输出随机振动控制中，自谱密度以及均方根值试验容差将采用虚拟的随机振动响应自谱密度 $\tilde{G}_{rr}(f)$ 及其均方根值定义。这意味着，在各个控制点上，实测响应的自谱密度及其均方根值将可能超过试验条件规定的试验容差范围。

7.2.9 限制通道随机振动控制

限制通道随机振动控制也称为随机振动带谷控制，其目的在于修正随机振动试验条件制定过程中的统计包络所造成的试验件在其共振频率处的过试验。

在限制通道随机振动控制中，将振动响应测量点分为两类：一类是振动控制点，各控制点通常采用相同的振动试验条件；另一类是振动监测点，其独立规定振动试验限制条件（可以与振动控制点相同或不同）。在试验控制过程中，使用控制点的随机振动响应自谱密度（或多点平均值、最大值、最小值）作为控制反馈信号，并且与试验条件规定的振动控制点的参考自谱密度进行比较，使用两者之间的误差谱修正驱动信号的幅值谱；同时，实时监测振动监测点的随机振动响

应自谱密度。如果监测点上实测的随机振动响应自谱密度在某一频带上超过了规定的试验限制自谱密度,在这一频带上,以监测信号的误差谱(监测信号的自谱密度与试验限制自谱密度之差)导出驱动修正谱,并且替代同一频带上由控制反馈信号的误差谱(控制反馈信号的自谱密度与参考自谱密度之差)所导出的驱动修正谱,形成限制控制的驱动修正谱。

限制通道随机振动控制实质上是对控制点上规定的随机振动响应自谱密度在某些频段中的幅值自动进行下凹处理,以避免监测点的随机振动响应自谱密度幅值超过试验限制条件的规定值。

对于限制通道随机振动控制,假定试验控制过程包括一个振动控制点和一个振动监测点,其分别设置为参考自谱密度 $G_{yy}(f)$ 和限制自谱密度 $G_{ll}(f)$;驱动与振动控制点响应之间的系统传递函数幅值特性为 $|H_1(f)|^2$,驱动与振动监测点响应之间的系统传递函数幅值特性为 $|H_2(f)|^2$。在系统识别中,同时得到振动控制点和监测点的系统传递函数幅值估计 $|\hat{H}_1(f)|^2$ 和 $|\hat{H}_2(f)|^2$,并且计算相应的补偿函数 $A_1(f) = |\hat{H}_1(f)|^{-2}$ 和 $A_2(f) = |\hat{H}_1(f)|^{-2}$。

在振动控制开始时,由下式计算初始驱动信号的自谱密度(驱动谱)$G_{xx,0}(f)$:

$$G_{xx,0}(f) = \min\{A_1(f)G_{yy}(f), A_2(f)G_{ll}(f)\} \tag{7-51}$$

由初始驱动谱 $G_{xx,0}(f)$ 生成初始驱动时间历程 $x_0(t)$。以 $x_0(t)$ 激励试验件,同时测量控制点的响应时间历程 $r_k(t)$ 和监测点的响应时间历程 $u_k(t)$,并且计算各自的自谱密度 $G_{rr,k}(f)$ 和 $G_{uu,k}(f)$,其中,$k=0$。

对于控制点和监测点,分别计算各自的误差谱 $E_{k,1}(f)$ 和 $E_{k,2}(f)$:

$$E_{k,1}(f) = G_{rr,k}(f) - G_{yy}(f) \tag{7-52}$$

$$E_{k,2}(f) = G_{uu,k}(f) - G_{ll}(f) \tag{7-53}$$

由误差谱 $E_{k,1}(f)$ 和 $E_{k,2}(f)$ 计算驱动信号的修正谱 $\Delta G_{xx,k}(f)$:

$$\Delta G_{xx,k}(f) = \begin{cases} A_1(f)E_{k,1}(f), & E_{k,2}(f) < 0 \\ A_2(f)E_{k,2}(f), & E_{k,2}(f) \geq 0 \end{cases} \tag{7-54}$$

将修正谱 $\Delta G_{xx,k}(f)$ 代入式(7-23),可以导出新的驱动谱 $G_{xx,k+1}(f)$,从而实现限制控制的迭代修正过程。

如果试验控制过程包括多个振动控制点,以各个控制点合成的虚拟控制点的传递函数幅值特性 $|\tilde{H}(f)|^2$ 替代 $|H_1(f)|^2$。如果试验控制过程包括多个振动监测点,对每个监测点分别计算误差谱 $E_{k,i}(f)$,然后,在任一监测点误差谱 $E_{k,i}(f) \geq 0$ 的频率上,选择各个监测点误差谱中的最大值计算相应频率上的驱动信号修正谱 $\Delta G_{xx,k}(f)$。

7.2.10　窄带随机叠加宽带随机振动控制

窄带随机叠加宽带随机(NBRoR)振动环境是将一组窄带随机振动分量叠加在宽带随机振动分量上。其中,宽带随机振动分量为高斯分布的平稳随机振动过程,通常采用加速度自谱密度定义。窄带随机振动分量同样为高斯分布的平稳随机振动过程,分为两种类型:

(1)固定频率窄带随机振动分量,通常采用中心频率、带宽和加速度自谱密度定义,在窄带分量的带宽内,加速度自谱密度为恒定值。

(2)窄带扫描随机振动分量,通常采用中心频率与时间关系、恒定带宽和加速度自谱密度幅值与中心频率关系定义,其中,在窄带分量的恒定带宽内,加速度自谱密度为恒定值。中心频率与时间关系通常由中心频率范围、扫描速率和扫描方向定义,其中,扫描速率分为线性扫描和对数扫描。

在窄带随机叠加宽带随机振动环境包含多个窄带随机振动分量的情况下,在同一时刻,各个窄带随机振动分量的频率不重合,并且不考虑各个分量之间的相位关系。典型的窄带随机叠加宽带随机振动环境试验条件如图7-11所示。

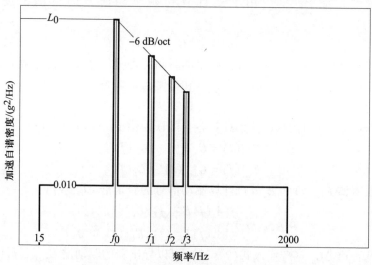

图7-11　固定翼螺旋桨式飞机的振动环境

在固定频率窄带随机振动叠加宽带随机振动的情况下,可以采用驱动谱控制方法或传递函数控制方法进行随机振动控制。关键问题是随机振动控制需要选择较小的频率分辨率带宽,以使得窄带随机振动分量的带宽内包含足够数量的谱线。典型地,窄带随机振动分量的带宽内至少应包含5条谱线。

在窄带扫描随机振动叠加宽带随机振动的情况下,随机振动控制的参考自谱密度(参考谱)$G_{yy}(f)$实际上是时间 t 的函数。如果窄带扫描随机振动分量的加速度自谱密度幅值随中心频率变化,随机振动控制的参考均方根加速度值也是时间 t 的函数。在仅考虑一个窄带扫描随机振动分量的情况下,假定宽带随机振动分量的参考谱为 $G_{yy}^{wr}(f)$,窄带扫描随机振动分量的参考谱为 $G_{yy}^{nr}(f_n,B_n)$,其中,f_n 和 B_n 分别为窄带扫描随机振动分量的中心频率和带宽,并且中心频率 $f_n = f_n(t)$,随机振动控制的时变参考谱 $G_{yy}(f,t)$ 为

$$G_{yy}(f,t) = G_{yy}^{wr}(f) + G_{yy}^{nr}(f_n,B_n) \tag{7-55}$$

在随机振动控制过程中,由于驱动信号的迭代修正完成需要一定的控制回路时间,随时间 t 连续变化的时变参考谱 $G_{yy}(f,t)$ 实际上无法实现。在工程应用中,窄带扫描随机振动叠加宽带随机振动控制需要将时变参考谱 $G_{yy}(f,t)$ 进行时间离散化处理。将窄带扫描中心频率离散化为 $f_{nk} = f_n(k\Delta T)$,$k = 0,1,2,\cdots$,其中,ΔT 为离散化处理的时间间隔,可以得到离散化的时变参考谱时间序列 $G_{yy}(f,k\Delta T)$:

$$G_{yy}(f,k\Delta T) = G_{yy}^{wr}(f) + G_{yy}^{nr}(f_{nk},B_n), k = 0,1,2,\cdots \tag{7-56}$$

对于窄带扫描随机振动叠加宽带随机振动控制,通常采用传递函数控制方法。在时间间隔 ΔT 内,保持由参考谱 $G_{yy}(f,k\Delta T)$ 计算的驱动谱 $G_{xx,k}(f)$ 不变,并且利用驱动谱 $G_{xx,k}(f)$ 和测量谱 $G_{rr,k}(f)$ 导出修正的补偿函数 $A_{k+1}(f)$,使用补偿函数 $A_{k+1}(f)$ 和参考谱 $G_{yy}[f,(k+1)\Delta T]$ 计算新的驱动谱 $G_{xx,k+1}(f)$,用于下一个时间间隔 ΔT 的振动激励。因此,在振动控制过程中,窄带扫描随机振动分量的中心频率 f_n 实际上是步进式变化的,其中,步进的时间间隔 ΔT 应大于或等于随机振动控制系统的控制回路时间。

在窄带扫描随机振动叠加宽带随机振动控制中,随机振动控制系统的控制回路时间将限制窄带随机振动分量的扫描速率。因此,实现非常快速的扫描速率往往是不切实际的。在工程应用中,窄带扫描随机振动分量通常采用线性扫描方式,即中心频率 f_n 通常表示为

$$f_n(t) = \alpha t + f_1 \tag{7-57}$$

式中:α 为线性扫描速率;f_1 为扫描起始中心频率。

在振动控制中,如果适用,合理的线性扫描速率 α 应满足下列条件:

$$\alpha \Delta T \leqslant B_n \tag{7-58}$$

此外,对于测量谱 $G_{rr,k}(f)$ 估计,在采用指数平均方法(参见第7.2.6节)的情况下,由于窄带扫描随机振动分量的中心频率实际上是变化的,从而导致窄带扫描分量的自谱密度幅值估计引入偏置误差,其随着扫描速率的增加而增大。出于这一原因,窄带扫描随机振动分量的试验容差通常应高于宽带随机振动分量所规定的试验容差。

7.3　正弦振动控制方法

7.3.1　引言

对于正弦振动控制,基本要求是在振动台的台面或试验件的控制点上产生振动试验条件所规定的正弦振动幅值谱。

正弦振动控制的振动试验条件主要分为两类:

(1)稳态或步进正弦振动;

(2)正弦扫描振动。

在正弦振动控制过程中,同一时刻的系统驱动和响应为相同频率的正弦信号(并且为单一频率),因此,驱动信号与响应信号的幅值之间的关系可以用一个系统增益描述,这一系统增益是随着驱动、响应信号的频率变化的。其中,在单输入—单输入正弦振动控制过程中,系统增益为一个实数。

单输入—单输入正弦振动控制方法是通过实时改变控制系统的增益(或驱动信号的幅值),以保证实测正弦振动响应的幅值与所规定的正弦振动响应的幅值之间的偏差在规定的容差范围内。

模拟式正弦振动控制系统是实现实时闭环振动控制的最初实践。对于单输入—单输出正弦振动控制过程,仅需要考虑正弦振动的幅值,因此,利用一个可控增益放大器就可以实现对驱动信号幅值的自动调节,以保证实测的响应幅值实时跟踪试验规定的正弦振动响应幅值。在模拟式正弦振动控制系统中,采用跟踪滤波器获得正弦振动响应的幅值。

数字式正弦振动控制系统在控制原理上与模拟式是相同的,只是采用数字信号处理方法获得正弦振动响应的幅值,并且使用计算机对所达到的和所规定的正弦振动响应幅值进行实时比较,根据偏差实时修正驱动信号的幅值。

7.3.2　正弦振动控制原理

对于单输入—单输出正弦振动控制,驱动与响应信号的幅值之间的关系可以表示为下列频域形式:

$$|P_y(f)| = |H(f)||P_x(f)| \qquad (7-59)$$

式中:$|P_x(f)|$ 和 $|P_y(f)|$ 分别为驱动和响应的正弦信号的幅值谱(线谱的幅值);$|H(f)|$ 为系统传递函数(频率响应函数)的幅值。

如果在试验激励之前通过测试得到系统传递函数的幅值 $|H(f)|$,通过对传递函数的幅值求逆,可以从所规定的响应信号的幅值谱(参考谱)$|P_y(f)|$ 获

得驱动信号的幅值谱(驱动谱)$|P_x(f)|$:

$$|P_x(f)| = |H(f)|^{-1}|P_y(f)| = A(f)|P_y(f)| \qquad (7-60)$$

式中:$A(f) = |H(f)|^{-1}$为补偿函数。

对于正弦试验条件所规定的正弦振动频率—时间关系$f(t)$和基于补偿函数$A(f)$导出的驱动谱$|P_x(f)|$,可以采用图 7-12 所示的方案生成正弦驱动信号(驱动信号)的时间历程$x(t)$。其中,在数字式正弦波发生器中,基于时刻$i\Delta t$所计算的正弦频率f_i,生成一个单位幅值的离散正弦波时间历程序列$\{d(i\Delta t)\}$:

$$d(i\Delta t) = \sin(2\pi f_i i\Delta t), \quad i = 0,1,2,\cdots \qquad (7-61)$$

式中:Δt 为采样时间间隔;$f_i = f(i\Delta t)$。

将离散正弦波时间历程序列$\{d(i\Delta t)\}$乘以放大系数 K 之后,通过 D/A 转换器(DAC)和平滑滤波器转换成模拟正弦信号$Kd(t)$,其中,放大系数 K 用于使得模拟正弦信号$Kd(t)$的幅值与 DAC 的量程一致。同时,同步计算对应于正弦振动频率f_i的驱动谱$|P_x(f_i)|$以及相应的衰减系数$|P_x(f_i)|/K$,以衰减系数$|P_x(f_i)|/K$调整控制系统响应衰减器的增益,得到模拟正弦驱动信号的时间历程$x(t)$:

$$x(t) = \frac{|P_x(f_i)|}{K} \times Kd(t) = |P_x(f_i)|d(t) \qquad (7-62)$$

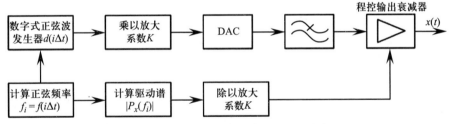

图 7-12　正弦驱动信号时间历程的生成

DAC 响应的模拟信号是阶梯形状的信号,其除了包含所要求的模拟正弦信号时间历程$Kd(t)$以外,还包含不需要的高频分量,因此,需要通过平滑滤波器消除 DAC 响应信号中的高频分量,以得到所要求的模拟正弦信号$Kd(t)$。由于平滑滤波器过渡带的影响,实际上难以完全消除 DAC 响应信号中不需要的频率分量,从而导致模拟正弦信号$Kd(t)$失真;减小信号失真的主要途径是缩小离散正弦波时间历程序列$\{d(i\Delta t)\}$的采样时间间隔Δt,即提高信号的采样率$f_s = 1/\Delta t$,使其远高于正弦频率f_i。一般情况下,为了得到适用的模拟正弦信号时间历程$Kd(t)$,并且满足实测正弦振动响应信号数字跟踪滤波的要求,采样率f_s至少应为正弦频率f_i的 8~10 倍。在工程应用中,通常将采样率f_s选择为正弦频率f_i的 20 倍以上,以得到高品质的模拟正弦驱动信号。实际上,对于正弦振动控制,采样率 f_s 一般采用固定值,即不随正弦驱动信号的频率而变化,其通常基于正弦振动控制的频率上限 f_{max} 选取。应指出的是,当采样率 f_s 很高时,在采样时间间隔 $\Delta t = 1/f_s$ 内不足以完成 f_i 和 $d(i\Delta t)$ 的计算,因此,采样率 f_s 将受到正弦振动控制系统的硬件特性和控制算法的限制,这将限制正弦振动控制的频率上限 f_{max}。

由于实测传递函数估计误差,实际的系统中的非线性、时变性等因素的影响,实测振动响应的幅值谱 $|P_r(f)|$ 与所规定的正弦振动响应的幅值谱 $|P_y(f)|$ 之间存在一定的偏差。这个偏差可采用驱动信号的迭代修正过程减小,一般通过驱动谱控制方法或传递函数控制方法来实现。从迭代计算的角度看,两种迭代修正途径没有本质上的区别。

7.3.3 正弦扫描振动控制

在工程应用中,大多数正弦振动环境试验采用正弦扫描振动试验条件,在规定的试验频率范围内,正弦振动频率 $f(t)$ 随时间 t 连续变化。出于简化试验条件的考虑,正弦振动频率 $f(t)$ 通常为时间 t 的单调函数,主要有两种形式:

(1)线性扫描:

$$f(t) = \alpha t + f_b \qquad (7-63)$$

式中:f_b 为正弦扫描的起始频率;α 为线性扫描速率。

(2)对数扫描:

$$f(t) = f_b \exp[Rt] \qquad (7-64)$$

式中:f_b 为正弦扫描的起始频率;R 为对数扫描速率。

在规定的试验频率范围内,正弦扫描振动试验条件所规定的正弦振动频率 $f(t)$ 随时间 t 连续变化,相应地,参考谱 $|P_y(f)|$ 为频率 f 的连续函数。然而,在振动控制系统采用数字式控制方法的情况下,通常需要将正弦扫描的连续参考谱在频域内离散化为一系列线谱。一般情况下,对于线性扫描,按照等频率间隔方式进行频率离散化,对于对数扫描,按照分数倍频程频率间隔方式进行频率离散化,目的是保证各个频率增量(或减量)在正弦扫描过程中具有相同的时间间隔。

理论上,可以使用采样时间间隔 Δt 计算离散频率 $f_n = f(n\Delta t)$,$n = 0,1,2,\cdots$。然而,在采样时间间隔 Δt 内无法完成一次正弦振动控制计算和修正过程,按照频率 $f_i = f(i\Delta t)$ 离散化的幅值谱并无实用价值。在工程应用中,通常使用频率离散化时间间隔 $\Delta T = L\Delta t$ 计算离散频率 $f_n = f(n\Delta T)$,$n = 0,1,2,\cdots$,其中,L 为正整数。频率离散化时间间隔 ΔT 应大于或等于正弦控制系统的控制回路时间 T_{Loop},控制回路时间 T_{Loop} 定义为从响应信号采集开始,经过测量谱估计、比较、驱动谱修正,直至驱动信号生成和输出为止所需要的总时间。

参考谱 $|P_y(f)|$ 的频域离散化意味着,在数字式正弦振动控制系统中,仅在各个离散频率 $f_n = f(n\Delta T)$ 上使用补偿函数 $A(f_n)$ 和参考谱 $|P_y(f_n)|$ 进行驱动谱 $|P_x(f_n)|$ 的计算和迭代修正。因此,在驱动信号 $x(t)$ 的生成过程中,驱动信号幅值 $|P_x(f)|$ 随时间的变化与正弦激励频率 f 随时间的变化实际上是相互独立的。正弦激励频率 f 为速变参数,间隔一个采样时间间隔 Δt 改变一次;驱动信号幅值 $|P_x(f)|$ 为缓变参数,间隔一个频率离散化时间间隔 ΔT 改变一次,其中,$\Delta T \gg \Delta t$。当 $n\Delta T \leqslant i\Delta t < (n+1)\Delta T$ 时,驱动信号幅值 $|P_x(f)|$ 保持不变,即选择为 $|P_x(f_n)|$。

驱动信号 $x(t)$ 的幅值经过时间间隔 ΔT 更新一次,在此期间,驱动信号 $x(t)$ 的激励频率从 $f_i = f(i\Delta t)$ 变为 $f_{i+L} = f((i+L)\Delta t)$。如果在频率 f_i 和 f_{i+L} 上,幅值不变的正弦驱动信号在试验控制点上所产生的振动响应量级存在显著的差异,将导致正弦振动控制结果超出试验条件规定的容差,甚至导致控制过程不稳定,在系统的共振频率和反共振频率附近,往往可能出现这种情况。为了避免这种情况,在正弦扫描振动控制过程中,应尽可能减小频率变化量 $\Delta f_L = |f_{i+L} - f_i|$,例如,使 Δf_L 远小于系统共振峰的半功率带宽,相应的解决方法主要有两种:

(1)减小驱动信号 $x(t)$ 幅值更新的时间间隔 ΔT,其通常要求正弦振动控制系统具有尽可能小的控制回路时间 T_{Loop}。当正弦扫描振动的频率上限为 2000 Hz时,控制回路时间 T_{Loop} 宜小于 5 ms。

(2)降低正弦扫描振动的扫描速率。

在正弦扫描振动控制中,频率离散化时间间隔 ΔT 反映了扫描分辨率。扫描分辨率定义为正弦扫描的起始频率 f_b 与终止频率 f_e 之间的频率间隔数量 N_f,其中,频率离散化采用等时间间隔方式。相应地,在 $f_b \sim f_e$ 的频率范围内,离散化的参考谱 $|P_y(f_n)|$ 的谱线数量为 $N_f + 1$。假定从 $f_b \sim f_e$ 的扫描持续时间为 T,扫描分辨率(即频率间隔数量)N_f 与频率离散化时间间隔 ΔT 的关系为

$$N_f = \frac{T}{\Delta T} \tag{7-65}$$

相应地,离散频率 f_n 由式(7-66)确定:

$$f_n = f(n\Delta T), n = 0, 1, 2, \cdots, N_f \tag{7-66}$$

7.3.4　正弦信号幅值估计

7.3.4.1　幅值估计的均方根方法

在正弦振动控制中,实测振动响应时间历程 $r(t)$ 可以表示为

$$r(t) = R\sin(2\pi ft + \theta) \tag{7-67}$$

式中:R、θ 和 f 分别为正弦振动响应的幅值、相位和频率。大多数情况下,R 和 f 是时间 t 的函数。

正弦振动响应信号 $r(t)$ 的平方项 $r^2(t)$ 为

$$r^2(t) = R^2\sin^2(2\pi ft + \theta) = \frac{R^2}{2} - \frac{R^2}{2}\cos(4\pi ft + 2\theta) \qquad (7-68)$$

在式(7-68)中,$R^2/2$ 为 $r(t)$ 的均方值,即 $r(t)$ 的均方根值 $\sigma_r = R/\sqrt{2}$。对于正弦扫描振动环境试验,$R^2/2$(或 σ_r)实际上是时间 t 的函数,然而,其频率上限远低于正弦振动响应的频率 f。因此,如果选择一个具有适当上限截止频率 f_c 的低通滤波器,其中,$f_c < f$,$r^2(t)$ 经过低通滤波后,可以将频率为 $2f$ 的余弦分量去掉,即低通滤波器的响应为 $R^2/2$ 或 σ_r^2。

在数字式正弦振动控制系统中,响应信号 $r(t)$ 的采样时间历程序列 $\{r(i\Delta t)\}$ 与正弦频率时间历程序列 $\{f_i = f(i\Delta t)\}$ 和单位幅值正弦波时间历程序列 $\{d(i\Delta t)\}$ 同步。$r^2(t)$ 的时间历程序列 $\{r^2(i\Delta t)\}$ 通过上限截止频率 f_c 的数字式低通滤波器,并且计算滤波器响应的平方根,导出 $r(t)$ 的均方根值时间历程序列 $\{\sigma_r(i\Delta t)\}$,从而得到响应信号 $r(t)$ 的幅值谱(测量谱)$|P_r(f)|$ 估计:

$$|P_r(f_i)| = \sqrt{2}\,\sigma_r(i\Delta t) \qquad (7-69)$$

数字式低通滤波器可以采用固定带宽滤波器或比例带宽滤波器。对于固定带宽滤波器,上限截止频率 f_c 为固定值,典型地,f_c 宜小于试验频率下限 f_{min} 的 50%;对于比例带宽滤波器,上限截止频率 f_c 为正弦频率 f_i 的恒定百分比,典型地,f_c 宜小于 f_i 的 50%。

在正弦扫描振动控制中,作为驱动谱 $|P_x(f)|$ 迭代修正的反馈参数,仅需要考虑 $n\Delta T$ 时刻的测量谱 $|P_r(f_n)|$(参见 1.3.3 节),因此,在控制回路中,从均方根值时间历程序列 $\{\sigma_r(i\Delta t)\}$ 中间隔 L 个点抽取之后,计算测量谱 $|P_r(f_n)|$。

基于均方根方法的正弦振动响应信号幅值谱分析过程如图 7-13 所示。

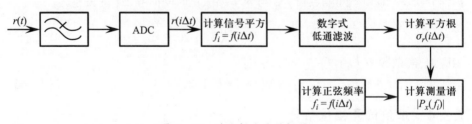

图 7-13 均方根方法的框图

在工程应用中,实测振动响应时间历程 $r(t)$ 往往不同程度地带有谐波和噪声干扰以及零点偏移,即

$$r(t) = R\sin(2\pi ft - \theta) + n(t) + r_0 \qquad (7-70)$$

式中：$n(t)$ 为谐波和噪声干扰；r_0 为零点偏移。

相应地，$r^2(t)$ 经过低通滤波器后的响应近似为 $R^2/2 + \sigma_n^2 + r_0^2$，其中，$\sigma_n^2$ 为 $n(t)$ 的均方值。因此，均方根方法所得到的测量谱 $|P_r(f)|$ 估计结果将受到谐波和噪声干扰以及零点偏移的明显影响，一般在信噪比较大的情况下使用，并且实测时间历程 $r(t)$ 在采样之前应通过 AC 耦合消除零点偏移。

7.3.4.2　幅值估计的数字跟踪滤波器方法

在实测振动响应时间历程 $r(t)$ 表示为式（7-67）的情况下，$r(t)$ 与正弦振动控制系统的数字式正弦波发生器所产生的单位幅值正弦信号 $d(t) = \sin(2\pi ft)$ 具有相同的频率，利用 $d(t)$ 可以生成频率和相位相同的单位幅值余弦信号 $c(t) = \cos(2\pi ft)$。数字跟踪滤波器方法使用单位幅值正弦信号 $d(t)$ 和余弦信号 $c(t)$ 对实测正弦振动响应信号 $r(t)$ 进行调制，得到下列两个调制信号的时间历程：

$$
\begin{aligned}
r(t)\sin(2\pi ft) &= R\sin(2\pi ft + \theta)\sin(2\pi ft) \\
&= \frac{R}{2}\cos\theta - \frac{R}{2}\cos\theta\cos(4\pi ft) + \frac{R}{2}\sin\theta\sin(4\pi ft)
\end{aligned}
$$
$$(7-71)$$

$$
\begin{aligned}
r(t)\cos(2\pi ft) &= R\sin(2\pi ft + \theta)\cos(2\pi ft) \\
&= \frac{R}{2}\sin\theta + \frac{R}{2}\sin\theta\cos(4\pi ft) + \frac{R}{2}\cos\theta\sin(4\pi ft)
\end{aligned}
$$
$$(7-72)$$

与均方根方法相似，将上面两个调制信号分别通过上限截止频率 f_c 的低通滤波器进行滤波，其中，$f_c < f$，可以将调制信号中频率为 $2f$ 的正弦和余弦分量去掉，即低通滤波器的响应分别为 $PR_r(f)/2$ 和 $PI_r(f)/2$，其中，$PR_r(f)$ 和 $PI_r(f)$ 分别为实测正弦振动响应信号 $r(t)$ 的同相分量谱和正交分量谱：

$$PR_r(f) = R\cos\theta, \quad PI_r(f) = R\sin\theta \qquad (7-73)$$

基于实测响应信号 $r(t)$ 的同相分量谱 $PR_r(f)$ 和正交分量谱 $PI_r(f)$，可以计算其幅值谱：

$$|P_r(f)| = \sqrt{[PR_r(f)]^2 + [PI_r(f)]^2} \qquad (7-74)$$

对于实测响应信号 $r(t)$，其调制信号的低通滤波相当于以可变中心频率 f 的带通滤波器对 $r(t)$ 进行跟踪滤波，其中，跟踪滤波器的通带宽度为 $2f_c$。跟踪滤波器可以采用固定带宽带通滤波器或比例带宽带通滤波器。对于固定带宽跟踪滤波器，通带宽度 $2f_c$ 为固定值，典型地，$2f_c$ 宜小于试验频率下限 f_{min}；对于比例带宽跟踪滤波器，通带宽度 $2f_c$ 为中心频率 f 的恒定百分比，典型地，$2f_c$ 宜小于 f。

在数字式正弦振动控制系统中,实测响应信号 $r(t)$ 的跟踪滤波采用数字跟踪滤波器实现。基于数字跟踪滤波器方法的正弦振动响应信号幅值谱分析过程如图 7-14 所示。在考虑实测响应信号 $r(t)$ 中的谐波和噪声干扰以及零点偏移的情况下,即 $r(t)$ 由式(7-70)表示的情况下,理论上,$r(t)$ 的跟踪滤波将消除信号 $r(t)$ 中的谐波和噪声干扰以及零点偏移,因此,数字跟踪滤波器方法所得到的测量谱 $|P_r(f)|$ 估计结果可以在信噪比较小的情况下获得最高的精度。

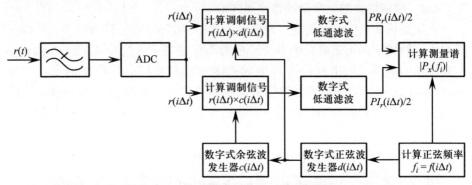

图 7-14　数字跟踪滤波器方法的框图

与均方根方法相似,作为驱动谱 $|P_x(f)|$ 迭代修正的反馈参数,仅需要考虑 $n\Delta T$ 时刻的测量谱 $|P_r(f_n)|$,因此,在控制回路中,从数字式低通滤波响应的时间历程序列 $\{PR_r(i\Delta t)/2\}$ 和 $\{PI_r(i\Delta t)/2\}$ 中,间隔 L 个采样点之后,计算测量谱 $|P_r(f_n)|$。

7.3.5　系统识别

与随机振动控制相似,正弦振动控制的第一步是系统识别,以建立整个系统的输入—输出数学模型。

对于单输入—单输出正弦振动控制,系统识别仅需要考虑传递函数的幅频特性 $|H(f)|$。一般情况下,采用稳态正弦或步进正弦振动信号进行系统传递函数测试。在这种情况下,系统传递函数的幅频特性 $|H(f)|$ 可采用式(7-75)估计:

$$|\hat{H}(f)| = \frac{|P_r(f)|}{|P_x(f)|} \tag{7-75}$$

式中:$|P_x(f)|$ 为驱动信号的幅值谱;$|P_r(f)|$ 为响应信号的幅值谱。

在正弦扫描振动环境试验的情况下,对于系统传递函数测试,通常按照所选择的扫描分辨率 N_f 计算离散频率 f_n,并且在这些离散频率上估计传递函数幅频

特性 $|H(f)|$，从而与试验条件规定的参考 $|P_y(f)|$ 的频域离散化相匹配。在使用步进正弦振动信号进行系统传递函数测试的情况下，正弦扫描振动控制所要求的扫描分辨率 N_f 可能过小，导致系统传递函数测试过长。在这种情况下，可以考虑采用较大的频率间隔测试系统传递函数，然后，通过频率内插方法导出所要求的各个离散频率 f_n 上的幅频特性 $|H(f)|$ 估计值。

一般情况下，基于试验条件规定的参考谱 $|P_y(f)|$ 确定系统传递函数测试所使用的激励信号的幅值谱 $|P_{xo}(f)|$。典型地，假定在试验频率范围内，未知的系统传递函数幅频特性 $|H(f)| = K$，其中，K 为常数，并且根据振动激励系统的特性估计 K 值，其中，假定振动台的运动部件和试验件均为刚体；然后，将参考谱 $|P_y(f)|$ 量级降低大约 20 dB，由式（7-60）计算激励信号的幅值谱 $|P_x(f)|$，这意味着 $|P_x(f)|$ 与参考谱 $|P_y(f)|$ 具有相同的谱型。这种方法通常可以保证在幅值谱为 $|P_x(f)|$ 的正弦振动激励信号作用下，控制点振动响应的幅值谱 $|P_r(f)|$ 不会超过参考谱 $|P_y(f)|$。

当系统存在非线性特性时，系统传递函数幅频特性 $|H(f)|$ 与正弦激励驱动的幅值有关，上述低量级正弦振动激励所得到的幅频特性估计 $|\hat{H}(f)|$ 与试验条件规定的正弦振动量级下的幅频特性 $|H(f)|$ 将存在一定的差异。这意味着，低量级激励的系统传递函数测试所得到的幅频特性估计 $|\hat{H}(f)|$ 未必能够满足正弦振动控制的要求，往往需要在试验条件规定的正弦振动量级下得到传递函数幅频特性估计 $|\hat{H}(f)|$。实际上，对于正弦扫描振动控制，在采用传递函数控制方法的情况下，可以仅在正弦扫描起始频率 f_b 上进行低量级激励的系统传递函数测试，以得到起始频率 f_b 上幅频特性估计 $|\hat{H}(f_b)|$ 的初始值；然后，在正式的正弦扫描振动过程中，得到规定振动量级下的幅频特性估计 $|\hat{H}(f_b)|$，并且使用外推方法依次导出其他频率点上幅频特性估计 $|\hat{H}(f)|$ 的初始值。

7.3.6　实现过程

7.3.6.1　驱动谱控制方法

驱动谱控制方法可以通过下列步骤实现：

（1）在所关心的频率范围内激励试验件，确定驱动与实测响应（控制点）之间传递函数（频率响应函数）幅值的估计值 $|\hat{H}(f)|$。

（2）计算补偿函数 $A(f) = |\hat{H}(f)|^{-1}$。

（3）定义振动控制点的幅值谱（参考谱）$|P_y(f)|$ 和正弦振动频率—时间关系 $f(t)$。

（4）计算离散频率 $f_n = f(n\Delta T)$，$n=0,1,2,\cdots,N_f$。

（5）使用补偿函数 $A(f_n)$ 和参考谱 $|P_y(f_n)|$ 计算初始驱动谱 $|P_{x0}(f_n)|$，$n=0,1,2,\cdots,N_f$。

（6）使用正弦振动频率—时间关系 $f(t)$ 生成单位幅值正弦波时间历程 $d(t)$。

（7）使用初始驱动谱 $|P_{x_0}(f_n)|$（$n=0$）乘以 $d(t)$，生成正弦驱动时间历程 $x(t)$，激励试验件，持续时间为 ΔT，并且同步采集控制点的响应时间历程 $r(t)$。

（8）计算响应时间历程 $r(t)$ 的幅值谱（测量谱）$|P_r(f_n)|$。

（9）由测量谱 $|P_r(f_n)|$ 和参考谱 $|P_y(f_n)|$ 之差计算误差谱 $E(f_n)$：

$$E(f_n) = |P_r(f_n)| - |P_y(f_n)| \tag{7-76}$$

（10）使用补偿函数 $A(f_{n+1})$ 和误差谱 $E(f_n)$ 计算驱动信号的修正谱 $\Delta P_x(f_{n+1})$：

$$\Delta P_x(f_{n+1}) = A(f_{n+1})E(f_n) \tag{7-77}$$

（11）使用修正谱 $\Delta P_x(f_{n+1})$ 修正初始驱动谱 $|P_{x_0}(f_{n+1})|$，导出新的驱动谱 $|P_x(f_{n+1})|$：

$$|P_x(f_{n+1})| = |P_x(f_{n+1})| - \varepsilon\Delta P_x(f_{n+1}) \tag{7-78}$$

式中：ε 为修正加权系数，用以考虑控制过程的收敛稳定性，$\varepsilon>0$。修正加权系数 ε 的选择通常应保证控制过程的过冲不超过 1 dB。

（12）使用新的驱动谱 $|P_x(f_{n+1})|$ 乘以 $d(t)$，生成正弦驱动时间历程 $x(t)$，激励试验件，持续时间为 ΔT，并且同步采集控制点的响应时间历程 $r(t)$。

（13）计算响应时间历程 $r(t)$ 的测量谱 $|P_r(f_{n+1})|$。

（14）由式（7-76）计算新的误差谱 $E(f_{n+1})$，重复步骤（10）至步骤（14），直至完成整个振动持续时间。

采用驱动谱控制方法的单输入—单输出正弦振动控制算法框图如图 7-15 所示。

在上述实现过程中，单位幅值正弦波时间历程 $d(t)$ 的频率可以采用 $f_i = f(i\Delta t)$ 计算，以得到连续正弦扫描振动，其中，Δt 为采样时间间隔。如果 $d(t)$ 的频率选择为离散频率 $f_n = f(n\Delta T)$，其中，ΔT 为频率离散化时间间隔，正弦振动控制过程将由正弦扫描振动控制退化为步进正弦振动控制。

7.3.6.2 驱动谱控制方法的其他形式

在驱动谱控制方法中，驱动谱的修正可以采用不同的修正公式，其导致迭代修正过程的收敛速度和稳定性有所差别。例如，在上节的步骤（9）中，以对数方式定义测量谱和参考谱之间的相对误差谱 $\bar{E}(f)$：

$$\bar{E}(f_n) = \log\frac{|P_r(f_n)|}{|P_y(f_n)|} \tag{7-79}$$

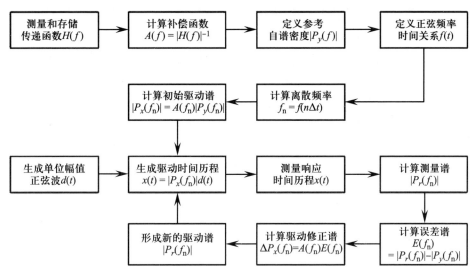

图 7-15 单输入—单输出正弦振动控制算法——驱动谱控制方法

相应地,7.3.6.1 节中的步骤(10)和步骤(11)可以合并为利用式(7-80)、式(7-81)导出新的驱动谱$|P_x(f_{n+1})|$:

$$\log|P_x(f_{n+1})| = \log|P_{x_0}(f_{n+1})| - \alpha\overline{E}(f_n) \qquad (7-80)$$

或

$$|P_x(f_{n+1})| = |P_{x_0}(f_{n+1})|\left[\frac{|P_y(f_n)|}{|P_r(f_n)|}\right]^{\alpha} \qquad (7-81)$$

式中:α 为修正加权系数,用以考虑控制过程的收敛稳定性,$0<\alpha\le1$。修正加权系数 α 的选择通常应保证控制过程的过冲不超过 1 dB。

在上节给出的单输入—单输出正弦振动控制算法实现步骤中,式(7-78)所表示的驱动谱修正过程是采用比例控制律。实际上,为了提高控制过程的驱动谱修正响应速度和精度,还可以采用更为有效的控制策略。当采用 PID 控制律时,驱动谱的修正公式(7-78)可改写为

$$|P_x(f_{n+1})| = |P_{x_0}(f_{n+1})| + K_P\left[|\Delta P_x(f_{n+1})| - |\Delta P_x(f_n)|\right] + K_I|\Delta P_x(f_{n+1})|$$
$$+ K_D\left[|\Delta P_x(f_{n+1})| - 2|\Delta P_x(f_n)| + |\Delta P_x(f_{n-1})|\right]$$
$$(7-82)$$

式中:K_P、K_I 和 K_D 分别为比例、积分和微分增益系数。

7.3.6.3 传递函数控制方法

传递函数控制方法可以通过下列步骤实现:

(1)在所关心的频率范围内激励试验件,确定驱动与实测响应(控制点)之

间传递函数(频率响应函数)幅值的初始估计值 $|\hat{H}_0(f)|$。

(2)计算初始补偿函数 $A_0(f) = |\hat{H}_0(f)|^{-1}$。

(3)定义振动控制点的幅值谱(参考谱) $|P_y(f)|$ 和正弦振动频率—时间关系 $f(t)$。

(4)计算离散频率 $f_n = f(n\Delta T)$。

(5)使用初始补偿函数 $A_0(f_n)$ 和参考谱 $|P_y(f_n)|$ 计算初始驱动谱 $|P_x(f_n)|$，$n=0$。

(6)使用正弦振动频率—时间关系 $f(t)$ 生成单位幅值正弦波时间历程 $d(t)$。

(7)使用驱动谱 $|P_x(f_n)|$ 乘以 $d(t)$，生成正弦驱动时间历程 $x(t)$，激励试验件，持续时间为 ΔT，并且同步采集控制点的响应时间历程 $r(t)$。

(8)计算响应时间历程 $r(t)$ 的幅值谱(测量谱) $|P_r(f_n)|$。

(9)由测量谱 $|P_r(f_n)|$ 和参考谱 $|P_y(f_n)|$ 之差计算相对误差谱 $\bar{E}(f_n)$：

$$\bar{E}(f_n) = \frac{|P_r(f_n)| - |P_y(f_n)|}{|P_y(f_n)|} \qquad (7-83)$$

(10)使用驱动谱 $|P_x(f_n)|$ 和测量谱 $|P_r(f_n)|$ 计算补偿函数估计值 $\Delta A(f_n)$：

$$\Delta A(f_n) = \frac{|P_x(f_n)|}{|P_r(f_n)|} \qquad (7-84)$$

(11)使用补偿函数估计值 $\Delta A(f_n)$ 与初始补偿函数 $A_0(f_{n+1})$ 加权求和，导出新的补偿函数 $A(f_{n+1})$：

$$A(f_{n+1}) = \frac{\beta}{\beta+1}A_0(f_{n+1}) + \frac{1}{\beta+1}\Delta A(f_n) \qquad (7-85)$$

式中：β 为修正加权系数(也称为压缩系数)，用以考虑控制过程的收敛稳定性，$\beta \geq 0$。修正加权系数 β 的选择通常应保证控制过程的过冲不超过 1 dB。

(12)使用补偿函数 $A(f_{n+1})$ 和参考谱 $|P_y(f_{n+1})|$ 计算驱动谱 $|P_x(f_{n+1})|$。

(13)使用新的驱动谱 $|P_x(f_{n+1})|$ 乘以 $d(t)$，生成正弦驱动时间历程 $x(t)$，激励试验件，持续时间为 ΔT，并且同步采集控制点的响应时间历程 $r(t)$。

(14)计算响应时间历程 $r(t)$ 的测量谱 $|P_r(f_{n+1})|$。

(15)由式(7-83)计算新的误差谱 $\bar{E}(f_{n+1})$，重复步骤(10)至步骤(15)，直至完成整个振动持续时间。

采用传递函数控制方法的单输入—单输出正弦振动控制算法框图如图 7-16 所示。

实际上，离散频率 f_{n+1} 所对应的初始补偿函数 $A_0(f_{n+1})$ 可以用在离散频率 f_n 上使用的补偿函数 $A(f_n)$ 近似替代。这样，在步骤(1)中，仅需要在正弦振动的

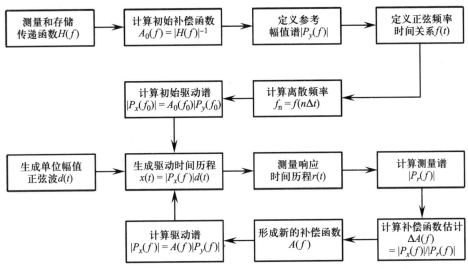

图 7-16　单输入—单输出正弦振动控制算法——传递函数控制方法

起始频率 f_0 上测试传递函数幅值的初始估计值 $|\hat{H}_0(f_0)|$。如果在离散频率 f_n 和 f_{n+1} 上，系统传递函数幅值 $|H(f)|$ 的变化量不超过规定的振动响应控制容差，这种初始补偿函数 $A_0 f_{n+1}$ 的处理方法是有效的。更为可取的处理方法是采用下式计算频率 f_{n+1} 所对应的初始补偿函数 $A_0(f_{n+1})$：

$$\frac{\log A_0(f_{n+1}) - \log A(f_{n-1})}{\log f_{n+1} - \log f_{n-1}} = \frac{\log A(f_n) - \log A(f_{n-1})}{\log f_n - \log f_{n-1}} \tag{7-86}$$

式中：$A(f_n)$ 和 $A(f_{n-1})$ 分别为在离散频率 f_n 和 f_{n-1} 上使用的补偿函数。

7.3.7　试验控制精度

对于单输入—单输出正弦振动试验，试验的控制误差由振动控制点上实测的正弦振动响应幅值谱 $|P_r(f)|$ 与规定的正弦振动响应幅值谱 $|P_y(f)|$ 之差定义。

一般情况下，振动试验条件所规定的容差通常采用相对偏差表示，即试验容许的控制误差相对于规定的控制信号幅值的百分比或分贝数。对于正弦振动，其相对控制误差 $\bar{E}(f)$ 定义为

$$\bar{E}(f) = \frac{|P_r(f)| - |P_y(f)|}{|P_y(f)|} \times 100\% \tag{7-87}$$

在许多情况下，相对控制误差 $\bar{E}(f)$ 采用分贝表示，即

$$\bar{E}(f) = 20\log \frac{|P_r(f)|}{|P_y(f)|} \quad \text{dB} \tag{7-88}$$

当相对控制误差 $\bar{E}(f)$ 采用百分比形式表示时,试验容差规定为 ±10%。当采用分贝形式表示时,试验容差规定为 ±1 dB。

7.3.8 正弦驻留振动控制

正弦驻留(Sine Dwell)振动环境试验实际上是正弦扫描振动环境试验与稳态正弦振动环境试验的组合,其在正弦扫描振动过程中搜索试验件的共振频率,当扫描频率达到共振频率时,保持试验件处于共振状态,达到规定的驻留时间后,继续进行频率扫描,直至整个正弦扫描振动过程完成。正弦驻留振动环境试验主要用于试验件的振动疲劳考核,目的是解决正弦扫描振动过程中由于在试验件的共振频率上停留时间较短所导致的结构振动响应产生的累积损伤不足的问题。

正弦驻留振动控制主要分为两类模式:一类是在正弦扫描过程中按照设定的准则搜索到试验件的共振频率后,在振动驻留过程中始终保持振动激励频率不变(即保持稳态正弦振动状态);另一类是在正弦扫描过程中按照设定的准则搜索到试验件的共振频率后,进入振动驻留状态,但在振动驻留过程中始终检测试验件的共振频率变化,并且调整振动激励频率使其实时跟踪共振频率。由于在振动试验过程中,试验件的非线性、结构损伤等影响可能导致其共振频率产生少量的改变,使得振动激励频率不变条件下的试验件稳态正弦振动响应偏离共振响应状态,因此,后一种控制模式才能达到真正的共振驻留。

对于正弦驻留振动控制,关键的问题是如何判断试验件达到共振状态。共振状态一般基于试验件振动响应与振动激励之间的传递函数(或试验件上两个不同测量点的振动响应之间的传递函数)确定,主要的判断准则如下:

(1)幅值共振准则,即根据传递函数的幅值—频率曲线上的峰值识别共振频率(实际上,利用传递函数的虚部—频率曲线上的峰值更容易识别共振频率)。幅值共振准则通常需要在进入正弦驻留振动之前获得整个试验频带内的传递函数,从中识别出共振频率;在正弦驻留振动过程中,保持驻留频率不变。

(2)相位共振准则,即根据传递函数的相位—频率曲线上接近90°的相位角(相位共振条件)确定共振频率。相位共振准则可以通过在振动扫描过程中实时检测试验件是否进入共振状态(大多数情况下,只要传递函数的相位在70°～100°的范围内,即可认为试验件进入共振状态),同样,也可以在振动驻留过程中通过相位的变化实时跟踪共振频率的变化。

在正弦驻留振动控制采用相位跟踪的情况下,需要实时计算实测正弦振动

响应信号 $r(t)$ 的相位。一般情况下，采用数字跟踪滤波器方法进行 $r(t)$ 的幅值和相位分析。基于 $r(t)$ 的同相分量谱 $PR_r(f)$ 和正交分量谱 $PI_r(f)$，可以计算其相位谱：

$$\theta_r(f) = \tan^{-1}\left[\frac{PI_r(f)}{PR_r(f)}\right] \tag{7-89}$$

7.3.9　多输入—单输出正弦振动控制

与随机振动控制相似，多输入—单输出正弦振动控制方法是单输入—单输出正弦振动控制方法的扩展，其将多个试验控制点的正弦振动响应幅值谱按照某种准则合成为一个虚拟控制点的正弦振动响应幅值谱，从而将多输入—单输出正弦振动控制问题转换成单输入—单输出正弦振动控制问题。

多输入—单输出正弦振动控制主要包括 4 种控制策略：多点算术平均、均方根平均、最大或最小正弦振动控制。这些控制方法实际上是将各个控制点的正弦振动响应幅值谱合成为一个虚拟的正弦振动响应幅值谱 $|\tilde{P}_r(f)|$。假定各个控制点的振动加速度传感器响应信号的幅值谱分别为 $|P_{r,i}(f)|$，$i=1,2,\cdots,N$，对于多点算术平均、均方根平均、最大或最小随机振动控制，合成的正弦振动响应幅值谱 $|\tilde{P}_r(f)|$ 分别由下式计算：

$$|\tilde{P}_{rr}(f)|_{\mathrm{ave}} = \frac{1}{N}\sum_{i=1}^{N}|P_{r,i}(f)| \tag{7-90}$$

$$|\tilde{P}_{rr}(f)|_{\mathrm{rms}} = \sqrt{\frac{1}{N}\sum_{i=1}^{N}|P_{r,i}(f)|^2} \tag{7-91}$$

$$|\tilde{P}_r(f)|_{\mathrm{max}} = \max\{|P_{r,1}(f)|,|P_{r,2}(f)|,\cdots,|P_{r,N}(f)|\} \tag{7-92}$$

$$|\tilde{P}_r(f)|_{\mathrm{min}} = \min\{|P_{r,1}(f)|;|P_{r,2}(f)|,\cdots,|P_{r,N}(f)|\} \tag{7-93}$$

假定驱动与各个控制点之间的系统传递函数幅值为 $|H_i(f)|$，$i=1,2,\cdots,N$，对于多点算术平均、均方根平均、最大或最小随机振动控制，驱动与虚拟响应（各个控制点随机振动响应自谱密度的合成结果）之间的系统传递函数幅值 $|\tilde{H}(f)|$ 分别为

$$|\tilde{H}(f)|_{\mathrm{ave}} = \frac{1}{N}\sum_{i=1}^{N}|H_i(f)| \tag{7-94}$$

$$|\tilde{H}(f)|_{\mathrm{rms}} = \sqrt{\frac{1}{N}\sum_{i=1}^{N}|H_i(f)|^2} \tag{7-95}$$

$$|\tilde{H}(f)|_{\mathrm{max}} = \max\{|H_1(f)|,|H_2(f)|,\cdots,|H_N(f)|\} \tag{7-96}$$

$$|\tilde{H}(f)|_{min} = min\{|H_1(f)|, |H_2(f)|, \cdots, |H_N(f)|\} \quad (7-97)$$

在实际应用中,系统传递函数特性$|\tilde{H}(f)|$通常利用虚拟正弦振动响应幅值谱$|\tilde{P}_r(f)|$与驱动信号的幅值谱$|P_x(f)|$之比确定。以$|\tilde{H}(f)|$的估计值替代单输入—单输出正弦振动控制方法中的$|\hat{H}(f)|$进行驱动信号迭代修正,可以将单输入—单输出正弦振动控制方法扩展成多输入—单输出正弦振动控制方法。

在多输入—单输出正弦振动控制中,试验容差将采用虚拟正弦振动响应幅值谱$|\tilde{P}_r(f)|$定义。这意味着,在各个控制点上,实测响应的幅值谱将超过试验条件规定的试验容差范围。

7.3.10 限制通道正弦振动控制

与随机振动控制相似,限制通道正弦振动控制实质上是对控制点上规定的正弦振动响应幅值谱的某些频段的幅值自动进行下凹处理,以避免监测点的正弦振动响应幅值谱超过试验限制条件的规定值。

对于限制通道正弦振动控制(正弦振动带谷控制),假定试验控制过程包括一个振动控制点和一个振动监测点,其分别设置为规范幅值谱和限制幅值谱;驱动与振动控制点响应之间的系统传递函数幅值为$|H_1(f)|$,驱动与振动监测点响应之间的系统传递函数幅值为$|H_2(f)|$。在系统识别中,同时得到$|H_1(f)|$和$|H_2(f)|$的估计值。在正常控制过程中,以$|H_1(f)|$的估计值替代单输入—单输出正弦振动控制方法中的$|\hat{H}(f)|$进行驱动信号迭代修正;如果在某一频率上,振动监测点的响应幅值谱超过限制幅值谱,则切换为限制控制过程,以$|H_2(f)|$的估计值替代单输入—单输出正弦振动控制方法中的$|\hat{H}(f)|$,并且以监测点的响应幅值谱替代控制点的响应幅值谱、以限制幅值谱替代规范幅值谱,进行驱动信号迭代修正。

如果试验控制过程包括多个振动控制点,以各个控制点合成的虚拟控制点的$|\tilde{H}(f)|$替代$|H_1(f)|$。如果试验控制过程包括多个振动监测点,限制控制过程切换到其中响应幅值谱超过限制幅值谱的振动监测点;如果同时存在多个振动监测点的响应幅值谱超过限制幅值谱的情况,限制控制过程切换到其中响应幅值谱与限制幅值谱的比值最大的振动监测点。如果多个振动监测点采用相同的限制幅值谱,可以将各个监测点的正弦振动响应幅值谱的最大值包络作为限制反馈信号。

7.4 时域波形复现振动控制方法

7.4.1 引言

对于时域波形复现(TWR)振动控制,基本要求是在振动台的台面或试验件的控制点上产生振动试验条件所规定的振动响应时间历程。

时域波形复现振动控制的振动试验条件主要分为两类:

(1)短持续时间振动响应时间历程(短时间历程);

(2)长持续时间振动响应时间历程(长时间历程)。

实际上,长、短时间历程之间的划分并没有严格的界限。在振动控制中,划分的准则是其是否能够被FFT变换中一帧数据的长度所覆盖,而FFT变换的数据长度主要取决于振动控制系统的计算内存和运算速度要求。

短时间历程波形复现振动控制主要用于瞬态振动环境模拟。实际上,冲击环境试验(包括经典脉冲冲击试验和冲击响应谱试验)也采用短时间历程波形复现振动控制方法,只是其在作为试验条件的时间历程波形生成上需要采取一些特殊的处理措施。

长时间历程波形复现振动控制主要用于非平稳振动时间历程的模拟,例如,车辆的道路模拟试验,典型的试验要求是在实验室内复现通过外场试验测量的车辆振动响应时间历程,这样的时间历程可能是实测的振动响应记录,也可能是测试数据经过处理后的合成结果。

7.4.2 时域波形复现振动控制原理

对于单输入—单输出时域波形复现振动控制过程,其驱动信号的时间历程 $x(t)$ 与响应信号的时间历程 $y(t)$ 之间满足下列卷积关系:

$$y(t) = \int_{-\infty}^{\infty} x(\tau)h(t-\tau)\mathrm{d}\tau = h(t)x(t) \tag{7-98}$$

式中: $h(t)$ 为系统的脉冲响应函数。

利用傅里叶变换,可将式(7-98)变换成频域形式:

$$Y(f) = H(f)X(f) \tag{7-99}$$

式中: $X(f)$ 和 $Y(f)$ 分别为有限长度时间历程 $x(t)$ 与 $y(t)$ 的傅里叶谱; $H(f)$ 为系统的传递函数(频率响应函数)。

如果在试验激励之前通过测量得到系统传递函数 $H(f)$,利用式(7-99),通过对传递函数求逆,可以从所规定的响应信号的傅里叶谱 $Y(f)$ 获得驱动信号的

傅里叶谱 $X(f)$，并且进一步通过傅里叶逆变换得到驱动信号的时间历程 $x(t)$。当然，也可将传递函数 $H(f)$ 变换成系统的脉冲响应函数 $h(t)$，然后利用式(7-98)的反卷积计算，直接从所规定的响应信号时间历程 $y(t)$ 得到驱动信号的时间历程 $x(t)$。然而，对于数字式振动控制系统，快速傅里叶变换(FFT)比反卷积计算具有更高的效率，因此，一般不使用后一种方式。

由于实测传递函数估计误差，实际系统中的非线性、时变性等因素的影响，实测振动响应时间历程 $r(t)$ 与参考时间历程 $y(t)$ 之间总是存在一定的偏差。这个偏差可采用驱动信号的迭代修正过程减小，一般通过驱动谱控制方法，或传递函数控制方法来实现。其中，传递函数控制方法的数据处理计算量明显地大于驱动谱控制方法。

7.4.3 系统识别

在单输入—单输出时域波形复现振动环境试验中，系统传递函数测试可以使用宽带随机振动信号作为激励信号，也可以使用步进正弦或正弦扫描振动信号。

在采用宽带随机振动信号进行系统传递函数测试时，系统传递函数通常采用 H_1 估计。为了避免有限带宽白噪声信号的缺陷，在工程应用中，激励信号的自谱密度通常选择为：在低频段以 6 dB/oct 的斜率上升，在中高频段为常数。相关处理方法可参阅 7.2 节的内容。

在采用步进正弦或扫描正弦振动信号进行系统传递函数测试的情况下，当试验频率下限较低时，为了避免振动响应信号在中高频段的信噪比过低，等幅值正弦激励信号可能导致试验件在低频段经受过大的振动激励速度和位移。在工程应用中，通常按照振动响应信号幅值在低频段近似等位移、在中高频段近似等加速度的方式确定正弦激励信号的幅值谱。而对于实测响应信号，通常采用数字跟踪滤波器方法计算其幅值和相位。相关处理方法可参阅 7.3 节内容。

7.4.4 实现过程

7.4.4.1 驱动谱控制方法

驱动谱控制方法可以由下列步骤实现：

(1)在所关心的频率范围内激励试验件，确定驱动与实测响应(控制点)之间的传递函数(频率响应函数)估计值 $\hat{H}(f)$。

(2)计算补偿函数 $A(f) = \hat{H}^{-1}(f)$。

(3)定义振动控制点的响应时间历程(参考时间历程) $y(t)$，并且使用 FFT 将 $y(t)$ 变换成傅里叶谱(参考谱) $Y(f)$。

（4）使用补偿函数 $A(f)$ 和参考谱 $Y(f)$ 计算初始驱动谱 $X_0(f)$，并且使用逆 FFT 变换成初始驱动时间历程 $x_0(t)$。

（5）使用初始驱动时间历程 $x_0(t)$ 激励试验件，并且同步采集控制点的响应时间历程 $r_k(t)$，$k=0$。

（6）使用 FFT 将实测响应时间历程 $r_k(t)$ 变换成傅里叶谱（测量谱）$R_k(f)$。

（7）由测量谱 $R_k(f)$ 和参考谱 $Y(f)$ 之差计算误差谱 $E_k(f)$：

$$E_k(f) = R_k(f) - Y(f) \tag{7-100}$$

（8）使用补偿函数 $A(f)$ 和误差谱 $E_k(f)$ 计算驱动信号的修正谱 $\Delta X_k(f)$：

$$\Delta X_k(f) = A(f)E_k(f) \tag{7-101}$$

（9）使用修正谱 $\Delta X_k(f)$ 修正当前的驱动谱 $X_k(f)$，导出新的驱动谱 $X_{k+1}(f)$：

$$X_{k+1}(f) = X_k(f) - \varepsilon \Delta X_k(f) \tag{7-102}$$

式中：ε 为修正加权系数，用以考虑控制过程的收敛稳定性，$\varepsilon>0$。修正加权系数 ε 的选择通常应保证控制过程的过冲不超过 1 dB。

（10）使用逆 FFT 将驱动谱 $X_{k+1}(f)$ 变换成驱动时间历程 $x_{k+1}(t)$。

（11）使用驱动时间历程 $x_k(t)$ 激励试验件，并且同步采集控制点的响应时间历程 $r_{k+1}(t)$。

（12）使用 FFT 将实测响应时间历程 $r_{k+1}(t)$ 变换成测量谱 $R_{k+1}(f)$。

（13）由式（7-100）计算新的误差谱 $E_{k+1}(f)$，重复步骤（8）至步骤（13），直至达到规定的振动试验持续时间（或时域波形重复次数）。

采用驱动谱控制方法的单输入—单输出时域波形复现振动控制算法框图如图 7-17 所示。

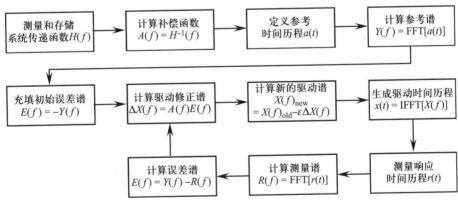

图 7-17　单输入—单输出时域波形复现振动控制算法——驱动谱控制方法

在工程应用中，为了避免试验过程的振动响应超过试验条件规定的量级

(包括控制容差),时域波形复现振动控制通常采用逐步增大试验量级的迭代控制策略。在振动控制系统中,控制算法生成的驱动时间历程 $x(t)$ 通过一个增益为 $1/K$ 的程控输出衰减器之后驱动振动台系统,而控制点的响应时间历程 $x(t)$ 通过一个增益为 K 的程控输入放大器之后进行数据采集。在试验控制过程中,通过逐步降低 K 值(即增加 $1/K$ 值)实现试验量级的逐步增大。这一处理方式保证了时域波形复现振动控制算法不受试验量级变化的影响。

在上述驱动谱控制方法的流程中,将整个试验控制规定的响应时间历程 $y(t)$ 作为 FFT 的一帧数据处理,通常用于一些重复性的短时间历程波形复现振动试验,如瞬态振动激励控制。在使用振动台实现的经典冲击试验和冲击响应谱试验中,也采用这种控制技术;其中,规定的冲击响应谱在激励之前通过小波综合方法变换成瞬态加速度时间历程。

7.4.4.2 传递函数控制方法

传递函数控制方法可以由下列步骤实现:

(1)在所关心的频率范围内激励试验件,确定驱动与实测响应(控制点)之间的传递函数(频率响应函数)初始估计值 $\hat{H}_0(f)$。

(2)定义振动控制点的响应时间历程(参考时间历程)$y(t)$,并且将 $y(t)$ 划分成等时间长度的 L 段 $y_l(t)$,$l=1,2,\cdots,L$,各个参考时间历程段之间有相同的重叠区域(典型为 50%)。

(3)使用 FFT 将各个参考时间历程段 $y_l(t)$ 分别变换成傅里叶谱(参考谱)$Y_l(f)$,$l=1,2,\cdots,L$。

(4)计算初始补偿函数 $A_k(f) = \hat{H}_k^{-1}(f)$,$k=0$。

(5)使用补偿函数 $A_k(f)$ 和参考谱 $Y_l(f)$ 计算驱动谱 $X_l(f)$,并且由逆 FFT 变换成相应的时间历程 $x_l(t)$。

(6)将各个时间历程 $x_l(t)$ 分别乘以时间窗函数(典型为半正弦窗)之后,进行重叠和求和处理,生成平滑过渡的连续驱动时间历程 $x(t)$。

(7)使用驱动时间历程 $x(t)$ 激励试验件,并且同步采集控制点的响应时间历程 $r(t)$。

(8)计算实测响应时间历程 $r(t)$ 与参考时间历程 $y(t)$ 之间的误差。

(9)使用驱动时间历程 $x(t)$ 和响应时间历程 $r(t)$ 计算传递函数估计值 $\Delta H_k(f)$:

$$\Delta H_k(f) = \frac{G_{xr}(f)}{G_{xx}(f)} \qquad (7-103)$$

式中:$G_{xx}(f)$ 为驱动时间历程 $x(t)$ 的自谱密度;$G_{xr}(f)$ 为驱动时间历程 $x(t)$ 与响

应时间历程 $r(t)$ 的互谱密度。

（10）通过传递函数估计值 $\Delta H_k(f)$ 与当前的传递函数 $\hat{H}_k(f)$ 加权求和，导出新的传递函数 $\hat{H}_{k+1}(f)$：

$$\hat{H}_{k+1}(f) = \frac{\alpha}{\alpha+1}\hat{H}_k(f) + \frac{1}{\alpha+1}\Delta H_k(f) \qquad (7-104)$$

式中：α 为修正加权系数，用以考虑控制过程的收敛稳定性，$\alpha \geq 0$。修正加权系数 α 的选择通常应保证控制过程的过冲不超过 1 dB。

（11）以新的传递函数 $\hat{H}_{k+1}(f)$ 计算补偿函数 $A_{k+1}(f)$。

重复步骤（5）至步骤（11），直至达到规定的振动试验持续时间。

如果在上述控制过程中不再利用式（7-103）继续修改传递函数（例如实测响应时间历程 $r(t)$ 与参考时间历程 $y(t)$ 之间的误差已经满足控制容差要求），传递函数控制方法将退化为开环控制。

采用传递函数控制方法的单输入—单输出时域波形复现振动控制算法框图如图 7-18 所示。

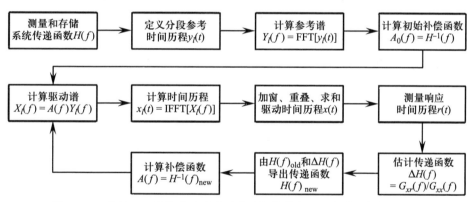

图 7-18　单输入—单输出时域波形复现控制算法——传递函数控制方法

在上述步骤中，作为传递函数估计值 $\Delta H_k(f)$ 的替代，可以利用驱动时间历程 $x(t)$ 和响应时间历程 $r(t)$ 计算补偿函数估计值 $\Delta A_k(f)$：

$$\Delta A_k(f) = \frac{G_{xx}(f)}{G_{xr}(f)} \qquad (7-105)$$

并且将式（7-104）的修正过程由下式替代：

$$A_{k+1}(f) = \frac{\beta}{\beta+1}A_k(f) + \frac{1}{\beta+1}\Delta A_k(f) \qquad (7-106)$$

式中：β 为修正加权系数，用以考虑控制过程的收敛稳定性，$\beta \geq 0$。

这一替代将减少迭代修正过程的计算量。在控制过程中,传递函数控制方法可以在每个驱动时间历程数据块中修正补偿函数 $A_k(f)$,并且用于生成下一个驱动时间历程数据块,因此,更适合用于长时间历程波形复现振动试验。

7.4.5 试验控制精度

7.4.5.1 概述

对于单输入—单输出时域波形复现振动试验,理论上,试验控制误差(通常称为复现误差)可以由实测的振动响应时间历程 $r(t)$ 与规定的响应时间历程(参考时间历程)$y(t)$ 之差表示,即时域复现误差 $e(t)$ 可以定义为

$$e(t) = r(t) - y(t) \qquad (7-107)$$

对于式(7-107)所定义的时域复现误差 $e(t)$,通常假定实测响应时间历程 $r(t)$ 与参考时间历程 $y(t)$ 具有完全相同的频率范围,并且在时间上完全相关。在时域波形复现振动控制软件中,参考时间历程 $y(t)$ 以数字时间序列形式给出,实测响应时间历程 $r(t)$ 通过抗混滤波和 A/D 变换转换成数字时间序列形式。如果实测响应时间历程 $r(t)$ 的数字化选择与 $y(t)$ 相同的采样时间间隔,并且保持两者之间同步采样,可以保证 $r(t)$ 与 $y(t)$ 在时间上完全相关。实际上,$r(t)$ 与 $y(t)$ 的同步采样是通过驱动信号 $x(t)$ 的 D/A 变换与实测响应信号 $r(t)$ 的 A/D 变换之间的同步采样实现的,$r(t)$ 与 $y(t)$ 在时间上的相关性受驱动时间信号 $x(t)$ 的时间序列与实测响应信号 $r(t)$ 的时间序列之间的传递函数 $H(f)$ 支配。

假定时间历程 $y(t)$ 和 $r(t)$ 的采样率为 f_s,相应的 Nyquist 频率 $f_N = f_s/2$,理论上,时域波形复现振动控制的频率范围为 $0 \sim f_N$,即控制过程中传递函数 $H(f)$、参考谱 $Y(f)$、驱动谱 $X(f)$ 和响应谱 $R(f)$ 的频率范围应选择为 $0 \sim f_N$,原因是参考时间历程 $y(t)$ 的数字时间序列的理论频率上限为 f_N。在工程应用中,为了避免实测响应信号 $r(t)$ 在采样过程中产生混叠,需要通过低通滤波器进行抗混滤波,使得可用的试验频率上限 f_h 明显低于 Nyquist 频率 f_N。因此,实际的时域波形复现振动控制过程往往将控制频率上限选择为规定的试验频率上限 f_h,其中,将参考时间历程 $y(t)$ 的频带限制在试验频率上限 f_h 以下,即在高于 f_h 的频率上,参考谱 $Y(f)$ 的幅值为零;相应地,理想情况下,在高于 f_h 的频率上,响应谱 $R(f)$ 的幅值为零。然而,由于振动试验系统非线性以及背景噪声的影响,即使采取低通滤波措施,实测响应时间历程 $r(t)$ 中仍将出现高于 f_h 的频率分量,尽管这些频率分量并不影响试验结果,但将反映在时域复现误差 $e(t)$ 中。

应指出的是,在基于外场实测数据定义参考时间历程 $y(t)$ 的情况下,$y(t)$ 往往存在高于试验频率上限 f_h 的频率分量,原因是低通滤波不能完全消除时间历程信号中高于 f_h 的频率分量。如果将时域波形复现振动控制的频率上限选

择为 f_h，参考时间历程 $y(t)$ 中高于 f_h 的频率分量将不会出现在实测响应时间历程 $r(t)$ 中，但将反映在时域复现误差 $\varepsilon(t)$ 中。

即使实测响应时间历程 $r(t)$ 与参考时间历程 $y(t)$ 采用完全相同的带通滤波，时域波形复现振动控制方法并不能保证两者在控制频带以外的频率分量一致，这意味着实测响应时间历程 $r(t)$ 与参考时间历程 $y(t)$ 的频率范围实际上并非完全相同，控制频带以外的频率分量将影响时域复现误差 $e(t)$。此外，产生响应时间历程 $r(t)$ 的驱动时间历程 $x(t)$ 实际上是参考时间历程 $y(t)$ 通过线性卷积在时间上进行平均的结果，时域复现误差 $e(t)$ 将受到参考时间历程 $y(t)$ 波形和振动试验系统非线性的影响。经验表明，时域复现误差 $e(t)$ 通常是非高斯分布的，某些时间点上的误差值可能显著地超过其他时间点，因此，作为试验控制容差规范，时域复现误差 $e(t)$ 往往不容易量化。在工程应用中，通常不推荐直接使用时域复现误差 $e(t)$ 判定试验控制精度是否满足要求。

作为替代，在时域波形复现振动控制方法中，通常采用时域复现误差 $e(t)$ 的均方根值 e_{rms} 判定试验控制精度，以降低 $e(t)$ 的少数时间点上过大的复现误差值的影响。实际上，在时域波形复现振动环境试验中，参考时间历程 $y(t)$ 通常具有一定程度的随机性，实测响应时间历程 $r(t)$ 在少数时间点上的显著偏离不会对试验结果产生明显的影响。

不同的参考时间历程 $y(t)$ 可能呈现差异很大的振动特征（如瞬态、平稳、非平稳等），基于时域特性的均方根误差 e_{rms} 往往难以全面反映时域波形复现振动控制误差对不同类型振动环境的影响。在工程应用中，对于相同类型的振动环境，有可能采用不同的方式规定振动环境试验条件，例如，瞬态振动环境试验条件可能采用实测的瞬态振动加速度时间历程定义，也可能采用冲击响应谱定义，这意味着，瞬态振动环境试验可以采用不同的试验方法实现。出于试验结果的可比性考虑，对于目的相似的振动环境试验，不同的试验方法应具有一致的试验容差；例如，对于分别采用时域波形复现振动试验方法和冲击响应谱试验方法实现的瞬态振动环境试验，试验容差要求应一致。然而，在时域波形复现振动控制中，如果仅以时域的均方根误差 e_{rms} 规定试验容差，通常难以满足这一要求。因此，对于时域波形复现振动环境试验，试验容差除了考虑时域的均方根误差 e_{rms} 以外，还应考虑与参考时间历程 $y(t)$ 的振动特征相适应的其他频域或时域误差。

在时域波形复现振动环境试验中，基于试验条件规定的参考时间历程 $y(t)$ 的基本振动特征，将其划分为下列振动类型：

（1）平稳随机振动；

（2）非平稳随机振动；

(3)瞬态振动/冲击。

对于不同的振动类型,时域波形复现振动环境试验应考虑与试验类型相关的其他振动环境试验方法的试验容差。

7.4.5.2 时域控制精度

在时域波形复现振动控制中,时域的均方根误差 e_{rms} 是基本的试验控制误差;在控制算法中,通常以均方根误差 e_{rms} 判断试验控制过程是否超差。在考虑参考时间历程 $y(t)$ 非平稳特性的情况下,采用时变均方根误差时间历程 $e_{\mathrm{rms}}(t)$ 往往更为合理。时变均方根误差时间历程 $e_{\mathrm{rms}}(t)$ 可以采用短时滑动平均方法计算:

$$e_{\mathrm{rms}}(t) = \left[\frac{1}{T} \int_{t-T/2}^{t+T/2} e^2(\tau)\,\mathrm{d}\tau \right]^{1/2} \tag{7-108}$$

式中:T 为时域复现误差 $e(t)$ 的线性平均时间。

振动试验条件所规定的试验容差通常采用相对偏差表示,即试验容差通常以试验容许的最大控制误差相对于规定的控制参考信号幅值的百分比或分贝数定义。在时域波形复现振动控制中,对于规定的参考时间历程 $y(t)$,相对控制误差 $\varepsilon(t)$ 可定义为

$$\varepsilon(t) = \frac{e_{\mathrm{rms}}(t)}{y_{\mathrm{rms}}(t)} \times 100\% \tag{7-109}$$

式中:$y_{\mathrm{rms}}(t)$ 为参考时间历程 $y(t)$ 的时变均方根时间历程,通常采用短时滑动平均方法计算。

$$y_{\mathrm{rms}}(t) = \left[\frac{1}{T} \int_{t-T/2}^{t+T/2} y^2(\tau)\,\mathrm{d}\tau \right]^{1/2} \tag{7-110}$$

在单输入—单输出时域波形复现振动试验中,可以使用相对控制误差 $\varepsilon(t)$ 不超过振动试验条件所规定的试验容差判定试验控制结果满足要求,其中,试验容差典型地选择为 $\pm 10\%$。

在实际应用中,由式(7-109)所定义的相对控制误差 $\varepsilon(t)$ 可能存在下列问题:在参考时间历程 $y(t)$ 量级较小(即 $y_{\mathrm{rms}}(t)$ 较小)的时间段,尽管控制结果的均方根误差 $e_{\mathrm{rms}}(t)$ 较小,相对控制误差 $\varepsilon(t)$ 可能较大;在以 $\varepsilon(t)$ 作为试验容差判据的情况下,往往判定试验控制过程超差。然而,分析和试验表明,在 $y(t)$ 量级较小的情况下,较大的相对控制误差 $\varepsilon(t)$ 值通常不会对试验结果产生明显的影响。

作为替代,可以定义另一种形式的相对控制误差 $\varepsilon_{\max}(t)$:

$$\varepsilon_{\max}(t) = \frac{\varepsilon_{\mathrm{rms}}(t)}{y_{\mathrm{rms,max}}} \times 100\% \tag{7-111}$$

式中:$y_{rms,max}$为参考时间历程$y(t)$的最大时变均方根值,即时变均方根时间历程$y_{rms}(t)$的最大值。

　　如果以$\varepsilon_{max}(t)$替代$\varepsilon(t)$作为试验容差的判据,将意味着,在每一个时刻t,均方根误差$e_{rms}(t)$的控制容差限是相同的,并且是最宽松的控制容差限。在某些情况下,选择$\varepsilon_{max}(t)$作为试验容差判据可能导致试验控制精度不足。

　　时变均方根误差$e_{rms}(t)$的值与线性平均时间T有关。图 7 – 19 给出了同一时域复现误差时间历程$e(t)$分别按照$T=0.05$ s 和$T=0.20$ s 计算的时变均方根误差时间历程$e_{rms}(t)$的示例。随着线性平均时间T增加,时变均方根误差$e_{rms}(t)$的峰值将降低。因此,对于时域波形复现振动控制,应规定时变均方根误差时间历程$e_{rms}(t)$计算所使用的线性平均时间T。应指出的是,如果$e_{rms}(t)$计算和$y_{rms}(t)$计算使用相同的线性平均时间T,不同的T值对相对控制误差$\varepsilon(t)$的计算结果影响相对较小。

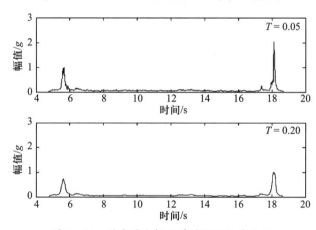

图 7 – 19　时变均方根误差时间历程的示例

　　在工程应用中,如果实测响应时间历程$r(t)$与参考时间历程$y(t)$之间存在时延,尽管$r(t)$实际上已经符合试验要求,均方根误差$e_{rms}(t)$往往超过规定的试验容差。为了检查是否存在这种情况,通常计算$r(t)$与$y(t)$的互相关函数$R_{ry}(\tau)$:

$$R_{ry}(\tau) = \frac{1}{T-\tau}\int_0^{T-\tau} r(t)y(t-\tau)\,\mathrm{d}\tau \qquad (7-112)$$

式中:T为互相关分析所考虑的时间历程持续时间,典型地选择迭代控制过程中一帧数据的持续时间。

　　互相关函数$R_{ry}(\tau)$的最大峰值所对应的τ值代表了$r(t)$与$y(t)$之间的时延。如果相应的τ值大于零,表明$r(t)$与$y(t)$之间存在时延。

7.4.5.3　平稳随机振动的控制精度

　　在参考时间历程$y(t)$为平稳随机振动过程的情况下,相对控制误差$\bar{\varepsilon}(t)$对应于随机振动控制方法中的随机振动均方根值试验容差。显然,仅依赖于这一指标不足以评估时域波形复现振动环境试验与随机振动环境试验的一致性。

对于时域波形复现振动控制精度的评估,可以采用实测响应时间历程 $r(t)$ 的自谱密度 $G_{rr}(f)$ 与参考时间历程 $y(t)$ 的自谱密度 $G_{yy}(f)$ 的比值定义试验控制误差(相对控制误差)$\bar{E}_{ASD}(f)$,通常表示为分贝形式,即

$$\bar{E}_{ASD}(f) = 10\log \frac{G_{rr}(f)}{G_{yy}(f)} \quad \text{dB} \tag{7-113}$$

在时间历程 $r(t)$ 与 $y(t)$ 的自谱密度估计中,应选择相同的分析参数,包括数据样本长度、频率分辨率、时间窗函数等。时域波形复现振动控制的自谱密度容差典型地选择为±3 dB。

平稳随机振动环境通常分为高斯分布平稳随机振动过程和非高斯分布平稳随机振动过程。对于高斯分布平稳随机振动过程,相对控制误差 $\bar{\varepsilon}(t)$ 和自谱密度控制误差 $\bar{E}_{ASD}(f)$ 可以完全描述时域波形复现振动控制精度。对于非高斯分布平稳随机振动过程,为了表征时域波形复现振动控制精度,除了 $\bar{\varepsilon}(t)$ 和 $\bar{E}_{ASD}(f)$ 之外,还需要考虑实测响应时间历程 $r(t)$ 和参考时间历程 $y(t)$ 的偏度和峭度。为了判断随机振动过程的分布特征,通常采用直方图方法给出 $r(t)$ 和 $y(t)$ 的幅值概率密度曲线,并且通过目视方法比较其一致性。

7.4.5.4 非平稳随机振动的控制精度

在参考时间历程 $y(t)$ 为非平稳随机振动过程的情况下,对于时域波形复现振动控制精度的评估,除了相对控制误差 $\bar{\varepsilon}(t)$ 之外,可以采用实测响应时间历程 $r(t)$ 的时变自谱密度 $G_{rr}(f,t)$ 与参考时间历程 $y(t)$ 的时变自谱密度 $G_{yy}(f,t)$ 的比值定义试验控制误差(相对控制误差)$\bar{E}_{ASD}(f,t)$,通常表示为分贝形式,即

$$\bar{E}_{ASD}(f,t) = 10\log \frac{G_{rr}(f,t)}{G_{yy}(f,t)} \quad \text{dB} \tag{7-114}$$

时间历程 $r(t)$ 的时变自谱密度 $G_{rr}(f,t)$ 由式(7-115)估计:

$$\hat{G}_{rr}(f,t) = \frac{1}{B}\int_{t-T/2}^{t+T/2} r^2(t,B,f)\,dt \tag{7-115}$$

式中:$r(t,B,f)$ 为 $r(t)$ 通过中心频率 f、带宽 B 的窄带滤波器之后的信号;T 为 $r(t,B,f)$ 的线性平均时间。

时间历程 $y(t)$ 的时变自谱密度 $G_{yy}(f,t)$ 估计采用同样的公式计算。在时间历程 $r(t)$ 与 $y(t)$ 的自谱密度估计中,应选择相同的分析参数,包括数据样本长度、中心频率和频率分辨率带宽;其中,频率分辨率带宽 B 正比于中心频率 f,即

时变自谱密度估计采用比例带宽谱分析方法,典型地,采用 1/12 倍频程带宽 (即 $B = 0.06f$)。时域波形复现振动控制的时变自谱密度容差典型地选择为±3 dB。

7.4.5.5　瞬态振动/冲击的控制精度

在参考时间历程 $y(t)$ 为瞬态振动/冲击过程的情况下,对于时域波形复现振动控制精度的评估,可以采用实测响应时间历程 $r(t)$ 的冲击响应谱 $\mathrm{SRS}_r(f_n,\zeta)$ 与参考时间历程 $y(t)$ 的冲击响应谱 $\mathrm{SRS}_y(f_n,\zeta)$ 的比值定义试验控制误差(相对控制误差) $\bar{E}_{\mathrm{SRS}}(f_n)$,通常表示为分贝形式,即

$$\bar{E}_{\mathrm{SRS}}(f_n) = 20\log\frac{\mathrm{SRS}_r(f_n,\zeta)}{\mathrm{SRS}_y(f_n,\zeta)} \quad \mathrm{dB} \tag{7-116}$$

在时间历程 $r(t)$ 与 $y(t)$ 的冲击响应谱计算中,应选择相同的分析参数,包括线性单自由度系统的固有频率 f_n 和阻尼比 ζ ,典型地,选择 $\zeta = 0.05$ 。时域波形复现振动控制的冲击响应谱容差典型地选择为-3 dB/+6 dB。

实际上,对于瞬态振动/冲击过程,相对控制误差 $\bar{\varepsilon}(t)$ 并非评估时域波形复现振动环境试验与冲击响应谱环境试验一致性的有效工具,原因是瞬态振动/冲击环境对被试产品的损伤潜能主要取决于时间历程的峰值、而非均方根值。图 7-20 给出了一个瞬态振动/冲击过程的时域波形复现振动控制示例,其表明最大的时域复现误差通常出现在瞬态时间历程的峰值上,采用时间平均的相对控制误差 $\bar{\varepsilon}(t)$ 通常难以量化瞬态时间历程峰值的复现误差。

对于瞬态振动/冲击过程的时域波形复现振动控制精度,更合适的评估方法是比较实测响应时间历程 $r(t)$ 与参考时间历程 $y(t)$ 的峰值。对于时域波形复现振动控制,可以采用 $r(t)$ 与 $y(t)$ 中相对应的主要峰值(包括正向和负向峰值)之间的相对误差定义试验控制误差 $\varepsilon_p(t_k)$:

$$\varepsilon_p(t_k) = \frac{e(t_k)}{y(t_k)} \times 100\% \tag{7-117}$$

式中: t_k 为 $y(t)$ 的主要峰值所对应的时刻; $y(t)$ 的主要峰值通常定义为 $y(t)$ 中不超过峰值总数的 10% 的绝对值最大的峰值。

在瞬态振动/冲击过程的单输入—单输出时域波形复现振动试验中,以相对控制误差 $\varepsilon_p(t_k)$ 规定的试验容差典型地选择为±20%。

7.4.6　时域控制技术

对于单输入—单输出时域波形复现控制,将式(7-98)按照采样频率离散化,可以得到单输入—单输出时域波形复现过程的时域离散模型:

$$y(n) = \sum_{k=-\infty}^{\infty} x(k)h(n-k) = \sum_{k=0}^{n} x(k)h(n-k), \quad n \geqslant 0 \quad (7-118)$$

式中:$x(n)$ 和 $y(n)$ 分别为驱动信号 $x(t)$ 和响应信号 $y(t)$ 的离散化时间序列；$h(n)$ 为系统脉冲响应函数 $h(t)$ 的离散化时间序列。

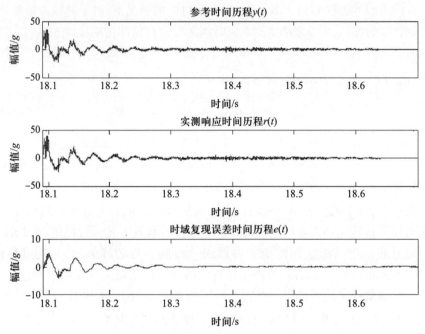

图 7-20 时域波形复现振动控制示例——瞬态时间历程

离散化的系统脉冲响应时间序列 $h(n)$ 可以通过等频率间隔的系统传递函数 $H(f)$ 的逆 FFT 变换计算。由于系统传递函数 $H(f)$ 的频率范围有限,系统脉冲响应时间序列 $h(n)$ 为一个有限长度的时间序列。

在已知 $h(n)$ 和 $y(n)$ 的情况下,可以通过递推方法求解出 $x(n)$:

$$x(0) = y(0)/h(0) \quad (7-119)$$

$$x(n) = \left[y(n) - \sum_{k=0}^{n-1} x(k)h(n-k) \right]/h(0), \quad n > 0 \quad (7-120)$$

上述利用系统脉冲响应和规定的输出信号求解驱动信号的方法称为反卷积方法。如果系统的单输入—单输出数学模型采用时域模型,并且可以利用输入和输出数据对模型参数 $h(n)$ 进行在线修正,长时间历程时域波形复现振动控制的驱动信号 $x(t)$ 可以直接在时域中通过反卷积方法得到,从而避免频域控制算法中的分段处理过程。然而,迄今为止,利用时域模型进行时域波形复现振动控制的有效性尚未得到足够有效的验证。

7.5　正弦叠加随机振动控制方法

7.5.1　引言

正弦叠加随机(SoR)振动环境是将一组正弦振动分量叠加在宽带随机振动分量上。其中,宽带随机振动分量为高斯分布的平稳随机振动过程,通常采用加速度自谱密度定义。正弦振动分量分为两种类型:

(1)固定频率的稳态正弦振动分量,通常采用振动频率和加速度幅值定义。

(2)正弦扫描振动分量,通常采用正弦振动频率与时间关系和加速度幅值与正弦振动频率关系(加速度幅值谱)定义,其中,正弦振动频率与时间关系通常由扫描频率范围、扫描速率和扫描方向定义,扫描速率分为线性扫描和对数扫描。

在正弦叠加随机振动环境包含多个正弦振动分量的情况下,在同一时刻,各个正弦振动分量的频率不重合,并且不考虑各个分量之间的相位关系。典型的正弦叠加随机振动环境试验条件如图 7-21 所示。

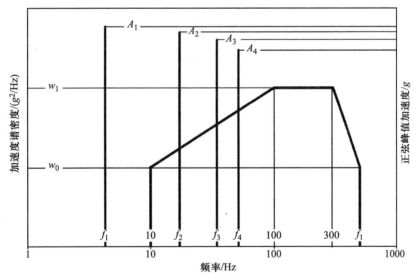

图 7-21　直升机的振动环境

对于正弦叠加随机振动控制,基本要求是在振动台的台面或试验件的控制点上同时产生振动试验条件所规定的随机振动加速度自谱密度和各个正弦振动加速度幅值谱。

正弦叠加随机振动控制通常按照规定的宽带随机振动分量和各个正弦振动分量的试验条件分别生成各自的驱动时间历程,然后进行线性叠加,形成振动试验系统的驱动信号;在振动试验系统为线性系统的条件下,试验控制点的振动响应是各个振动分量的驱动时间历程分别作用所产生的振动响应的线性叠加。因此,在正弦叠加随机振动控制中,每个振动分量是独立地定义和控制的,即正弦叠加随机振动控制实际上是宽带随机振动分量控制和各个正弦振动分量控制的线性叠加。

在试验控制点上,振动响应时间历程呈现宽带随机振动响应和各个正弦振动响应的组合形式,其中,各个正弦振动响应的频率与相应的正弦振动分量驱动信号的频率相同。对于正弦叠加随机振动控制,关键问题是从试验控制点的实测振动响应时间历程信号中实时分离出宽带随机振动响应和各个正弦振动响应的时间历程信号,分别作为宽带随机振动分量和各个正弦振动分量的控制反馈信号,从而使得正弦叠加随机振动环境中的每个振动分量形成独立的控制回路,其中,宽带随机振动分量的实时闭环控制采用随机振动控制方法实现,正弦振动分量的实时闭环控制采用正弦振动控制方法实现。

7.5.2　正弦叠加随机振动控制原理

对于单输入—单输出正弦叠加随机振动控制过程,试验条件规定的响应(输出)信号时间历程 $y(t)$ 可表示为

$$y(t) = y_{wr}(t) + \sum_{m=1}^{M} y_{sm}(t) \qquad (7-121)$$

式中: $y_{wr}(t)$ 为响应信号中宽带随机振动分量的时间历程; $y_{sm}(t)$ 为响应信号中第 m 个正弦振动分量的时间历程; M 为响应信号中包含的正弦振动分量总数。

在试验条件中,宽带随机振动分量 $y_{wr}(t)$ 使用加速度自谱密度 $G_{yy}^{wr}(f)$ 定义,第 m 个正弦振动分量 $y_{sm}(t)$ 使用加速度幅值谱 $|P_{ym}^s(f)|$ 定义, $G_{yy}^{wr}(f)$ 和 $|P_{ym}^s(f)|$ 称为参考谱。

相应地,振动控制过程的驱动信号时间历程 $x(t)$ 可以表示为

$$x(t) = x_{wr}(t) + \sum_{m=1}^{M} x_{sm}(t) \qquad (7-122)$$

式中: $x_{wr}(t)$ 为驱动信号中宽带随机振动分量的时间历程; $x_{sm}(t)$ 为驱动信号中第 m 个正弦振动分量的时间历程。

假定驱动信号中宽带随机振动分量 $x_{wr}(t)$ 的自谱密度为 $G_{xx}^{wr}(f)$,第 m 个正弦振动分量 $x_{sm}(t)$ 的幅值谱为 $|P_{xm}^s(f)|$, $G_{xx}^{wr}(f)$ 的频率范围与 $G_{yy}^{wr}(f)$ 相同, $|P_{xm}^s(f)|$ 的频率范围与 $|P_{ym}^s(f)|$ 相同, $G_{xx}^{wr}(f)$ 和 $|P_{xm}^s(f)|$ 称为驱动谱。

假定振动试验系统为线性系统,在频域中,驱动和响应信号之间满足下列关系:

$$G_{yy}^{wr}(f) = |H(f)|^2 G_{xx}^{wr}(f) \qquad (7-123)$$

$$|P_{ym}^s(f)| = |H(f)| |P_{xm}^s(f)|, \quad m = 1, 2, \cdots, M \qquad (7-124)$$

式中: $|H(f)|$ 为系统传递函数(频率响应函数)的幅值。

如果在试验激励之前通过测量得到系统传递函数的幅值 $|H(f)|$,可以通过对传递函数幅值求逆得到宽带随机振动补偿函数 $A_{wr}(f)$ 和正弦振动补偿函数 $A_{sm}(f)$:

$$A_{wr}(f) = (|H(f)|^2)^{-1} = |H(f)|^{-2} \qquad (7-125)$$

$$A_{sm}(f) = |H(f)|^{-1} \qquad (7-126)$$

其中: $A_{wr}(f)$ 的频率范围与宽带随机振动分量自谱密度 $G_{yy}^{wr}(f)$ 一致, $A_{sm}(f)$ 的频率范围与正弦振动分量幅值谱 $|P_{ym}^s(f)|$ 一致。对于不同的 m, $A_{sm}(f)$ 的频率范围将不同。

由随机振动补偿函数 $A_{wr}(f)$ 和参考自谱密度 $G_{yy}^{wr}(f)$ 可以获得驱动自谱密度 $G_{xx}^{wr}(f)$:

$$G_{xx}^{wr}(f) = A_{wr}(f) G_{yy}^{wr}(f) = G_{yy}^{wr}(f) / |H(f)|^2 \qquad (7-127)$$

然后,进一步通过时域随机化过程,生成宽带随机驱动信号的真随机时间历程 $x_{wr}(t)$,其具有自谱密度 $G_{xx}^{wr}(f)$。

由正弦振动补偿函数 $A_{sm}(f)$ 和参考幅值谱 $|P_{ym}^s(f)|$ 可以获得驱动幅值谱 $|P_{xm}^s(f)|$:

$$|P_{xm}^s(f)| = A_{sm}(f) |P_{ym}^s(f)| = |P_{ym}^s(f)| / |H(f)|, \quad m = 1, 2, \cdots, M$$
$$(7-128)$$

然后,基于驱动幅值谱 $|P_{xm}^s(f)|$ 和试验条件所规定的正弦振动分量频率—时间关系 $f_m(t)$,生成正弦驱动信号的时间历程 $x_{sm}(t)$。

将上述各个振动分量的驱动信号时间历程按照式(7-122)线性叠加,得到试验驱动信号的时间历程 $x(t)$。将 $x(t)$ 输入振动台,同时,测量试验控制点的振动响应时间历程 $r(t)$。从实测响应时间历程 $r(t)$ 分离出宽带随机振动分量的时间历程 $r_{wr}(t)$ 和各个正弦振动分量的时间历程 $r_{sm}(t)$, $m = 1, 2, \cdots, M$,然后,对各个振动响应分量的时间历程分别进行数据处理,得到宽带随机振动响应分量 $r_{wr}(t)$ 的自谱密度 $G_{rr}^{wr}(f)$ 和正弦振动响应分量 $r_{sm}(t)$ 的幅值谱 $|P_{rm}^s(f)|$, $G_{rr}^{wr}(f)$ 和 $|P_{rm}^s(f)|$ 称为测量谱。可以预见,在时不变线性系统的假设下,所产生的实测振动响应中各个振动分量的测量谱将分别与试验条件规定的振动分量的参考谱完全一致。但由于实测传递函数的估计误差,实际的系统中的非线性、时

变性等因素的影响,两者总是存在一定的偏差。

在正弦叠加随机振动控制过程中,各个振动响应分量的测量谱与参考谱之间的偏差可采用驱动信号的迭代修正过程减小。在从实测的振动响应时间历程 $r(t)$ 中分离出宽带随机振动响应分量和各个正弦振动响应分量的时间历程之后,可以分别对每个振动响应分量进行驱动信号的迭代修正,然后,将修正后的各个分量的驱动信号按照式(7-122)线性叠加,得到新的试验驱动信号时间历程 $x(t)$。

对于宽带随机振动分量的驱动信号迭代修正,一般采用驱动谱控制方法。对于正弦振动分量的驱动信号迭代修正,出于系统传递函数测试的考虑,通常采用传递函数控制方法。

7.5.3 正弦振动分量与随机振动分量的分离和谱分析

7.5.3.1 振动分量的分离

在振动控制过程中,实测的正弦叠加随机振动响应信号 $r(t)$ 可以表示为

$$r(t) = r_{wr}(t) + \sum_{m=1}^{M} r_{sm}(t) \tag{7-129}$$

$$r_{sm}(t) = R_{sm}\sin(2\pi f_m t + \theta_m), \quad m = 1,2,\cdots,M \tag{7-130}$$

式中: $r_{wr}(t)$ 为实测响应信号中宽带随机振动分量的时间历程; $r_{sm}(t)$ 为实测响应信号中第 m 个正弦振动分量的时间历程; R_{sm}、θ_m 和 f_m 分别为第 m 个实测正弦振动响应分量 $r_{sm}(t)$ 的幅值、相位和频率。

在从实测振动响应信号 $r(t)$ 中分离出第 m 个实测正弦振动响应分量 $r_{sm}(t)$ 的情况下,可以将式(7-129)改写为

$$r(t) = R_{sm}\sin(2\pi f_m t + \theta_m) + \sum_{k\neq m} R_{sk}\sin(2\pi f_k t + \theta_k) + r_{wr}(t) \tag{7-131}$$

式中:正弦振动响应分量的频率 f_k 与 f_m 不重合。

对于正弦叠加随机振动控制过程,实测正弦振动响应分量 $r_{sm}(t)$ 与相应的驱动信号 $x_{sm}(t)$ 的频率一致,即需要分离正弦振动响应分量的频率 f_k 已知,在工程应用中,一般采用数字跟踪滤波器方法进行正弦振动分量分离。使用单位幅值正弦信号 $\sin(2\pi f_m t)$ 和余弦信号 $\cos(2\pi f_m t)$ 对实测振动响应信号 $r(t)$ 进行调制,得到下列两个调制信号的时间历程:

$$r(t)\sin(2\pi f_m t) = \frac{R_{sm}}{2}\cos\theta_m - \frac{R_{sm}}{2}\cos(4\pi f_m t + \theta_m)$$

$$+ \sum_{k\neq m}\frac{R_{sk}}{2}\cos[2\pi(f_k - f_m)t + \theta_k] - \sum_{k\neq m}\frac{R_{sk}}{2}\cos[2\pi(f_k + f_m)t + \theta_k]$$

$$+ r_{wr}(t)\sin(2\pi f_m t) \tag{7-132}$$

$$r(t)\cos(2\pi f_m t) = \frac{R_{sm}}{2}\sin\theta_m + \frac{R_{sm}}{2}\sin(4\pi f_m t + \theta_m)$$

$$+ \sum_{k\neq m}\frac{R_{sk}}{2}\sin\left[2\pi(f_k - f_m)t + \theta_k\right] + \sum_{k\neq m}\frac{R_{sk}}{2}\sin\left[2\pi(f_k + f_m)t + \theta_k\right]$$

$$+ r_{wr}(t)\cos(2\pi f_m t)$$

$$\tag{7-133}$$

将上面两个调制信号分别通过上限截止频率 f_c 的低通滤波器进行滤波，在上限截止频率 f_c 足够低的情况下，低通滤波器的输出分别为 $PR_{\mathrm{rsm}}(f_m)/2$ 和 $PI_{\mathrm{rsm}}(f_m)/2$，其中，$PR_{\mathrm{rsm}}(f_m)$ 和 $PI_{\mathrm{rsm}}(f_m)$ 分别为实测正弦振动响应分量 $R_{sm}(t)$ 的同相分量谱和正交分量谱：

$$PR_{\mathrm{rsm}}(f_m) = R_{sm}\cos\theta_{sm}, \quad PI_{\mathrm{rsm}}(f_m) = R_{sm}\sin\theta_{sm} \tag{7-134}$$

使用上述的单位幅值正弦信号 $\sin(2\pi f_m t)$、余弦信号 $\cos(2\pi f_m t)$ 和低通滤波器输出信号 $PR_{\mathrm{rsm}}(f_m)/2$、$PI_{\mathrm{rsm}}(f_m)/2$，可以重构实测正弦振动响应分量 $r_{sm}(t)$ 的时间历程：

$$r_{sm}(t) = PR_{\mathrm{rsm}}(f_m)\sin(2\pi f_m t) + PI_{\mathrm{rsm}}(f_m)\cos(2\pi f_m t) \tag{7-135}$$

对于实测振动响应信号 $r(t)$ 中的 M 个正弦振动响应分量，均可采取上述方法分离出各自的时间历程。然后，从实测振动响应信号 $r(t)$ 中减去 M 个正弦振动响应分量的时间历程，可以得到宽带随机振动响应分量的时间历程。正弦叠加随机振动控制中正弦与宽带随机振动响应分量的分离过程如图 7-22 所示，其中，仅考虑信号中包含一个正弦振动分量的情况。

在实测正弦振动响应分量 $r_{sm}(t)$ 的分离过程中，单位幅值正弦信号 $\sin(2\pi f_m t)$ 和余弦信号 $\cos(2\pi f_m t)$ 是在正弦振动分量驱动信号 $x_{sm}(t)$ 的生成过程中同步产生的，其频率 f_m 可以是固定的，或者按照规定的正弦振动频率—时间关系 $f_m(t)$ 变化。因此，在数字跟踪滤波器方法中，不需要区分实测正弦振动响应分量 $r_{sm}(t)$ 是稳态正弦振动分量还是正弦扫描振动分量。

7.5.3.2　宽带随机振动响应分量的谱估计

如图 7-22 所示，在正弦与宽带随机振动响应分量的分离过程中，实时给出实测宽带随机振动响应分量 $r_{wr}(t)$ 的采样时间序列 $\{r_{wr}(i\Delta t)\}$。相应地，宽带随机振动响应分量测量谱 $G_{rr}^{wr}(f)$ 的估计要求和方法与随机振动控制方法完全一致。

对于正弦叠加随机振动环境试验，试验控制的最高频率 $f_{\max}$ 通常由宽带随机振动分量决定，即正弦振动分量的最高频率通常不超过宽带随机振动分量的频率上限。对于随机振动控制方法，典型地选择采样率 $f_s = 2.56 f_{\max}$，其中，抗混滤波器

的上限截止频率 f_c 通常为 $1.02f_{max} \sim 1.1f_{max}$；相应地，采样时间间隔 $\Delta t = 1/f_s = 1/(2.56f_{max})$。然而，在正弦振动分量的频率较高的情况下，对于正弦驱动信号的生成，采样时间间隔 $\Delta t = 1/(2.56f_{max})$ 过大，将导致正弦信号的时域波形严重失真。因此，在正弦叠加随机振动控制中，采样率 f_s 至少应超过最高频率 f_{max} 的 10 倍，而抗混滤波器的上限截止频率 f_c 仍然为 $1.02f_{max} \sim 1.1f_{max}$。这意味着，对于宽带随机振动分量的控制，实测宽带随机振动响应分量 $r_{wr}(t)$ 的采样时间序列 $\{r_{wr}(i\Delta t)\}$ 实际上是过采的。为了降低 $r_{wr}(t)$ 的自谱密度分析计算量，在振动分量的分离过程导出采样时间序列 $\{r_{wr}(i\Delta t)\}$ 之后，对其进行等间隔抽样，得到一个抽样时间序列 $\{r_{wr}(n\Delta t')\}$，其中，$\Delta t' = L\Delta t$，L 为正整数。一般情况下，选择 $\Delta t' = 1/(2.56f_{max})$，并且使用抽样时间序列 $\{r_{wr}(n\Delta t')\}$ 进行实测宽带随机振动响应分量 $r_{wr}(t)$ 的自谱密度估计。

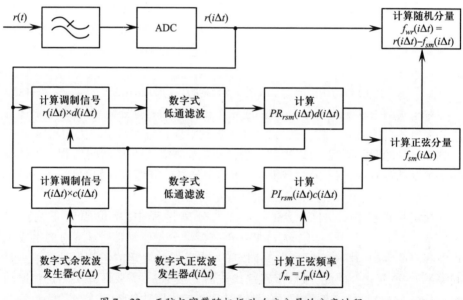

图 7-22　正弦与宽带随机振动响应分量的分离过程

与之相对应，在宽带随机振动分量的驱动信号 $x_{wr}(t)$ 生成中，使用驱动谱 $G_{xx}^{wr}(f)$ 和时域随机化生成的驱动信号离散时间历程序列为 $\{x_{wr}(n\Delta t')\}$，即相应的时间间隔为 $\Delta t'$。由于 D/A 转换器的采样时间间隔为 Δt，在将离散时间历程序列 $\{x_{wr}(n\Delta t')\}$ 与正弦振动分量的驱动信号离散时间历程序列线性叠加之前，应通过数值内插方法将其转换成采样时间间隔为 Δt 的离散时间历程序列 $\{x_{wr}(i\Delta t)\}$。

7.5.3.3　正弦振动响应分量的谱估计

在上述正弦振动响应分量 $r_{sm}(t)$ 的分离过程中，调制信号的低通滤波输出

直接给出了 $r_{sm}(t)$ 的同相分量谱 $PR_{\text{rsm}}(f_m)$ 和正交分量谱 $PI_{\text{rsm}}(f_m)$, $r_{sm}(t)$ 的测量谱 $|P_{rm}^s(f)|$ 可以由式(7-136)实时估计:

$$|P_{rm}^s(f_m)| = \sqrt{[PR_{\text{rsm}}(f_m)]^2 + [PI_{\text{rsm}}(f_m)]^2} \qquad (7-136)$$

在式(7-136)中,测量谱 $|P_{rm}^s(f)|$ 估计的频率 f_m 基于试验条件规定的正弦振动频率—时间关系 $f_m(t)$ 计算,与宽带随机振动分量测量谱 $G_{rr}^{wr}(f)$ 估计的离散化频率无关。

在第 m 个正弦振动分量为正弦扫描振动的情况下,参考谱 $|P_{ym}^s(f)|$ 通常需要在试验条件规定的扫描频率范围内进行频率离散化处理,其中,频率离散化采用等时间间隔方式,由所选择的扫描分辨率(即扫描频率范围内的频率点数 N_f)和扫描持续时间 T 确定频率离散化的时间间隔 ΔT 。一般情况下, $\Delta T \gg \Delta t$,其中, $\Delta t = 1/f_s$ 为采样时间间隔。在这种情况下,取决于正弦扫描驱动信号的生成方式,驱动信号 $x_{sm}(t)$ 的正弦振动频率 f_m 的变化规律可能选择 $f_m = f_m(i\Delta t)$ 或 $f_m = f_m(n\Delta T)$ 。无论如何选择,实测响应信号 $r_{sm}(t)$ 的频率离散化测量谱 $|P_{rm}^s(f_m)|$ 对应于驱动信号 $x_{sm}(t)$ 在同一时刻的正弦振动频率 f_m 。

7.5.4　系统识别

对于单输入—单输出正弦叠加随机振动控制,系统传递函数测试通常仅需要考虑传递函数的幅频特性 $|H(f)|$ 或 $|H(f)|^2$ 。应指出的是,宽带随机振动分量和正弦振动分量控制对传递函数幅频特性 $|H(f)|$ 的频率范围和频率分辨率的要求不同,相应的离散频率是相互独立的。在系统传递函数测试中,如果同时满足宽带随机振动分量和正弦振动分量的频率分辨率要求,往往需要针对宽带随机振动分量和正弦振动分量各自规定的频率范围和频率分辨率分别进行测试,这将显著地增加测试工作量。实际上,在正弦振动分量控制采用传递函数控制方法的情况下,通常仅需要系统识别给出正弦振动分量起始频率上的传递函数幅值 $|H(f)|$ 估计值。因此,在正弦叠加随机振动控制中,通常按照试验频率范围和宽带随机振动分量的频率分辨率要求进行系统传递函数幅值测试,其中,采用恒定带宽频率分辨率。对于正弦振动分量控制所要求的起始频率的传递函数幅值估计,可以采用相邻频率上传递函数幅值 $|H(f)|$ 测试值的内插结果。

在这种情况下,系统传递函数测试一般采用宽带随机振动信号施加振动激励,相应的系统传递函数幅频特性 $|H(f)|^2$ 估计方法与随机振动控制方法完全一致。

对于正弦扫描振动分量起始频率(或稳态正弦振动分量频率) $f_{m,0}$,假定在实测的系统传递函数幅值幅频特性估计 $|\hat{H}(f)|^2$ 上,与之相邻的谱线对应的频

率分别为 f_1 和 f_2，其中，$f_1 < f_{m,0} \leqslant f_2$，传递函数幅值 $|H(f_{m,0})|$ 可由式（7-137）估计：

$$\frac{2\log|\hat{H}(f_{m,0})| - \log|\hat{H}(f_1)|^2}{\log f_{m,0} - \log f_1} = \frac{\log|\hat{H}(f_2)|^2 - \log|\hat{H}(f_1)|^2}{\log f_2 - \log f_1}$$

$$(7-137)$$

7.5.5 实现过程

在单输入—单输出正弦叠加随机振动控制中，宽带随机振动分量采用驱动谱控制方法，正弦振动控制采用传递函数控制方法，其实现过程主要包括下列步骤：

（1）定义控制响应点的试验剖面，包括宽带随机振动分量的加速度自谱密度（参考谱）$G_{yy}^{wr}(f)$，正弦振动分量的加速度幅值谱（参考谱）$|P_{ym}^s(f)|$ 和正弦振动频率—时间关系 $f_m(t)$，振动持续时间。

（2）在试验规定的频率范围内激励试验件，确定驱动与实测响应（控制点）之间传递函数（频率响应函数）幅值的估计值 $|\hat{H}(f)|$，其频率分辨率带宽应与随机振动分量控制要求一致；如需要，通过内插方法导出正弦振动分量起始频率 $f_{m,0}$ 的初始传递函数幅值估计值 $|\hat{H}(f_{m,0})|$。

（3）计算宽带随机振动分量的补偿函数 $A_{wr}(f) = |\hat{H}(f)|^{-2}$ 和正弦振动分量的初始补偿函数 $A_{sm,0}(f_{m,0}) = |\hat{H}(f_{m,0})|^{-1}$。

（4）对于宽带随机振动分量，使用补偿函数 $A_{wr}(f)$ 和参考谱 $G_{yy}^{wr}(f)$ 计算初始驱动信号的自谱密度（驱动谱）$G_{xx,0}^{wr}(f)$，转换成傅里叶幅值谱，并且与均匀分布的随机相位谱一起，使用逆 FFT 变换成初始驱动时间历程的种子数据块。然后，使用时域随机化方法以及数值内插实时生成采样时间间隔 Δt 的宽带随机振动分量初始驱动时间历程 $x_{wr,0}(t)$。

（5）对于正弦振动分量，通过正弦振动频率—时间关系 $f_m(t)$ 生成单位幅值正弦波时间历程 $d_m(t)$ 和余弦波时间历程 $c_m(t)$。使用初始补偿函数 $A_{sm,0}(f_{m,0})$ 和 $|P_{ym}^s(f_{m,0})|$ 计算驱动信号的幅值谱（驱动谱）$|P_{sm}^s(f_{m,0})|$，并且乘以 $d_m(t)$，实时生成采样时间间隔 Δt 的正弦振动分量驱动时间历程 $x_{sm}(t)$。

（6）将宽带随机振动分量和正弦振动分量的驱动时间历程实时叠加，得到正弦叠加随机振动的驱动时间历程 $x(t)$。然后，使用驱动时间历程 $x(t)$ 激励试验件，并且同步采集控制点的实测振动响应时间历程 $r(t)$。

（7）使用数字跟踪滤波器方法，从实测振动响应时间历程 $r(t)$ 中实时分离宽带随机振动响应分量的时间历程 $r_{wr}(t)$ 和正弦振动响应分量的时间历程$r_{sm}(t)$。

（8）对于宽带随机振动分量，将实测振动响应时间历程 $r_{wr}(t)$ 采样时间序列 $\{r_{wr}(i\Delta t)\}$ 等间隔抽取，计算自谱密度（测量谱）$G_{rr}^{wr}(f)$。按照随机振动控制的驱动谱方法修正宽带随机振动分量的驱动谱，并且生成驱动时间历程的种子数据块。然后，使用时域随机化方法以及数值内插实时生成采样时间间隔 Δt 的宽带随机振动分量驱动时间历程 $x_{wr}(t)$。

（9）对于正弦振动分量，由数字跟踪滤波器的输出计算实测振动响应时间历程 $r_{sm}(t)$ 的幅值谱（测量谱）$|P_{rm}^s(f_m)|$（参见 3.3 节）。按照正弦振动控制的传递函数方法修正正弦振动分量的驱动谱 $|P_{xm}^s(f_m)|$，并且乘以 $d_m(t)$，实时生成采样时间间隔 Δt 的正弦振动分量驱动时间历程 $x_{sm}(t)$。

（10）重复步骤（6）至步骤（10），直至达到规定的振动试验持续时间。

单输入—单输出正弦叠加随机振动控制算法框图如图 7-23 所示。

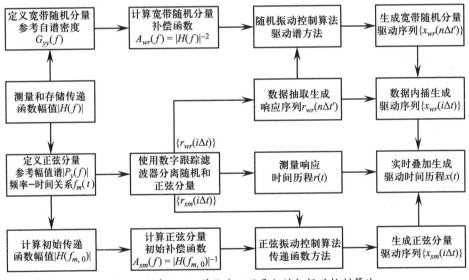

图 7-23　单输入—单输出正弦叠加随机振动控制算法

与单独的宽带随机振动控制和正弦振动控制过程相比，正弦叠加随机振动控制过程实际上增加了两个步骤：

（1）宽带随机振动分量的驱动信号时间历程与正弦振动分量的驱动信号时间历程实时叠加。

（2）从试验控制点的振动响应时间历程中实时分离宽带随机振动响应分量时间历程和正弦振动响应分量时间历程。

在这两个步骤以外，正弦叠加随机振动控制过程实际上是并行的宽带随机

振动控制过程和 M 个正弦振动控制过程,其中,M 为正弦叠加随机振动环境中包含的正弦振动分量总数。其中,宽带随机振动分量和正弦振动分量的驱动信号修正过程不需要同步。实际上,正弦振动分量的控制回路时间远小于宽带随机振动分量的控制回路时间。

在正弦叠加随机振动控制中,宽带随机振动分量和各个正弦振动分量的试验剖面通常是分别定义的,并且相应的试验持续时间可以是相互独立的。原则上,正弦振动分量的试验持续时间不需要与宽带随机振动分量的试验持续时间一致,并且多个正弦振动分量的试验持续时间同样不需要一致。然而,在工程应用中,对于多个正弦振动分量,通常选择相同的试验持续时间,并且选择正弦振动分量的试验持续时间小于或等于宽带随机振动分量的试验持续时间。

在工程应用中,为了避免系统传递函数估计的偏差导致试验过程的振动响应超过试验条件规定的量级(包括控制容差),宽带随机振动分量控制往往采用逐步增大试验量级的迭代控制策略,在达到满量级时,加入正弦振动分量。

7.5.6 试验控制精度

对于单输入—单输出正弦叠加随机振动试验,通常分别定义宽带随机振动分量和正弦振动分量的试验控制误差。其中,对于宽带随机振动分量,振动试验条件所规定的容差一般采用试验控制点上实测的与规定的宽带随机振动响应分量自谱密度的比值定义,通常表示为分贝形式,即

$$\bar{E}_{wr}(f) = 10\log \frac{G_{rr}^{wr}(f)}{G_{yy}^{wr}(f)} \quad \text{dB} \tag{7-138}$$

对于正弦振动分量,振动试验条件所规定的容差一般采用试验控制点上实测的与规定的正弦振动响应分量幅值谱的比值定义,通常表示为分贝形式,即

$$\bar{E}_{sm}(f) = 20\log \frac{|P_{rm}^{s}(f)|}{|P_{ym}^{s}(f)|} \quad \text{dB} \tag{7-139}$$

在单输入—单输出正弦叠加随机振动试验中,宽带随机振动分量自谱密度的试验容差典型地规定为±3 dB;正弦振动响应分量幅值谱的试验容差典型地规定为±1 dB。

应指出的是,随机振动响应的自谱密度估计中存在统计抽样误差,其将影响试验控制精度。在规定试验容差时,典型地选择统计自由度 $n = 120$。

7.5.7 多输入—单输出正弦叠加随机振动控制

单输入—单输出正弦叠加随机振动控制方法也可以扩展为多输入—单输出正弦叠加随机振动控制方法。其中,多个试验控制点的宽带随机振动响应分量

自谱密度和正弦振动响应分量幅值谱按照相同的准则分别合成为一个虚拟控制点的宽带随机振动响应分量自谱密度和正弦振动响应分量幅值谱。

理论上,多输入—单输出正弦叠加随机振动控制方法可以采用多点平均、多点最大或多点最小控制策略。然而,在工程应用中,有实用价值的主要是多点平均控制策略。假定各个控制点的振动加速度传感器输出信号中的宽带随机振动响应分量自谱密度分别为 $G_{rr,i}^{wr}(f)$,正弦振动响应分量幅值谱分别为 $|P_{rm,i}^{s}(f)|$,$i=1,2,\cdots,N$,对于多点平均控制策略,合成的虚拟宽带随机振动响应分量自谱密度 $\tilde{G}_{rr}^{wr}(f)$ 和正弦振动响应分量幅值谱 $|\tilde{P}_{rm}^{s}(f)|$ 分别为

$$\tilde{G}_{rr}^{wr}(f) = \frac{1}{N}\sum_{i=1}^{N} G_{rr,i}^{wr}(f) \tag{7-140}$$

$$|\tilde{P}_{rm}^{s}(f)| = \sqrt{\frac{1}{N}\sum_{i=1}^{N}|P_{rm,i}^{s}(f)|^2} \tag{7-141}$$

假定驱动与各个控制点之间的系统传递函数幅值为 $|H_i(f)|$,$i=1,2,\cdots,N$,对于多点平均正弦叠加随机振动控制,驱动与虚拟响应(各个控制点随机振动响应自谱密度的合成结果)之间的系统传递函数幅值 $|\tilde{H}(f)|$ 为

$$|\tilde{H}(f)| = \sqrt{\frac{1}{N}\sum_{i=1}^{N}|H_i(f)|^2} \tag{7-142}$$

在实际应用中,对于系统传递特性测试,系统传递函数特性 $|\tilde{H}(f)|^2$ 通常利用虚拟响应自谱密度 $\tilde{G}_{rr}(f)$ 的估计值与激励信号的自谱密度 $G_{xx}(f)$ 之比确定,并且用于宽带随机振动分量控制过程;而正弦振动分量控制过程所使用的系统传递函数特性 $|\tilde{H}(f)|$ 则利用虚拟正弦振动响应分量幅值谱 $|\tilde{P}_{rm}^{s}(f)|$ 与驱动信号的幅值谱 $|P_{xm}^{s}(f)|$ 之比确定。以 $|\tilde{H}(f)|$ 的估计值替代单输入—单输出正弦叠加随机振动控制方法中的 $|\hat{H}(f)|$ 进行驱动信号迭代修正,可以将单输入—单输出正弦叠加随机振动控制方法扩展成多输入—单输出正弦叠加随机振动控制方法。

在多输入—单输出正弦叠加随机振动控制中,试验容差将分别采用虚拟宽带随机振动响应分量自谱密度 $\tilde{G}_{rr}^{wr}(f)$ 和虚拟正弦振动响应分量幅值谱 $|\tilde{P}_{rm}^{s}(f)|$ 定义。这意味着,在各个控制点上,正弦叠加随机振动响应的测量谱将超过试验条件规定的试验容差范围。

7.6 参考文献

［1］MIL-STD-810G Working Group. Environmental Engineering Considerations and Laboratory Tests［S］. MIL-STD-810G. Department of Defense Test Method Standard. 2014.

［2］Piersol A G, Paez T L.Harris' Shock and Vibration Handbook［M］. 6th Edition, McGraw-Hall. 2010.

［3］NATO International Staff-Defence Investment Division. Mechanical Conditions［S］. Edition1. AECTP-240. Allied Environmental Conditions and Test Publication, . 2009.

［4］Fisher D K. Theoretical and Practical Aspects of Multiple-Actuator Shaker Control［J］.43rd Shock and Vibration Bulletin, Vol. 43, Part 3. 1973.

［5］Fisher D K, Posehn M R. Digital Control System for a Multiple-Actuator Shaker［J］.47th Shock and Vibration Bulletin, Vol. 47, Part 3. 1977.

［6］Stroud R C, Hamma G A.Multiexciter and Multiaxis Vibration Exciter Control Systems［J］. Sound and Vibration. 1988.

［7］IEEE-STD-1588-2008, IEEE Standard for a Precision Clock Synchronization Protocol for Networked Measurement and Control Systems［S］. 2008.

［8］Bendat J S, Piersol A G. Random Data: Analysis and Measurement Procedures［M］. 4th Edition. Wiley Blackwell. 2012.

［9］Bendat J S, Piersol A G. Engineering Applications of Correlation and Spectral Analysis［M］. 2nd Edition. New York: John Wiley. 1993.

［10］Himelblau H, Piersol A G. Handbook for Dynamic Data Acquisition and Analysis［S］. IEST-RD-DTE012.2. Institute of Environmental Sciences. 2006.

［11］Ifeachor E C, Jervis B W.数字信号处理实践方法［M］. 罗鹏飞,等译. 2 版.北京：电子工业出版社. 2004.

［12］胡广书. 数字信号处理—理论算法与实现[M]. 2 版. 北京: 清华大学出版社. 2003.

［13］Ingle V K, Proakis J G. 数字信号处理及其 MATLAB 实现［M］. 陈怀琛,等译.北京:电子工业出版社. 1998.

附录 A 随机振动试验中的计算

A.1 自谱密度的转换

随机振动试验一般采用零均值的平稳随机振动激励,其中,试验条件一般用自谱密度(也称为功率谱密度,简称功率谱)规定。

假定 $G_{aa}(f)$ 为平稳随机振动的加速度自谱密度(单位为 g^2/Hz)、$G_{vv}(f)$ 为速度自谱密度(单位为 $(\text{m/s})^2/\text{Hz}$)、$G_{xx}(f)$ 为位移自谱密度(单位为 mm^2/Hz),则三者之间存在下列换算关系:

$$G_{aa}(f) = (2\pi f)^2 G_{vv}(f)/g^2 \tag{A-1}$$

$$G_{aa}(f) = 10^{-6} \times (2\pi f)^4 G_{xx}(f)/g^2 \tag{A-2}$$

式中:$g = 9.81\ \text{m/s}^2$。

A.2 均方根值的计算

A.2.1 概述

假定平稳随机振动的加速度自谱密度 $G_{aa}(f)$ 的频率下限为 f_1,频率上限为 f_2,则其均方根值加速度 a_{rms} 由下式计算:

$$a_{\text{rms}} = \sqrt{\int_{f_1}^{f_2} G_{aa}(f)\,\mathrm{d}f} \tag{A-3}$$

式中:当 $G_{aa}(f)$ 的单位为 g^2/Hz 时,a_{rms} 的单位为 g。

相应地,均方根值速度 v_{rms} 和均方根值位移 x_{rms} 为

$$v_{\text{rms}} = \sqrt{\int_{f_1}^{f_2} G_{vv}(f)\,\mathrm{d}f} = \frac{g}{2\pi} \sqrt{\int_{f_1}^{f_2} \frac{1}{f^2} G_{aa}(f)\,\mathrm{d}f} \tag{A-4}$$

$$x_{\text{rms}} = \sqrt{\int_{f_1}^{f_2} G_{xx}(f)\,\mathrm{d}f} = \frac{10^3 \times g}{(2\pi)^2} \sqrt{\int_{f_1}^{f_2} \frac{1}{f^4} G_{aa}(f)\,\mathrm{d}f} \tag{A-5}$$

式中:v_{rms} 的单位为 m/s;x_{rms} 的单位为 mm。

一般情况下,已知加速度自谱密度 $G_{aa}(f)$ 时,式(A-3)~式(A-5)采用数值积分方法计算。

对于随机振动试验条件,其加速度自谱密度 $G_{aa}(f)$ 一般用双对数坐标系中的折线形式表示。在这种情况下,式(A-3)~式(A-5)可采用解析方法计算。

A.2.2 平直谱

所谓平直谱,是指加速度自谱密度 $G_{aa}(f)$ 为常数,与频率 f 无关。

当加速度自谱密度 $G_{aa}(f)$ 为常数 G_0 时,式(A-3)~式(A-5)可分别表示为

$$a_{rms} = \sqrt{G_0(f_2 - f_1)} \tag{A-6}$$

$$v_{rms} = \frac{g}{2\pi}\sqrt{G_0\left(\frac{1}{f_1} - \frac{1}{f_2}\right)} \tag{A-7}$$

$$x_{rms} = \frac{g}{10^3 \times (2\pi)^2}\sqrt{\frac{G_0}{3}\left(\frac{1}{f_1^3} - \frac{1}{f_2^3}\right)} \tag{A-8}$$

A.2.3 正斜率谱

所谓正斜率谱,是指在双对数坐标系中,加速度自谱密度 $G_{aa}(f)$ 与频率 f 的关系为一条斜率不变的上升直线,如图 A-1 所示。斜率一般用 N dB/oct 表示,并且有 $N>0$。

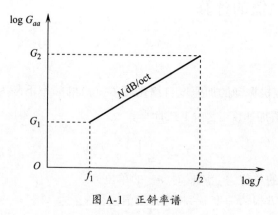

图 A-1　正斜率谱

假定频率下限 f_1 处的加速度自谱密度值为 G_1,频率上限 f_2 处的加速度自谱密度值为 G_2,则两者之间的关系为

$$G_1 = G_2(f_1/f_2)^m \tag{A-9}$$

式中:$m = N/3$。

正斜率谱 $G_{aa}(f)$ 一般用频率下限 f_1、频率上限 f_2、斜率 N dB/oct 和对应于 f_2 的谱值 G_2 规定。$G_{aa}(f)$ 可表示为

$$G_{aa}(f) = G_2(f/f_2)^m, \quad f_1 \leqslant f \leqslant f_2 \tag{A-10}$$

对于正斜率谱 $G_{aa}(f)$，式(A-3)~式(A-5)可分别表示为

$$a_{rms} = \sqrt{\frac{G_2 f_2}{m+1}\left[1 - (f_1/f_2)^{m+1}\right]} \tag{A-11}$$

$$v_{rms} = \begin{cases} \dfrac{g}{2\pi}\sqrt{\dfrac{G_2}{(m-1)f_2}\left[1 - (f_1/f_2)^{m-1}\right]}, & m \neq 1 \\[4mm] \dfrac{g}{2\pi}\sqrt{\dfrac{G_2}{f_2}\ln(f_2/f_1)}, & m = 1 \end{cases} \tag{A-12}$$

$$x_{rms} = \begin{cases} \dfrac{g}{10^3 \times (2\pi)^2}\sqrt{\dfrac{G_2}{(m-3)f_2^3}\left[1 - (f_1/f_2)^{m-3}\right]}, & m \neq 3 \\[4mm] \dfrac{g}{10^3 \times (2\pi)^2}\sqrt{\dfrac{G_2}{f_2^3}\ln(f_2/f_1)}, & m = 3 \end{cases} \tag{A-13}$$

A.2.4 负斜率谱

同样，负斜率谱是指在双对数坐标系中，加速度自谱密度 $G_{aa}(f)$ 与频率 f 的关系为一条斜率不变的下降直线，如图 A-2 所示。斜率用 $-N$ dB/oct 表示，并且有 $N>0$。

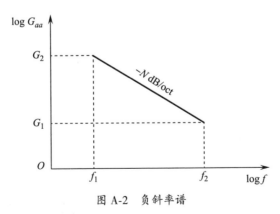

图 A-2 负斜率谱

假定频率下限 f_1 处的加速度自谱密度值为 G_1，频率上限 f_2 处的加速度自谱密度值为 G_2，则两者之间的关系为

$$G_2 = G_1(f_1/f_2)^m \tag{A-14}$$

式中：$m = N/3$。

负斜率谱 $G_{aa}(f)$ 一般用频率下限 f_1、频率上限 f_2、斜率 N dB/oct 和对应于 f_1 的谱值 G_1 规定。$G_{aa}(f)$ 可表示为

$$G_{aa}(f) = G_1(f_1/f)^m, \quad f_1 \leqslant f \leqslant f_2 \tag{A-15}$$

对于负斜率谱 $G_{aa}(f)$，式（A-3）～式（A-5）可分别表示为

$$a_{rms} = \begin{cases} \sqrt{\dfrac{G_1 f_1}{m-1}\left[1 - (f_1/f_2)^{m-1}\right]}, & m \neq 1 \\[2mm] \sqrt{G_1 f_1 \ln(f_2/f_1)}, & m = 1 \end{cases} \tag{A-16}$$

$$v_{rms} = \frac{g}{2\pi}\sqrt{\frac{G_1}{(m+1)f_1}\left[1 - (f_1/f_2)^{m+1}\right]} \tag{A-17}$$

$$x_{rms} = \frac{g}{10^3 \times (2\pi)^2}\sqrt{\frac{G_1}{(m+3)f_1^3}\left[1 - (f_1/f_2)^{m+3}\right]} \tag{A-18}$$

A.2.5　成型谱

成型谱是由平直谱、正斜率谱和负斜率谱构成的加速度自谱密度。在随机振动环境试验中，最常使用的是梯形谱，其分为三个频带 $[f_1,f_2]$、$[f_2,f_3]$ 和 $[f_3,f_4]$，分别对应正斜率谱、平直谱和负斜率谱，如图 A-3 所示。

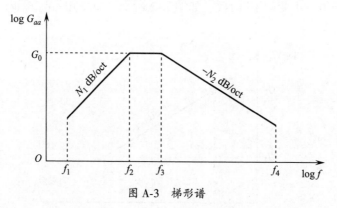

图 A-3　梯形谱

对于成型谱的均方根值加速度计算，首先将其整个频率范围按照平直谱、正斜率谱和负斜率谱划分成各个频带，根据 A.2.2 节至 A.2.4 节中的公式分别计算每个频带的均方根值加速度 $a_{rmsi}, i = 1,2,\cdots,N$，然后由式（A-19）计算成型谱的总均方根值加速度 a_{rms}：

理的扫描速率通常是根据经验得到的。

目前,一种观点认为应淘汰使用正弦扫描振动模拟低频瞬态振动环境的试验方式,而直接采用瞬态加速度时间历程复现方式进行瞬态振动环境试验。然而,在工程应用中,作为一种经验方法,使用正弦扫描振动模拟低频瞬态振动环境仍可以达到产品考核的目的;并且,对于尺寸和质量较大的产品,由于正弦扫描振动试验采用闭环实时控制方法(瞬态时间历程复现采用开环控制方法),使其更容易处理由于冲击响应谱的统计包络所导致的产品共振频率附近的过试验问题。

B.2 等效准则

在航天产品的振动环境试验中,使用正弦扫描振动模拟低频瞬态振动环境的试验方式主要用于分系统级和系统级的鉴定以及验收试验。在这类试验中,所考虑的频率范围典型为 5~100 Hz 或 10~100 Hz。

在工程应用中,通常基于产品的低频瞬态振动环境规范制定正弦扫描振动环境试验条件。低频瞬态振动环境规范一般采用产品瞬态振动输入加速度的冲击响应谱规定,其中,冲击响应谱计算所使用的单自由度系统阻尼比 ζ 应接近产品的模态阻尼比。如果适用,低频瞬态振动环境规范的冲击响应谱应基于实测或预示的平台结构瞬态振动加速度响应数据的统计包络导出,其代表了预期作用于产品连接界面的最严酷的低频瞬态振动输入加速度。对于产品的低频瞬态振动环境试验,取决于试验目的,试验条件可能需要在低频瞬态振动环境规范的冲击响应谱的基础上增加适当的裕量。

一般情况下,基于实测或预示数据的统计包络所导出的最大期望低频瞬态振动的冲击响应谱往往是复杂的曲线形式,为了简化产品的振动环境设计和试验,在制定低频瞬态振动环境规范时,通常对其进行频域平滑处理(规格化),即在双对数坐标系中,采用一组直线段构成的折线方式表示平滑的冲击响应谱,其中,直线段的斜率一般选取为 0 dB/oct、±6 dB/oct 或 ±9 dB/oct。

由于冲击响应谱的区域统计包络和频域平滑处理,即使存在适用的实测瞬态振动加速度时间历程数据,其通过简单的比例变换通常难以满足低频瞬态振动环境试验条件规定的冲击响应谱。因此,在低频瞬态振动环境试验中,重构一个满足规定的冲击响应谱的振动加速度时间历程是必要的。应指出的是,冲击响应谱所对应的振动加速度时间历程并非唯一,不同的振动加速度时间历程的量级和持续时间往往存在着显著的差异。如果低频瞬态振动环境试验仅考虑冲击响应谱等效,通常可以选择实验室振动环境试验中最容易实现的振动加速度时间历程作为试验件的瞬态振动输入。实际上,使用正弦扫描振动模拟低频瞬态振动环境就是基于这样的考虑。然而,在实际应用中,这种选择存在相当大的局限性,往往仅适用于某些特定的情况,对于特定的产品,通常需要基于工程经验判断所选择的振动加速度时间历程是否有效。

在低频瞬态振动环境作用下,产品的典型失效模式通过一次破坏,即当产品的振动响应量级达到某一阈值时,产品立即发生失效。如果在所关心的频率范围内,产品中各个关键零部件的瞬态振动响应可以表示为单自由度线性系统在基础运动激励下的响应,可以采用产品瞬态振动输入加速度的冲击响应谱评估产品的一次通过破坏。在这种情况下,实验室振动环境试验的等效准则可以选择为振动输入加速度的冲击响应谱相等,从而有可能使用正弦扫描振动等效模拟预期使用过程的瞬态振动环境。应指出的是,在许多情况下,对于具有相同冲击响应谱的不同的瞬态振动输入加速度时间历程,产品瞬态振动响应的峰值将存在显著的差异,例如,产品具有密集振动模态的情况,或产品具有非线性特性的情况,这意味着仅实现冲击响应谱相等并不能保证实验室振动环境试验的等效性,需要引入其他的等效条件。

在使用正弦扫描振动模拟低频瞬态振动环境的情况下,基于正弦扫描振动的极限响应谱等于试验条件规定的冲击响应谱导出正弦扫描振动的加速度幅值谱,其中,正弦扫描振动的极限响应谱计算所采用的单自由度系统阻尼比应与冲击响应谱计算一致。实际上,对于规定的冲击响应谱,所对应的正弦扫描振动的加速度时间历程并非唯一。在工程应用中,通常使用对数扫描的正弦扫描振动等效模拟规定的冲击响应谱,原因是其在每个频率上具有相同的振动持续时间。

假定试验条件规定的最大绝对加速度冲击响应谱为 $SRS(f_n, \zeta)$,其中,ζ 为冲击响应谱计算所采用的单自由度系统的阻尼比,等效的正弦输入加速度幅值谱 $ESI(f)$ 可由式 $(B-1)$ 近似确定:

$$ESI(f_n) = SRS(f_n, \zeta)/Q \qquad (B-1)$$

式中:$Q = 1/(2\zeta)$ 为单自由度系统的放大因子;f_n 为单自由度系统的固有频率。

实际上,正弦扫描振动的极限响应谱与扫描速率和方向有关,式 $(B-1)$ 仅在一定的扫描速率范围内具有适当的精度。在工程应用中,由式 $(B-1)$ 所得到的等效正弦输入加速度幅值谱 $ESI(f)$ 通常称为正弦扫描振动环境试验条件,除了规定 $ESI(f)$ 以外,还应同时规定扫描速率和方向。

B.3 相关参数的影响

B.3.1 对数扫描速率的影响

对于对数扫描的正弦扫描振动,通常用下列参数描述扫描频率的特性:

(1)扫描起始频率 f_1(单位为 Hz);

(2)扫描终止频率 f_2(单位为 Hz);

(3)对数扫描速率 R(单位为 1/s)或倍频程扫描速率 R_N(单位为 oct/min);

(4)扫描持续时间 T(单位为 s)。

上述 4 个参数之间满足下列关系:

$$R = \frac{\ln(f_2/f_1)}{T} \tag{B-2}$$

$$R = R_N \ln 2/60 \tag{B-3}$$

当对数扫描的正弦扫描振动作用于一个基础运动激励的单自由度线性系统(无阻尼固有频率 f_n、阻尼比 ζ)时,假定单自由度线性系统的半功率带宽 Δf 为

$$\Delta f = f_n/Q \tag{B-4}$$

对应于半功率带宽 Δf 的扫描持续时间 Δt 和振动循环次数 ΔN 分别为

$$\Delta t = 1/(QR) = 60/(QR_N \ln 2) \tag{B-5}$$

$$\Delta N = f_n \Delta t = 60 f_n/(QR_N \ln 2) \tag{B-6}$$

引入扫描参数 η:

$$\eta = \frac{Q^2}{f_n^2}(\mathrm{d}f/\mathrm{d}t)_{f=f_n} \tag{B-7}$$

对于对数扫描:

$$|\eta| = \frac{Q^2 R}{f_n} = \frac{Q^2 R_N \ln 2}{60 f_n} \tag{B-8}$$

对数扫描激励下的单自由度系统的响应峰值可使用下列近似公式计算:

$$G(\eta) = \begin{cases} 1 - \exp(-2.55\eta^{-0.39}) - 0.0025\eta^{0.79}, & \eta > 0 \\ 1 - \exp(-3.18|\eta|^{-0.38}), & \eta < 0 \end{cases} \tag{B-9}$$

式中:$G(\eta)$ 为对数扫描与稳态正弦激励下的响应峰值之比。其中,稳态正弦激励下单自由度系统的响应峰值与振动输入的峰值之比为 $Q/\sqrt{1-\zeta^2}$。

图 B-1 给出了对数扫描正弦振动激励下的响应峰值参数 $G(\eta)$ 与扫描参数 η 之间的关系。随着扫描速率的增加,单自由度系统的响应峰值降低,同时,

振动循环次数也减少。

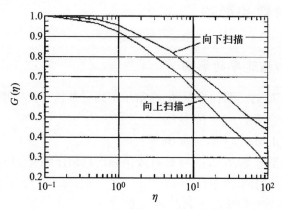

图 B-1　对数扫描的响应峰值参数 $G(\eta)$ 与扫描参数 η 之间的关系

假定输入加速度幅值谱 $\mathrm{ESI}(f)$ 由式(B-1)规定,对于稳态正弦激励($\eta=0$),极限响应谱 $\mathrm{ERS}_0(f_n)$ 为

$$\mathrm{ERS}_0(f_n) = \mathrm{ESI}(f_n) \cdot \frac{Q}{\sqrt{1-\zeta^2}} = \frac{1}{\sqrt{1-\zeta^2}} \cdot \mathrm{SRS}(f_n,\zeta) > \mathrm{SRS}(f_n,\zeta)$$

（B-10）

对于扫描参数 η 的正弦扫描激励,极限响应谱 $\mathrm{ERS}(f_n)$ 为

$$\mathrm{ERS}(f_n) = G(\eta) \cdot \mathrm{ESI}_0(f_n) = \frac{G(\eta)}{\sqrt{1-\zeta^2}} \cdot \mathrm{SRS}(f_n,\zeta) \qquad (B-11)$$

在对数扫描的情况下,当倍频程扫描速率 R_N 大于零并且超过一定阈值时,扫描参数 $|\eta|>0$,并且 $G(\eta)<\sqrt{1-\zeta^2}$,相应地,在试验频率范围内,极限响应谱 $\mathrm{ERS}(f_n)$ 将小于规定的冲击响应谱 $\mathrm{SRS}(f_n,\zeta)$。由于扫描参数 η 与倍频程扫描速率 R_N 成正比、与固有频率 f_n 成反比,$\mathrm{ERS}(f_n)$ 与 $\mathrm{SRS}(f_n,\zeta)$ 之间的偏差将随着倍频程扫描速率 R_N 的增加而增大,随着固有频率 f_n 的提高而减小。

B.3.2　阻尼的影响

在瞬态加速度时间历程的冲击响应谱分析中,如果适用,单自由度系统的阻尼比 ζ 应尽可能接近产品的阻尼特性,以使得冲击响应谱幅值尽可能接近实际产品瞬态响应的峰值。然而,在进行冲击响应谱分析时,往往不知道实际产品的阻尼特性,并且实际产品的阻尼特性是随着固有频率变化的。因此,工程应用中通常人为设定冲击响应谱分析的阻尼比 ζ(或放大因子 Q)。冲击响应谱分析的阻尼比 ζ 选择范围为 0.01~0.05,相应的放大因子 Q 的范围为 50~10。

对于规定的瞬态加速度时间历程,如果采用不同的阻尼比 ζ(或放大因子 Q)分别计算其冲击响应谱,并且由(B-1)分别得到等效正弦扫描振动输入加速度幅值谱,可以看到,所得到的结果并不相同。计算所采用的阻尼比 ζ 越大(或放大因子 Q 越小),所得到的等效正弦输入加速度幅值谱的量级越高,这意味着,相应的等效正弦扫描振动输入量级越保守,其原因在于,对于瞬态加速度时间历程,冲击响应谱幅值与阻尼比 ζ(或放大因子 Q)之间并非线性的比例关系。

在工程应用中,冲击响应谱分析通常选择 $\zeta=0.05$($Q=10$)。由于产品的阻尼比很少能够超过 0.05,基于 $\zeta=0.05$($Q=10$)所导出的等效正弦输入加速度幅值谱 ESI(f)实际上是保守的。在这种情况下,选择较大的倍频程扫描速率 R_N 将降低正弦扫描振动输入的保守程度。

对于航天飞行器的低频瞬态振动环境试验,阻尼比 $\zeta=0.05$ 将明显地高于被试产品在试验频率范围内的模态阻尼比,冲击响应谱分析的阻尼比 ζ 选择在 0.01~0.025 的范围内可能更为合理。如果适用,分别选择 $\zeta=0.01$($Q=50$)和 $\zeta=0.025$($Q=20$)计算瞬态加速度时间历程的冲击响应谱,并且导出相应的等效正弦输入加速度幅值谱。通过两者的比较,可以估计所选择正弦扫描振动环境试验条件的保守程度,一般情况下,可以认为 $\zeta=0.01$($Q=50$)所对应的等效正弦输入加速度幅值谱并不保守。

B.3.3　参数选择的考虑

在采用对数扫描正弦振动激励等效模拟低频瞬态振动环境的情况下,对于给定的阻尼比 ζ 和倍频程扫描速率 R_N,由式(B-1)所确定的等效正弦输入加速度幅值谱 ESI(f)的极限响应谱 ERS(f_n)实际上将小于规定的冲击响应谱 SRS(f_n,ζ)。然而,这并非意味着相应的对数扫描正弦振动激励一定是不保守的,原因是给定的阻尼比 ζ 往往低于产品的真实模态阻尼比。

对数扫描正弦振动激励的严酷程度是由等效正弦输入加速度幅值谱 ESI(f)和倍频程扫描速率 R_N 共同决定的;其中,R_N 越小,意味着振动激励的严酷程度越高。然而,基于规定的冲击响应谱 SRS(f_n,ζ)并不能够确定适当的 R_N,正弦扫描振动环境试验条件的 R_N 通常基于工程经验选择。理论上,对于给定的阻尼比 ζ、倍频程扫描速率 R_N 以及扫描方向,利用式(B-9),可以由极限响应谱 ERS(f_n)与规定的冲击响应谱 SRS(f_n,ζ)相等确定等效正弦输入加速度幅值谱 ESI(f),然而,在工程应用中,ESI(f)通常由式(B-1)确定,原因是给定的阻尼比 ζ 不同于产品的真实模态阻尼比,使得基于 ERS(f_n)等于 SRS(f_n,ζ)所确定的 ESI(f)并不比由式(B-1)确定 ESI(f)更为合理。实际上,如果给定的阻尼比 ζ

低于产品的真实模态阻尼比,基于 $\text{ERS}(f_n)$ 等于 $\text{SRS}(f_n, \zeta)$ 所确定的 $\text{ESI}(f)$ 可能过于保守。

对于航天飞行器,如果规定的冲击响应谱 $\text{SRS}(f_n, \zeta)$ 代表了最大期望低频瞬态振动环境的量级,在使用式(B-1)确定等效正弦输入加速度幅值谱 $\text{ESI}(f)$ 的情况下,正弦扫描振动环境试验条件(验收级试验条件)的倍频程扫描速率 R_N 通常选择为 $4\sim6$ oct/min,其中,较高的 R_N 对应于较大的阻尼比 ζ(典型地 $\zeta = 0.05$)。对于鉴定级试验条件,等效正弦输入加速度幅值谱 $\text{ESI}(f)$ 和倍频程扫描速率 R_N 均应考虑鉴定裕量,其中,倍频程扫描速率 R_N 通常选择为 $1\sim2$ oct/min。

B.4　正弦扫描振动试验条件的制定

使用正弦扫描振动模拟低频瞬态振动环境时,制定正弦扫描振动环境试验条件的主要步骤如下:

(1)对于低频瞬态振动环境的所有振动激励事件,通过实测或分析预示方法获得产品与平台连接界面的瞬态加速度时间历程。

(2)确定低频瞬态振动环境的频率范围,并且选择适当的阻尼比 ζ,计算瞬态振动加速度时间历程的冲击响应谱。其中,阻尼比 ζ 的范围为 $0.01\sim0.05$。如果适用,阻尼比 ζ 应接近产品的模态阻尼比。在缺乏产品阻尼特性数据的情况下,可以保守地选择 $\zeta = 0.05$。对于航天飞行器,更可取的方法是选择不同的阻尼比 ζ(例如,$\zeta = 0.01$ 和 $\zeta = 0.025$)分别计算冲击响应谱。

(3)如果存在足够数量的冲击响应谱样本,使用统计包络方法导出最大期望低频瞬态振动环境的冲击响应谱;否则,取决于适用的样本数量,对计算所得到的冲击响应谱增加 $3\sim6$ dB 的裕量,以考虑瞬态振动环境的随机性和易变性。当采用不同的阻尼比 ζ 分别计算冲击响应谱时,应分别导出各自的最大期望低频瞬态振动环境的冲击响应谱。如果适用,最大期望低频瞬态振动环境的冲击响应谱应进行规格化处理。

(4)在每个固有频率上,将最大期望低频瞬态振动环境的冲击响应谱除以相应的放大因子 $Q = 1/(2\zeta)$,导出验收级正弦扫描振动试验条件的加速度幅值谱 $\text{ESI}(f)$。当采用不同的阻尼比 ζ 分别计算冲击响应谱时,分别导出各自的加速度幅值谱 $\text{ESI}(f)$,然后进行比较,如果相差不大,选择较大的阻尼比 ζ 所对应的加速度幅值谱 $\text{ESI}(f)$ 作为验收级正弦扫描振动试验条件。

(5)对于正弦扫描振动的扫描速率选择,原则上应使正弦扫描振动在每个固有频率上产生的振动循环次数与瞬态振动环境激励在同一频率上所产生的振荡次数相一致。然而,在工程实践中,根据这一原则得到合理的扫描速率并非容易,更多地是基于工程经验选择适当的扫描速率。对于航天飞行器,通常使用对数扫描方式。验收级正弦扫描振动试验条件的倍频程扫描速率 R_N 选择范围推荐为 4~6 oct/min,其中,较高的 R_N 对应于较大的阻尼比 $\zeta(\zeta = 0.05)$。

(6)对于鉴定级正弦扫描振动试验条件,通常需要在最大期望瞬态振动环境所对应的加速度幅值谱的基础上增加适当的鉴定裕量(典型为 3~6 dB),并且选择较小的倍频程扫描速率 R_N(在每个固有频率上产生的振动循环次数大致为验收级试验条件的 4 倍),为 1~2 oct/min。

B.5 正弦扫描振动模拟的局限性

应用正弦扫描振动所模拟的低频瞬态振动激励可能同时存在欠试验和过试验的情形。欠试验的原因是正弦扫描振动激励在同一时刻仅能够激发试验件的某一阶结构振动模态响应,而非像瞬态激励一样能够同时激发试验件的多阶结构振动模态响应,这可能导致试验件的振动响应峰值偏低;然而,如果在试验频率范围内,试验件的结构振动模态为稀疏状态,对振动响应峰值的影响相对较小。过试验的原因是正弦扫描振动激励在每个固有频率上使试验件经受更多的振动循环次数,可能导致试验件产生瞬态振动环境作用下不会出现的峰值失效;通过提高试验条件的倍频程扫描速率 R_N 可以减少试验件经受的振动循环次数,从而降低过试验程度。

对于正弦扫描振动环境试验,最严重并且最可能出现的过试验是由于使用最大期望瞬态振动环境的规格化处理结果导出试验条件的加速度幅值谱 $ESI(f)$ 所造成的试验件共振频率附近的过试验。为了避免试验件共振频率附近的严重过试验,在使用第 B.4 节中相关步骤所确定的试验条件的加速度幅值谱 $ESI(f)$ 时,通常需要在试验件的共振频率附近使用分析预示所得到的试验件最大响应值进行限制(即对加速度幅值谱 $ESI(f)$ 进行下凹处理或使用带谷试验方法)。

附录 C 多台并激振动激励设备

C.1 引言

多台并激振动激励设备通常是指采用多个相同规格的单轴电动式振动台对大尺寸的试验台面(或水平滑台的滑板)施加同步运动激励、以实现大型试验件的单轴振动环境试验的振动激励设备。多台并激振动激励设备是为了解决大推力振动环境试验的应用需求而提出的。由于制造技术和成本的限制,单一的电动式振动台往往难以达到进行大型试验件振动环境试验所需要的动态推力。在工程应用中,一种可行的解决方案是,使用两个或更多的单轴振动台沿同一方向对安装有试验件的大尺寸试验台面(或水平滑台滑板)施加同步运动激励,通过各个振动台的动态推力合成实现所需要的大推力。

在振动环境试验中,多台并激振动激励设备的试验控制与单轴振动台并无本质上的区别,其采用振动控制系统的一个输出信号同时驱动设备中的各个振动台,即试验控制仍采用单输入—单输出或多输入—单输出振动控制方法。

对于多台并激振动激励设备设计,关键的问题是保证各个单轴振动台在振动激励过程中的同步运动,以使试验台面(或滑板)产生所要求的单轴振动激励。尽管试验台面(或滑板)可以通过适当的导向装置约束非激励方向的运动自由度,保证各个单轴振动台作用于试验台面(或滑板)的激振力具有相同的相位仍是重要的,其可以避免各个单轴振动台之间产生导致推力损失和波形失真的力纷争现象。然而,对于高频振动分量,保持各个激振力的相位一致性往往是困难的,因此,多台并激振动激励设备的可用频率上限往往受到同步控制技术的限制。

为了产生基础运动激励,多台并激振动激励设备需要将试验件安装在大尺寸的试验台面(或滑板)上。大尺寸的试验台面(或滑板)通常给振动环境试验带来一系列问题:

(1)大尺寸的试验台面(或滑板)通常具有较低的固有频率,其往往限制了多台并激振动激励设备的可用频率上限。

（2）为了提高试验台面的固有频率，通常需要大幅度提高试验台面的刚度，导致试验台面的重量大幅度增加，使得振动台的动态推力被试验台面质量消耗了相当大的一部分，大幅度降低了多台并激振动激励设备可实现的最大振动加速度。

（3）由于试验台面（或滑板）的尺寸较大，影响台面的加速度均匀度，特别是当试验频率接近和超过试验台面（或滑板）的固有频率时。因此，振动试验控制不得不采用多点平均（或最大）控制方式，即在试验台面上安装数个传感器，选取各个传感器瞬时输出的平均值（或最大值）作为一个控制变量进行反馈控制。然而，这种多点平均的做法，既不能反映试验件的真实使用环境，也不能对试验件的过试验和欠试验程度进行定量的估计。

实际上，在多激振器振动环境试验技术逐渐发展成熟之后，对于大型试验件的单轴振动环境试验，更可取的试验方法是采用多激振器单轴（MESA）振动激励技术替代多台并激振动激励技术。多激振器单轴振动试验方法可以有效地避免多台并激振动激励中使用大尺寸试验台面带来的问题。对于大尺寸试验件的单轴振动环境试验，使用多个激振器（振动台）在试验件的连接界面上进行分布激励，通过多输入—多输出振动控制技术实现对试验件支持结构的阻抗特性匹配，从而可以在试验中避免使用大尺寸试验台面。对于实现接近一维运动的振动环境试验，多激振器振动激励可以控制试验件连接界面上多个点达到同一振动试验条件，从而有效地改善了试验件连接界面上的振动加速度均匀度，并且能够达到更高的试验频率上限。

C.2　垂直振动激励设备

对于垂直方向的振动环境试验，典型的多台并激振动激励设备将 2 个或 4 个相同规格的电动式振动台安装在一个大尺寸的刚性试验台面或支架的下方，共同驱动试验台面或支架进行单轴运动，其典型结构如图 C-1 所示。

在多台并激垂直振动激励设备中，对称布置的 2 个或 4 个相同规格的电动式振动台的动圈组件刚性地连接在试验台面的底面上。在试验过程中，各个电动式振动台的动圈组件产生同步的振动位移输出，对安装在试验台面上的试验件施加单轴基础振动激励。在各个电动式振动台完全同步的条件下，多台并激振动激励设备所产生的动态推力近似等于各个振动台输出的动态推力之和。

理论上，当同一个控制输出信号同时输入到多台并激垂直振动激励设备的各个电动式振动台的功率放大器时，如果各个振动台的动态特性完全相同，其动圈组件输出的推力也将完全相同。然而，由于振动台自身动态特性的散布特性，以及试验台面与试验件对各个振动台的动态反作用特性的差异,各个振动台动圈组件输出的推力并非完全同步,其幅值和相位之间将存在一定的差异。实际上,当试验件存在偏心或在振动过程中产生横向力/力矩的情况下,为了保证试验台面的一维运动,各个振动台动圈组件输出的推力将具有不同的幅值。

图 C-1　双台并激垂直振动激励设备外形图

在多台并激垂直振动激励设备设计中,一般通过导向装置保证试验台面的一维运动,其将通过振动台的动态反作用特性变化自动调整动圈组件输出的推力幅值。试验台面的导向可采取两种方式实现:

(1)将振动台动圈组件与试验台面刚性连接,利用动圈组件的导向装置实现试验台面的导向。其中,去掉振动台的耳轴隔振装置,并且将所有振动台固定在同一个减振基础上。在这种方式下,试验台面的抗倾覆力矩能力较小。

(2)试验台面采用专门设计的导向装置,以实现较大的抗倾覆力矩能力。例如,在欧洲航天技术中心(European Space Technology Centre,ESTEC)的四台并激垂直振动激励设备中,采用8组静压球垫轴承实现试验台面的一维运动导向(图 C-2)。

在通过导向装置保证试验台面一维运动的情况下,对于多台并激垂直振动激励设备设计,应保证同一个控制输出信号作用下各个振动台动圈组件输出的推力具有相同的相位特性,这一设计要求通常称为同步控制。在工程应用中,一般通过对输入到各个振动台的功率放大器的驱动信号进行适当的相位补偿以达到多台并激振动激励设备的同步控制。典型地,相位补偿采用电校正网络(称为同步控制器），以振动台动圈的驱动电流作为电校正网络的反馈信号，以实现电动式振动台输出的动态推力的相位实时跟踪控制输出信号的相位。由于电校正网络的频率响应所限，一般在低频段具有较好的实时跟踪精度，能够保证各个电动式振动台之间的同步控制，高频段的同步控制精度相对较差，在一定程度上限制了多台并激振动激励设备的试验频率上限。尽管多台并激垂直振动激励设备的可用频率上限在理论上可以达到 2000 Hz，对于正弦振动环境试验，由于高频的波形失真度较大，实际的试验频率上限一般不超过 200 Hz。

图 C - 2　ESTEC 四台并激垂直振动激励设备的振动台和试验台面导向装置

由于设备构造方面的限制，多台并激垂直振动激励设备通常配置大尺寸的试验台面。这样的构型有利于大尺寸试验件安装，可以避免使用过高的转接夹具，通常是多台并激垂直振动激励设备所要求的。然而，大尺寸试验台面往往对振动激励设备的性能产生不利的影响。对于试验台面设计，关键问题是尽可能提高试验台面的固有频率。如果振动环境试验的频率上限超过试验台面的固有频率，由于试验台面与振动台动圈组件、试验件之间的动力学耦合效应，将在试验频率范围内产生明显的共振和反共振，造成整个试验构型的动态范围过大，这将显著地增加试验的复杂性和控制难度，往往不得不通过降低试验频率上限以保证试验控制结果能够满足试验条件规定的控制容差要求。此外，如果多台并激垂直振动激励设备采用试验台面导向方式，通常要求试验台面具有足够的刚度，以避免振动过程中试验台面变形过大导致导向装置卡死或产生过大的横向运动。

然而,对于大尺寸试验台面,提高结构固有频率和刚度是一个相当困难的问题,其通常导致试验台面质量大幅度增加。在大尺寸试验台面设计中,一般选择加肋结构和密度小、比刚度大的镁合金材料,以在保证适当的结构固有频率和刚度的条件下尽可能降低试验台面重量。即使如此,当试验台面的最大尺寸超过2 m时,其一阶弯曲固有频率通常在300 Hz以下。对于图C - 2中所示的ESTEC四台并激垂直振动激励设备(最大正弦推力640 kN),试验台面最大尺寸近似为3.3 m ×3.3 m,无负载条件下的运动质量为3260 kg,一阶固有频率约为180 Hz。

多台并激垂直振动激励设备通常具有较大的试验台面和试验件质量,其往往超过了各个电动式振动台的静态支承力之和,在这种情况下,试验台面需要专门设计静态支承,以平衡试验台面和试验件的自重。

C.3 水平振动激励设备

对于水平方向的振动环境试验,典型的多台并激振动激励设备将2个或4个相同规格的电动式振动台刚性地连接在水平滑台的滑板上,共同驱动滑板进行单轴运动,其典型结构如图C - 3所示。

图 C - 3 双台并激水平振动激励设备

在图C - 3所示的双台并激水平振动激励设备中,2个相同规格的电动式振动台采用同向的对称式布局。在试验过程中,2个电动式振动台的动圈组件产生同步的振动位移输出,对安装在水平滑台滑板上的试验件施加单轴基础振动激励。在2个电动式振动台完全同步的条件下,双台并激水平振动激励设备所产生的动态推力近似等于2个振动台输出的动态推力之和。

在使用4个相同规格的电动式振动台驱动水平滑台的滑板的情况下,4个振动台一般采用反向的对称式布局(图C - 4)。在试验过程中,每组同向的电动式振动台动圈组件产生同步的振动位移输出,而2组振动台动圈组件的振动位移输出反相(相位差为 180°),对安装在水平滑台滑板上的试验件施加单轴基础振动激励。在 4 个电动式振动台完全满足同步和反相要求的条件下,四台并激水平振动激励设备所产生的动态推力近似等于 4 个振动台输出的动态推力之和。

图 C-4　四台并激水平振动激励设备

在多台并激水平振动激励设备中,水平滑台用于实现滑板一维运动,并且承受试验件重量、偏心载荷和运动过程中产生的倾覆力矩以及横向干扰力/力矩。多台并激水平振动激励设备同样需要对输入到各个振动台的功率放大器的驱动信号进行适当的相位补偿,以达到同步控制要求,从而消除力纷争现象,其采用的同步控制技术与多台并激垂直振动激励设备完全相同。

与多台并激垂直振动激励设备相似,多台并激水平振动激励设备通常配置大尺寸的水平滑台滑板,其往往对振动激励设备的性能产生不利的影响。然而,对于同样的台面尺寸,在振动激励方向上,水平滑台滑板的纵向固有频率明显高于垂直振动试验台面的弯曲固有频率,对试验频率上限的影响相对较小。

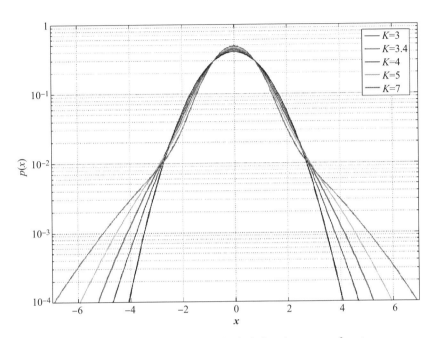

图 1-6 具有不同峭度 K_u 的概率密度函数 $(\mu_x=0,\sigma_x^2=1)$

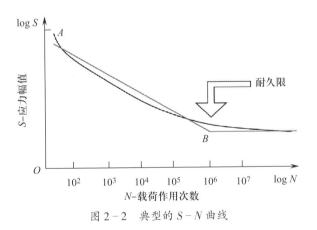

图 2-2 典型的 $S-N$ 曲线

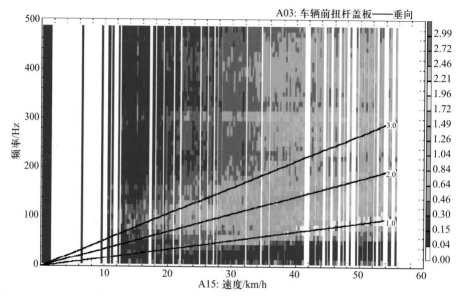

图 3-3 履带式车辆数据色谱图分析的实例

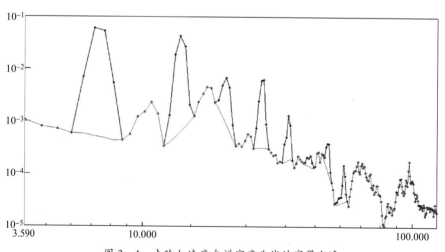

图 3-4 去除加速度自谱密度曲线的窄带尖峰

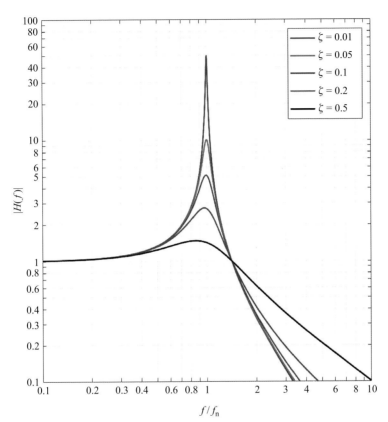

图 4-4 单自由度线性系统加速度传递函数的幅频响应曲线